土库曼斯坦气田地面工程技术丛书

Инженерно-технический сборник по работе наземного обустройства на газовых месторождениях Туркменистана

第五册 自控仪表

Том V КИПиА

陈运强 杨 勇 周明军 主编

Главные редакторы: Чэнь Юньцян, Я Юн, Чжоу Минцзюнь

石油工業出版社

Издательство «Нефтепром»

内容提要

本书结合土库曼斯坦气田地面建设工程应用实际，对计算机控制系统、检测仪表、执行器、典型控制回路、安全仪表功能以及配套设施、标准规范等进行了介绍。内容基本覆盖了气田地面工程仪表及自控系统建设各个方面，便于对仪表及自控系统基础知识以及土库曼斯坦气田地面建设工程实际使用情况进行全面了解。

本书可供在土库曼斯坦地区从事气田地面工程自控设计、运行及维护等工作的中土双方技术和管理人员使用，也可供其他相关专业人员和大专院校师生参考。

图书在版编目（CIP）数据

自控仪表．第五册 / 陈运强，杨勇，周明军主编．—北京：石油工业出版社，2019.1
（土库曼斯坦气田地面工程技术丛书）
ISBN 978-7-5183-2817-8

Ⅰ．①自…　Ⅱ．①陈…　②杨…　③周…　Ⅲ．①石油化工—化工仪表—自动控制系统　Ⅳ．① TE967

中国版本图书馆 CIP 数据核字（2018）第 199572 号

出版发行：石油工业出版社
（北京安定门外安华里 2 区 1 号　100011）
网　址：www.petropub.com
编辑部：（010）64523546　　图书营销中心：（010）64523633
经　销：全国新华书店
印　刷：北京中石油彩色印刷有限责任公司

2019 年 1 月第 1 版　2019 年 1 月第 1 次印刷
889 × 1194 毫米　开本：1/16　印张：22.25
字数：580 千字

定价：160.00 元
（如出现印装质量问题，我社图书营销中心负责调换）

《土库曼斯坦气田地面工程技术丛书》

«Инженерно-технический сборник по работе наземного обустройства на газовых месторождениях Туркменистана»

丛书前言

中国石油工程建设有限公司西南分公司作为中国石油参与土库曼斯坦气田建设的主要设计和地面工程技术支持单位，自2007年开始开展土库曼斯坦气田地面工程的设计和建设工作，历经8年的工作与实践，承担并完成了阿姆河右岸巴格德雷合同区域A区、B区及南约洛坦复兴气田一期、二期等所有中国石油在土库曼斯坦参与建设气田地面工程的设计工作，已经投产的气田产能达到$285\times10^8m^3/a$，正在设计建设中的气田产能达$345\times10^8m^3/a$。为了充分总结经验、提升水平和传承技术，中国石油工程建设有限公司西南分公司以"充分总结研究、传承技术经验、编制适应当地特点的技术标准和教材"为基本出发点，在其近60年在气田地面工程设计和建设方面的技术沉淀和研究成果基础上，组织各个专业的专家共同编制完成了《土库曼斯坦气田地面工程技术丛书》。

《土库曼斯坦气田地面工程技术丛书》共分为8册，第一册为总体概论，总体说明气田地面工程的建设内容、总体技术路线、技术现状、发展趋势、常用术语、遵循标准等方面内容；第二册至第八册分别为内部集输、油气处理、长输管道、自控仪表、设备、腐蚀与防护及公用工程，分专业介绍其技术特点、方法、数据、资料和相关图表。

《土库曼斯坦气田地面工程技术丛书》遵循"技术理论与工程实践并重、主体专业与公用工程配套、充分体现土库曼斯坦气田特点、准确可靠方便实用"的编写原则，系统总结了中国石油工程建设有限公司西南分公司8年来在土库曼斯坦各个气田建设、投产与生产过程中的设计经验和技术实践，反映了中国石油工程建设有限公司西南分公司在土库曼斯坦多个建设实践中的科技进步和技术创新，也全面融入了中国石油工程建设有限公司西南分公司自1958年创建以来在各类气田地面建设领域的丰富技术经验积累和科研创新成果，同时对于气田地面工程在国际上的技术现状和发展趋势也进行了相关介绍。丛书的出版，可对在土库曼斯坦已经、将要和有志于从事气田地面工程建设和生产运行的中方与土方技术管理干部、技术人员提高技术业务能力和水平起到重大的促进作用，也将有助于对土库曼斯坦气田地面工程技术进行有益的传承。

《土库曼斯坦气田地面工程技术丛书》的主编单位中国石油工程建设有限公司西南分公司截至目前已经承担并完成了中国及国际上9380余项工程、1035座集输配气厂（站），60000多千米油气输送管道，为中国天然气行业指导性甲级设计单位，国际工程咨询联合会会员，已主编中国国家及行业标准79项，取得科研成果709项，具有专利、专有技术142项，自主知识产权成套技术14项。本套丛书历时近两年的时间编制完成，参与编审人员130余人，编审人员大多来自设计一线具有丰富实践经验的技术骨干，并有部分在生产、建设一线的专家全程参与。该套丛书充分体现了该单位、该单位专家及参编专家在气田地面建设领域的技术实力和水平。编审人员在承担繁重工程设计任务的同时，克服种种困难，完成了丛书的编制工作，同时编委会也多次组织和聘请天然气行业的资深专家，参加了各阶段书稿的审查，这些专家都没有列入编审人员名单，他们这种无私奉献的敬业精神，非常值得敬佩和学习。在中国石油土库曼斯坦协调组的统一组织和安排下，中国石油阿姆河天然气公司、中国石油西南油气田公司、中国石油川庆钻探工程公司、中国石油工程建设有限公司的领导和专家对丛书的编制和出版给予了大力的支持和帮助。值此《土库曼斯坦气田地面工程技术丛书》出版之际，对所有参与此项工作的领导、专家、工程技术人员和编辑致以最诚挚的谢意。

《土库曼斯坦气田地面工程技术丛书》涉及专业范围宽、技术性强，气田地面工程技术日新月异，加之编者经验和水平的局限，书中错误、疏漏和不妥之处，恳请读者不吝指正。

《土库曼斯坦气田地面工程技术丛书》编委会

2018 年 4 月

Предисловие в Сборнике

Юго-западный филиал Китайской Нефтяной Инжиниринговой Компании, является основной конструкторской и технологической компанией, подведомственной КННК, которая оказывает должную техническую поддержку для работ с наземным обустройством газовых месторождений в Туркменистане. Филиал уже с 2007 года начал свои работы по проектированию и строительству по наземному обустройству газовых месторождений Туркменистана. Имея за собой 8 летний опыт работы, филиал закончил свои конструкторские работы в блоках А и В на договорной территории «Багтыярлык», на первом и втором этапах работ на газовом месторождении Галкыныш и во всех других проектах наземного обустройства месторождений, в реализации которых участвовала КННК. Производительность введенных в эксплуатацию газовых месторождений достигает $285 \times 10^8 м^3/г$, проектирующихся и строящихся месторождений - $345 \times 10^8 м^3/г$. Для обобщения опыта, поднятия уровня и передачи технологий, Юго-западный филиал КНИК посредством полного изучения, исследований, передачи технологического опыта, формирования соответствующего местного технологического стандарта, в целях создания основной исходной точки, на основании за 60 летнего опыта работы по наземного обустройству газовых месторождений, привлекая специалистов, выпустил «Инженерно-технический сборник по работе наземного обустройства на газовых месторождениях Туркменистана».

«Инженерно-технический сборник по работе наземного обустройства на газовых месторождениях Туркменистана» всего состоит из 8 томов. Том I – общая часть. В целом описывается наземное обустройство газовых месторождений, комплексные технологии по маршруту, сведения о технологиях, тенденции развития, часто употребляемые термины, придерживаемые стандарты и другая информация по данному направлению. ТомII～ТомVIII соответственно описываются сбор и внутрипромысловый транспорт, подготовка нефти и газа, магистральные трубопроводы, автоматические приборы, оборудование, коррозия и консервация, коммунальные услуги, по отдельности описываются технические особенности, методы работы, данные, материалы и соответствующие графики.

«Инженерно-технический сборник по работе наземного обустройства на газовых месторождениях Туркменистана» был подготовлен на основании технологической теории и инженерной практики. При составлении сборника во внимание принималась основа данной отрасли и соответствующий комплекс инженерных работ. В полной мере учитывались особенности газовых месторождений Туркменистана. Все основные положения, описанные в сборнике предоставлены точно и достоверно, кроме того эти положения очень легко применять на практике. В данном сборнике, системно обобщен 8 летний опыт работы Юго-Западного филиала КНИК на различных газовых месторождениях Туркменистана, демонстрируется применение опыта и инженерной практики в таких процессах как ввод в эксплуатацию и производство. Также описывается научно-технологический прогресс и технологические инновации, которые применялись на практике Юго-Западным филиалом КНИК в Туркменистане. Помимо всего прочего, в сборнике описывается накопленный технический опыт и результаты научно-исследовательской работы, начиная с 1958 года, когда произошло создание юго-западного филиала КНИК. Одновременно с этим, в сборнике описывается мировая актуальная технологическая обстановка и тенденция развития по направлениям связанным с наземными обустройствами на газовых месторождениях. Данный сборник окажется очень полезным для работы китайско-туркменского технического персонала на газовых месторождениях Туркменистана, как в процессе инженерных работ, так во время самого производства. Сборник позволит повысить рабочую квалификацию и уровень знаний в данной сфере, сможет способствовать эффективной передаче технологий, для их последующего применения в работах наземных обустройств на газовых месторождениях Туркменистана.

Юго-западный филиал КНИК руководил составлением «Инженерно-технического сборника по работе наземного обустройства на газовых месторождениях Туркменистана» описывает свой опыт работы по 9380 проектам в Китае и за рубежом, по 1035 сборно-распределительным газовым пунктам (станциям), более чем 60000 километрам трубопроводов для транспортировки нефти и газа, являясь при этом ведущей первоклассной проектной организацией в сфере газа и членом международного союза по консультировании в сфере инженерии. Компания имеет 79 собственных отраслевых стандарта, добилась 709 пунктов достижений в области научных исследований, имеет 142 эксклюзивные технологии и патента, кроме того обладает 14 эксклюзивными интеллектуальными собственностями. Работа над данным сборником продолжалась более одного года. В создании сборника активно принимали участие более чем 130 человек. Большая часть техников и специалистов, которые принимали участие в создании данного сборника, имеют очень богатый практический опыт работы и высокий уровень знаний. Данный сборник в полной мере отображает уровень и технический потенциал самой компании и ее специалистов-составителей в сфере наземного обустройства газовых месторождений. Авторам данного сборника получилось удачно завершить работу со сложнейшими техническими заданиями, удалось преодолеть все возникшие во время работы трудности. Кроме того редакционная коллегия многократно обращалась за помощью к ведущим специалистам в сфере работы с природным газом для участия на различных этапах подготовки материалов для сборника, эти специалисты не были добавлены в список редакторов сборника. Их труд был бескорыстным и полностью заслуживает уважения. Инициатива для организации и составления данного сборника исходит со стороны Китайской Национальной Нефтегазовой Корпорации в Туркменистане, также большую поддержку и помощь оказали руководители и специалисты таких компаний как: КННК Интернационал (Туркменистан), компания «Юго-западные нефтяные и газовые месторождения» при КННК, Чуаньцинская буровая инженерная компания с ограниченной ответственностью при КННК, Китайская нефтяная инженерно-строительная корпорация. Пользуясь случаем, мы бы хотели выразить искреннюю благодарность всем руководителям, специалистам, инженерно-техническому персоналу и редакторам, которые принимали участие в создании «Инженерно-технический сборник по работе наземного обустройства на газовых месторождениях Туркменистана».

«Инженерно-технический сборник по работе наземного обустройства на газовых месторождениях Туркменистана» обширно затрагивает профессиональную сферу, техническую сторону, инжиниринговые тенденции по работе на газовых месторождениях. В виду того что опыт и уровень авторов данного сборника ограничен, в процессе подготовки данного сборника возможно допущены какие-либо ошибки или имеются определенные недочеты, поэтому убедительная просьба, чтобы наши читатели не упускали возможность внести соответствующие коррективы в данный сборник.

Редакционная коллегия
«Инженерно-технический сборник
по работе наземного обустройства
на газовых месторождениях Туркменистана»
Апрель, 2018 г.

前　　言

本书为《土库曼斯坦气田地面工程技术丛书》第五册，共分 8 章，在简述土库曼斯坦气田地面工程自控水平、调度管理，以及仪表、自控系统发展趋势的基础上，重点阐述了气田地面工程的计算机控制系统、检测及控制、典型控制回路、天然气贸易计量、典型安全仪表功能、配套设施以及自动仪表常用的国际标准和规范等内容。

本书由陈运强、杨勇、周明军担任主编，赖晓斌担任副主编。第 1 章由周明军编写，刘志荣、钟小木审核；第 2 章由赖晓斌编写，刘志荣、钟小木审核；第 3 章由张磊、刘熔、王沁编写，李峰、刘志荣、钟小木审核；第 4 章由赖晓斌、黄永忠编写，李峰、代宝祥、刘志荣、钟小木审核；第 5 章由黄永忠编写，李峰、钟小木审核；第 6 章由于建林编写，刘志荣、钟小木审核；第 7 章由杜仕涛编写，李峰、刘志荣、钟小木审核；第 8 章由宋希国编写，刘志荣、钟小木审核。

本书结合土库曼斯坦气田地面建设工程应用实际，内容基本覆盖了仪表及自控系统建设各个方面，可供在土库曼斯坦从事气田地面工程建设和生产运行的中土双方技术和管理人员使用，也可供其他相关专业人员和大专院校师生参考。

由于气田地面工程技术日新月异，加之编者经验和水平的局限，书中疏漏和不妥之处，敬请读者批评指正。

2018 年 4 月

Предисловие в данном томе

Данная книга представляет собой том V «Инженерно-технического сборника по работе наземного обустройства на газовых месторождениях Туркменистана», который состоит из 8 глав. В данной книге описаны комплекс автоматического управления, диспетчерского управления, тенденция развития КИПиА, систем автоматического управления для наземного обустройства газовых месторождений Туркменистана, именно изложены, в основном, компьютерная система управления, методы проведения испытаний и контроля, типичные контуры управления, порядок коммерческого учета газа, типичные приборы безопасности, комплектующие сооружения, а также международные стандарты и правила на КИПиА.

Данный том составлен под руководством главных редакторов Чэнь Юньцзян, Ян Юн, Чжоу Минцзюнь, заместителя главного редактора Лай Сяобинь. Первая глава, составил: Чжоу Минцзюнь, проверили: Лю Чжижун, Чжун Сяому; вторая глава, составил: Лай Сяобинь, проверили: Лю Чжижун, Чжун Сяому; третья глава, составили: Чжан Лэй, Лю Жун, Ван Цинь, проверили: Ли Фэн, Лю Чжижун, Чжун Сяому; четвертая глава, составили: Лай Сяобинь, Хуан Юнчжун, проверили: Ли Фэн, Дай Баосян, Лю Чжижун, Чжун Сяому; пятая глава, составил: Хуан Юнчжун, проверили: Ли Фэн, Чжун Сяому; шестая глава, составил: Юй Цзяньлинь, проверили: Лю Чжижун, Чжун Сяому; седьмая глава, составил: Ду Шитао, проверили: Ли Фэн, Лю Чжижун, Чжун Сяому; восьмая глава, составил: Сун Сиго, проверили: Лю Чжижун, Чжун Сяому.

Данный том сочетает изложенные сведения с практикой работы наземного обустройства на газовых месторождениях Туркменистана, содержит полезный материал по всем аспектам, касающимся создания систем КИПиА и автоматического управления, может использоваться не только для как туркменских, так и китайских техников и управляющих в сфере наземного обустройства, производства, эксплуатации на месторождениях нефти и газа в Туркменистане, но и в качестве справочного материала для других заинтересованных специалистов, преподавателей и студентов высших и профессиональных учебных заведений.

Вследствие быстрых изменений технологий для наземного обустройства газовых месторождений и наличия определенных пределов в уровне знаний и подготовки составителей сложно избежать полного отсутствия недостатков и неуместностей при составлении данной книги. Будем рады рассмотреть любые замечания и предложения касательно содержания данной книги.

Апрель, 2018 г.

目　　录　　СОДЕРЖАНИЕ

1 概述

自动控制是在没有人直接参与的情况下，利用自动控制装置使被控对象(如设备、生产过程等)的工作状态或参数自动地按照预定的规律运行。通过自动控制，将人从复杂、危险、繁琐的劳动环境中解放出来并大大提高生产效率，确保产品质量，有效降低事故发生的概率。

自动控制装置通常由测量单元、控制单元和执行单元三部分组成，各个部分通过信号的转换和传递进行相互联系。针对气田地面工程，用于工艺参数 / 环境检测的测量单元主要包括温度、压力、流量、液位、过程介质分析、气体泄漏、火焰等检测仪表，将检测值以标准信号(如 4～20mADC、触点、脉冲等)传输至控制单元；控制单元主要是指计算机控制系统，包括远程监控与数据采集系统(SCADA–Supervisory Control and Data Acquisition System)、过程控制系统(PCS–Process Control System)、安全仪表系统(SIS–Safety Instrumented System)、火气检测 / 报警系统(F&GS–Fire & Gas Detecting and Alarming System)等，控制单元接受测量单元信号，并对执行单元发出控制信号 / 命令；执行单元主要指调节阀、开关阀等，它们接受控制单元控制命令，对设备、生产过程等进行控制。

1 Общие сведения

Под автоматическим управлением подразумевается автоматическая работа устройства автоматического управления над управляемым объектом (например, оборудование, производственный процесс и так далее)для регулирования рабочего режима или регулирования параметров в соответствии с установленным законом работы. Посредством автоматического управления, исключается опасность работы для человека, путаница в работе, задействование дополнительной рабочей силы, а также повышается эффективность производства, гарантируется качество продукции, а также сокращается возможность возникновения происшествий во время работы.

Устройство автоматического управления обычно состоит из трех частей: измерительного блока, блока управления и исполнительного блока. Каждый блок посредством сигналов обеспечивает взаимосвязь. Заостряя внимание на наземном обустройстве газовых месторождений, измерительный блок, используемый для проверки и измерения показателей технологических параметров, главным образом предназначен для измерения температуры, давления, расхода, уровня жидкостей, для анализа среды выполнения процесса, для определения утечки газа, огня и так далее. Показания этого контрольно-измерительного прибора (КИП)при помощи стандартного сигнала (например: 4-20mADC контакта, импульса)передаются в блок управления; Блок управления главным образом подразумевает под собой компьютерную систему управления, которая включает в себя систему диспетчерского управления и сбора данных (SCADA–Supervisory control and data acquisition system), систему управления процессами (PCS–Process Control System), инструментальную систему безопасности (SIS–Safety Instrumented System), систему аварийной сигнализации и обнаружения огня и газа (F&GS–Fire & Gas Detecting and Alarm System) и так далее. Блок управления принимает сигнал от измерительного блока, а также посылает контрольный сигнал/команду исполнительному блоку; Под исполнительным блоком принимается регулирующий клапан, переключающий клапан и так далее. Последние в свою очередь принимают управляющую команду с блока управления и выполняют контроль оборудования, производственного процесса и так далее.

在气田地面工程工艺过程控制中，自动控制主要分为过程控制和安全联锁两个方面。过程控制用于维持生产装置正常运行，控制方式主要有单回路PID控制、串级控制、前馈控制、分程控制、顺序控制等；安全联锁是当生产装置出现超温、超压、液位超高/超低以及出现火灾、气体泄漏等危险工况情况时，进行生产装置的隔离/切断、停车、放空等联锁控制，确保人身、财产和环境安全。自动控制对于气田地面工程生产工艺装置的安全、可靠、稳定地运行以及整个气田的调度、管理等起到了举足轻重的作用。

В управлении технологического процесса наземного обустройства газовых месторождений, автоматическое управление главным образом подразделяется на управление процессом и предохранительную блокировку. Управление процессом используется для поддержания нормальной эксплуатации производственных установок. Способ управления в основном представлен в виде одноконтурного PID управления, каскадного управления, управления с прогнозированием, управления с разделением диапазона и последовательного управления; Автоматическая блокировка выполняет изоляцию/отключение или остановку производственных установок, если возникает перегрев, избыточное давление, сверхвысокий или сверхнизкий уровень жидкостей, а также в случае возникновения огня, утечки газа и прочих опасных рабочих условий. Автоматическая блокировка может обеспечить безопасность людям, материальным средствам и окружающей среде.

Автоматическое управление играет решающую роль в обеспечении безопасности, надежности и стабильности работы производственных технологических установок в работе по наземному обустройству газовых месторождений.

本书结合土库曼斯坦气田地面建设工程应用实际,对计算机控制系统、检测仪表、执行器、典型控制回路、安全仪表功能以及配套设施、仪表及自控系统建设执行的标准规范等进行了介绍。内容基本覆盖了气田地面工程仪表及自控系统建设各个方面,便于对仪表及自控系统基础知识以及土库曼斯坦气田地面建设工程实际使用情况进行全面了解。

Данная часть сочетает в себе практику работы по наземному обустройству газовых месторождений в Туркменистане, а также позволяет ознакомиться с компьютерными системами управления, КИП, исполнительными устройствами, основными контурами управления, устройствами безопасности, вспомогательным оснащением, измерительными приборами и техническими нормами систем автоматического управления. Содержание данной части в основном охватывает измерительные приборы и системы автоматического управления, которые используются в работе по наземному обустройству газовых месторождений. Кроме того описываются элементарные сведения и информация о фактическом использовании данных измерительных приборов и систем автоматического управления в процессе работы над наземным обустройством газовых месторождений в Туркменистане.

1.1 自控水平

1.1 Уровень автоматического управления

自控水平是指实现自动控制所达到的程度,包括参数检测、数据处理、自动控制、报警和联锁保护及其系统的完善程度,根据仪表及自控系统完成的功能,确定生产过程安全、高效、经济运行的实际效果。

Под уровнем автоматического управления подразумевается масштаб осуществления автоматического управления, включая контроль и измерение параметров, обработку данных, автоматическое управление, сигнализацию и блокировочную защиту, а также постоянное улучшение показателей этих систем на основании функций КИП и систем автоматического управления, установления безопасности производственного процесса, высокой эффективности и реальных результатах деятельности.

在土库曼斯坦实施建设并投运的气田地面工程主要有巴格德雷合同区域A区、巴格德雷合同区域B区、南约洛坦气田工程等，基本按照如下自控控制水平进行建设：

Выполняя работы в Туркменистане, осуществляя введение в эксплуатацию газовых месторождений Блоков А и Б на договорной территории «Багтыярлык», а также м/р «Южный Елотен», уровень автоматического управления выполнялся в соответствии со следующими пунктами:

（1）内部集输各单井设置远程终端装置（RTU-Remote Terminal Unit），各集气站设置由可编程逻辑控制器（PLC-Programmable Logic Controller）构成的站场控制系统（SCS-Station Cotntrol System，简称站控系统），对主要工艺参数及设备运行状态等信息进行自动采集、监视、控制、报警与联锁等，实现无人值守、无人操作、定期巡检的自控水平。

（1）Внутрипромысловый сбор и транспорт газа индивидуальных скважин при помощи пульта дистанционного управления（RTU-Remote Terminal Unit），оснащение газосборного пункта при помощи программируемого логического контроллера（PLC-Programmable Logic Controller），создание системы управления станцией（SCS-Station Control System，сокращенное название: система управления станцией）. Здесь главным образом сочетается информация о режимах работы эксплуатации оборудования и технологических параметрах, информация о выполнении автоматического сбора, наблюдения, контроля, сигнализации и блокировки. Кроме того сочетается информация об уровне автоматического управления касательно осуществлении функционирования в автоматическом режиме без участия людей, назначение сроков для выполнения инспекторского осмотра.

（2）天然气处理厂中央控制室设置基本过程控制系统（BPCS-Basis Process Control System）、安全仪表系统（SIS）、火气检测/报警系统（F&GS），对天然气处理厂各工艺设施的主要工艺参数及设备运行状态进行自动采集、监视、控制、报警、联锁等。中央控制室24小时有人值守，并根据需要进行操作。

（2）Создание системы управления основными процессами（BPCS-Basic Process Control System）для Центрального Пункта Управления ГПЗ, инструментальной системы безопасности（SIS），системы аварийной сигнализации и обнаружения пожара и газа（F&GS），которые используются на ГПЗ в процессе установления технологических параметров и установления автоматического режима работы оборудования, в процессе выполнения автоматического сбора, контроля, сигнализации и блокировки. Эти системы позволяют 24 часа выполнять свою работу без участия человека и могут выполнять процессы, базируясь на производственных требованиях.

（3）生产调度控制中心设置监控与数据采集（SCADA）系统，单井、集气站和天然气处理厂等相关设施的工艺参数通过通信网络传送至SCADA系统，并对单井、集气站和天然气处理厂等进行监视、调度和管理。

（3）В ЦОДУП предусмотрена система диспетчерского управления и сбора данных（SCADA）, в которую передаются технологические параметры одиночных скважин, газосборных пунктов, ГПЗ и прочих соответствующих объектов через коммуникационную сеть, и осуществляются мониторинг, наладка и управление одиночными скважинами, газосборными пунктами, ГПЗ и прочими соответствующими объектами с помощью системы диспетчерского управления и сбора данных.

1.2 调度管理

1.2 Диспетчерское управление

气田地面工程的调度管理是通过生产调度控制中心的SCADA系统进行的，操作人员在生产调度控制中心通过SCADA系统即可完成气田的统一监视、控制和调度管理等任务。

Диспетчерское управление наземным обустройством газового месторождения осуществляется с помощью компьютерной системы ЦОДУП с системой SCADA. Оператор в ЦОДУП с помощью компьютерной системы SCADA может полностью выполнить единый мониторинг, контроль и диспетчерское управление газовым месторождением.

通过SCADA系统可实现工艺站场、管道沿线运行状况监控，管道泄漏检测，管道仿真模拟，设备管理以及生产安全保护等多方面功能，可提高企业管理水平，在确保安全生产基础上，获得更大的经济效益。

При помощи системы SCADA можно выполнить контроль технологической станцией и рабочим состоянием трубопровода на примыкающих территориях, выполнять проверку утечки в трубопроводе, выполнять аналоговое моделирование трубопровода, управлять оборудованием, обеспечивать безопасность работы и многие другие функции. Благодаря этой системе можно значительно повысить уровень управления предприятием, а также можно достичь еще больше экономической выгоды за счет обеспечения безопасности на производстве.

土库曼斯坦目前各个气田地面工程均建设有SCADA系统，但都是对特定气田地面工程内部进行调度管理，相对独立。随着外部联络管道的建设，各个气田的连通，势必会对各个SCADA系统进行整合，建立大型国家级SCADA系统，以全面提高整体调度管理水平和经济效益。

В настоящее время в процессе наземного обустройства газовых месторождений в Туркменистане, на многих месторождениях имеется система SCADA и благодаря этой системе выполняется определенное независимое диспетчерское управление. По мере проведения внешних трубопроводных коммуникаций, каждое отдельное газовое месторождение может быть связано с системой SCADA, а это в свою очередь может позволить создать крупнейшую единую систему SCADA государственного значения, что позволит значительно повысить уровень диспетчерского управления и экономическую выгоду.

1.3　仪表及自控系统发展趋势

1.3　Тенденция развития измерительных приборов и систем автоматического управления

随着传感器技术、计算机技术、通信技术迅速发展，仪表及自控系统逐渐向智能化、数字化、网络化方向发展。

По мере постепенной интеллектуализации, оцифровки, объединения в сеть датчиков, компьютерной техники, коммуникационных технологий, измерительных приборов и систем автоматического управления–происходит их развитие.

（1）自动化仪表向智能化发展。自动化仪表智能化是以微处理器为核心，具有完善的自诊断（自检）能力，利用其计算和数据处理能力，对仪表设备运行状态参数进行存储和分析，根据分析结果对可能发生的故障及故障位置进行预警，可确保操作人员预先进行阀门诊断及维护。通过Hart、RS485等数据通信方式，可进行远程设备管理，实现自动化仪表远程调整参数、设备运行状态诊断等功能，极大地提高了设备运维管理水平。

（1）Развитие автоматизированных измерительных приборов по направлению интеллектуализации. Ядром интеллектуализации автоматизированных измерительных приборов является микропроцессор, который может обладать совершенной самодиагностикой（самопроверкой）, а также может выполнять расчеты и обработку данных. Кроме того микропроцессор позволяет сохранять параметры режимов работы измерительного оборудования и выполнять соответствующий анализ. На основании результатов анализа микропроцессор может выполнять предварительное предупреждение о возникновении неполадок и указывать точные места с неполадками. А также, это все позволяет оператору заблаговременно выполнять диагностирование и техническое обслуживание клапанов. Посредством Hart, RS485 и прочих видов передачи данных, можно выполнять удаленное управление оборудованием, выполнять удаленную настройку параметров автоматизированных измерительных приборов, выполнять диагностирование рабочих режимов оборудования и многие другие функции. Это позволяет кардинально повысить уровень эксплуатации и технического обслуживания оборудования.

（2）自动化仪表的准确度和可靠性将大幅度提高。为了满足节能减排环保以及效益的需求，装置对工艺过程参数检测、控制准确度的要求越来越高。随着先进的传感器技术研发与应用、仪表生产工艺的优化，自动化仪表的准确度势必将得到逐步提高。另外，石油天然气行业是高风险行业，社会和环境保护对天然气装置安全运行的要求越来越高，为了将风险降低到可接受范围，通常需要设置安全仪表系统，同时对安全仪表系统仪表设备平均要求失效率 PFD_{AVG} 要求也越来越严格。为了适应这一需求，很多仪表设备已取得了 SIL 安全完整性等级证书，仪表设备的可靠性也在逐步提升。

（2）Значительное повышение точности и надежности автоматизированных измерительных приборов. Для того чтобы удовлетворять требования по сокращению энергопотребления и выбросов загрязняющих веществ, а также в целях удовлетворения требований по эффективности, контроль за параметрами оснащения для выполнения технологических процессов и требования к точности управления становятся выше и выше. По мере проведения исследований / разработок и применения датчиков, по мере оптимизации технологии производства измерительных приборов, точность работы автоматизированных измерительных приборов неизбежно повышается. Кроме того, отрасль, связанная с нефтью и природным газом является отраслью с повышенной степенью опасности, поэтому требования со стороны общества и защиты окружающей среды для безопасной эксплуатации оснащения в сфере природного газа становятся более высокими. Поэтому, для того чтобы понизить допустимые пределы опасности, требуется создание инструментальной системы безопасности. Одновременно с этим, требования к среднему показателю возникновения отказов

PFD$_{AVG}$ для измерительного оборудования в инструментальной системе безопасности становятся всё строже. В целях соответствия данным требованиям, большое количество измерительного оборудования уже получило SIL сертификат об относительном уровне защиты. Тем самым, надежность измерительного оборудования шаг за шагом повышается.

（3）现场总线技术将得到逐步应用。随着复杂工业过程技术的不断发展,工业过程控制对信号采集、数据转化、设备状态诊断等提出了更高层次的要求,现场总线数字仪表抗干扰能力强、可靠性高、可相互操作性日趋完善。目前,已有一些大型化工企业成功使用了 FF、Profibus 等主流现场总线技术,随着这些企业的成功应用,现场总线控制系统将加快发展。

（3）Постепенный переход к использованию полевых шин. Вслед за непрерывным развитием технологических процессов, день за днем становится всё лучше сбор сигналов управления производственными процессами, изменение данных и диагностирование режимов оборудования, характеристики цифровой полевой шины, сильная помехоустойчивость, высокая надежность, отличная интероперабельность. В настоящее время, уже некоторые крупные химические предприятия с успехом используют FF, Profibus и прочис полевые шины. Вслед за успешным использованием со стороны данных предприятий, полевые шины в системе управления получили ускоренное развитие.

（4）信息化技术与自动化技术结合向管控一体化发展。随着信息化技术的应用和发展,现代企业自动化已不单是生产过程的自动化,还包括企业信息管理等综合自动化,具体包括生产过程控制与管理、计划、仓储、设备、安全、人力、财务和经营等信息管理。目前计算机控制系统［如过程控制系统（PCS）、安全仪表系统（SIS）、火灾和气体检测系统（F&GS）、SCADA 系统等］与企业管理系统之间还存在"信息孤岛"的情况,通过综合应用自动控制技术、计算机技术、信息技术、网络技术等,提高信息集成化程度,实现全气田数字化和信息化管控,从而降低消耗、降低成本、提高产品质量和企业效益,增强企业竞争力。

（4）Объединение информатизации и автоматизации по направлению развития интеграции контроля. По мере развития и применения информатизации, автоматизация современных предприятий уже не только использует автоматизацию производственных процессов, но также и включает в себя информационное управление и прочие комплексные автоматизации, которые позволяют управлять производственным процессом, планированием, складированием, оборудованием, безопасностью, человеческими ресурсами, финансами, хозяйственными делами и прочей информацией. В настоящее время компьютерные системы управления [например: система управления процессами (PCS), инструментальная система безопасности (SIS), системы аварийной сигнализации и обнаружения огня и газа (F&GS), системы SCADA и прочие] позволяют создать «информационный остров» в системах управления предприятием. Посредством комплексного использования технологий автоматического контроля, компьютерной техники, информационных технологий, сетевых технологий и прочего, повышается масштаб информационной интеграции, осуществляется оцифровка газовых месторождений и контроль информатизации, тем самым достигается снижение расходов, снижение себестоимости, повышение качества продукции и эффективности предприятия, а также усиливается конкурентоспособность предприятий.

2 计算机控制系统

2 Компьютерная система управления

计算机控制系统相当于人的大脑,用于采集工艺参数,并进行数据存储 / 处理、显示、报警及控制,主要包括过程控制系统、安全仪表系统、火气系统。本章对各种系统配置、结构以及典型应用进行了详细的介绍。

Компьютерная система управления-мозг человека используется для сбора технологических параметров и выполнения хранения / обработки данных, отображения, сигнализации и управления, включая систему управления технологическим процессом, инструментальную систему безопасности и систему аварийной сигнализации и обнаружения огня и газа. В данной главе подробно описываются конфигурации различных систем, структуры и типичные приложения.

2.1 监控和数据采集系统

2.1 Система диспетчерского управления и сбора данных

2.1.1 监控和数据采集系统介绍

2.1.1 Сведения о системе диспетчерского управления и сбора данных.

随着现代化石油、天然气工业的飞速发展,油气田生产规模日趋大型化,工艺过程越来越复杂,相互制约的关系更加紧密。油气田生产和油气处理厂的物料平衡相互依赖,先进的过程控制、实时优化的在线实施,使得油气田生产设施得以充分利用,以提高企业的经济效益和社会效益。

По мере бурного развития современной нефтяной и газовой промышленности, день за днем происходит расширение производительности месторождений нефти и газа, технологические процессы становятся более разнородными, взаимная связь становится более плотной, возникает баланс материалов месторождений и ЖГПЗ, при этом происходит применение передовых способов управления процессами, осуществляется оптимизация, что в свою очередь приводит использование месторождений нефти и газа в полной мере, а также это позволяет повысить экономическую выгоду предприятия и социальную пользу.

20 世纪 90 年代中期，随着控制技术、计算机技术、通信技术的发展，油气田自动控制系统已开始逐步采用监视、控制与数据采集系统（SCADA 系统）。SCADA 系统是生产过程控制与管理调度的自动化系统，它将多个远程终端监控单元（数据节点）通过有线或无线通信网络连接起来，是具有远程监测控制功能的计算机控制系统。SCADA 系统具有以下功能：

В 90-е года прошлого века, по мере развития управляющих технологий, компьютерной техники и коммуникационных технологий, автоматические системы управления месторождениями нефти и газа уже тогда начали свое постепенное использование, например система диспетчерского управления и сбора данных (система SCADA). Система SCADA-это автоматизированная система позволяющая выполнять контроль производственных процессов. Система имеет множество удаленных терминалов–блоки управления (цифровые узлы), которые образуют сетевое соединение посредством проводной связи или радиосвязи. Эта система обладает компьютерной системой, которая имеет функцию диспетчерского мониторинга и управления. Система SCADA имеет следующие функции:

（1）采集和处理各数据节点的主要工艺过程变量数据。

(1) Сбор и обработка основных переменных данных технологических процессов с цифровых узлов.

（2）向数据节点发送命令，例如，关闭单井。

(2) Подача команд на цифровые узлы, например закрытие одиночной скважины.

（3）强大的人机对话功能。

(3) Функция обширного человеко-машинного интерфейса.

（4）显示动态工艺流程、工艺参数及其设备相关状态。

(4) Отображение статуса технологических процессов, технологических параметров и соответствующей индикации состояния оборудования.

（5）实时趋势曲线和历史曲线，数据存储及处理。

(5) Отображение в реальном времени кривой линии роста и кривой хода, хранение данных и их обработка.

（6）打印生产报表、报警和事件报告，支持 EXCEL 报表系统，用户能够根据生产的实际情况以及未来工作和管理模式的改变，定制自己需要的报表。

(6) Распечатка производственной отчетности, сигнализация и оповещение, поддержка EXCEL системы с отчетными таблицами. Пользователь может на основании действительного положения, изменять модель управления и параметры работы, а также может создавать собственные необходимые отчетные таблицы.

（7）可进行生产预测、宏观管理、经济分析等优化生产模式。

（7）Возможно создание производственных прогнозов, макроуправления, экономического анализа и прочих моделей оптимизации.

（8）具备完善的自诊断功能和强有力的维护功能，定时自动或人工启动诊断系统，并在操作员站（工程师站）上显示自诊断结果。自诊断系统包括全面的离线和在线诊断软件，诊断程序能检查系统设备故障和外部设备运行状态。

（8）Система обладает превосходной функцией самодиагностики и мощнейшей защитной функцией, позволяет в установленное время автоматически или вручную выполнять запуск системы диагностики, а также отображать результаты диагностики в операторской станции / инженерной станции. Система самодиагностики включает всестороннее офлайн и онлайн программное обеспечение. Диагностическая программа может проверять отказы оборудования, а также позволяет проверять рабочее состояние вспомогательного оборудования.

（9）网络监视及管理功能。

（9）Сетевой мониторинг и функция управления.

（10）提供应用数据服务，在确保安全的条件下，单向为应用软件提供数据服务。

（10）Предоставление сервисных данных. В условиях обеспечения безопасности, система может предоставлять сервисные данные прикладному программному обеспечению в одностороннем порядке.

SCADA 系统应用平台、通信网络和数据节点是 SCADA 系统应用中的三个基本单元，这三部分都可独立运行，但只有这三部协调工作起来后，才能真正实现 SCADA 系统应用。由于低成本的高速通信技术相对成熟，在 SCADA 系统解决方案中，已较少考虑通信方式的问题。数据节点，本质上就是带通信接口的数据终端单元，它可以是数据采集点相对较少的 RTU/PLC 系统等，也可以是数据量较大的分散控制系统（DCS-distribute control system）等。无论什么样的通信方式和数据节点，作为 SCADA 系统应用中最核心的 SCADA 系统应用平台都应该有能力高效的整合这些数据，以形成完整的 SCADA 系统应用。当前的 SCADA 系统应用主要有以下三个特点：

Прикладная платформа, коммуникационная сеть и цифровые узлы являются тремя основными компонентами системы SCADA. Эти три компонента могут работать в автономном режиме. Фактическая реализация системы SCADA может быть достигнута только лишь после того, когда эти 3 компонента начинают работать совместно. В виду низкой себестоимости скоростных коммуникационных технологий, в решении системы SCADA, мало уделяется внимания вопросу о виде связи. Цифровые узлы, по существу являются интерфейсом связи узла терминала данных, поэтому здесь возможно использование значительного малого количества места сбора данных таких систем как RTU/PLC, а также в виду этого возможен объем данных большей распределеннннной системы управления (DCS–distribute control system). Какой угодно вид связи и цифровой узел, могут быть применимы для системы SCADA в качестве прикладной платформы, но при этом они должны быть высокоэффективными и уметь интегрировать необходимые данные. Таким образом, формируется целостная система SCADA. В настоящее время система SCADA имеет следующие 3 особенности:

首先,要有高效的数据通信。SCADA 系统的数据源往往是数十个甚至成百上千个,与这些数据源高效通信是 SCADA 系统最基本也是最重要的功能。所谓高效,是指 SCADA 系统能够与所有的节点建立可靠的通信联系,同时建立高速的通信链路,使数据包能够在最短的时间内传输到目的地。

Прежде всего, высокая эффективность передачи данных. Система SCADA может иметь десятки, или даже сотни источников данных, поэтому система SCADA обладает возможностью высокой производительности по работе с этими источниками данных. Под так называемой высокой производительностью понимается возможность системы SCADA выполнять надежный обмен данными со всеми цифровыми узлами, одновременно с этим имея высокоскоростную линию связи, выполнять передачу пакета данных в адрес назначения за кратчайшее время.

其次,要保证数据的连续性。SCADA 系统中数量众多的数据节点在地域上是极为分散的,数据的实时性、可靠性以及连续性难以得到保障。尤其对于连续性,它是 SCADA 系统对数据的一种特殊要求,即在通信中断的情况下,数据能够自动缓存,当通信恢复时,这些缓存的数据自动补传至数据库,使数据库的所有数据始终保持一定的时间连续性。这种需求有时也称作存储转发功能。

Во-вторых, обеспечение непрерывности данных. Многочисленное количество цифровых узлов системы SCADA может быть крайне рассредоточено, поэтому достаточно сложно обеспечить надежность и непрерывность при работе с данными. В особенности это касается непрерывности, ведь для системы SCADA, непрерывность-это важнейшее требование. При обрыве связи, данные автоматически сохраняются в буферной памяти и после того как связь восстанавливатся, данные из буферной памяти автоматически передаются в базу данных, а в базе данных-все данные постоянно хранятся в течение установленного времени, тем самым обеспечивая непрерывность. Такого рода требование иногда также называется функцией сохранения и передачи данных.

最后，支持大量数据的访问。在早期的油气项目中，SCADA 系统实际上只包含 RTU（Remote Terminal Unit，远程终端单元）、PLC（Programmable Logic Controller，可编程逻辑控制器）一般控制设备等，结构简单，以点对点结构和慢速通信的方式为主，以单节点的少量数据为主。随着信息技术的发展，SCADA 系统的定义有了广泛的外延，尤其是通信技术的突飞猛进，使得广泛的快速通信成为可能，因此对于数据量的要求也越来越大。

В-третьих, поддержка доступа к данным большого объема. На ранних этапах нефтегазовых проектов, система SCADA охватывала лишь RTU（Remote Terminal Unit, удаленное терминальное устройство）, PLC（Programmable logic Controller, программируемый логический контроллер）– обычное контрольное оборудование, простые конструкции, работающие по принципу «точка–тире» и низкоскоростные способы связи, а количество узлов при этом было очень маленьким. По мере развития информационных технологий, система SCADA начала охватывать широкий диапазон формулировок, а в особенности развился исключительный рост коммуникационных технологий, что обеспечило возможность получения быстродействующей связи, по этой причине и стали расти требования к объемам данных.

针对这些特点及要求，需对 SCADA 系统应用中的结构进行更多的优化，以满足当前应用的需要。其中，采用分布式技术就是一个较好的方法。分布式系统是一组自治的计算机系统的集合，通过网络相互连接，实现资源共享和协调工作，而呈现给用户的是一个完整的计算机系统。分布式系统首先要强调的是分散自治，即每个分散的节点可以独立运行，不需要依靠其他的节点的运行而运行；其次，各个分散的节点在逻辑上相互关联，形成一个大的系统，以实现更为复杂的需求。

Заостряя внимание на этих особенностях и требованиях, для системы SCADA появилась большая необходимость в оптимизации ее структуры, для того чтобы в полной мере удовлетворять требования текущего времени. Поэтому, использование распределенных технологий является наиболее предпочтительным методом работы. Распределенные системы–это группа автономных компьютерных систем, которые посредством сетевой взаимосвязи могут выполнять совместное использование ресурсов и взаимодействие, а для пользователя это будет все представлено как одна цельная компьютерная система.

Принцип распределенных систем заключается именно в автономном распределении, при этом предоставляя возможность автономной работы для каждого отдельного распределенного узла, при этом, не опираясь на работу каких-либо других узлов; Каждый отдельный распределенный узел в логическом соотношении формирует одну большую систему, что позволяет реализовать еще более сложные потребности.

2.1.2　典型 SCADA 系统方案

2.1.2　План типичной системы SCADA

SCADA 系统是由调度控制中心计算机控制系统、站控系统（SCS）和远程终端装置（RTU）等通过通信系统连接而成的网络控制系统。

Система SCADA состоит из компьютерной системы ЦОДУП, системы управления станцией（SCS）и пульта дистанционного управления（RTU）, а также прочих систем связи и сетевых систем управления.

气田 SCADA 系统一般采用三级网络结构：

Система SCADA для газовых месторождений обычно использует трехуровневую сетевую структуру:

第一级为气田 SCADA 系统调度控制中心，该中心完成全气田的监控、调度和管理；

Первый уровень-ЦОДУП для системы SCADA для газовых месторождений. Этот центр позволяет выполнить мониторинг газового месторождения, диспетчерование и управление;

第二级为设置在集气站的站控系统（SCS）、天然气处理厂（DCS）等；

Второй уровень-система управления станцией（SCS）, которые установлены на газосборных пунктах, распределенная система управления（DCS）на ГПЗ и так далее;

第三级为各单井站等设置的远程终端装置（RTU）。

Третий уровень-пульт дистанционного управления（RTU）, который установлен на станции одиночной скважины.

典型的 SCADA 系统网络结构图如图 2.1.1 所示。

Сетевая структура типичной системы SCADA показана на рис. 2.1.1.

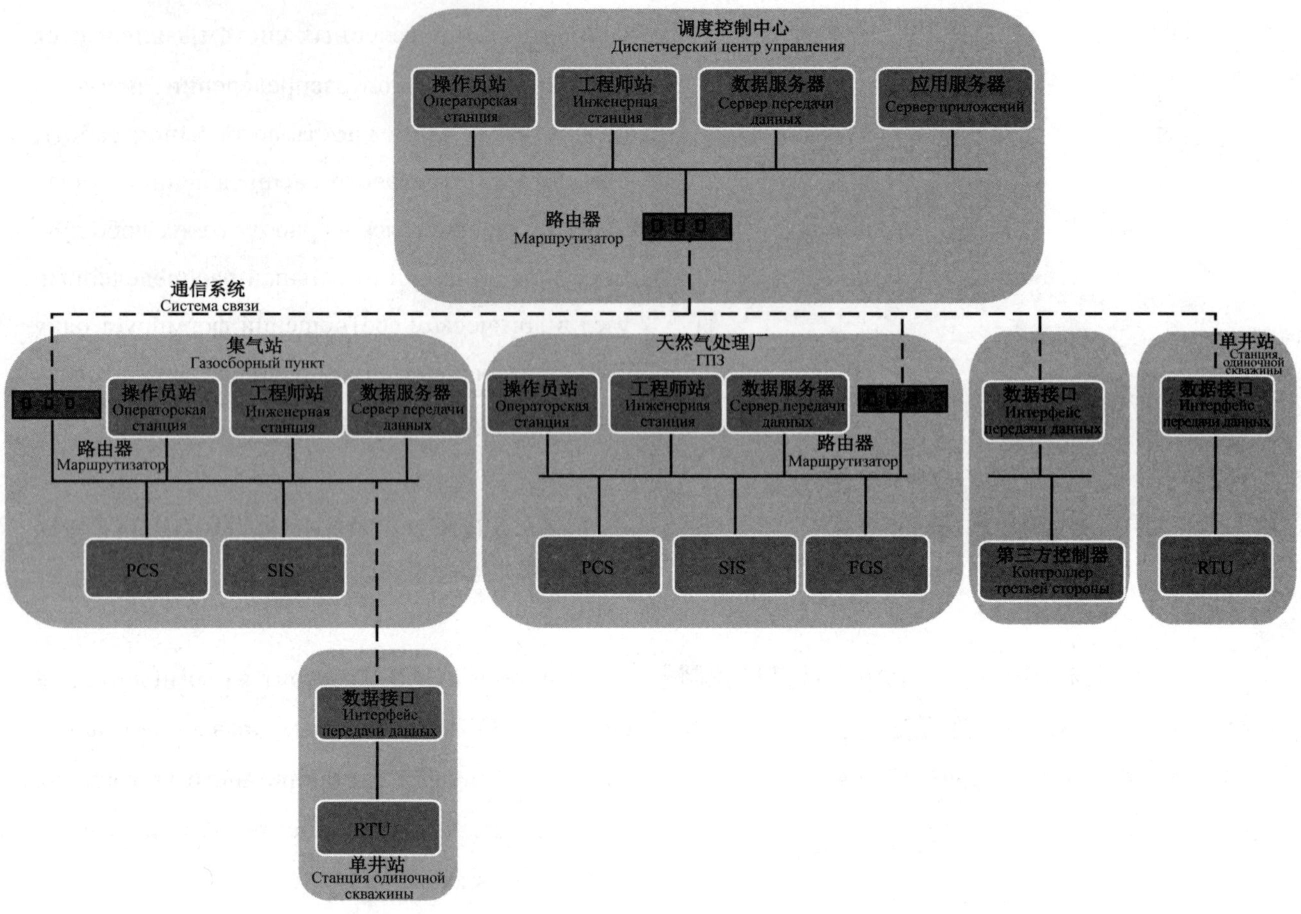

图 2.1.1 典型 SCADA 系统网络结构图

Рис. 2.1.1 Сетевая структура типичной системы SCADA

2.1.2.1 调度控制中心计算机系统

调度控制中心计算机系统一般按客户机／服务器结构设置,支持分布式多服务器结构。其局域网采用 100/1000Mbps 高速以太网。操作员工作站、工程师工作站等均作为局域网上的一个节点,共享分布式数据服务器的资源。为提高系统的可靠性,分布式数据服务器可采用双机热备,局域网冗余配置。

2.1.2.1 Компьютерная система ЦОДУП

Компьютерная система ЦОДУП обычно создается на основании структуры клиент / сервер, при этом имеется поддержка структуры с распределенными серверами. В качестве локальной сети используется 100/1000Mbps высокоскоростная сеть Ethernet. Рабочая операторская станция, рабочая станция инженера по отдельности расположены на локальной сети в виде отдельных узлов, при этом идет совместное использование сервера распределенных баз данных. Для того чтобы повысить надежность системы, сервер распределенных баз данных может иметь избыточную компоновку в локальной сети.

数据通信系统符合 ISO 通信系统互连(OSI)协议(支持 TCP/IP、Modbus、OPC 等协议),使用标准硬件接口及工业标准。

Система передачи данных соответствует ISO системе связи (OSI) протокола (также имеется поддержка TCP/IP, Modbus, OPC и прочих протоколов), используя при этом стандартный аппаратный интерфейс и промышленный стандарт.

调度控制中心计算机系统结构图如图 2.1.2 所示。

Структура компьютерной системы ЦОДУП показана на рис. 2.1.2.

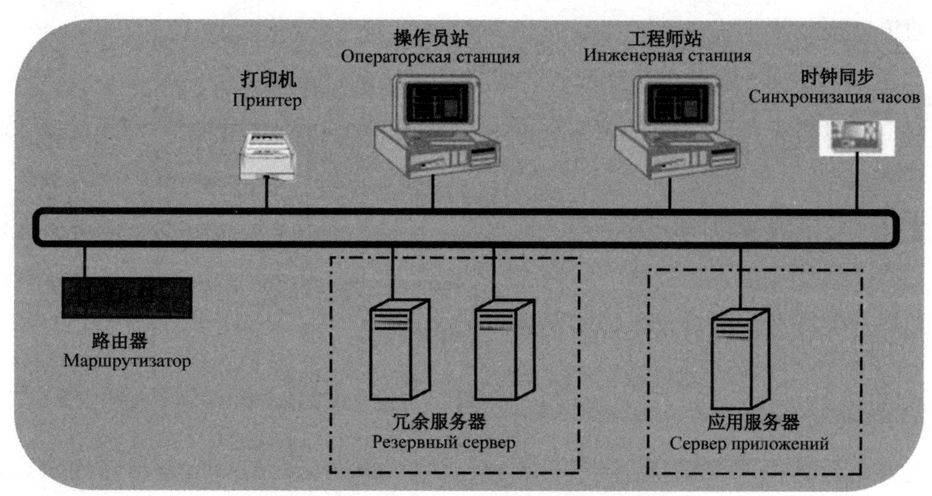

图 2.1.2 调度控制中心计算机系统结构图

Рис. 2.1.2 Структура компьютерной системы ЦОДУП

调度控制中心主要功能包括:

(1)数据采集和处理;

(2)工艺流程的动态显示;

(3)报警显示、报警管理以及事件的查询、打印;

(4)实时数据的采集、归档、管理以及趋势图显示;

(5)历史数据的存储、归档、管理以及趋势图显示;

(6)生产统计报表的生成和打印;

Основные функции ЦОДУП включают:

(1) Сбор и обработка данных;

(2) Динамическое отображение технологического процесса;

(3) Предупредительное оповещение, выполнение запросов о неисправностях и предупреждениях, распечатка;

(4) Сбор данных реального времени, создание архивов, управление и отображение графиков;

(5) Сохранение данных за определенный период времени, создание архивов, управление и отображение графиков;

(6) Создание и распечатка производственной статистической отчетности;

（7）标准组态应用软件；

（7）Прикладное программное обеспечение со стандартными конфигурациями；

（8）用户生成的应用软件的执行；

（8）Исполнение пользовательского прикладного программного обеспечения；

（9）紧急停车；

（9）Аварийная остановка работы；

（10）系统诊断；

（10）Системная диагностика；

（11）网络监视及管理；

（11）Мониторинг и управление сетью；

（12）通信通道监视及管理；

（12）Мониторинг и управление каналом связи；

（13）通信通道故障时主备信道的自动切换；

（13）Автоматическое переключение канала связи при возникновении сбоев；

（14）为数字化气田建设提供实时数据等。

（14）Являясь оцифровкой газового месторождения，предоставление данных реального времени.

2.1.2.2 站控系统

2.1.2.2 Система управления станцией

站控系统主要由计算机网络系统、分布式数据服务器、过程控制单元、操作员工作站、数据通信接口和系统软件等构成。作为 SCADA 系统的数据节点，站控系统分布式数据服务器既负责采集站场上的工艺过程数据，又将数据上传至调度中心的 SCADA 系统分布式服务器。同时接受并执行调度控制中心下达的指令。

Система управления станцией главным образом состоит из системы компьютерной сети，сервера распределенных баз данных，блока управления процессами，рабочей операторской станции，интерфейса передачи данных，системного программного обеспечения，и прочих составляющих. Являясь узлом данных системы SCADA，сервер распределенных баз данных для системы управления станцией отвечает не только за сбор данных о технологическом процессе на станции，но и за загрузку данных на сервер распределенных баз данных для системы SCADA ЦОДУП，одновременно принимает и выполняет команды от ЦОДУП.

数据通信支持 TCP/IP、Modbus 协议。

Передача данных поддерживает TPC/IP，Modbus протоколы.

站控系统结构图如图 2.1.3 所示。

Структура системы управления станцией показана на рис. 2.1.3.

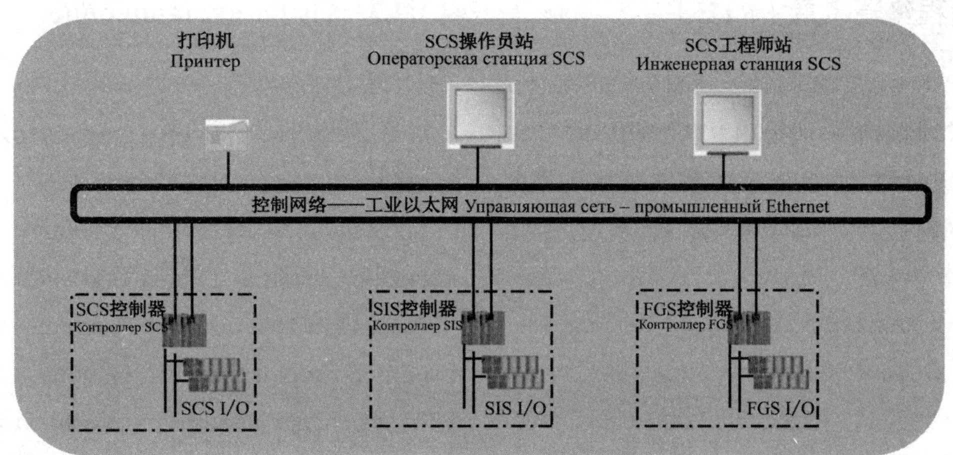

图 2.1.3 站控系统结构图

Рис. 2.1.3 Структура системы управления станцией

站控系统具有以下主要功能：

Система управления станцией обладает следующими основными функциями:

（1）接受并执行调度控制中心的控制命令，进行站场控制和设定值调整，并能独立工作；

（1）Прием и выполнение управляющих команд от ЦОДУП, выполнение управления над станцией и регулирование установленных значений, а также независимая работа системы;

（2）过程变量的采集和数据处理；

（2）Сбор переменных процесса и обработка данных;

（3）向调度控制中心传送必要的工艺过程数据和报警信息；

（3）Передача в ЦОДУП необходимых данных о технологических процессах и передача предупреждающей информации;

（4）工艺流程、动态数据显示；

（4）Отображение данных о технологических процессах и отображение динамических данных;

（5）设备的运行状态检测；

（5）Проверка рабочего состояния оборудования;

（6）工艺参数的报警、存储、记录及打印；

（6）Оповещение о технологических параметрах, сохранение данных, ведение записей и распечатка данных;

（7）主要工艺过程参数的控制；

（7）Контроль параметров основных технологических процессов;

（8）故障自诊断。

（8）Самодиагностика неисправностей.

2.1.2.3 远程终端装置（RTU）

单井站控制系统一般采用RTU，利用RTU采集井口的工艺参数，并上传至所属集气站或调度控制中心，同时接受并执行集气站或调度控制中心下达的命令。

数据通信支持TCP/IP、Modbus协议。

RTU结构图如图2.1.4所示。

2.1.2.3 Пульт дистанционного управления（RTU）

В качестве системы управления станцией одиночной скважины обычно используется RTU. С применением RTU можно собирать технологические параметры с устья скважины, а также передавать эти параметры в подчиненный газосборный пункт или ц ЦОДУП. Одновременно с этим, RTU позволяет принимать и выполнять команды от газосборного пункта или ЦОДУП.

Передача данных поддерживает TPC/IP, Modbus протоколы.

Структура RTU показана на рис. 2.1.4.

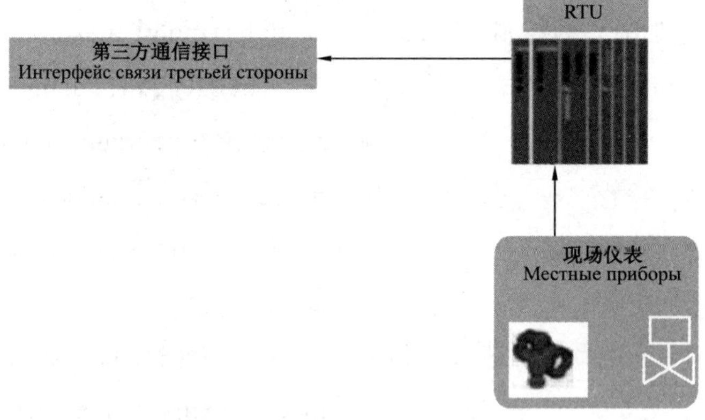

图 2.1.4 RTU结构图

Рис. 2.1.4 Структура RTU

RTU具有以下主要功能：

（1）过程变量的采集、控制和数据存储及处理；

（2）监控线路紧急截断阀的运行状态；

（3）逻辑控制；

（4）执行关阀命令；

（5）供电系统的监控；

RTU обладает следующими основными функциями:

（1）Сбор и управление переменными процесса, хранение и обработка данных;

（2）Мониторинг рабочего состояния аварийного линейного отсечного клапана;

（3）Логический контроль;

（4）Выполнение команд для запорного клапана;

（5）Мониторинг и контроль системы электроснабжения;

（6）采集可燃气体和有毒气体检测信号；

（6）Сбор сигналов обнаружения горючего и отравляющего газа;

（7）为调度控制中心提供有关数据；

（7）Предоставление релевантных данных ЦОДУП;

（8）接受并执行调度控制中心下达的命令。

（8）Прием и выполнение команд со стороны ЦОДУП.

2.1.2.4 SCADA 系统的发展

2.1.2.4 Развитие системы SCADA

SCADA 系统在不断完善和发展，其技术进步一刻也没停止过。随着石油天然气工业对 SCADA 系统需求的提高，对 SCADA 系统也提出了新的要求。主要有以下几点：

Система SCADA непрерывно совершенствуется и развивается. Технический прогресс этой системы невозможно остановить. В настоящее время, по мере повышения требований к системе SCADA по отношению к нефтегазовой промышленности, для системы SCADA выставляются новые требования. Основные требования описаны ниже:

（1）SCADA 系统与其他管控系统的广泛集成和兼容；

（2）专家系统、模糊决策、神经网络等新技术研究的应用；

（3）面向对象技术、网络技术的应用。

（1）Широкая интеграция и совместимость системы SCADA с другими системами управления;

（2）Применение экспертных систем, размытых решений, нейронных сетей и прочих новейших результатов технологических исследований;

（3）Применение объектно-ориентированных технологий и сетевых технологий.

2.1.3 SCADA 系统的工程应用

2.1.3 Применение системы SCADA при инженерных работах

在巴格德雷合同区域 B 区以及南约洛坦气田中，SCADA 系统在网络结构以及硬件配置上基本一致，网络结构上均采用三级网络结构，SCADA 系统采用西门子公司 SCADA 系统平台。以下章节以巴格德雷合同区域 B 区 SCADA 系统的应用进行说明。

В Блоке Б на договорной территории «Багтыярлык» и на м/р «Южный Елотен», система SCADA в сетевой архитектуре и в составе аппаратного оборудования главным образом одинаковая. Сетевая структура представлена в виде трехуровневой сетевой структуры, а также в системе SCADA используется платформа системы SCADA от SIEMENS. Далее описаны пункты которые использовались системой SCADA для Блока Б на договорной территории «Багтыярлык».

巴格德雷合同区域B区生产调度控制中心SCADA系统对区内的单井站、阀室、站场、第二天然气处理厂等进行连续的监控和管理，确保数据采集、储存的完整性、及时性、准确性、安全性和可靠性，能够满足气田开发的需要。

Система SCADA ЦОДУП Блока Б предназначена для осуществления непрерывного мониторинга и управления станцией одиночной скважины, крановым узлом, станцией, ГПЗ-2 и т.д., которые расположены в Блоке Б на договорной территории «Багтыярлык», и обеспечивает целостность, своевременность, точность, безопасность и надежность сбора и хранения данных, чтобы удовлетворить требованиям к развитию газового месторождения.

2.1.3.1 SCADA系统网络结构

2.1.3.1 Сетевая структура системы SCADA

生产调度控制中心的SCADA系统采用三级网络结构：

第一级为巴格雷合同区域B区生产调度控制中心计算机系统，该中心设置在第二天然气处理厂综合楼内；

第二级为设置在别列克特利集气站、皮尔古伊集气站、扬古伊集气站、恰什古伊集气站的站控系统（SCS）、安全仪表系统（SIS）、火气系统（F&GS）以及在第二天然气处理厂中央控制室设置的过程控制系统（DCS）、SIS及F&GS系统；

第三级为别列克特利集气站、皮尔古伊集气站、扬古伊集气站、恰什古伊集气站所属单井站设置的远程终端装置（RTU）。

SCADA系统网络结构图如图2.1.5所示。

Система SCADA ЦОДУП использует трехуровневую сетевую структуру:

Первый уровень–компьютерная система ЦОДУП Блока Б на договорной территории «Багтыярлык», который предусмотрен в АБК ГПЗ-2；

Второй уровень-система управления станцией（SCS），инструментальная система безопасности（SIS）и система аварийной сигнализации и обнаружения огня и газа（F&GS）на газосборных пунктах Берекетли，Пиргуйы，Янгуйы и Чашгуйы，а также система управления процессом，инструментальная система безопасности（SIS）и система аварийной сигнализации и обнаружения огня и газа（F&GS）на ЦПУ ГПЗ-2；

Третий уровень-пульты дистанционного управления（RTU），установленные в станциях одиночной скважины，принадлежающих к газосборным пунктам Берекетли，Пиргуйы，Янгуйы и Чашгуйы.

Сетевая структура системы SCADA показана на рис. 2.1.5.

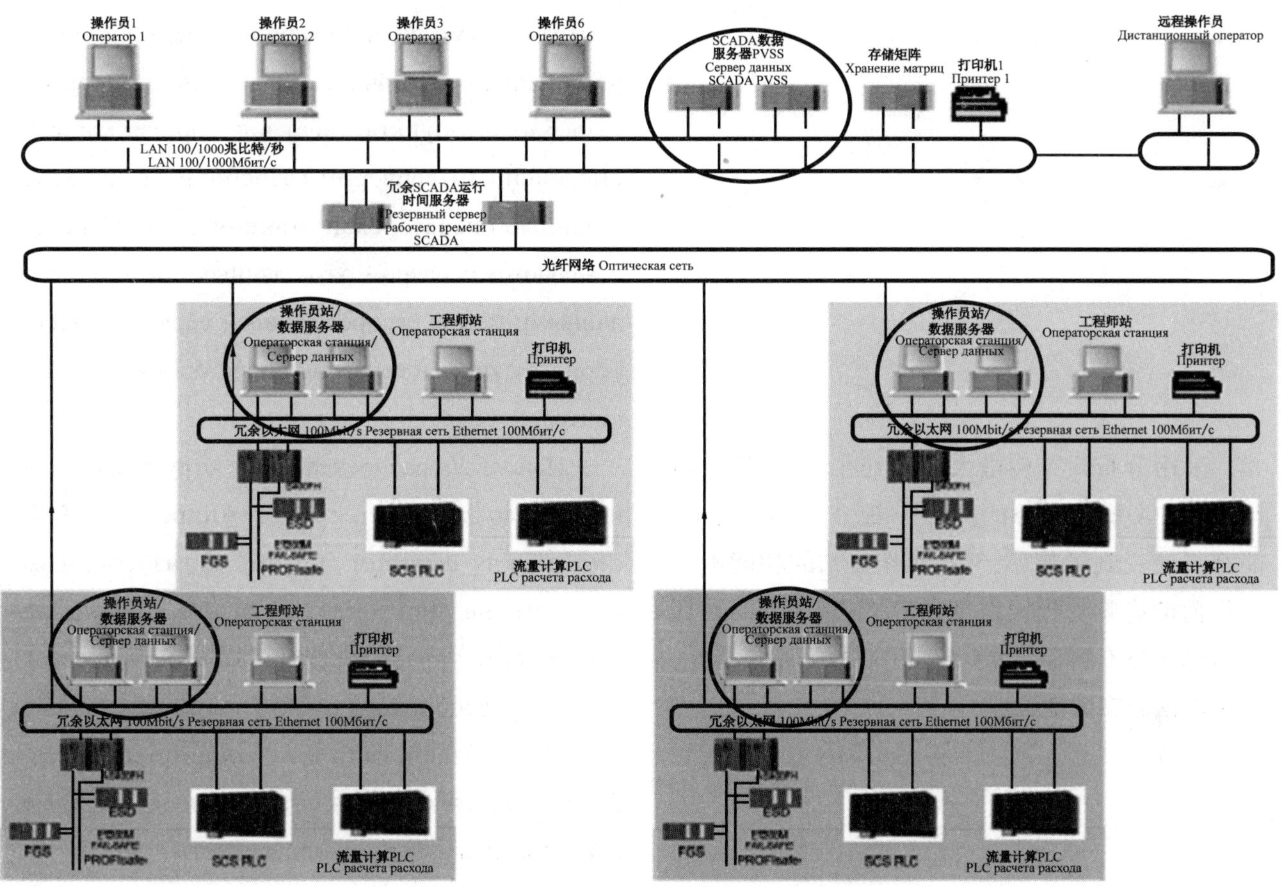

图 2.1.5 SCADA 系统网络结构图

Рис. 2.1.5 Сетевая структура системы SCADA

SCADA 系统采用西门子公司基于 PVSS 软件的分布式可扩展架构的 SCADA 系统平台。集气站监控平台在早期是作为独立的 PVSS 一个分布式服务器应用。当 SCADA 系统中心完善后,利用 PVSS 的分布式特性,将集气站的服务器无缝地融入 SCADA 系统数据平台,作为整个 SCADA 系统分布式服务器的一个节点,进行数据的统一管理。此时,SCADA 系统中心操作员站和集气站操作员站的控制功能是一样的,唯一的区别在于,集气站操作员站直接与集气站分布式服务器交互,而中心操作员站的数据则是由集气站分布式服务器与中心站服务器数据交换后,由中心站数据服务器提供数据。

В системе SCADA используется платформа от компании SIEMENS, которая базируется на PVSS программном обеспечении с распределенной структурой открытого типа. Платформой для мониторинга газосборного пункта на раннем этапе являлся независимый PVSS распределенный сервер. После усовершенствования системы SCADA, используя PVSS с распределенной специфной, сервер газосборного пункта стал иметь связь с системой SCADA, являясь при этом сервером распределенного типа, при этом обеспечивая единое управление данными. В настоящее время, функции управления операторской станции газосборного пункта и операторской станции центра системы SCADA одинаковые. Единственная разница заключается в том, что оператор газосборного пункта имеет прямую связь с распределенным сервером газосборного пункта, а данные операторской станции центра предоставляются сервером базы данных после обмена данными между распределенным сервером газосборного пункта и сервером операторской станции центра.

采用分布式结构最大的好处在于,当集气站与 SCADA 系统中心的网络中断后,任何控制功能都不会受到影响,集气站操作员站的功能不受到任何的影响。当网络恢复后,中断期间的数据能够自动补传到SCADA系统中心数据服务器上,保证数据的连续性。

Используя распределенную структуру, преимущество заключается в том, что после обрыва сети между центром системы и газосборным пунктом, не произойдет никакого влияния на способность управления, при этом операторская станция газосборного пункта также не получит никакого воздействия на функциональность. После восстановления сети, данные, которые образовались в период обрыва сети, смогут автоматически передаться в сервер данных центра системы SCADA, тем самым обеспечивая непрерывность данных.

该 SCADA 系统特点如下:

Такая система SCADA имеет следующие особенности:

(1)SCADA 系统架构采用西门子公司 PVSS 软件的分布式架构实现,同时与各种 PLC/RTU 能很好地集成。

(1)В качестве структуры системы SCADA применяется PVSS программное обеспечение с распределенной структурой от компании SIEMENS, которая также обладает хорошей интеграцией с различными PLC/RTU.

(2)各集气站与调度控制中心的计算机系统通过光纤以太网络进行数据交换与通信。

(2)Компьютерная система любого ЦОДУП и газосборных пунктов посредством оптико-волоконной сети Ethernet устанавливает связь и выполняет обмен данными.

(3)B 区的 4 座集气站每座均采用 1 套冗余 PVSS 分布式服务器,通过 MODBUD-TCP 协议与 ACE 3600 PLC 系统通信,通过 S7 协议与西门子 AS 400 FH 系统通信。基于 SCADA 系统中心

(3)Для каждого из 4 газосборных пунктов Блока Б применяется сервер распределенных баз данных PVSS. Посредством протокола MODBUD-TCP устанавливалась связь с системой ACE 3600,

的操作员站,可以根据功能划分不同显示不同的监控界面,产生趋势并且生成报表。4座集气站的分布式数据服务器的数据会完整地传输到调度控制中心的PVSS实时服务器和历史服务器,用于归档存储和展示。

а связь с системой AS 400 FH устанавливалась посредством протокола S7. При помощи операторской станции центра системы SCADA, можно на основании функционального разбиения, по-разному отображать различный интерфейс для мониторинга. Данные серверов распределенных баз данных 4 газосборных пунктов могут полностью передаваться на сервер баз данных реального времени и сервер баз исторических данных PVSS ЦОДУП, который используется для создания архивов и дальнейшего использования данных.

(4)调度控制中心采用1对PVSS冗余实时服务器通过光纤以太网采集现场4套PVSS分布式数据服务器的数据进行集中监控,1对PVSS冗余历史服务器进行数据的历史归档。同时,此冗余服务器也为7台客户端提供数据和通信连接,包括处理厂控制室的远程操作员站。

(4) В ЦОДУП используется 1 пара резервного сервера баз данных реального времени PVSS, который посредством оптико-волоконной сети Ethernet выполняет централизованный мониторинг данных от 4 серверов распределенных баз данных PVSS на месте, а 1 пара резервного сервера баз исторических данных выполняет архивацию данных. Наряду с этим, эти резервные серверы также предоставляют данные и устанавливают соединение с 7 клиентскими терминалами, включая дистанционную операторскую станцию в ПУ ГПЗ.

(5)历史数据服务器的数据并非保存在数据服务器本身,而是保存在外部存储磁盘阵列中。此磁盘阵列支持热插拔,便于数据的备份、保存、扩展。

(5) Данные сервера баз исторических данных вовсе не сохраняются в сервере данных. Эти данные сохраняются во внешнем запоминающем устройстве дисковых массивов. Эти дисковые массивы поддерживают горячее подключение, что очень удобно для создания резервных копий данных, сохранения и расширения.

(6)调度控制中心另外有6台PVSS客户端与服务器相连,作为扩展显示使用。

(6) Кроме того, еще 6 клиентских терминалов PVSS в ЦОДУП соединяются с серверами, это обеспечивает возможность для расширения.

(7)调度控制中心另有1台PVSS工程师站作为日常项目的更新和维护操作,同时进行日常的报表产生和输出。

(7) В ЦОДУП еще имеется 1 PVSS инженерная станция, которая служит для выполнения ежедневных обновлений и эксплуатационных операций. Одновременно с этим, станция позволяет подготавливать ежедневные отчеты и передавать их.

(8)调度控制中心冗余服务器可通过 DNP3、OPC 的方式与其他第三方控制系统做数据交换，包括处理厂 DCS 数据等。对于现场的各种设备，可根据需要配置各种驱动，直接对现场设备进行数据访问。

(8) Резервный сервер диспетчерского центра управления может выполнять обмен данными по протоколу DNP3, технологии OPC с другими системами управления третьей стороны, включая обмен данными со системой DCS ГПЗ. Можно загружать драйверы на местные устройства при необходимости, чтобы осуществить прямой доступ к данным местных устройств.

(9)系统将各类服务器、工程师站以及操作员站的职能严格分开，保证数据传输的稳定性与实时性。

(9) Система строго разделяет функции для различных серверов, инженерных станций и операторских станций, гарантируя стабильность передачи данных реального времени.

(10)SCADA 系统中心网络均为冗余配置。

(10) Сеть системы SCADA имеет равную резервную компоновку.

(11)GPS 授时系统通过接受标准 GPS 信号，通过 NTP 协议对网络需授时终端进行授时。

(11) GPS система посредством принятия стандартного GPS сигнала, за счет протокола NTP передает сигнал времени для терминала в сети.

2.1.3.2 调度控制中心

2.1.3.2 ЦОДУП

调度控制中心是气田控制系统的中心，在正常情况下操作人员在调度控制中心通过计算机系统即可完成对气区各气田的监控和运行管理、远程维护、编程组态、数据及程序下载等任务。

ЦОДУП-это центр системы управления для газового месторождения. При обычной работе, оператор в ЦОДУП при помощи компьютерной системы может выполнять полное управление и мониторинг газового месторождения, кроме того может выполнять удаленное обслуживание, программировать рабочие конфигурации, рабочие данные, последовательно загружать их и так далее.

SCADA 系统由操作员站、工程师站、冗余的分布式数据服务器(实时服务器和历史服务器)、冗余的通信网络等组成。

Система SCADA состоит из операторской станции, инженерной станции, резервного сервера распределенных баз данных (сервера баз данных реального времени и сервера баз исторических данных), резервной коммуникационной сети и прочих составляющих.

(1)SCADA 系统实时服务器。

(1) Сервер баз данных реального времени системы SCADA.

SCADA系统实时服务器负责处理、存储、管理从现场的DCS/PLC/RTU等采集的实时数据，并为网络中的其他服务器和操作员站提供实时数据，实时数据存放在实时数据库中。实时数据服务器中运行PVSS服务软件，它完成与SCADA系统中各站的DCS/RTU/PLC及其他数据源的通信链接、协议转换、网络管理等任务。

Сервер баз данных реального времени системы SCADA отвечает за обработку, сохранение, управление и сбор данных реального времени с DCS/PLC/RTU находящихся на месте. Кроме того, этот сервер предоставляет данные реального времени для прочих серверов внутри сети и для операторских станций. Также сервер позволяет сохранять данные реального времени. Данный сервер работает на PVSS программном обеспечении. Данное программное обеспечение позволяет устанавливать связь системы SCADA с DCS/PLC/RTU на различных станциях, а также позволяет устанавливать связь с другими источниками данных, конвертировать протоколы, выполнять управление сетью и многое другое.

实时数据服务器采用热备冗余配置方式。在硬件上，配置2套完全相同的服务器；在软件上，利用PVSS软件的冗余特性，将实时服务器的功能均衡地分配到2套服务器上，并且互为冗余。这样既保证了服务器的负载均衡，又保证了服务器功能的可靠。

Сервер баз данных реального времени использует способ «горячей» резервной компоновки. В аппаратной части установлено два идентичных сервера; В программной части используется PVSS программное обеспечение с резервной спецификой, которое позволяет сбалансированно распределять данные реального времени между двумя серверами. Таким образом, обеспечивается сбалансированная нагрузка на серверы и надежная функциональность серверов.

（2）历史服务器（数据服务器）。

（2）Сервер баз исторических данных（сервер баз данных）.

SCADA系统实时服务器主要完成历史数据的存储、管理，并为网络中的其他服务器和操作员站提供数据。服务器运行标准数据库软件ORACLE，提供开放的软件接口和标准物理接口，并且提供API接口，供特殊的数据应用的需求。历史数据服务器同样采用热备冗余配置方式。在硬件上，配置2套完全相同的历史数据服务器；在软件上，利用PVSS软件的冗余特性，将历史数据服务器的功能均衡地分配到2套服务器上，并且

Сервер баз данных реального времени системы SCADA сохраняет основные исторические данные, выполняет управление данными, а также предоставляет данные для других серверов и операторских станций в сети. Сервер работает на стандартном программном обеспечении для базы данных ORACLE, обеспечивая при этом свободный программный и физический интерфейс, а также обеспечивает API интерфейс, предоставляя

互为冗余,互为备份。这样既保证了服务器的负载均衡,又保证了服务器功能的可靠。当一个数据服务器发生故障的情况下,另外一个数据服务器自动接替发生故障的服务器所具有的功能,在故障恢复后,自动进行数据的同步,保证了数据的完整性及一致性的要求。整个 SCADA 系统的按照 100000 点的规模来配置。

использование особых данных. Сервер баз исторических данных тоже использует способ «горячей» резервной компоновки. В аппаратной части установлено два идентичных сервера для исторических данных; В программной части используется PVSS программное обеспечение с резервной спецификой, которое позволяет сбалансированно распределять исторические данные между двумя серверами, обеспечивая возможность для создания резервных копий. Таким образом, обеспечивается сбалансированная нагрузка на серверы и надежная функциональность серверов. В случае выхода из строя одного из серверов, другой сервер автоматически заменяет функционал сервера, который вышел из строя. После восстановления неполадок, в автоматическом режиме происходит синхронизация данных, тем самым обеспечивается целостность и единство данных. Целостная система SCADA может иметь компоновку в соответствии с 100000 пунктами.

此外,在此冗余的历史服务器上还实现了数据服务器的功能,即将外部对 SCADA 系统的数据访问需求,以标准数据接口的形式或者 API 的形式或者映射的数据库的形式提供给需要方,便于 SCADA 系统数据的二次开发利用。

Кроме того, на данном сервере баз исторических данных осуществляется функционал сервера базы данных, к которому обеспечивается доступ к данным вне системы SCADA. За счет интерфейса для стандартных данных, API типа или базы данных отражающего типа для доступа к данным, происходит вторичное развитие и применение системы SCADA.

(3)操作员站。

(3)Операторская станция.

操作员站是调度、管理人员和操作人员与 SCADA 系统中心计算机监控系统的人机接口(HMI),它在 SCADA 系统中作为客户端。通过操作员站可详细了解气田各站场的运行状况并下达命令,操作员站管理网络与历史、实时数据服务器互连并交换信息。

Операторская станция-это человеко-машинный интерфейс (HMI), который позволяет установить связь центра системы SCADA с диспетчером, управляющим персоналом и оператором. Операторская станция-это клиентский терминал в системе SCADA. При помощи операторской станции можно детально ознакомиться с рабочим состоянием различных станций на газовом месторождении. Кроме того операторская станция позволяет отдать команды по сети операторской станции в сервер баз данных реального времени и в сервер баз исторических данных. Также операторская станция позволяет выполнять обмен информацией.

操作员站运行 PVSS 平台软件，具有交互性好、功能强等优点。

Операторская станция работает на платформе программного обеспечения PVSS, которая обладает хорошей интерактивностью, мощным функционалом и прочими преимуществами.

（4）工程师站。

（4）Инженерная станция.

工程师站是系统工程师的操作平台。工程师可通过它对计算机监控系统的应用软件及数据库等进行维护和维修，同时还可以对系统进行再开发，实现其所允许的功能。同时，工程师站具有操作员站的所有功能，可单独作为 1 台具有最高权限的操作员站使用。运行的软件为 PVSS 集成开发软件包。

Инженерная станция-это рабочая платформа системного инженера. Инженер может посредством прикладного программного обеспечения от компьютерной системы мониторинга и также при помощи базы данных, выполнять обслуживание и профилактический ремонт. Также можно выполнять вторичное развитие системы, и обеспечивать к ней доступ. Одновременно с этим, инженерная станция обладает точно таким же функционалом, как и операторская станция и может использоваться как 1 отдельная станция. Рабочим программным обеспечением является PVSS интегрированный программный пакет.

（5）磁盘阵列。

（5）Дисковый массив.

SCADA 系统配置有 1 台冗余磁盘阵列，用于存储系统的历史数据和其他数据。

Конфигурация системы SCADA имеет 1 дисковый массив, который используется в качестве запоминающей системы для исторических и прочих данных.

（6）GPS 时钟同步。

（6）GPS часовой синхронизм.

SCADA 中心配置有 1 套 GPS 授时时钟设备及时钟同步管理软件，用于同步整个 SCADA 系统计算机的时钟，再与相应的控制器进行时钟同步。此设备通过以太网接口连接在控制系统网络上，采用 NTP 协议。任何支持 NTP 协议的终端都可进行时钟同步。

Конфигурация системы SCADA имеет 1 комплект GPS оборудования для передачи точного времени, а также управляющее программное обеспечение для часового синхронизма. Часовой синхронизм используется для синхронизации времени всех компьютеров в системе SCADA, а также для выполнения часового синхронизма соответствующих контроллеров. Данное оборудование, посредством соединения интерфейса Ethernet в сети системы управления, использует протокол NTP. Любой терминал поддерживающий протокол NTP может выполнять синхронизацию времени.

（7）通信接口。

PVSS 支持并提供 ODBC、OPC、API、DDE、OLE 等标准数据交换方式。尤其对于 OPC 支持尤为突出。它既可作为 OPC Server,又可作为 OPC Client,配置简单灵活,支持 OPC 基金会 1.0、2.0 标准。

（7）Интерфейс связи.

PVSS поддерживает, а также предоставляет ODBC, OPC, API, DDE, OLE способы обмена стандартными данными. В особенности это касается OPC–поддержка этого способа очень выделяющаяся. Он также может использоваться в качестве OPC Server и в качестве OPC Client, при этом установка их очень простая и оперативная. OPC может поддерживать стандарты 1.0 и 2.0.

SCADA 系统无论是硬件还是软件均支持多种设备、协议的接入,无论是常用的 MODBUS、PROFIBUS、DNP3 等设备级的通信,还是 OPC 等管理级的数据通信。

Система SCADA, несмотря на аппаратное и программное обеспечение, поддерживает подключение к различному оборудованию и протоколам. Несмотря на часто используемые связи MODBUS, PROFIBUS, DNP3 уровней оборудования, а также OPC, выполняется необходимая передача данных.

2.1.3.3 集气站

2.1.3.3 Газосборный пункт

集气站作为 SCADA 系统的一个数据节点,为 SCADA 中心上传数据,接受并执行 SCADA 系统中心下达的指令。

Газосборный пункт является цифровым узлом системы SCADA, он передает данные в центр системы SCADA, принимает и выполняет команды от центра системы SCADA.

每座集气站设置有冗余的 PVSS 分布式数据服务器,负责对所属集气站站控系统进行监控;同时,此数据服务器与 SCADA 中心数据服务器形成分布式应用,各集气站数据通过分布式通信机制,与 SCADA 中心数据进行同步,4 座集气站均设有冗余的 PVSS 分布式数据服务器,同时提供操作员画面。

Каждый газосборный пункт оснащен резервным сервером распределенных баз данных PVSS, который отвечает за мониторинг и контроль систем всех подчиненных газосборных пунктов; Кроме того, этот сервер с сервером центра системы SCADA образует распределенную прикладную систему. Данные каждого газосборного пункта, посредством устройства распределенной связи, синхронизируются с данными центра системы SCADA. 4 газосборных пункта обладают сервером распределенных баз данных PVSS, представляя тем самым оператору полную проекцию данных.

集气站站控系统网络结构图如图 2.1.6 所示。

Сетевая структура системы управления газосборным пунктом показана на рис. 2.1.6.

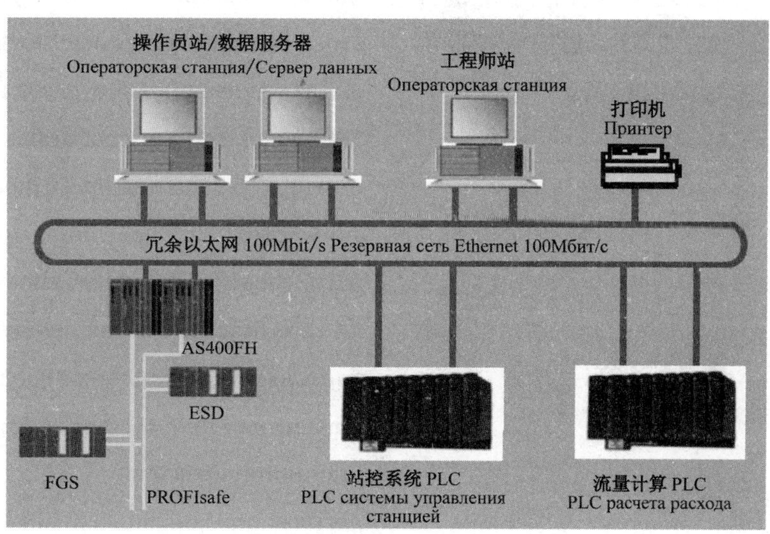

图 2.1.6 集气站站控系统网络结构图

Рис. 2.1.6 Сетевая структура системы управления газосборным пунктом

2.1.3.4 单井站

单井站采用 RTU采集井场数据,并通过 RTU 将数据上传至所属集气站,传输介质采用光缆,传输协议采用 MODBUS RTU,并接受和执行调度控制中心与集气站下达的指令。

2.1.3.4 Станция одиночной скважины

На станции одиночной скважины используется RTU для сбора данных с буровой площадки. Посредством RTU, данные передаются в газосборный пункт. В качестве передающей среды применяется волоконно-оптический кабель, а протоколом передачи является MODBUS RTU. Также здесь происходят прием и выполнение команд от ЦОДУП и газосборного пункта.

2.2 过程控制系统

工业控制计算机技术起步于20世纪50年代末期,经历了巡回检测装置、小型工业控制机、可编程控制器等几个阶段以后,70年代中期研制了小型工业控制计算机网络系统,到目前大量成熟的集散控制系统。目前实现过程控制系统的控制器主要有远程终端装置(RTU)、可编程控制器(PLC)以及分散控制系统(DCS)等。

2.2 Система управления процессами

Промышленная компьютерная техника для управления берет свой исход начиная с 50-х годов 20 столетия. Встретив на своем пути контрольно-измерительные устройства обегающего типа, малые промышленные контролирующие устройства, программируемые логические контроллеры, через некоторый отрезок времени, в середине 70-х годов была разработана малая система компьютерной сети для промышленного управления. До настоящего времени, большое количество распределенных систем управления уже получили свое развитие. В настоящее время, существует несколько основных контроллеров для системы управления процессами, а именно: пульт дистанционного управления (RTU), программируемый логический контроллер (PLC), а также распределенная система управления (DCS) и так далее.

2.2.1 过程控制系统介绍

2.2.1 Описание системы управления процессами

2.2.1.1 远程终端装置RTU

RTU是以计算机为核心的小型数据采集和控制装置,具有可靠性高、编程组态灵活、通信能力强、维护方便、供电方式灵活、可适应恶劣环境条件等特点,具有数据采集及处理、数据存储、逻辑控制、数学运算及通信等功能,可用于单井站和远控阀室等的监控。

2.2.1.1 Пульт дистанционного управления (RTU)

RTU является ядром компьютера, при этом выступая в качестве малогабаритного устройства управления и сбора данных. RTU обладает высокой надежностью, может быть оперативно перепрограммирован, имеет мощную пропускную способность, очень удобен в обслуживании, имеет оперативный метод подачи тока, пригоден для эксплуатации в окружающей среде с неблагоприятными условиями. RTU может выполнять сбор данных, обработку данных, хранение данных, также может выполнять логический контроль, математические расчеты и устанавливать соединение. RTU может использоваться для мониторинга и контроля станций одиночных скважин, а также для диспетчерского клапанного блока.

RTU是由CPU、电源、储存器和过程I/O构成的控制器,也可配置作为人/机界面的LCD触摸屏或外置LCD显示器,用于工艺参数显示和操作控制。

RTU состоит из CPU, источника питания, запоминающего устройства, I/O контроллера. Также RTU может комплектоваться сенсорным LCD экраном с интерфейсом человек/машина или внешним LCD экраном, который используется для управления и отображения технологических параметров.

RTU系统通过组态软件进行编程和上/下装程序。若配置有LCD显示屏,则配套LCD显示屏的显示组态软件。

Система RTU, посредством конфигурационного программного обеспечения позволяет загружать/выгружать программы. Если устройство комплектуется LCD экраном, то LCD экран позволяет отображать конфигурационное программное обеспечение.

典型RTU的典型结构框图如图2.2.1所示。

Типичная структура RTU показана на рис. 2.2.1.

(1)硬件、软件。

(1) Аппаратное обеспечение, программное обеспечение.

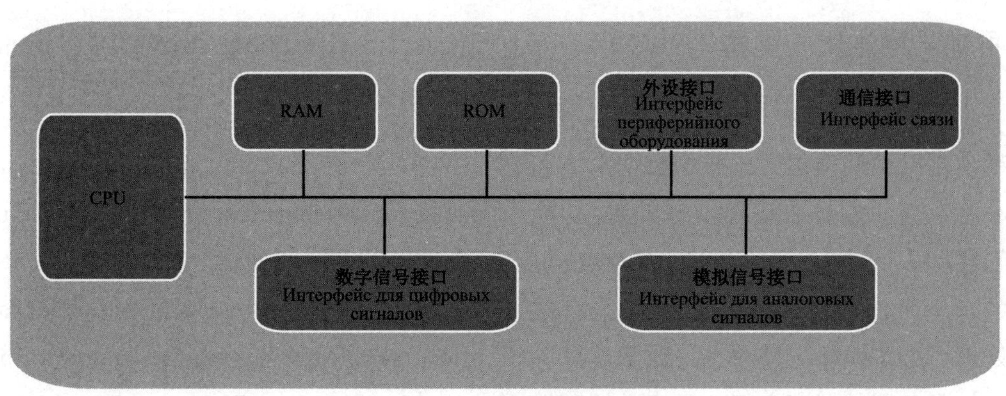

图2.2.1 RTU典型结构框图

Рис. 2.2.1 Типичная структура RTU

RTU的硬件结构一般采用模块化结构，具有较强的扩展性。RTU的处理器通常为32位CPU，存储器备有相当余量且可扩展。在外电源失效时存储器中的程序、数据不会丢失。

В качестве конфигурации аппаратного обеспечения RTU обычно применяется модульная конфигурация, которая обладает сравнительно мощной способностью к расширению. В качестве процессора RTU обычно используется 32-битный CPU. Запоминающее устройство имеет достаточный объем памяти, который при этом также может быть расширен. В случае обрыва внешнего источника питания, программа запоминающего устройства позволяет не потерять данные.

RTU编程软件通常是一个功能强、使用灵活方便、界面友好的软件。RTU一般带有与计算机连接的接口，操作人员可在现场通过笔记本电脑读写RTU中的相关数据。

Программное обеспечение для программирования RTU в большинстве случаев имеет мощный функционал, оперативное использование данного программного обеспечения очень удобное, а интерфейс очень дружелюбный. RTU обычно имеет интерфейс для подключения компьютера, что в свою очередь, позволяет работникам прямо на объекте при помощи ноутбука считывать соответствующие данные с RTU.

（2）通信接口及协议。

（2）Интерфейс связи и протокол.

RTU支持Modbus TCP/IP或DNP3等通信协议，通信系统的接口通常采用串口RS–232/485或以太网接口RJ–45。

RTU поддерживает Modbus TCP/IP или DNP3 протокол связи. В качестве интерфейса системы связи обычно используется последовательный порт RS-232/485 или интерфейс Ethernet RJ-45.

2.2.1.2 可编程序逻辑控制器（PLC）

2.2.1.2 Программируемый логический контроллер（PLC）

PLC系统是以微处理器为核心的数据采集和控制的中小型装置。它具有编程组态灵活、功能齐全、通信能力强、维护方便、自诊断能力强、可适应恶劣的环境条件、可靠性高等特点。具有数据采集及处理、数据存储、逻辑控制、数学运算等能力。支持与服务器数据库之间的历史数据回填功能。

PLC система при помощи микропроцессора, который является ядром системы, выполняет сбор данных и управление малыми устройствами. Система обладает оперативным программированием, полнотой функций, мощной пропускной способностью, удобством в обслуживании, мощной самодиагностикой, пригодна для использования в окружающей среде с неблагоприятными условиями, обладает высокой надежностью и прочими особенностями. Система имеет возможность сбора данных, обработки данных, хранения данных, логического контроля, математических расчетов и так далее. Также система поддерживает связь между сервером базы данных и сервером баз исторических данных.

PLC 主要由处理器、I/O 模块、网络通信设备、电源等构成。

PLC главным образом состоит из процессора, I/O модуля, сетевого-коммуникационного оборудования, источника питания и так далее.

（1）处理器。

（1）Процессор.

中央处理单元（CPU）是可编程逻辑控制器的控制中枢。它按照可编程逻辑控制器系统程序赋予的功能接收并存储用户程序和数据；检查电源、存储器、I/O 以及报警定时器的状态，并能诊断用户程序中的语法错误。当可编程逻辑控制器投入运行时，首先它以扫描的方式接收现场各输入装置的状态和数据，并分别存入 I/O 映象区，然后按指令的规定执行逻辑或算数运算的结果送入 I/O 映象区或数据寄存器内。等所有的用户程序执行完毕之后，最后将 I/O 映象区的各输出状态或输出寄存器内的数据传送到相应的输出装置，如此循环运行，直到停止运行。

Центральный процессор（CPU）- это важнейшее звено управления программируемого логического контроллера. Процессор в соответствии с установленным функционалом системной программы программируемого логического контроллера, принимает, а также сохраняет пользовательские данные; Процессор проверяет состояние источника питания, запоминающего устройства, I/O, а также проверяет состояние предупредительного таймера. Кроме того, процессор может диагностировать ошибки в пользовательской программе. Во время того, как программируемый логический контроллер начинает свою работу, процессор в первую очередь посредством сканирующего метода принимает данные и информацию о состоянии устройств ввода на месте, а также по отдельности размещает эти данные и информацию в раздел для образов I/O. Затем, в соответствии с установленной командой, выполняется логический или математический расчет, а этот результат снова попадает в раздел для образов I/O или в регистр данных. После завершения выполнения всех пользовательских программ, состояние вывода в раздел для образов I/O или информация внутри выходного регистра, передается в соответствующее устройство вывода и таким образом, вплоть до остановки работы выполняется цикличная работа.

为了进一步提高可编程逻辑控制器的可靠性，对大型可编程逻辑控制器还采用双 CPU 构成冗余系统，或采用三 CPU 的表决式系统。这样，即使某个 CPU 出现故障，整个系统仍能正常运行。CPU 之间数据同步通信切换的时间是毫秒级的。处理速度不小于 100MHz，CPU 具有在线编程组态、修改、运行模式下扩展组态。

Для того чтобы еще больше повысить надежность программируемого логического контроллера, для больших программируемых логических контроллеров применяется резервная система с двумя CPU, или же система с тремя CPU. Таким образом, даже если один из CPU выйдет из строя, вся система сможет дальше продолжать свое нормальное функционирование. Время для синхронизации данных между CPU занимает миллисекунды. Быстродействие при этом составляет не менее 100MHz. Также CPU обладает онлайн программируемой конфигурацией, с возможностью внесения изменений и расширением режимов работы.

存储器是锂电池支持的 CMOS（存储时间不少于 6 个月）或不易失效的其他类型的存储器，工作内存不小于 16M 字节。存储器应可用软件将其分区，分别用于存储控制程序和数据表。存储器应备有相当余量，其扩展应是模块化的，不用更换原设备和变动程序。当上位机与控制器通信中断时，存储器能存储历史数据，当通信恢复时可实现通信数据的回填。

Запоминающее устройство-это CMOS с поддержкой литиевой батареи（время хранения данных не менее 6 месяцев）или прочий стабильный тип запоминающего устройства. Рабочая внутренняя память составляет 16 байт. Для доступа к секторам запоминающего устройства следует использовать программное обеспечение, которое позволяет по отдельности использовать сохраненные программы управления и каталоги данных. Запоминающее устройство обладает достаточным запасом памяти, который может быть расширен модуляцией. Это не требует за собой замены изначального оборудования и изменения динамической программы. Во время обрыва связи между главным компьютером и контроллером, запоминающее устройство позволяет сохранить исторические данные, а как только связь восстановиться, эти данные дойдут до своего пункта назначения.

（2）I/O 模块。

（2）IМодуль I/O.

I/O 模块也是带微处理器的智能模块，一般处理器为单片机，实现系统的输入、输出功能。典型

Модуль I/O также является интеллектуальным модульным блоком с микропроцессором,

I/O 模块的类型包括：模拟量输入（AI）、热电阻（RID）、热电偶（TC）、模拟量输出（AO）、开关量输入（DI）、开关量输出（DO）等。

в качестве которого, как правила, используется однокристальный микрокомпьютер для осуществления функций системы, таких как ввод, вывод. Типы типичных модульных блоков I/O: ввод аналоговых данных（AI）, термосопротивление（RID）, термопара（TC）, вывод аналоговых данных（AO）, ввод дискретных данных（DI）, вывод дискретных данных（DO）и т.д..

（3）通信模块。

（3）Модуль связи.

通信模块负责完成不同通信协议间的转换，以及与第三方设备的通信，通信接口至少4个以上，包括 CCITT 协议规定的标准串行通信接口（如 RS–232C 和 RS–485，通信速率可在300～19200bit/s 之间任选，通信规程为 MODBUS 或其他）以及 TCP/IP 标准的 RJ–45 通信接口。每个以太网口可独立设置不同网段的 IP 地址，以太网口的通信速率宜为 10M/100M 自适应模式。支持多种网络协议（Modbus RTU、Modbus ASC Ⅱ、TCP/IP 或其他）。

Модуль связи отвечает за переключение протоколов связи, а также за переключение между сторонним оборудованием. Этот модуль имеет от 4 и выше интерфейсов связи, включая CCITT последовательный связной интерфейс（например, RS–232 и RS–485, при этом скорость передачи данных может быть в пределах 300～19200bit/s, а протоколом передачи данных является MODBUS или прочий）, а также TCP/IP стандартный RJ–45 интерфейс связи. Каждый сетевой интерфейс Ethernet, в сегменте сети, может иметь независимый IP адрес, а скорость передачи данных сетевого интерфейса Ethernet составляет 10M/100M с моделью адаптации. Модуль связи поддерживает множество сетевых протоколов（Modbus RTU, Modbus ASC Ⅱ, TCP/IP или прочие）.

PLC 的 CPU 机架与 I/O 机架之间采用符合 IEC 控制网络连接，速率一般不小于 10M。

Между платформой CPU, которая принадлежит PLC и I/O платформой используется соответствующее IEC управляемое сетевое соединение, при этом скорость обычно не менее чем 10M.

（4）网络。

（4）Сеть.

PLC 的 CPU 机架与 I/O 机架之间采用网络连接，该网络应符合 IEC 控制网络标准。

Между платформой CPU, которая принадлежит PLC и I/O платформой используется сетевое соединение, эта сеть должна соответствовать стандартам IEC управляемой сети.

（5）PLC 软件。

（5）Программное обеспечение PLC.

PLC具有远程和就地编制、修改、测试程序的功能。具有故障自诊断并发出报警的能力。支持IEC 61131-3标准5种语言要求，可在线修改程序。编好的内部程序易于修改和维护。软件有容错功能，具有足够的可靠性和兼容性。

PLC обладает таким функционалом как удаленное и местное формирование, внесение изменений, тестирование. Кроме того PLC обладает самодиагностикой неисправностей и функцией предупреждения. Поддерживает IEC 61131-3 стандарт 5 видов требований языков, позволяющий выполнять онлайн модификацию. Запрограммированная внутренняя программа может быть легко изменена и технически обслужена. Программное обеспечение имеет отказоустойчивый функционал, а также обладает достаточной надежностью и совместимостью.

（6）电源。

（6）Источник питания.

可编程逻辑控制器的电源在整个系统中起着十分重要的作用。为保证可编程逻辑控制器的正常工作，电源一般采用冗余配置，且采用UPS供电。

Источник питания программируемого логического контролера имеет серьезное значение для всей системы в целом. Для того чтобы обеспечить нормальную работу программируемого логического контроллера, в качестве источника питания используется резервная установка, а также UPS для энергоснабжения.

2.2.1.3 分散控制系统（DCS）

2.2.1.3 Распределенная система управления（DCS）

计算机进入早期的过程控制领域经历了监视系统（monitoring system）、监督控制（supervisory control）和直接数字控制（DDC-direct digital control）3个阶段。监视系统严格说来并不能称为控制系统，它只是将一些现场仪表的数据采集到一起，然后在计算机的显示屏上进行显示，控制作用的实施仍然是现场控制仪表。到了DDC阶段才真正完全地实现了计算机控制，但随着石油天然气工业的飞速发展，生产规模日趋大型化，工艺过程日趋复杂，控制回路越来越多，对控制回路的实时性要求也越来越高，这是DDC面临的重要问题。

Компьютер на своем раннем этапе при управлении процессами прошел через 3 этапа, а именно: система мониторинга（monitoring system），центральное управление（supervisory control）и прямое цифровое управление（DDC-direct digital control）. Система мониторинга, грубо говоря, не может называться системой управления, она лишь позволяет с нескольких рабочих площадок собирать данные с измерительных приборов воедино. Затем эти данные могут быть отображены на экране компьютера, а управляющее значение по-прежнему заключается лишь в управлении измерительными приборами на месте проведения работ. Лишь дойдя до этапа DDC, появилось действительно полное компьютерное управление. Но по мере бурного развития нефтегазовой отрасли, по мере ежедневного увеличения объема добычи, усложнённости технологических процессов, по мере всё большего и большего использования цепей управления, а также повышения требований к ним, перед DDC возникла достаточна важная задача.

DCS是一种集控制技术、计算机技术、通信技术、网络技术于一体的控制系统,其主要特征在于分散控制和集中管理,它采用多级计算机分层的控制方式,将复杂工业过程的控制任务分散到若干个控制站上去完成,并对生产过程实行集中监视、操作和管理。在天然气处理厂项目中,已经越来越多地使用国际国内各个知名DCS厂家的产品,包括从Honeywell公司早期系统TDC-3000到最新推出的Experion PKS, Emerson公司的Delta V, Foxboro公司的A2,横河公司的CENTUM-CS3000和利时推出MACS V等。

DCS–это система управления, которая интегрирует технику управления, компьютерную технику, технику связи, сетевую технику. Отличительная особенность данной системы заключается в децентрализованном и централизованном управлении. Система использует многоуровневый компьютерный иерархический метод управления. Система позволяет распределять задачи по управлению осложненными технологическими процессами для их выполнения, на несколько станций управления. Также система позволяет осуществлять централизованное наблюдение за производственными процессами, а также выполнять операции и управление. В проекте ГПЗ, все чаще и чаще используются различные DCS от международных и китайских производителей, включая систему TDC–3000 от компании Honeywell на ранних этапах, и до новейшей презентованной Experion PKS, Delta V от компании Emerson, A2 от компании Foxboro, CENTUM–CS300 от компании Yokogawa, а также недавно презентованная MACS V и так далее.

2.2.1.3.1 分散控制系统的工作原理与结构

分散控制系统是纵向分层、横向分散的大型综合控制系统,通过多层的计算机网络将分布在全厂范围内的各种控制设备、数据处理设备和监视操作设备连接在一起,实现信息的共享和协调工作,共同完成各种控制、管理及决策功能。分散控制系统可划分为三个不同的层次(图 2.2.2),从上往下分别是过程控制级、监控级和管理级,这也是 DCS 应具有的最基本的分级结构。

2.2.1.3.1 Принцип работы и структура распределенннной системы управления

Распределенная система управления-это вертикально и горизонтально рассредоточенная крупная система комбинационного управления. Посредством многоуровневой компьютерной сети, которая распределена в пределах завода, устанавливается единая связь с управляющим оборудованием, оборудованием для обработки данных и оборудованием для выполнения мониторинга и операций. Это все обеспечивает взаимодействие и совместное пользование информацией, общее полное управление и контроль. Распределенная система управления может подразделяться на три различных уровня (см. рис. 2.2.2). Сверху вниз по-отдельности представлены уровни управления процессами, уровни мониторинга и уровни контроля.

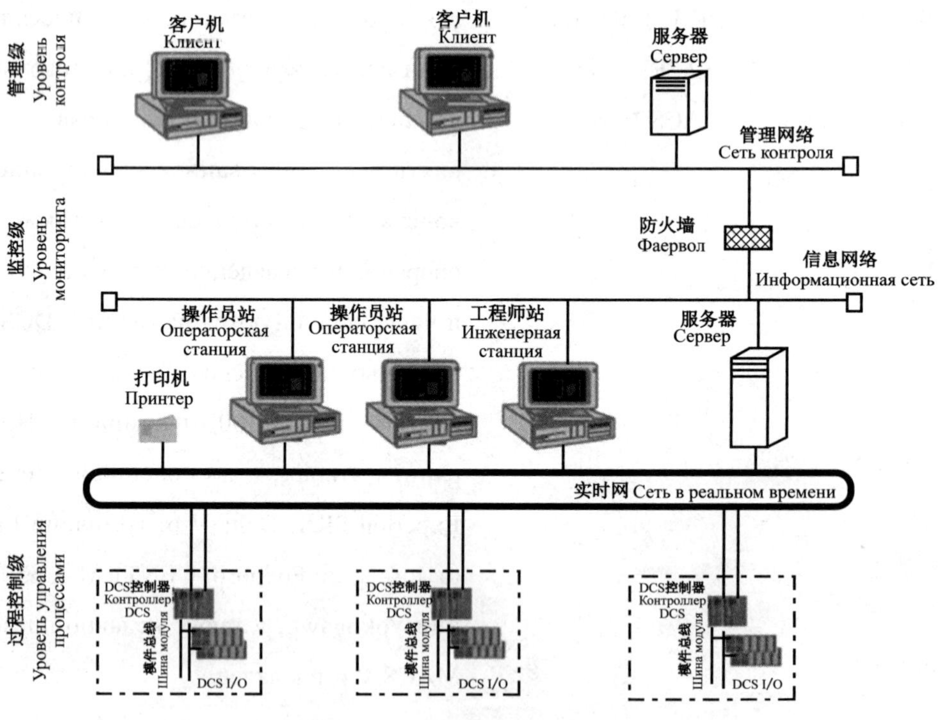

图 2.2.2 分散控制系统网络结构图

Рис. 2.2.2 Сетевая структура распределенннной системы управления

在过程控制级,冗余的实时网络(也称控制网络)接入过程控制站、操作员站、工程师站及相关功能的服务器等设备,主要完成对工业过程实时监视和控制功能。系统将过程的监视与控制任务分散到各个过程控制站中分别执行,各过程控制站之间则通过实时网络共享过程信息并协调控制行为。

В уровне управления процессами, резервная сеть в реальном времени (также называется управляющей сетью) подключается к станции управления процессами, к операторской станции, к инженерной станции, а также к серверу со связанными функциями и к прочему оборудованию, тем самым обеспечивая возможность наблюдения и управления технологическими процессами в реальном времени. Система рассредоточивает задачи по наблюдению и управлению на различные станции управления процессами, для их отдельного выполнения. Между станциями управления процессами, посредством сети в реальном времени происходит совместное использование информации о процессах, а также согласованное управление.

监控级中的操作员站通过实时网络从过程控制站中取得相关过程数据并进行显示,接受运行操作人员的操作指令,并通过网络发送到各个过程控制站。工程师站为控制人员提供了一个可以对系统进行检查和维护的接口。为保证控制网络的实时性,监控级中的非实时性数据均通过信息网络进行传输,以减小实时网络的通信负荷量。

В уровне мониторинга, операторская станция посредством сети в реальном времени, получает данные из станции управления процессами о соответствующих процессах, а также выполняется отображение этих данных, принятие и выполнение операционных команд со стороны оператора, кроме того, при помощи сети происходит передача данных на различные станции управления процессами. Инженерная станция, являясь контролирующим звеном, предоставляет возможность выполнения проверки системы, а также предоставляет интерфейс для обслуживания. Для того чтобы обеспечить постоянство работы управляющей сети в реальном времени, передача данных не реального времени в уровне мониторинга выполняется через информационную сеть, тем самым уменьшая нагрузку на сеть которая работает в режиме реального времени.

通过路由器，信息网络可以和厂级信息管理系统（MIS–Management Information System）等管理级网络相连，向管理级的服务器提供生产过程的实时数据和信息，供厂级生产过程优化和决策使用。

При помощи маршрутизатора и информационной сети можно установить соединение с информационно-управляющей системой（MIS–Management Information System）и с прочими сетями уровня контроля.

2.2.1.3.2 DCS 系统功能

2.2.1.3.2 Функции системы DCS

DCS 系统的基本功能包括：实时数据采集和处理功能、显示功能、过程控制功能、安全操作功能、报警功能、制表打印功能、存储功能、自诊断自恢复功能、网络和通信功能、组态功能以及其他功能。

Основные функции системы DCS: функция сбора и обработки данных реального времени, функция отображения, функция управления процессами, функция безопасной работы, предупредительная функция, функция создания и распечатки отчетов, функция хранения, функция самодиагностирования и самовосстановления, функционал сети и связи, конфигурационный функционал и прочие функции.

（1）控制功能。

（1）Функция управления.

DCS 硬件能支持系统软件、应用软件及用户要求的软件包，支持最新版本系统软件的升级需要，并具有组态方便、功能齐全、在线局部快捷修改组态的功能。

Аппаратная часть DCS системы может поддерживать системное программное обеспечение, прикладное программное обеспечение и требуемый для пользователя комплект программного обеспечения. При этом поддерживается обновление системного программного обеспечения до последней версии, имеются удобные конфигурации, полнота функций, онлайн быстрое внесение изменений функционал конфигураций.

控制程序的实现是按照要求把所需的控制功能模块或内部仪表组合在一起，实现常规控制功能。算法模块或内部仪表至少包括下列几类：

Программа управления позволяет объединяться с требуемыми модулями по управлению функциями или с внутренними приборами, обеспечивая функцию оперативного управления. Расчетные модули или внутренние приборы, по меньшей мере, включают в себя следующие виды:

① PID 调节。

① регулирование PID.

② PID 带串级、PID 带误差、PID 带死区、PID 带平方误差。

② PID с каскадом, PID с ошибками, PID с «мертвой зоной», PID с квадратной погрешностью.

③ 带跟踪的 PID、变增益调节、前馈、Smith 预估器、带自整定的 PID。

③ PID с отслеживанием, регулирование с переменным усилением, опережающая связь, Smith прогнозирующее устройство, PID с самонастройкой.

④ 加、减、乘、除、方根、多项式、偏差、比例、平均值、对数、指数。

④ Прибавление, вычитание, умножение, деление, возведение в корень, многочлен, Отклонение, соотношение, средняя величина, логарифм, индекс.

⑤ 高 / 低限位、高 / 低信号检测等。

⑤ Высокое/низкое ограничивающее положение, высокое/низкое обнаружение сигнала, и так далее.

逻辑控制采用标准功能块或简单的系统控制语言实现逻辑 / 顺序 / 联锁控制，并有计数计时等模块供组态时选择。

Для логического контроля применяется стандартный функциональный блок или язык управления простой системы для выполнения логики/упорядочивания/объединенного управления, а также имеются блоки расчета времени и прочие опциональные блоки.

（2）计算机操作管理系统的功能。

（2）Функции системы управления компьютерными операциями.

① 操作功能。

① Функция операции.

操作人员可按实时显示的流程画面监视和操作工艺过程，需要调出某一控制回路时，可以从主菜单逐级进入，也可以从相关的流程画面上进入，还可以用仪表位号直接调出，某些重要画面还可以用键盘上的功能键直接调出。

Оператор может в соответствии с отображаемыми в реальном времени отслеживающими графиками хода работы и технологических процессов, во время вывода некоторых контуров управления, может из главного меню переходить на различные уровни, также может входить в соответствующие графики хода работы, кроме того оператор может используя номер позиции приборов напрямую выводить с них данные, а еще, при помощи функциональной клавиши на клавиатуре оператор может напрямую выводить некоторые основные графики.

操作人员可以在画面上进行控制回路的手动、自动切换和操作，进行设定值的更改，调节器工程参数的整定，直接观察回路整定后的运行曲线。

Оператор на графике может вручную работать с контуром управления. Также имеется возможность автоматического переключения и работы. Кроме того можно изменять установленные значения, настраивать рабочие параметры регулятора и выполнять непосредственное наблюдение за рабочей «кривой» после настройки контура.

操作人员可以从单个操作员站访问所有组态内容,为了管理和操作的安全性,可通过授权,限制操作人员的权限,或人为地限定每个操作员站的管理范围。

Оператор может из отдельной операторской станции иметь доступ ко всему содержимому конфигураций. В целях безопасности контроля и выполнения работы, можно посредством авторизации и ограничений прав оператора или другого персонала устанавливать на каждую операторскую станцию определенные ограничения на пределы контроля.

② 显示功能。

② Функция отображения.

在操作员站上,操作人员至少可以通过菜单画面、动态流程画面、报警总貌画面、区域报警画面、趋势组画面等画面实施工艺过程的监视和控制。操作时,还可以在动态流程画面上开窗口显示操作功能。

На операторской станции, оператор может при помощи графиков в меню, графиков о положениях хода работы, предупреждающих общих наружных графиков, графиков с предупреждениями о зонах, графиков тенденции выполнять мониторинг и управление технологическим процессом.

③ 报警功能。

③ Предупредительная функция.

系统能按组态时设定的报警值,检测出生产过程的异常状态,并发出报警信号。

Система может согласно установленным пределам предупреждения, обнаруживать возпикшие в производственном процессе необычные состояния, а также выводить предупредительный сигнал.

可以根据控制参量的重要程度,设置不同的报警级别,并以不同的报警声音、颜色予以区别。

Кроме того система может на основании основных показателей управляющих параметров устанавливать различные предупредительные разряды, а также различные предупредительные сигналы и цвета отличия для предупреждений.

报警种类至少包括以下内容:绝对值及高、低、超高、超低报警,偏差报警,设定点超限报警,开 / 停报警,识别变送器运行在 4~20mADC 以外的报警,热电偶开路报警,出超限报警,变化率超限报警。系统能自动诊断出操作员站、控制站及通信系统产生的故障,并发出报警信号。

Предупреждения по меньшей мере включают в себя следующие виды: предупреждение о высоком, низком, сверхвысоком, сверхнизком абсолютном значении. предупреждение об отклонениях. предупреждение о превышении заданной величины. предупреждение о включении/выключении. предупреждение о работе трансмиттера свыше 4-20mADC. предупреждение о размыкании термопары. предупреждение о превышении ограничения. предупреждение о превышении ограничения коэффициента изменения. Система способна выполнять автоматическую диагностику неисправностей, возникших на операторской станции, станции управления и системе связи, а также выводить сигнал предупреждения об этих неисправностях.

④ 制表打印功能。

④ Функция создания и распечатки таблиц с данными.

报表打印：可按要求的报表格式、内容、打印周期进行定时打印，也可以根据需要即时打印。

Распечатка отчетов: имеется возможность выполнять распечатку согласно отчетной форме, содержанию и циклу печати, также можно выполнять распечатку в режиме реального времени.

报警打印：报警发生后，除在操作员站上显示、贮存外，可实时打印出报警点信号、报警时间及报警工况等内容。

Распечатка предупреждений: после срабатывания предупреждения, помимо отображаемой и хранимой на операторской станции информации, можно в режиме реального времени распечатать точечный сигнал предупреждения, время срабатывания предупреждения, рабочие условия предупреждения и прочую информацию.

打印机还具有拷贝屏幕上文字与图形的功能。

Кроме того принтер также может выполнять копию символов и эскизов с экрана.

2.2.1.3.3 DCS 系统组成

2.2.1.3.3 Компоненты системы DCS

DCS 系统中的所有设备按功能可划分为网络通信子系统、过程控制子系统和人机接口子系统。

Все оборудование в системе DCS по функциям можно разделить на систему сетевой связи, систему управления процессами и систему с человеко-машинным интерфейсом.

（1）网络通信子系统。

（1）Сетевая подсистема связи.

按由低层到高层的顺序，一个典型的 DCS 网络通信子系统通常包含模件总线、控制网络、信息网络以及管理网络。各层网络将相应设备连接在一起，实现不同的功能。

Согласно очередности с низкого до высокого уровня, типичаня сетевая подсистема связи DCS включает в себя модульную шину, управляющую сеть, информационную сеть и сеть контроля. Каждый уровень сети соединяется с соответствующим оборудованием, при этом выполняя различные функции.

① 模件总线。

① Модульная шина.

模件总线是过程控制站内的通信网络，通常采用总线形式，它连接过程控制器和站内各子模件，实现控制器与模件的通信功能，有的系统也采用以太网作为过程控制站内的通信网络。为提高可靠性，很多系统采用了冗余的总线结构。

Модульная шина-это коммуникационная сеть внутри станции управления процессами, она соединяется с контроллером процесса и подмодулем внутри станции, при этом выполняя функцию связи между контроллером и модулем. В некоторых системах используется Ethernet в качестве коммуникационной сети внутри станции управления процессами. В целях повышения надежности, множество систем используют резервную шинную структуру.

② 控制网络。

② Управляющая сеть.

控制网络是DCS的核心网络，它连接了各过程控制站和人机接口（HMI），实现站间实时数据的共享，协调各站的控制行为。控制网络的拓扑结构主要有总线形、星形和环形。总线型网络一般用于早期DCS的常规以太网；星形网络可用于常规以太网、交换式以太网以及快速以太网。常见的环形网络有令牌网（FDDI–Fiber Distributed Data Interface，光纤分布式数据接口）、工业以太网以及其他一些存储转发协议的网络。

Управляющая сеть-это базовая сеть DCS, которая соединяет различные станции управления процессами и человеко-машинные интерфейсы（HMI）. Кроме того, управляющая сеть обеспечивает совместное использование данных реального времени, обеспечивает координацию в управлении различными станциями. Топологическая структура управляющей сети в основном представлсна в виде шинного, звездообразного и кольцевого типов. Шинный тип сети использовался на ранних этапах DCS сети Ethernet; Звездообразный тип сети также используется для обычной сети Ethernet, обменной сети Ethernet и скоростной сети Ethernet. Часто встречаются также сети с кольцевой топологией, представленные в виде «маркерного кольца»（FDDI–Fiber Distributed Data Interface, волоконно-оптический распределённый интерфейс передачи данных）, а также промышленный Ethernet и некоторые другие протокольные сети для сохранения и передачи данных.

无论何种网络，应用于工业过程控制时，其安全性和可靠性始终是第一位的。为保证可靠性要求，各DCS的实时数据网均采用冗余和容错设计，包括网络的冗余（容错）、网络接口卡的冗余、集线器（或交换机）的冗余等，并强化了传输错误检查

Не смотря на тип сети, от самого начала до конца работы, когда она используется для управления промышленными процессами, ее безопасность и надежность находятся на первом месте. Для того чтобы обеспечить надежность, для данных

和系统自诊断功能，一旦系统检测到故障，可以立即进行无扰切换。

реального времени сети DCS применяется резервное и отказоустойчивое проектирование, которое включает в себя резервность сети (устойчивость к отказам), резервность сетевой интерфейсной карты, резервность для коммутатора (или коммутационного устройства)и так далее. Кроме того, для обеспечения надежности применяется усиление проверки ошибок во время передачи данных и функции самодиагностики системы, например, если система обнаруживает неисправности, возможно незамедлительное выполнение переключения.

③ 信息网络。

信息网络用于连接各 HMI 站，通过信息网络在 HMI 之间交换一些非实时性数据，有的系统中虽然 HMI 站通过实时控制网络进行连接，但仍然使用信息网，目的就是为了将实时数据和非实时数据的传输分开，保证控制网络的实时性。各 DCS 的信息网络几乎都采用以太网。

③ Информационная сеть.

Информационная сеть используется для соединения различных HMI станций. При помощи информационной сети, выполняется обмен между HMI некоторыми данными в режиме не реального времени. В некоторых системах, несмотря на то, что HMI станции соединяются посредством управляющей сети в режиме реального времени, до сих пор используется информационная сеть, основное назначение которой заключается разделении данных, которые работают в режиме реального времени и которые работают в режиме не реального времени, для их последующей передачи, тем самым обеспечивая работу управляющей сети в режиме реального времени.

④ 管理网络。

管理网络用于管理层，用于连接各类厂级服务器、计算站、个人客户机等，如厂级 MIS 等。管理网络严格说来并不属于 DCS 的范畴，但管理网络需要生产过程的实时数据和状态，因此通过路由器等设备可使 DCS 的信息网络和管理网络互连，使管理网络可以获得相关的生产数据。

④ Сеть контроля.

Сеть контроля используется для контрольного уровня. Данная сеть применяется для соединения различных серверов на уровне завода, расчетных станций, отдельных «клиентов» и так далее, например для MIS уровня завода. Сеть контроля, грубо говоря, нисколько не относится к сфере DCS, но при этом при помощи маршрутизатора или другого оборудования, сеть контроля может обеспечить межсетевое взаимодействие с информационной сетью DCS для передачи необходимых данных реального времени и состояния о производственных процессах, что в свою очередь также позволяет сети контроля получать соответствующие производственные данные.

（2）过程控制子系统。

（2）Подсистема управления процессами.

过程控制子系统是DCS负责现场过程数据采集和过程控制的系统，主要包括控制器和I/O模件等设备。

Подсистема управления процессами-это система DCS, отвечающая за управление процессами и сбор данных о производственных процессах с места выполнения работы. Эта подсистема главным образом включает в себя контроллер и I/O модуль, а также прочее оборудование.

① 控制器。

① Контроллер.

控制器一般采用专门的工业级计算机系统，可读写永久存取器内装的操作系统和组态应用软件，以实现各种逻辑控制。控制器通过I/O模件总线获取模件采集的过程数据，按组态逻辑进行运算后，将控制命令通过I/O总线传送给输出模件，再由输出模件传送给现场执行机构完成控制指令的实施。为保证控制器运行的可靠性，所有DCS的控制器都具有冗余运行的功能，在这种方式下，一旦主控制器出现故障，备用控制器可以立即无扰地投入运行。

В качестве контроллера обычно используется специальная промышленная компьютерная система, которая позволяет считывать установленную в акcессор долговременную операционную систему и конфигурационное прикладное программное обеспечение, что в свою очередь позволяет осуществлять логический контроль. Контроллер, при помощи шины I/O модуля, получает данные процесса собранные модулем, а после выполнения логических расчетов, управляющая команда посредством I/O шины передается в модуль вывода, а затем при помощи модуля вывода уже передается в исполнительное устройство на месте, тем самым завершая выполнение управляющей команды. Для того чтобы обеспечить надежность работы контроллера, все контроллеры DCS обладают функцией резервной работы и за счет этого, даже если возникнет неисправность основного контроллера, в работу сможет вступить запасной контроллер.

② I/O 模件。

I/O 模件也是带微处理器的智能模件,一般处理器为单片机,实现系统的输入、输出功能。典型 I/O 模件的类型包括:模拟量输入(AI)、热电阻(RID)、热电偶(TC)、模拟量输出(AO)、开关量输入(DI)、开关量输出(DO)等。

② I/O модуль.

I/O модуль также оснащен микропроцессорным интеллектуальным блоком. Обычно этот блок является процессором выступающим в качестве одно-чипового микрокомпьютера, который обеспечивает функции ввода и вывода. Типичный I/O модуль включает в себя: аналоговый вход (AI), терморезистор (RID), термопару (TC), аналоговый выход (AO), ввод дискретных сигналов (DI), вывод дискретных сигналов (DO), и так далее.

(3)人机接口子系统。

(3) Подсистема с человеко-машинным интерфейсом.

DCS 人机接口子系统是 DCS 信息展示和人机交互的平台。

подсистема с человеко-машинным интерфейсом DCS-это платформа для отображения информации и взаимодействия человека с компьютером.

① 操作员站。

操作员站是运行人员与 DCS 相互交换信息的人机接口设备。运行人员通过操作员站来监视和控制整个生产过程,操作员站通过实时控制网或通过连接到实时控制网络的过程服务器来获取控制器所发送的过程数据,并传回控制命令。操作员站一般采用商用计算机即可。

① Операторская станция.

Операторская станция-это оборудование с человеко-машинным интерфейсом, которое позволяет выполнять обмен информацией между оператором и DCS. Оператор на станции выполняет мониторинг и контроль производственного процесса. Операторская станция, при помощи сети, работающей в реальном времени или при помощи соединения к серверу от управляющей сети, получает все данные процесса переданные контроллером, а также передает обратно управляющие команды. В качестве операторской станции обычно достаточно использование компьютера для решения деловых задач.

② 工程师站。

工程师站向工程师提供了一种对 DCS 进行设计和维护的主要工具,在工程师站上,可进行系统配置、故障监视、I/O 数据设定、操作画面设计、组态逻辑设计与修改、组态逻辑下装等工作。工程师站一般也采用商用计算机。工程师站通过实

② Инженерная станция.

Инженерная станция выступает для инженера своего рода инструментом для работы и технического обслуживания DCS. В инженерной станции можно конфигурировать систему, выполнять наблюдение за неисправностями, устанавливать параметры для I/O, работать с графиками, конфигурировать логическое моделирование и вносить

时控制网络与过程控制站相连,可以读取控制器内的组态,并以图形方式显示出来。

в него изменения и так далее. В качестве инженерной станции обычно достаточно использование компьютера для решения деловых задач. Инженерная станция посредством соединения с сетью работающей в режиме реального времени и станцией управления процессами, может считывать конфигурации внутри контроллера, а также выводить графики.

2.2.2 单井过程控制系统

2.2.2 Система управления процессами для одиночной скважины

在土库曼斯坦地区,巴格德雷合同区域和南约洛坦气田井口过程控制系统均采用RTU系统对井口工艺过程进行监控。井口的工艺过程参数,如温度、压力、截断阀状态等接入RTU中。

В Туркменистане, на устьях скважин на договорной территории «Багтыярлык» и м/р «Южный Елотен», в устьях скважины в качестве системы управления процессами применяется RTU, которое позволяет выполнять мониторинг и управление технологическими процессами в устье скважин. Такие параметры технологических процессов в устье скважины как температура, давление, состояние отсечного клапана и прочее, подключаются к RTU.

巴格德雷合同区域和南约洛坦气田井口过程控制系统网络结构图如图2.2.3所示。

Сетевая структура системы управления процессами на устьях скважин на договорной территории «Багтыярлык» и м/р «Южный Елотен» показана на рис. 2.2.3.

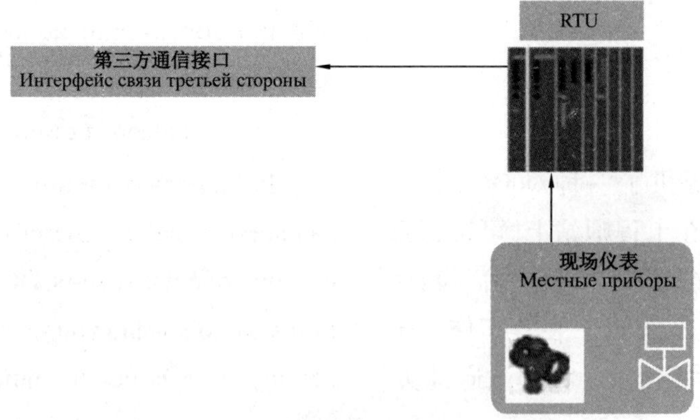

图2.2.3 井口过程控制系统网络结构图

Рис. 2.2.3 Сетевая структура системы управления процессами на устьях скважин

2.2.3 站场过程控制系统

站场根据工艺流程复杂程度、对过程控制及安全管理的要求,分别采用 RTU、PLC 或者 DCS 系统来实现其过程控制。巴格德雷合同区域 B 区采用 PLC 作为控制器构建过程控制系统;南约洛坦气田的预处理厂则采用 DCS 来构建过程控制系统。

2.2.3 Система управления процессами станции

Станция на основании степени усложнённости технологических процессов, для требований относительно управления процессами и управления безопасностью, требует отдельное использование RTU, PLC или DCS систем, чтобы осуществлять управление процессами станции. Для Блока Б на договорной территории «Багтыярлык» применяется PLC в качестве системы управления процессам создания контролера, а для УППГ м/р «Южный Елотен» применяется DCS в качестве системы управления процессам создания контролера.

2.2.3.1 巴格德雷合同区域 B 区集气站过程控制系统

B 区的一期工程共设置有 4 座集气站,每个集气站的过程控制系统配置一致,均配置有 2 套控制器,1 套用于过程监控,1 套用于流量计量;1 对冗余服务器,用于操作员站和控制器及第三方设备之间的数据交换;1 台操作员站用于过程监控,1 台工程师站用于编程组态;还有一些网络附件。

集气站的过程控制系统网络结构图如图 2.1.6 所示。

2.2.3.1 Система управления процессами газосборных пунктов Блока Б на договорной территории «Багтыярлык»

При строительстве I-ой очереди для обустройства Блока Б предусмотрены всего 4 газосборных пункта. Система управления процессами каждого газосборного пункта имеет одинаковую конфигурацию: 2 комплекта контроллера (один-для мониторинга процессов, а другой-для учета расхода), 1 пара резервного сервером для обмена данными между операторской станцией, контроллером и оборудованием третьей стороны, 1 операторская станция для мониторинга процессов, 1 инженерная станция для программирования конфигураций, а также некоторые сетевые составляющие.

Сетевая структура системы управления процессами газосборного пункта показана на рис. 2.1.6.

集气站可按有人值守和无人值守两种模式运行。有人值守时,集气站操作员以集气站的监控平台为核心对工艺过程进行监控,监控平台可作为一个独立的 PVSS 分布式服务器应用;当集气站以无人值守为主,有人监控为辅时,利用 PVSS 的分布式特点,将集气站的 PVSS 分布式服务器无缝融入 SCADA 系统数据平台,作为 SCADA 系统分布式服务器的一个数据节点,进行数据的统一管理,这时可利用 SCADA 中心的操作员站完成集气站工艺过程监控。

Газосборный пункт может работать как под контролем человека, так и без его участия. Оператор, выполняющий контроль газосборного пункта, при помощи платформы для мониторинга и контроля может выполнять контроль и управление основными технологическими процессами. Данная платформа может использовать как отдельный независимый сервер распределенных баз данных PVSS; Станция, работающая без участия человека, является лишь вспомогательной для станции, которая работает под контролем человека. Особенность такой станции заключается в использовании PVSS распределенного типа. сервер распределенных баз данных PVSS газосборного пункта напрямую соединяется с платформой системных данных SCADA, выступая при этом одним из цифровых узлов распределенного сервера системы SCADA. Здесь в свою очередь выполняется единое управление данными, а также возможно задействование операторской станции центра системы SCADA для полного мониторинга технологических процессов газосборного пункта.

SCADA 中心的操作员站与集气站的操作员站在控制功能上是等同的,区别在于集气站操作员直接与集气站分布式服务器交互,而中心操作员站的数据则是由集气站分布式服务器与中心站服务器数据交换后,由中心站数据服务器提供数据。

Функции управления операторской станции центра SCADA и операторской станции газосборного пункта одинаковые. Разница лишь заключается в том, что оператор газосборного пункта имеет прямую связь с распределенным сервером газосборного пункта, а данные операторской станции центра предоставляются сервером базы данных после обмена данными между распределенным сервером газосборного пункта и сервером операторской станции центра.

采用分布式结构最大的好处在于,当集气站与 SCADA 中心的网络中断后,任何控制功能都不会受到影响,集气站的操作员站的功能不受任何影响;当网络恢复后,中断期间的数据能够自动补传到 SCADA 中心数据服务器上,保证数据的连续性。

Максимальная польза в использовании распределенной структуры заключается в том, что после перебоя сети между газосборным пунктом и центром SCADA, не возникнет никакого влияния на функции управления, а также операторская станция газосборного пункта тоже не получит никакого влияния на свой функционал; после восстановления сети, данные, которые находились в промежутке возникновения обрыва сети, смогут автоматически передаться на сервер центра SCADA, гарантируя при этом непрерывность данных.

巴格德雷合同区域B区集气站站控系统具有以下特点：

Система управления газосборным пунктом Блока Б на договорной территории «Багтыярлык» обладает следующими особенностями:

（1）站控系统采用MOTOROLA的ACE3600控制器分别来配置过程控制系统和流量计算系统。由于流量计算占用较多CPU及内存资源，单独设置流量计算控制，可提高过程控制的安全性及可靠性。

（1）В системе управления газосборным пунктом используется ACE3600 от Motorola, который может отдельно комплектоваться в систему управления процессами и измерительную компьютерную систему. Так как расчет измерений занимает значительно много CPU и ресурсов памяти, отдельное устройство для измерений может значительно повысить безопасность и надежность в управлении процессами.

（2）ACE 3600控制器对流量计量提供良好的支持能力，最多可同时计算8路AGA计量，同时提供丰富的流量计算辅助功能，如支持EXCEL的导出、分析，保存流量计量历史数据等。

（2）Контроллер ACE 3600 предоставляет хорошую стойкость для учета расхода. Он позволяет одновременно выполнять учет с 8 каналов AGA. Наряду с этим контроллер может предоставить вспомогательные расчетные функции для расходомера, например, поддерживается экспорт данных в EXCEL, проведение анализа, сохранение исторических данных об учете расхода и так далее.

站控系统采用西门子快速交换式工业以太网（100Mbps）作为连接操作员、工程师和控制器的系统总线。快速交换式工业以太网在工业以太网的通信协议基础上，将通信速率提高到了100Mbps。由于采用了全双工并行（FDX）通信模式，允许站点同时发送和接收数据，通信速率可提高一倍。SIMATIC NET在快速以太网上还采用了交换技术，利用西门子自行开发的交换机模块将整个网络分成若干子网，每个子网都可以独

В системе управления станцией используется высокоскоростной промышленный Ethernet（100Mbps）от компании Siemens, который соединяет системную шину оператора, инженера и контроллера. Высокоскоростной промышленный Ethernet на основе протокола связи промышленного Ethernet, повышает скорость связи до 100Mbps. Благодаря использованию полнодуплексной（FDX）параллельной связи, допускается

立形成一个数据通信段，可以大大提高通信效率。由于普通以太网网段上数据通信阻塞的存在，使得实际通信效率只有 40%，采用全双工并行通信技术和交换技术后，网络通信能力能够得到充分利用。

одновременная отправка и прием данных, при этом скорость связи может быть повышена в два раза. SIMATIC NET в скоростной сети Ethernet также используется технология коммутации, поэтому здесь используется модуль коммутатора собственной разработки компании Siemens, который может в случае необходимости разделить всю сеть на подсети, каждая подсеть при этом может независимо формировать один сегмент связи для передачи данных, что в свою очередь позволяет очень сильно повысить эффективность связи. В виду существующей закупорки передачи данных в сегменте простой сети Ethernet, эффективность связи составляет лишь 40%, а после использования полнодуплексной параллельной технологии связи и технологии коммутации, пропускная способность сети может использоваться в полной ее мере.

ACE 3600 是 MOTOROLA 公司最新一代的工业控制器，具有强大的控制功能、运算功能及通信功能。单 CPU 可以进行 32 路高级 PID 控制、8 路 AGA 流量计算，以及专为 SCADA 系统开发的 MDLC 通信协议，都是 ACE 3600 强大功能的表现。ACE 3600 采用模块式的结构，CPU、电源、通信模块均为冗余配置。所有与现场控制设备相关的数据监控、第三方设备的通信、天然气流量计量、PID 控制等，均由 ACE 3600 系统来完成。

ACE 3600-это новейшее поколение промышленных контроллеров компании Motorola. Контроллер обладает мощнейшими функциями управления, функциями расчета и функциями связи. Одиночный CPU позволяет выполнять управление 32 каналами PID высокого уровня, 8 каналами AGA расчета расходов, а также может выполнять контроль специально разработанным для системы SCADA протоколом связи MDLC–все это демонстрирует мощный функционал ACE 3600. В ACE 3600 применяется модульная структура, с резервной конфигурацией CPU, источника питания, модуля связи. Контроллер ACE 3600 позволяет осуществлять мониторинг всех данных, связанных с оборудованием управления на месте, связь между оборудованием третьей стороны, учет расходы природного газа, управление PID и так далее.

集气站设置 2 台操作员站，现场操作员通过它可详细了解运行情况，并可下达操作控制命令，完成站场的监控和管理。操作员站具有动态工艺流程及其他图形显示、报警 / 事件管理、报表生成及打印等功能。

Газосборный пункт оснащен 2 операторскими станциями, при помощи которых оператор на месте может подробно ознакомиться с рабочим состоянием, а также может подать управляющую команду, тем самым обеспечивая полный контроль и управление станцией. Операторская станция может графически отображать динамику технологического процесса, выполнять предупреждение/контроль рабочими положениями, создавать отчеты, а также распечатывать их.

2 台操作员站兼做冗余的分布式服务器，运行 PVSS 分布式软件，就地采集所属集气站的所有 PLC 系统的数据，具有数据采集及处理、实时及历史数据管理等功能，同时提供操作员画面。当无人值守时，还作为标准的分布式数据服务器，为 SCADA 中心提供数据。

2 операторские станции совмещают в себе резервный сервер распределенных баз данных, для работы используется PVSS программное обеспечение распределенного типа. Это позволяет на месте собирать данные со всех PLC систем подчиненных газосборных пунктов. Имеются функции по сбору и обработке данных, управление данными реального времени и историческими данными, а также отображение графиков для оператора. Для станций работающих без контроля человека, в качестве стандартного сервера данных распределенного типа, для предоставления данных выступает центр SCADA.

2.2.3.2 南约洛坦气田集气站过程控制系统

2.2.3.2 Система управления процессами газосборного пункта на м/р «Южный Елотен»

南约洛坦气田设置有 2 座预处理厂，2 座预处理厂控制系统配置相同。均配置 1 套 DCS 系统，包括 1 套控制器用于过程监控，1 台操作员站用于过程监控，1 台工程师站用于编程组态，1 对冗余分布式数据服务器用于操作员站与控制器之间的数据交换，同时为调度控制中心 SCADA 系统提供数据。预处理厂过程控制系统网络结构图如图 2.2.4 所示。

На м/р «Южный Елотен» предусмотрены 2 УППГ. Системы управления 2 УППГ имеют одинаковую конфигурацию: 1 комплект системы DCS, включая 1 комплект контроллера для мониторинга процессов, 1 операторская станция для мониторинга процессов, 1 инженерная станция для программирования конфигураций, 1 пара резервного сервера распределенных баз данных, которые используются для обмена данными между операторской станцией и контроллером, а также для представления данных для системы SCADA ЦОДУП. Сетевая структура системы управления процессами УППГ показана на рис. 2.2.4.

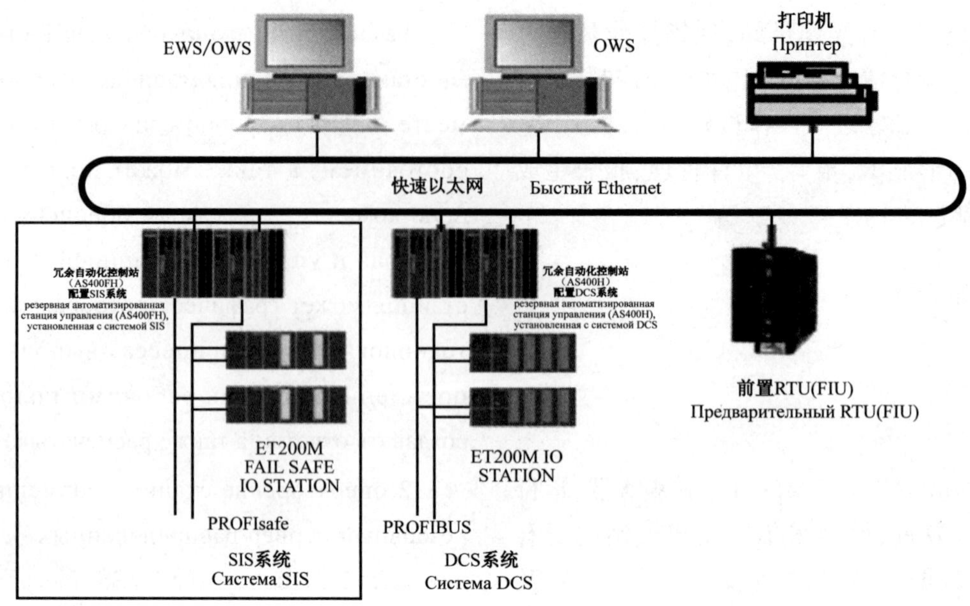

图 2.2.4 过程控制系统网络结构图

Рис. 2.2.4 Сетевая структура системы управления процессами

DCS 系统和 SIS 系统均采用西门子 SIMATIC PCS7 完整的过程控制系统解决方案，系统具有高度扩展能力、坚固的设计、强大的综合通信能力、扩展的集成系统功能和易于执行的中央和分散结构，它将过程控制功能和过程安全功能有机地整合到一个平台之上。

В качестве систем DCS и SIS используется решение от SIEMENS в виде системы управления процессами SIMATIC PCS7. Данная система обладает высокой возможностью расширения, устойчивое моделирование, мощную комплексную связную способность, расширенные функции интегральной системы и легкую для исполнения центральную и распределенную структуру. Одна платформа сочетает в себе комплекс функций по управлению процессами и безопасностью.

控制网络采用快速工业冗余以太网，包括网络的冗余，网络接口卡以及西门子专用交换机的冗余，保证通信效率。控制器采用冗余的 PROFIBUS–DP 总线与现场 I/O 进行通信，该总线是目前应用较广泛的过程现场总线系统。

В качестве управляющей сети используется скоростная резервная сеть Ethernet, которая включает в себя резервную сеть, сетевую интерфейсную карту, а также резервный специальный коммутатор от компании SIEMENS–все это обеспечивает эффективность связи. Контроллер использует резервную PROFIBUS-DP шину и I/O на месте для установления связи. Эта шина, в настоящее время находит широкое применение для процессов в системе полевых шин.

控制器采用冗余自动化控制站(AS400H),用于实现现场设备的运行状态监测、数据采集及处理、自动闭环回路控制、电气设备启停控制等系统控制功能。AS-400H 按照"热备份"模式(无冲击、出现故障自动切换)的活动冗余原理运行。根据这个原理,只要没有故障,两个子单元都是活动的。如果发生故障,起作用的控制器全面接管过程控制。为了确保无扰切换、快速可靠的资料交换,需要使用中央控制器链接来确保两个控制器始终都是最新更新的,以便当一个控制器发生故障时另一个可以接管控制。此外,根据实际需要,增加了 1 套 ACE 3600 作为前置 RTU(FIU)。它的主要功能是将分散的 RTU 节点(单井站)进行通信的整合,提高通信效率。此外,增加另外一种关井模式,保证可靠的关井命令的执行。

Контроллер использует резервную автоматизированную станцию управления (AS400H). Она используется для проверки рабочего состояния оборудования на месте проведения работ, для сбора и обработки данных, автоматического замыкания управления контуром, для запуска и остановки электрического оборудования, а также прочие функции управления. AS-400H работает по принципу в соответствии с методом «горячего резервирования» (бесконтактный метод, автоматическое переключение при обнаружении неисправностей). В соответствии с данным принципом, исключая неисправности, два суб-элемента выполняют свою работу. В случае возникновения неисправностей, полное управление процессами берет на себя контроллер. Для того чтобы обеспечить беспрепятственное переключение, быстрый и надежный обмен данными, требуется использование центрального устройства управления, которое сможет обеспечивать постоянное обновление двух контроллеров, а также управление при помощи одного контроллера, в случае отказа другого. Помимо этого, на основании фактических требований, добавили один ACE 3600, выступающий в качестве предварительного RTU (FIU). Его основная функция заключается в установлении связи с распределенными узлами RTU (станция одиночной скважины), а также в повышении эффективности связи. Кроме того, добавив другой тип закрытия скважины, можно обеспечить надежное исполнение команды по закрытию скважины.

预处理厂采用独立的冗余 PVSS 分布式服务器，同时采集站内 DCS 和 SIS 数据和井口数据、历史归档、必要的报表输出。对处理厂内的 DCS 和 SIS 进行监控，周期性通过 MODBUS-TCP 协议对 ACE3600 RTU 中监控数据进行采集和显示等。

На УППГ используется независимый резервный сервер распределенных баз данных PVSS. Одновременно с этим, данные DCS и SIS внутри станции приема, а также данные с устья скважины сохраняются в архивы, а необходимые данные могут быть извлечены для отчетов. Для выполнения мониторинга и контроля данных DCS и SIS с очистной установки, посредством MODBUS-TCP протокола для ACE3600 RTU выполняется сбор и отображение данных.

预处理厂设置 1 台操作员站，操作员站具有动态工艺流程及其他图形显示、报警 / 事件管理、报表生成及打印等功能。还设置 1 台工程师站完成系统维护，编程及组态等功能。

УППГ оснащена 1 операторской станцией, которая может графически отображать динамику технологического процесса, выполнять предупреждение/контроль рабочими положениями, создавать отчеты, а также распечатывать их. Также имеется 1 инженерная станция с функциями обслуживания системы, программирования и конфигурирования.

2.2.4 天然气处理厂过程控制系统

2.2.4 Система управления процессами ГПЗ

天然气处理厂的过程控制系统方案的选择主要以传统分散控制系统为主。如今的 DCS 系统已融入先进控制、实时优化、数据挖掘、数据校正、智能健康维护等一系列技术，为用户创造更大的附加价值，为提升企业的效益发挥着重要作用。

Выбор варианта системы управления процессами ГПЗ главным образом представляется в виде распределеннной системы управления. В настоящее время DCS уже имеет передовое управление, улучшена работа в режиме реального времени, произведен отбор данных, исправление данных, улучшена интеллектуализация–целый ряд технологий, которые были созданы для пользователей, в целях повышения эффективности предприятий и развертывания основной деятельности.

2.2.4.1 巴格德雷合同区域B区第二天然气处理厂过程控制系统

巴格德雷合同区域B区第二天然气处理厂共设置3座控制室,分别为中央控制室、综合值班室控制室、锅炉房控制室。

中央控制室、综合值班室及锅炉房控制室过程控制系统均采用横河的Centrum CS-3000 Vnet//IP系统,3座控制室在地域上分散,虽然每个控制室都自成1套控制系统,然而通过系统集成,3个系统又无缝连接成一个有机整体,使得不同区域的过程控制系统之间的站间数据调用得以实现。DCS控制网络结构图如图2.2.5所示。

整个DCS系统由操作员站、现场控制站、OPC接口 、Vnet/IP控制总线构成,且全方位冗余。控制网络Vnet/IP网的通信电缆和电缆接口1∶1冗余配置、控制器的CPU 1∶1成对冗余配置、DCS各种工作电源冗余配置、每个操作员站都是1个独立的计算机主机,每个操作员站都能互相备份,互为冗余。

2.2.4.1 Система управления процессами ГПЗ-2 Блока Б на договорной территории «Багтыярлык»

На ГПЗ-2 Блока Б на договорной территории «Багтыярлык» имеются 3 пункта управления: центральный пункт управления, пункт управления комплексной дежурной и пункт управления котельной.

В качестве систем управления процессами центрального пункта управления, пункта управления комплексной дежурной и пункта управления котельной применяется система Centrum CS-3000 Vnet//IP от компании Yokogawa. 3 пункта управления рассредоточены по территории завода. Несмотря на то, что у каждого пункта управления имеется 1 автономная система управления, однако при помощи системной интеграции, 3 системы образуют одно целое при помощи электрического соединения без пайки, что в свою очередь позволяет выполнять вызов данных между системами управления процессами, которые находятся на разных участках территории завода. Структура управляющей сети DCS показана на рис. 2.2.5.

Вся система DCS состоит из операторской станции, станции управления на месте, OPC интерфейса, Vnet/IP управляющей шины. Кроме того система включает в себя резервные мощности по всем перечисленным направлениям. Коммуникационный электрический кабель и кабельный разъем управляющей сети Vnet/IP 1∶1 резервная комплектация, CPU1 от контроллера:1 резервная комплектация, резервная комплектация различных рабочих источников питания DCS, в каждой операторской станции имеется по одному

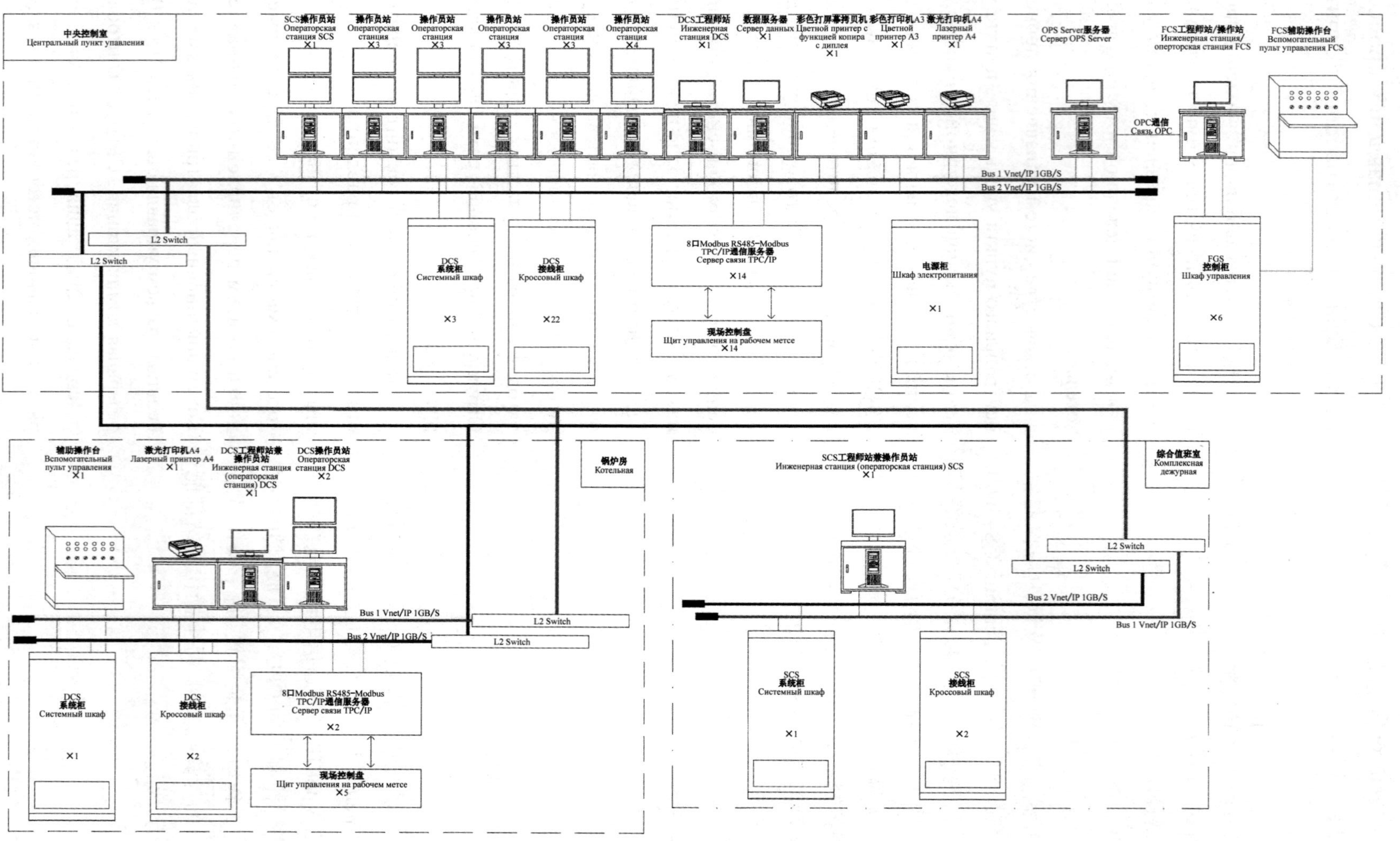

图 2.2.5 DCS控制网络结构图

Рис. 2.2.5 Структура управляющей сети DCS

независимому основнному компьютеру. Каждая операторская станция может создавать взаимную резервную копию, взаимное резервирование.

控制网络采用横河 Vnet/IP 网络，它是横河电机新一代控制网络，具有可靠性高、速度快、稳定性和实时性好等优势，即便在网络负载很高的情况下，也不会出现对于实时控制系统不可接受的延时。通过使用遵循 IEEE 802.3 和 UDP/IP 协议的通用以太网网络设备，实现开放的网络互连。Vnet/IP 开放总线传输速率达到 1Gbps。它采用通用的商用电缆以及通用的 2 层和 3 层交换机构成 DCS 网络环境，采用 1 根电缆介质支持 2 种通信（过程控制总线 BUS1 和开放式 TCP/IP 通信 BUS2）的模式。Vnet/IP 既考虑了控制网络的可靠性、实时性和防病毒能力，又兼顾了网络的开放性和可连接性。该网络已被 IEC 确认作为工业控制公开使用的规范。该控制网络是确定性通信网络，除了数据传递快捷可靠特点外，最大的特点是开放性和安全机制健全。

В качестве управляющей сети используется Vnet/IP сеть от компании Yokogawa. Эта сеть является сетью нового поколения, которая обладает высокой надежностью, быстрой скоростью, устойчивостью, отличной работой в режиме реального времени и прочими преимуществами, даже если в сети присутствует высокая нагрузка, для управляющей сети работающей в режиме реального времени не возникнет никаких задержек. Посредством использования совместимого с протоколами IEEE 802.3 и UDP/IP сетевого оборудования, осуществляется открытое межсетевое взаимодействие. В открытой Vnet/IP, скорость передачи по шине достигает 1Gbps. Посредством образования сетевой среды в виде использования универсального коммерческого электрического кабеля и универсального двух или трехуровневого коммутатора, а также используя 1-жильный электрический кабель выполняется поддержка 2 типов связи (BUS 1 шина для управления процессами и BUS 2 для TCP/IP открытого типа). Одновременно с надежностью управляющей сети, ее способностью работать в режиме реального времени и наличие защиты от компьютерных вирусов, для управляющей сети присущи открытость и связность сети. Данная сеть была утверждена IEC, в качестве модели используемой в открытом управлении промышленными процессами. Данная управляющая сеть является достоверной коммуникационной сетью. Помимо надежной скоростной передачи данных, основной отличительной чертой данной сети является открытость и безопасность.

中央控制室配置有5套现场控制站(4套用于主体装置,1套用于公用工程),现场控制站采用4CPU冗余容错技术(pair&spare成对热后备)的现场控制站,在任何故障技术随机错误产生的情况下进行纠错与连续不间断地控制;现场控制站采用高速RISC处理器,可进行64位浮点运算,具有强大的运算和处理功能。

Центральный пункт управления оснащен 5 станциями управления на месте (4 используются для основной установки, 1 станция используется для коммунальных услуг). Станция управления на месте имеет 4CPU с резервной технологией отказоустойчивости (pair&spare образующие горячий резерв). В случае возникновения какой-либо неисправности, выполняется исправление ошибок и последовательное непрерывное управление; Станция управления на месте использует скоростной RISC процессор, который позволяет выполнять 64-битные операции с плавающей точкой, а также обладает функциями мощных расчетов и обработки данных.

第二天然气处理厂共4列主体装置以及1套公用工程,中央控制室为4列主体装置,每列及设置有3台操作员站(HIS),公共工程设置3台操作员站,共计15台操作员站。操作员站是人机界面接口,通过这些操作员站,操作人员、管理人员可随时了解、管理并控制整个生产及计划,为用户提供了一个功能强大的操作环境。报警浏览表、流程图或模块详细信息等都会有直观的统一界面。每台操作员站可直接从控制器(FCS)读写过程数据,操作员站采用对等方式,每台操作员站具有独立全局数据库,1台操作员站故障,其他操作员站可相应承担故障操作员站的所有操作,所有的HIS都直接通过Vnet/IP控制网络与控制器相连,直接读写控制信息,管理信息均通过以太网相连,构成对等的网络模式,用于趋势数据、数据库等的共享。每个操作员站都具有监视操作所有生产数据的能力,1个操作员站因故停机不会影响其他操作员站的操作,每个操作员站都是相互间的备用。

На ГПЗ-2 предусмотрены всего 4 нитки основной установки и 1 комплект коммунальных услуг. Центральный пункт управления для каждого из 4 нитки основной установки, а также для 1 комплекта коммунальных услуг имеет по 3 операторские станции (HIS), при этом для коммунальных услуг имеются 3 операторские станции, всего 15 операторских станций. Операторская станция-это человеко-машинный интерфейс, посредством этих операторских станций оператор и руководящий персонал могут в любое время ознакомиться, контролировать, а также управлять всем производством и планом, тем самым предоставляя пользователю мощный функционал операционной среды. Диаграмма для просмотра предупреждений, схема производственного процесса или подробная информация о модулях–все это имеет интуитивный единый интерфейс. Каждая операторская станция может напрямую из контроллера (FCS) считывать и прописывать данные процесса. В операторской станции применяется паритетная модель, каждая операторская станция обладает независимой глобальной базой данных. При выходе из строя одной операторской станции, другие операторской станции смогут принять на себя соответствующие задачи, которые возлагались на операторскую станцию, которая вышла из строя. Все HIS напрямую при помощи соединения между Vnet/IP управляющей сетью и контроллером, считывают управляющую информацию, управленческую информацию, которая в свою очередь связана с сетью Ethernet, а также образуя при этом паритетный режим сети, обеспечивая совместно использование данных, показывающих тенденции и базы данных. Каждая операторская станция обладает возможностью мониторинга всех производственных данных. Одна операторская станция прекратила свою работу по определенным причинам, не сможет оказать плохого влияния на работу других станций. Все операторские станции взаимо-резервные друг для друга.

中央控制室还设置1台过程控制工程师站，工程师站具有对系统组态、软件备份、报告及报表打印等功能。

Центральный пункт управления также оснащен 1 инженерной станцией управления процессами. Инженерная станция обладает конфигурациями для системы, программным обеспечением для запасных копий, функцией подготовки отчетов, функцией распечатки отчетов и прочими функциями.

2.2.4.2 南约洛坦气田天然气处理厂过程控制系统

2.2.4.2 Система управления процессами ГПЗ м/р «Южный Елотен»

南约洛坦气田天然气处理厂共设置2座控制室，分别为中央控制室和锅炉房控制室。

На ГПЗ м/р «Южный Елотен» имеются всего 2 пункта управления котельной: центральный пункт управления и пункт управления котельной.

中央控制室、锅炉房控制室过程控制系统均采用艾默生的 DeltaV 系统，天然气处理厂设置 4 座机柜间，机柜间内设置过程控制系统（PCS）控制站。

В качестве системы управления процессами центрального пункта управления и пункта управления котельной применяется система DeltaV от компании Emerson. На ГПЗ имеются 4 помещения машинных шкафов, в которых установлена станция управления с системой управления процессами（PCS）.

整个 DCS 系统由操作员站、现场控制站、DeltaV 控制网络等组件构成；控制网络 DeltaV 网络冗余配置，控制器的 CPU 1：1 成对冗余配置，DCS 各种工作电源冗余配置，每个操作员站都是一个独立的计算机主机，每个操作员站都能互相备份，互为冗余。

Вся система DCS состоит из операторской станции, станции управления на месте, управляющей сети DeltaV и прочих блоков; Управляющая сеть DeltaV имеет резервную комплектацию, CPU1 контроллера: 1 парная резервная комплектация, резервная комплектация различных рабочих источников питания DCS, каждая операторская станция имеет один независимый основной компьютер, каждые операторской станции могут создавать взаимную резервную копию, взаимное резервирование.

DeltaV 控制网络是一个相对独立的局域以太网，采用冗余的方式建立两条完全独立的网络，即主、副控制网络。主、副控制网络中的交换机、以太网线及工作站和控制器的网络接口也完全是独立的。DeltaV 系统控制网络是点对点的对等网络结构，控制网络上各工作站之间、工作站和控制器之间、控制器之间的通信均为点对点的通信方式。操作员站和控制器之间不需要通过服务器交换数据，使实时数据可方便地在所有站点之间调用，避免某个站点故障对系统的影响。同时容易实现对整个系统的报警管理、基于用户和功能的全局安全性管理、系统和设备诊断等功能。点对点结构中不存在单一故障点，网络上任何一个节点故障都不会影响监视和控制功能。控制层和工作站层之间无通信网管进行协议转换，网络通信速度高，并且无需修改系统组态即可在线扩展系统节点，其兼容性和开放性较好。

Управляющая сеть DeltaV-это независимый, противоположный сети Ethernet орган, который применяет резервный метод работы с образованием двух сетей с полной независимостью, а именно: основная управляющая сеть и вспомогательная управляющая сеть. Коммутатор в основной и вспомогательной управляющих сетях, сетевой кабель Ethernet и сетевой интерфейс рабочей станции и контроллера, также являются полностью независимыми. Управляющая сеть DeltaV имеет сетевую структуру в виде сети точка-к-точке. В управляющей сети, между каждой рабочей станцией, а также между рабочей станцией и контроллером, связь между контроллером представлена в виде связи по типу точка-к-точке. Между операторской станцией и контроллером не требуется использование сервера для обмена данными, данные реального времени могут легко обмениваться между станционными точками, а нужно это для того чтобы избежать оказания влияния на систему в случае отказа одной из станционных точек. Одновременно с этим, очень легко выполняется контроль предупреждений во всей системе в целом, основываясь на пользовательском и функциональном управлении безопасностью, имеется функция диагностирования системы и оборудования. В структуре точка-к-точке наличие какой-либо единичной неисправности, а также какая-либо неисправность в узле сети не сможет оказать плохого влияния на мониторинг или способность управления. Между уровнем управления и уровнем рабочей станции преобразование протокола выполняется без сетевым управлением, скорость сетевой связи очень высокая, при этом нет необходимости в изменении конфигураций системы, достаточно лишь онлайн расширение системных узлов, при этом ее совместимость и открытость сравнительно лучше.

南约洛坦气田天然气处理厂为6列主体装置及公用工程分别配置1套冗余的DeltaV系统控制器用于管理所有在线I/O子系统、控制策略的执行及通信网络的维护。同时报警和事件的时间标签由控制器执行,以确保精确的事件顺序记录。控制器从输入通道读取数据,然后执行控制策略,到最后送到输出通道的整个过程会在100ms内完成。对于冗余配置的控制器,在工作时会有一个处于激活状态,而另一个待机状态的控制器会拥有相同的设置,并会映射在线控制器的所有操作。当在线控制器发生故障,待机状态的控制器将会自动切换到激活状态。同时系统可以在故障控制器被替换后自动执行初始化,使系统恢复冗余配置。每个DeltaV控制器都有主副2个网络接口,在采用冗余控制器的配置时,每对控制器会有2个网络接口连接到主交换机上,另外2个网络接口连接到副交换机上。

На ГПЗ м/р «Южный Елотен» имеются 6 ниток основной установки и коммунальные услуги, которые по отдельности оснащены 1 резервным DeltaV системным контроллером, который используется для управления всеми онлайн I/O подсистемами, выполняя при этом стратегию управления и защиту сети связи. Наряду с этим, контроллером выполняется маркировка времени о предупреждениях и рабочих положениях, что в свою очередь обеспечивает точное ведение записей о ходе работы. Контроллер из входного канала считывания данных, выполняет стратегию управления, а затем посылает данные процесса на выходной канал, в пределах 100ms. По отношению к резервной комплектации контроллера, во время работы один контроллер может находиться в одном активированном режиме, а в это время другой контроллер будет находиться в режиме ожидания, имея при этом идентичные параметры работы, при этом в режиме онлайн также отображаются все операции контроллера. Когда активный контроллер вышел из строя, контроллер, находящийся в режиме ожидания, сможет автоматически переключиться на активированный режим работы. Одновременно с этим, после замены контроллера вышедшего из строя, автоматически выполняется инициализация, что позволяет системе восстановить резервную компоновку. Каждый контроллер DeltaV имеет 2 сетевых интерфейса: основной и вспомогательный, во время использования резервного контроллера, 2 сетевых интерфейса контроллера подключаются к главному коммутатору, а другие 2 сетевых интерфейса подключаются к вспомогательному коммутатору.

6列主体装置和公用工程工艺装置共7个操作区,每个操作区设2台双屏操作员站,共计14台双屏操作员站。DeltaV系统操作员站是DeltaV系统的人机界面,通过这些系统操作员站,操作人员、管理人员可随时了解、管理并控制整个生产及计划。操作员站为用户提供了一个功能强大的操作环境,用内嵌式的组件以便各项数据的输入与读取。报警浏览表、流程图或模块详细信息等都会有直观的统一界面。工作站都配有3块以上的网卡,其中2块用于建立控制网络,另1块用于备用或连接其他系统,如工厂网络等。各操作间还配置1台过程控制系统的工程师站,配备了系统组态、操控、维护及诊断等软件包。

6 ниток установки и технологические установки для коммунальных услуг имеют всего 7 рабочих зон. В каждой рабочей зоне имеется по 2 двойных экрана для операторской станции, всего 14 двойных экранов для станций операторов. Операторская станция системы DeltaV-это человеко-машинный интерфейс системы DeltaV. При помощи этих операторских станций, оператор и руководящий персонал могут в любое время ознакомиться, контролировать, а также управлять производством и планом. Операторская станция предоставляет пользователю мощнейший функционал операционной среды, а при помощи вложенных компонентов, легче осуществлять ввод и чтение различных данных. Диаграмма для просмотра предупреждений, схема производственного процесса или подробная информация о модулях–все это имеет интуитивный единый интерфейс. Рабочая станция оснащена 3 модулями

сетевой карты, из них 2 используются для основания управляющей сети, а 1 используется в качестве резервного или для соединения с другими системами, например с сетью завода, и так далее. Каждая операторская также оснащается 1 системой управления процессами от инженерной станции, а также для этого предлагается комплект программного обеспечения для конфигурирования системы, управления, обслуживания и диагностирования.

2.3 安全仪表系统

随着石油化工装置的日趋大型化,工艺过程越来越复杂,生产过程中发生危险的可能性也越来越大,一旦生产过程出现异常且控制不当,将会给人身和财产安全造成严重伤害。安全仪表系统(SIS)能对气田生产装置和设备可能发生的危险或措施不当行为致使继续恶化的状态进行及时响应和保护,使生产装置和设备进入一个预定的安全停车工况,从而使风险降低到可以接受的最低程度,保障人员、设备和生产装置的安全,是工厂自动控制中的重要组成部分。随着自控技术和工业安全理念的发展,安全仪表系统已从传统的过程控制概念中脱颖而出,并与基本过程控制系统并驾齐驱,成为自控领域的一个重要分支。

2.3 Инструментальная система безопасности

Вслед за ежедневным увеличением масштабов нефтехимических установок, усложненности технологических процессов, крупной тенденцией возникновения опасности в ходе производственных процессов, а также возникновения исключений в производственном процессе и ненадлежащим контролем, что в свою очередь может повлечь за собой тяжкие последствия для человека и имущества, инструментальная система безопасности (SIS), может по отношению к возможной опасности для производственных установок и оборудования, которое используется на газовых месторождениях, выполнить своевременный отклик и защитить его. Также система может в ввести оборудование и производственные установки в безопасны режим остановки, тем самым позволяя снизить опасность и довести ее до приемлемого минимума, при этом обеспечив безопасность рабочих, оборудования, производственных установок. Данная система является важнейшей составной частью в автоматическом управлении заводом. По мере развития концепций технологий по автоматическому управлению и промышленной безопасности, инструментальная система безопасности уже зарекомендовала себя как устоявшейся системой для управления рабочими процессами, являясь при этом важнейшей частью автоматического управления.

2.3.1 安全仪表系统(SIS)

2.3.1 Инструментальная система безопасности(SIS)

过去的气田工程中,虽然在控制系统中配置了安全联锁功能,但由于该功能通常由过程控制系统(PCS)来完成联锁逻辑,并不能提供所要求的安全完全性,因而也发生了不少事故。随着现代科学技术的发展和国际合作项目的日益增多,人们对安全系统的认识得到了提高,对安全系统提出了新要求:

Пройдя по работам на газовых месторождениях, несмотря на то, что система управления оснащена функцией предохранительной блокировки, данная функция обычно срабатывает путем логики используя систему управления процессами(PCS), но при этом не может отвечать всем необходимым требованиям по полной безопасности, и в виду этого, случается достаточно много аварий. По мере развития современной науки и техники, а также по мере участия в объектах международного сотрудничества, все больше людей ознакомлены с системами безопасности, тем самым появились новые требования к системам безопасности:

(1)安全系统必须比传统继电器控制或是固态逻辑控制更安全可靠;

(1)Система безопасности должна по сравнению с релейным управлением и управлением по принципу твердотельных логических схем обеспечивать больше безопасности и надежности;

(2)必须减少安全系统误动作或误停车的次数和频率;

(2)Должна сокращать сбои системы безопасности и частоту случайных отключений оборудования;

(3)系统必须易于维护和查找故障,并具有自诊断功能;

(3)Система должна легко устранять и обнаруживать неисправности, а также должна обладать функцией самодиагностики;

（4）安全系统必须可与 DCS 和其他计算机系统通信；

（4）Система безопасности должна обладать возможностью соединения с DCS и прочими компьютерными системами;

（5）系统必须有硬件和软件的权限保护；

（5）Система должна иметь защиту аппаратного и программного обеспечения;

（6）安全系统应独立于其他控制系统。

（6）Система безопасности должна быть независимой от других систем управления.

安全仪表系统功能是保证生产的正常运转、事故安全联锁；安全联锁报警以及联锁动作和投运显示。安全仪表系统包括传感器、逻辑运算器、最终执行元件及相应软件，本章节安全仪表系统不包含传感器和最终执行元件。

Функция инструментальной системы безопасности заключается в обеспечении нормальной работы производства, система должна обладать предохранительной блокировкой от аварий; Предохранительная блокировка предупреждает, а также блокирует операции, а также выполняет индикацию. Инструментальная система безопасности включает датчики, логико-вычислительные устройства, конечные исполнительные элементы, а также соответствующее программное обеспечение, но при этом инструментальная система безопасности не содержит в себе датчики и исполнительные элементы.

2.3.1.1 安全仪表系统组成

2.3.1.1 Компоненты инструментальной системы безопасности

典型的 SIS 系统主要配置包括：操作员接口、逻辑运算器、通信网络等，参见图 2.3.1。

Обычная типичная система SIS главным образом включает: интерфейс оператора, логико-вычислительное устройство, сеть связи и так далее, смотрите рис. 2.3.1.

（1）操作员接口。

（1）Интерфейс оператора.

操作员通常情况下利用过程控制系统的操作员站。

Обычно, операторская станция системы управления процессами используется операторами.

利用过程控制系统操作员站实现的与 SIS 有关的功能包括：显示 SIS 中某些点的状态、显示报警日志或 SOE 信息、显示旁路状态、对 SIS 进行赋值和旁路操作等。

Используя операторскую станцию от системы управления процессами и SIS, включаются следующие функции: отображение состояния различных точек в системе SIS, отображение журнала предупреждений или SOE информации, отображение блокированного состояния, выполнение инициализации и блокировки SIS.

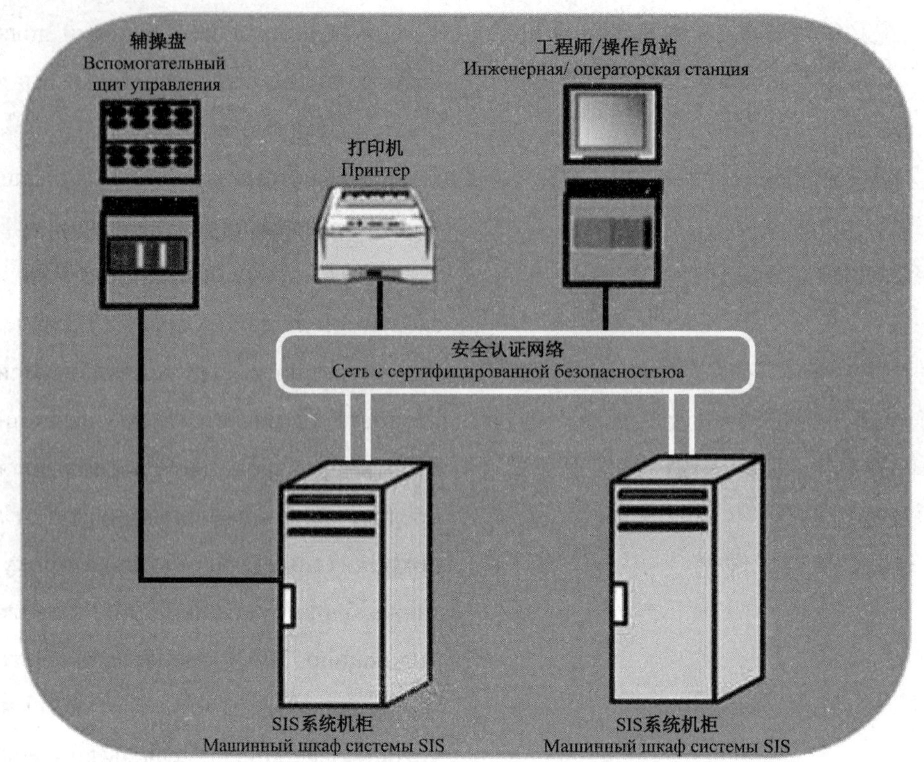

图 2.3.1 典型安全仪表系统

Рис. 2.3.1 Типичная инструментальная система безопасности

工程师站用于 SIS 逻辑控制器的编程、仿真测试、下装程序、在线操作、系统诊断和维护功能。工程师站可采用台式 PC 机或便携式 PC 机。

Инженерная станция используется для программирования логического контроллера SIS, также станция позволяет выполнять имитированную проверку, загружать программы, выполнять онлайн работу, диагностирование системы и выполнять функцию обслуживания.

除自动实施 SIS 功能外,通常应在控制室设置 SIS 辅助操作台(盘),辅助操作台(盘)上设置有紧急停车按钮、功能开关、紧急指示灯、音响装置等。

Кроме автоматических функций SIS, на пункте управления обычно устанавливается SIS вспомогательная рабочая панель, на этой панели имеются кнопка аварийной остановки, функциональный переключатель, аварийный индикатор, звуковое устройство и так далее.

(2)过程接口。

(2) Интерфейс процессов.

过程接口包括各种输入输出卡、与过程接口关联的设备,如隔离器、安全栅、旁路维护开关、继电器等。

Интерфейс процессов включает в себя различные карты для ввода-вывода, оборудование для соединения с интерфейсом процессов, например разъединитель, предохранитель, блокировочный защитный переключатель, реле и так далее.

输入输出卡应设计为故障安全型，带光电隔离或电磁隔离，每个通道之间互相隔离，并带故障诊断。

Используемые модели для карты ввода-вывода должны иметь защиту от повреждения. Карты должны иметь фотоэлектрическую или электромагнитную изоляцию. Между каналами должна быть изоляция, а также должна быть возможность диагностики неполадок.

（3）通信接口。

（3）Интерфейс связи.

SIS 逻辑控制器与第三方的过程控制系统或其他可通信设备之间的通信，一般采用串行通信（RS232/RS485）接口的 MODBUS 协议或者硬接线的一对一方式，以“I/O 点”的形式交换信息。但是当 I/O 点的数量较多时，硬接线方式在工程实施上将会困难，因此一般采用将关键的几个关停信号用硬接线的方式连接，大量的信息交换通过 MODBUS 通信链路实现。

Связь между SIS логическим контроллером и сторонними системами управления процессами или прочим коммуникационным оборудованием, обычно выполняется посредством последовательной связи（RS232/RS485）протокола MODBUS или при помощи жесткого проводного соединения по методу «один к одному», посредством «I/O точки» для обмена информацией. Однако, если количество I/O точек слишком большое, при выполнении жесткого проводного соединения могут возникнуть сложности, по этой причине используется несколько ключевых выключающих сигналов, а обмен большим объемом информации выполняется посредством MODBUS канала связи.

随着通信技术的迅猛发展，一些制造商致力于推动一体化或集成化解决方案。SIS 的逻辑控制器与实现过程控制的 DCS 基于同一个网络平台进行通信，既保证安全系统的独立性并符合 IEC61508/IEC61511 等标准的要求，又从操作和维护上实现常规控制和安全保护功能的无缝对接，如艾默生的 DELTA VS IS 和横河的 ProSafe-RS 系统等。这些系统都有 TÜV 认证的安全网络协议，其认证的安全网络协议具有高水平的错误检查和恢复能力，因此在保证最佳有效性的同时交换安全相关信息。一个安全网络可连接多个控制器构成串行或以太网网络形式，这在天然气处理厂有多个安全控制器的情况下，具有突出的优势。

По мере бурного развития коммуникационных технологий, некоторые производители посвящают себя продвижению интеграции или интегрированным решениям. Согласно идентичной платформы сети для осуществления связи между SIS логическим контроллером и DCS для управления процессами, для обеспечения независимости системы безопасности, а также для соответствия требованиям стандарта IEC61508/IEC61511, в целях осуществления оперативного управления и функции обеспечения безопасности, используются системы DELTA VS IS от компании Emerson и ProSafe-RS от компании Yokogawa. Эти системы имеют TÜV сертификацию безопасного сетевого протокола. Эта сертификация подтверждает что безопасный сетевой протокол обладает высоким уровнем выявления ошибок и способности восстановления, что в свою очередь обеспечивает наилучшую эффективность безопасности при обмене данными. Одна безопасная сеть может соединять множество контроллеров в последовательной сети или в сети Ethernet. На данном ГПЗ, который имеет множество безопасных контроллеров, такое решение является наиболее выгодным.

（4）逻辑控制器。

（4）Логический контроллер.

逻辑控制器是安全仪表系统的核心，它的技术发展经历了从最早的气动逻辑、直接接线逻辑、机电继电器逻辑的硬接线逻辑、固态逻辑和常规可编程逻辑控制器，到现在广泛使用的安全仪表系统控制器。

Логический контроллер является ядром в инструментальной системе безопасности. Контроллер, пройдя развитие технологий на раннем этапе, логика применялась в электро-механическом реле, в твердотельных логических схемах и в программируемых логических контроллерах, а до сегодняшнего дня развитие дошло до контроллера, который широко применяется в инструментальной системе безопасности.

安全仪表系统控制器与常规 PLC 具有显著区别，主要体现在以下几点：

Между контроллером инструментальной системы безопасности и обычным PLC имеются следующие основные отличия:

① 安全仪表系统控制器具有特定的用途，专门用于安全防护或安全控制，在过程工业典型的应用包括：紧急停车、燃烧器管理系统、火气系统，以及高完整性压力防护系统等。

① Контроллер инструментальной системы безопасности используется в особых сферах, он используется для защиты и контроля безопасности, в типичных промышленных процессах применение контроллера включает: аварийная остановка, система управления топкой, система аварийной сигнализации и обнаружения огня и газа, а также предохранительная система от высокого давления.

② 安全仪表系统控制器一般要经过权威机构（如 TÜV）的认证，证明其适用的特定用途及其具有的安全完整性等级能力。

② Контроллер инструментальной системы безопасности обычно проходит сертификацию авторитетных учреждений（например TÜV）. Эта сертификация подтверждает использование контроллера в особых сферах, а также категорию безопасности контроллера.

③ 安全仪表系统控制器除一般的硬件、软件、操作以及维护等有关内容的技术手册外，还应有安全手册，这也是 IEC 61508/IEC 61511 多处提及的技术文件。

③ Контроллер инструментальной системы безопасности помимо обычного руководства для аппаратного обеспечения, программного обеспечения, а также руководства по обслуживанию и эксплуатации, также имеет необходимое руководство по безопасности, а именно техническая документация IE C61508/IEC 61511, затрагивающая много моментов.

④安全仪表系统控制器的设计遵循 IEC 61508-2（硬件要求）和 IEC 615087-3（软件要求）中的相应规定。

④ Контроллер инструментальной системы безопасности проектируется руководствуясь требованиям IEC 61508-2（требования для аппаратного обеспечения）и требованиям IEC 615087-3（требования для программного обеспечения）.

⑤ 为了防止随机性硬件失效，安全仪表系统控制器强调内部自动诊断，将硬件和软件相结合检测系统内部部件潜在的危险失效。在系统设计时，通过失效模式、影响及其诊断分析，辨识出每个部件会怎样失效以及如何检测出这些失效。它将特殊的电路设计和诊断技术相结合，对系统的降级模式、I/O 卡的失效模式，以及对控制回路外部的短路或断路做出针对性的响应，确保在故障时将被控流程或设备保持或达到安全状态。

⑤ В целях предотвращения произвольного отказа аппаратного обеспечения, контроллер инструментальной системы безопасности акцентируется на внутренней автоматической самодиагностике, предоставляя систему, которая обнаруживает потенциальную опасность отказов при сочетании программного и аппаратного обеспечения. Во время проектирования системы, посредством режима работа при неисправностях, влияния и диагностического анализа, было выяснено каким образом каждый отдельный узел может выйти из строя, а также каким образом нужно проверять эти неполадки. Особое схемное решение и сочетание методов диагностики, понизив тип системы, I/O карта в режиме работе при неисправностях, а также при внешнем коротком замыкании контура управления или размыкании цепи, во время появления неисправностей, оборудование и рабочий процесс поддерживаются в безопасном состоянии.

⑥ 硬件故障裕度和诊断覆盖率是安全仪表系统控制器设计的核心指标。

⑥ При проектировании контроллера инструментальной системы безопасности, главный упор ставится на чрезмерности отказов аппаратного обеспечения и процент покрытия при диагностировании.

⑦ 为防止系统性失效,安全仪表系统控制器的软件设计采用一系列特殊技术确保可靠性。

⑦ Для предотвращения отказа систематизации, при разработке программного обеспечения для контроллера инструментальной системы безопасности используется ряд специальных технологий, которые обеспечивают надежность работы.

⑧ 与外部第三方设备的通信接口,应具有强大的"读写保护"能力(防火墙)。防止数据风暴和DOS攻击,只允许正常的数据访问。同时不允许通过外部通信链路直接访问他的I/O卡。

⑧ С внешним интерфейсом связи стороннего оборудования, контроллер обладает мощной «защитой от считывания» (фаервол). Тем самым предотвращается нежелательное распространение данных и DOS атака, обеспечивая лишь только обычный доступ к данным. Одновременно с этим, не допускается посредством внешних каналов связи иметь прямой доступ к I/O карте.

⑨ 事件顺序记录(SOE-Sequence Of Event)、在线修改、人机接口对系统不同层次方位的私密性和对应用程序更改的记录跟踪等,都是安全仪表系统设计和应用的重要功能。

⑨ Отслеживание последовательности событий (SOE-Sequence of Event), онлайн внесения корректировок, приватности доступа человеко-машинного интерфейса к различным уровням системы и внесения изменений в программы.

2.3.1.2 可编程逻辑控制器的典型结构

2.3.1.2 Типичная структура программируемого логического контроллера

目前安全仪表系统控制器的主流系统结构主要有TMR(三重化)、2004D(四重化)2种。

В настоящее время, структура контроллера инструментальной системы безопасности главным образом представлена в виде 2 типов: TMR (трехкратная), 2004D (четырехкратная).

(1)TMR结构:它将三路隔离、并行的控制系统(每路称为一个分电路)和广泛的诊断集成在一个系统中,用"三取二表决"提供高度完善、无差错且不会中断的控制,如图2.3.2所示。TRICON、ICS、HollySys等均是采用TMR结构的系统。

(1) Структура TMR: при помощи трехканальной изоляции, коллатеральная система управления (каждый канал именуется как отдельная делительная электроцепь) и широкая диагностическая интеграция в единой системе, работая по принципу 3 цепи для получения 2 цепи для выборки, предоставляется высочайшая отказоустойчивость, без возможности прерывания управления, смотрите рис. 2.3.2. В структуре TMR используются системы TRICON, ICS, HollySys.

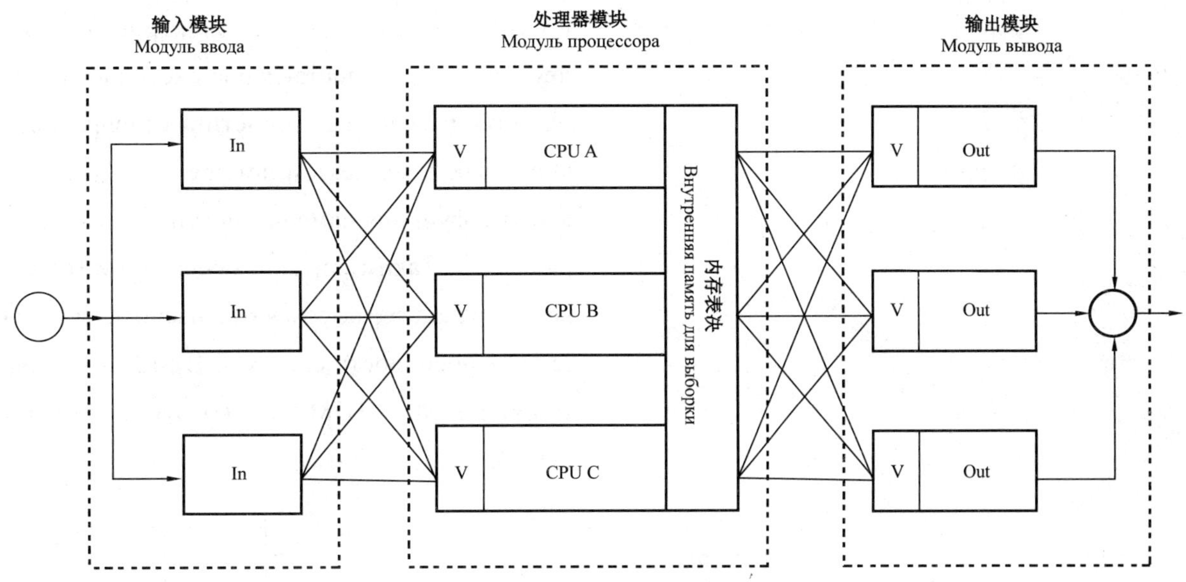

图 2.3.2 TMR 结构图

Рис. 2.3.2 Структура TMR

三重化通道系统,采用对 3 个通道的输出进行表决的机制,提高了系统的安全完整性和过程可用性。在这种结构中,每个通道有 2 个输出,它们两两交叉连接在一起,最终的输出取决于表决的"多数"结果。当其中有 2 个通道的输出触点闭合时,外负载回路就是带电的;当其中有 2 个通道的输出触点断开时,外负载回路就是失电的。

Трехканальная система, использует 3 канала для выполнения вывода выборки, повышая при этом безопасность системы и работоспособность процессов. В структуре такого типа, каждый канал имеет два вывод, они перекрестно соединены между собой, при этом конечный вывод зависит от «количественного» результата выборки. При замыкании контактов двух каналов вывода, внешняя нагрузка на обратную цепь будет находиться под током; а когда контакты двух каналов вывода разомкнуты, внешняя нагрузка на обратную цепь не будет получать ток.

(2)2004D 结构:2004D 系统由 2 套独立并行运行的系统组成,通信模块负责其同步运行,当系统自诊断发现一个模块发生故障时,CPU 将强制其失效,确保其输出的正确性。同时,安全输出模块中 SMOD 功能(辅助去磁方法),确保在 2 套系统同时故障或电源故障时,系统输出一个故障安全信号。一个输出电路实际上是通过 4 个输出电路及自诊断功能实现的,如图 2.3.3 所示。这样确保了系统的高可靠性,高安全性及高可用性。HONEYWELL、HIMA 的 SIS 均采用了 2004D 结构。

(2)Структура 2004D: система 2004D имеет 2 независимо параллельно работающих системных компонента-модули связи, отвечающие за синхронную работу. В случае если при самодиагностики системы обнаружатся неисправность одного модуля, CPU в принудительном порядке отключит его, для того чтобы обеспечить точность вывода данных. Наряду с этим, SMOD функция в безопасном модуле вывода (метод вспомогательного размагничивания), обеспечивает в случае отказа или сбоя электропитания для двух систем, предоставление системного вывода одного сигнала безопасности о неисправностях. Одна выходная цепь и четыре выходные цепи, а также функция самодиагностики, показаны на рис. 2.3.3. Таким образом обеспечивается высокая надежность, высокая безопасность и высокая работоспособность системы. В SIS от компаний HONEYWELL, HIMA используется структура 2004D.

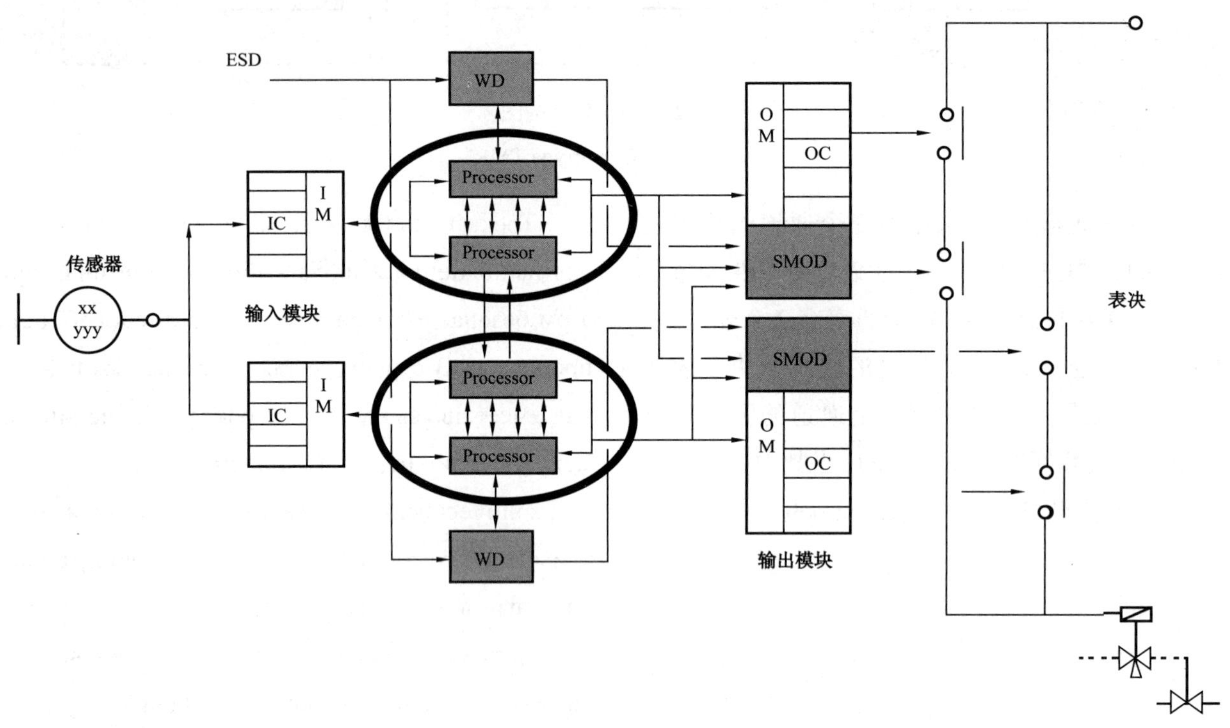

图 2.3.3 2OOD4 结构图

Рис. 2.3.3 Структура 2004D

2.3.1.3 事件序列记录（SOE）

事件序列记录（SOE）是安全仪表系统满足IEC 61508/61511 中关于“跟踪能力要求”的措施之一，集成在 SIS 逻辑控制器中的 SOE 功能，检测并记录那些引起偏离正常工艺过程操作的事件，如 DI/DO 点状态的改变、模拟量超过设定值、

2.3.1.3 Регистрация последовательности событий（SOE）

Регистрация последовательности событий（SOE）– это одно из удовлетворений требований IEC 61508/61511 касательно «возможности отслеживания». Интегрированная в SIS логический контроллер функция SOE, обнаруживает, а также записывает определенные события вызывающие

维护工程师进行维护旁路操作、现场信号回路故障、SIS 本身的系统状态,以及强制和复位操作等。当这些操作或系统状态发生改变时,系统将打上时间标签,并输出到外围设备,如操作员站或打印机等。

如果一个“要求”发生,并产生了一系列后续的联锁动作,根据 SOE 记录的相关参数状态改变的时间点和先后顺序,就能很方便地确定它。因此 SOE 对过程安全管理和现场的维护操作是非常重要的。

SIS 逻辑控制器的 SOE 由两部分组成:集成在安全仪表系统内的 SOE 检测功能和 SOE 软件。

2.3.1.4 SIS 逻辑控制器软件

IEC 61511 划分出了 3 个类型的软件,即应用软件、公用软件和嵌装软件。其中应用软件是指用户为特定工程需要组态的应用程序。公用软件是指可编程 SIS 设备的系统软件,是制造商为用户提供的人机接口,包括组态界面、仿真、编译下装、在线操作、系统诊断、维护管理等功能。公用软件的开发应遵循 IEC 61508-3 的规定。嵌装软件是指由制造商预装在设备中的后台系统程序,不允许终端用户对其进行访问。

отклонения в технологических процессах, например изменение состояния точки DI/DO, превышение значения заданной аналоговой величины, а также выполнение блокировки инженером по техническому обслуживанию, сигнал с рабочей площадки об отказе обратной цепи, состояния системы SIS как таковой, а также принудительные операции и операции по сбросу.

В случае возникновения одного из «требований», а также возникшая в последствии блокировка, на основании поочередной последовательности и момента времени изменения соответствующих параметров состояния протокола SOE, более удобно выполняется подтверждение. По этой причине, SOE для управления безопасностью процессов и для эксплуатационных операций на месте является очень важной.

SOE от логического контроллера SIS образуется из 2 частей: интегрированные в инструментальную систему безопасности SOE функции обнаружения и SOE программное обеспечение.

2.3.1.4 Программное обеспечение логического контроллера SIS

IEC 61511 подразделяется на 3 типа программного обеспечения, а именно прикладное программное обеспечение, стандартное программное обеспечение и встроенное программное обеспечение. Среди них, под прикладным программным обеспечением подразумевается приложение со специальными техническими конфигурациями для пользователя. Под стандартным программным обеспечением подразумевается программное обеспечение для программируемого SIS оборудования, производителем для пользователя предоставляется человеко-машинный интерфейс, включая интерфейс с конфигурациями, имитированный интерфейс, компиляционная загрузка, онлайн выполнение операций, системное диагностирование, защитное управление и прочие функции. Под встроенным программным обеспечением подразумевается предустановленная производителем системная программа в оборудовании, которое не допускает конечному пользователю осуществлять доступ к нему.

IEC 61131-3（可编程控制器第三部分：编程语言）中定义了 4 种有限可变语言（LVL-Limited Variability Language），其中包括 2 种图形语言，即梯形逻辑（LD-Ladder Diagram）和功能方块图（FBD-Function Block Diagram）；2 种文本语言，即指令表（IL-Instruction List）和结构文本（ST-Structured Text）。还定义了顺序功能图（SFC-Sequential Function Chart），用于建构可编程逻辑控制器程序和功能块的内部架构。

IEC 61131-3（третья часть программируемого логического контроллера: язык программирования）представлен в виде 4 языков, язык с ограниченной варьируемостью（LVL-Limited Variability Language）, в том числе 2 вида графических языков, а именно релейно-контактная схема（LD-Ladder Diagram）и графический язык программирования（FBD-Function Block Diagram）, два вида текстовых языков, а именно список инструкций（IL-Instruction List）и структурированный текст（ST-Structured List）, также представлен в виде последовательной функциональной схемы（SFC-Sequential Function Chart）, используемые для создания внутренней структуры функционального блока и программы для программируемого логического контроллера.

2.3.2 站场安全仪表系统

2.3.2 Инструментальная система безопасности станции

集气站或预处理厂通常采用带安全认证的 PLC 系统来构建安全仪表系统。

На газосборном пункте или в УППГ обычно используется система PLC с сертификатом безопасности для осуществления инструментальной системы безопасности.

2.3.2.1 巴格德雷合同区域B区内部集输集气站安全仪表系统

2.3.2.1 Инструментальная система безопасности коллектора газосборного пункта Блока Б на договорной территории «Багтыярлык»

B区内部集输工程共设置有4座集气站，每座集气站的安全仪表系统配置一致，其安全仪表系统配置有1套安全仪表系统控制器，人机接口与过程控制系统的操作员站共用，集气站的安全仪表网络结构如图2.3.4所示。

В Блоке Б по работе с коллектором было создано 4 газосборных пункта. Инструментальные системы безопасности всех газосборных пунктов имеют одинаковую конфигурацию: 1 комплект контроллера инструментальной системы безопасности, который совместно пользуется для человеко-машинного интерфейса и системы управления процессами операторской станции. Структура инструментальной системы безопасности газосборного пункта показана на рис.2.3.4.

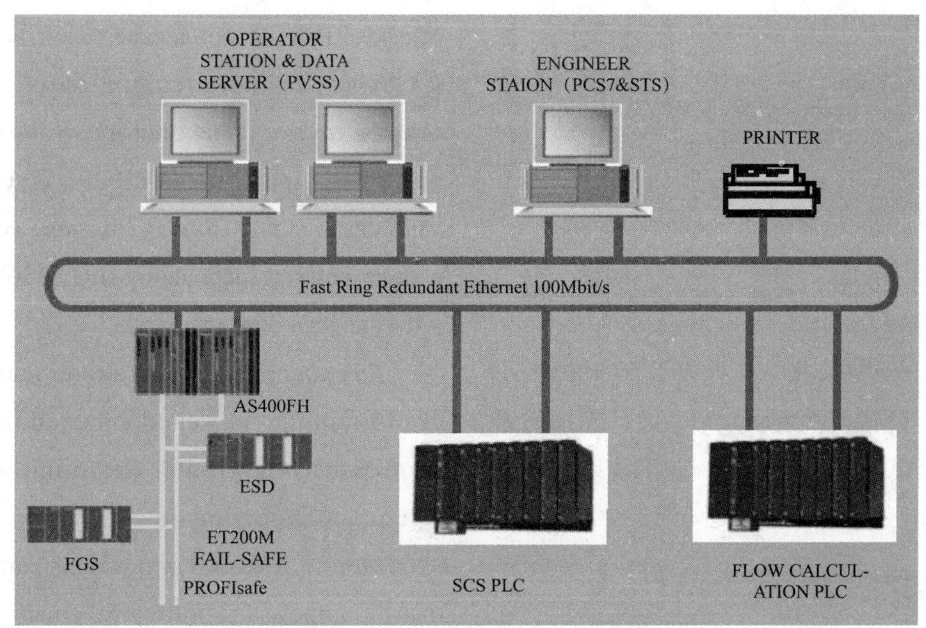

图 2.3.4 集气站安全仪表系统网络结构

Рис. 2.3.4 Структура инструментальной системы безопасности газосборного пункта

集气站的安全仪表系统控制器采用独立的、经过TÜV认证具有SIL2安全完整性等级的西门子AS400FH控制器。其中CPU、电源、通信模块均为冗余配置，具有容错功能。

В качестве контроллера инструментальной системы безопасности газосборного пункта использует независимый, прошедший TÜV сертификацию, обладающий SIL2 классом безопасности, контроллер модели AS400FH от компании SIEMENS. В том числе, контроллер обладает резервной комплектацией CPU, источника питания и модуля связи, а также имея функцию отказоустойчивости.

SIS 通信网络采用基于 PROFIbus 的 PROFIsafe 标准故障安全通信协议，PROFIsafe 标准故障安全通信协议是目前世界上唯一通过德国联邦劳动安全研究所（BIA）和德国技术监督联合会（TÜV）认证的故障安全通信协议标准。以 SIEMENS 为首的 25 家世界知名企业参予了 PROFIsafe 应用行规的制订和产品开发。PROFIsafe 的诞生标志着故障安全通信技术的标准化和开放化的历史性进展，为不同厂家的故障安全产品提供了相同的通信平台。通过 PROFIsafe 实现故障安全通信，可满足 IEC 61508 SIL3（TÜV AK6）的安全等级要求。

SIS коммуникационная сеть использует протокол связи PROFIbus на основании стандарта безопасности отказов PROFIsafe. Протокол связи стандарта PROFIsafe касательно безопасности отказов, является уникальным стандартом протокола связи, который прошел сертификацию со стороны Института исследований проблем безопасности в Германии и Союза Технического Надзора в Германии（TÜV）. SIEMENS стоящая во главе двадцати пяти всемирно известных корпораций, приняла участие в подготовке и разработке норм для PROFIsafe. Появление PROFIsafe говорит о том, что стандартизация коммуникационных технологий по направлению безопасности отказов, и ее историческое развитие, для разных изготовителей продукции в сфере безопасности отказов предоставляются идентичная платформа для связи. При помощи PROFIsafe была реализована связь с защитой от отказов, которая может удовлетворить требования IEC 61508 SIL3（TÜV AK6）класса безопасности.

采用西门子快速交换式工业以太网（100Mbps）作为连接操作员站、工程师和自动化系统站的系统总线。快速交换式工业以太网在工业以太网的通信协议基础上，将通信速率提高到了 100Mbps。

Для соединения системной шины операторской станции, инженерной станции и станции с автоматизированной системой используется высокоскоростной промышленный Ethernet（100Mbps）. Высокоскоростной тип обмена данными по промышленному Ethernet повышает скорость обмена данными до 100Mbps.

AS400F/FH 是基于 S7-400H 冗余容错技术的故障安全控制系统（图 2.3.5）。当工艺安全联锁条件具备或任何系统内部故障发生时，S7-400F/FH 就立即进入一种安全工作状态，即保持在一种安全工作模式上，从而保证操作人员、设备、环境和生产过程处于安全状态。S7-400H/FH 按照“热备份”模式的冗余原理运行。根据这个原理，只要没有故障，两个子单元都处在工作状态。如果发

AS400F/HF-это резервная система управляющая безопасностью отказов на основании S7-400H（рис.2.3.5）. Если происходит срабатывание предохранительной блокировки или возникает какая-либо внутрисистемная неисправность, S7-400F/FH незамедлительно входит в безопасный режим работы, при этом поддерживая безопасный режим работы, отсюда обеспечивая

生故障,起作用的控制器全面接管过程控制。为了确保无扰动切换、快速可靠的数据交换,使用中央控制器链接确保了两个控制器始终都是最新更新的,以便当一个控制器发生故障时另一个可以接管控制。

безопасное состояние для оператора, оборудования, окружающей среды и производственного процесса. S7–400F/FH работает по принципу «горячее резервирование». В соответствии с данным принципом, в случае отсутствия неисправностей, два суб-элемента пребывают в рабочем состоянии. В случае возникновения неисправности, контроллер полностью начинает управлять процессами. Для того чтобы обеспечить свободное переключение, скоростной надежный обмен данными, используется центральный контроллер, обеспечивающий соединение двух контроллеров от начала и до конца, выполняя постоянное обновление, и даже при выходе из строя одного из контроллеров поддерживается способность управления.

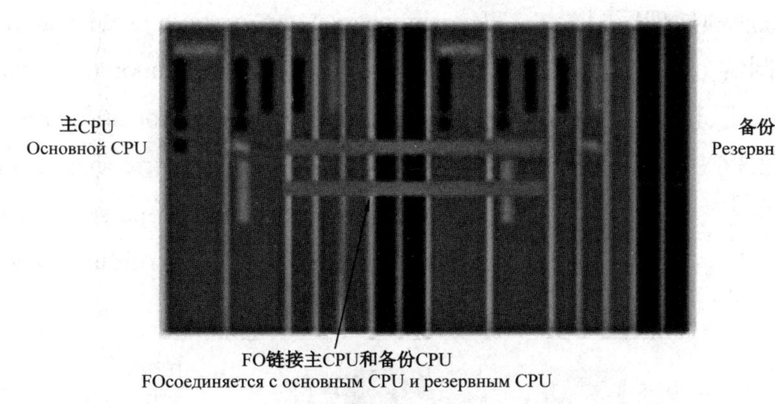

图 2.3.5 S7-400H/FH 安全控制器

Рис. 2.3.5 Безопасный контроллер S7-400H/FH

AI/DI/DO 模块均为安全仪表系统专用的安全型模块,可提供完备的诊断功能及安全功能。少通道分布式远程智能 I/O 模件设计使系统即能更好地避免集中控制的风险,又增加了灵活方便的应用。若选用完全的冗余容错结构配置,便可提供最大限度的可应用性,即系统任何的一个单一故障,均不会造成系统停车。系统可以进行在线下

AI/DI/DO модули являются специальными безопасными модулями инструментальной системы безопасности, эти модули обеспечивают диагностическую функцию и функцию безопасности. Несколько каналов распределенного типа, при проектировании диспетчерского интеллектуального I/O модуля, обеспечивают возможность обойти опасность в централизованном управлении, при этом обеспечивая оперативное и

装和模件的带电热插拔，从而大大减少了系统的维护量。

удобное применение. В случае выбора комплектации с резервной отказоустойчивой структурой, можно обеспечить максимум работоспособности. А именно в случае появления единичного отказа в системе, не сможет произойти остановка работы системы. Система сможет выполнять онлайн загрузку и горячее подключение модулей, тем самым максимально сокращая объем работы для системы.

站控系统过程控制 PLC 与 SIS 系统共用 1 台工程师站，用于对 ACE 3600 和 AS400FH 的编程组态。

Системы PLC и SIS управления процессами станции совместно используют 1 инженерную станцию, которая используется для программирования конфигураций ACE 3600 и AS400FH.

2.3.2.2 南约洛坦气田预处理厂安全仪表系统

2.3.2.2 Инструментальная система безопасности УППГ м/р «Южный Елотен»

南约洛坦气田设置有 2 座预处理厂，安全仪表系统配置一致，每座预处理厂配置 1 套安全仪表系统逻辑控制器，人机接口与过程控制系统的操作员站共用，预处理厂的安全仪表网络结构图如图 2.3.6 所示。

На м/р «Южный Елотен» предусмотрены 2 УППГ. Инструментальная система безопасности 2 УППГ имеет одинаковую конфигурацию: 1 комплект логического контроллера системы, который совместно пользуется для человеко-машинного интерфейса и системы управления процессами операторской станции. Структура инструментальной системы безопасности УППГ показана на рис. 2.3.6.

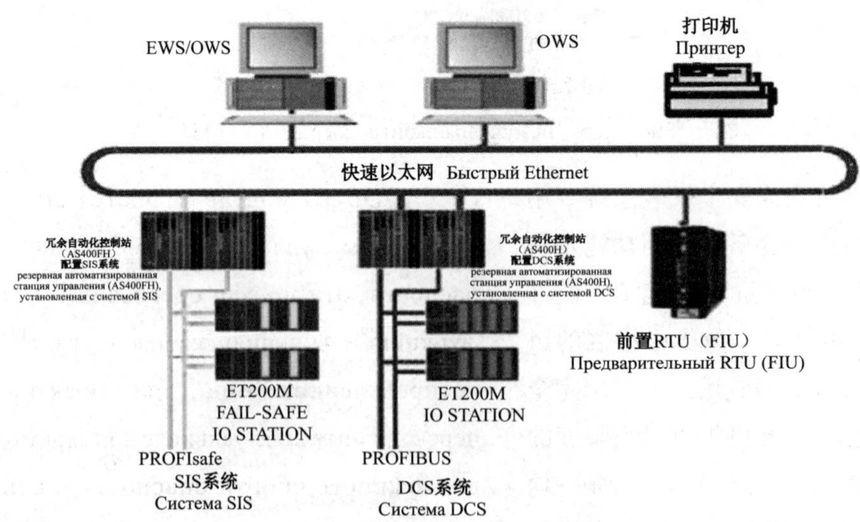

图 2.3.6 预处理厂安全仪表系统网络结构图

Рис. 2.3.6 Структура инструментальной системы безопасности УППГ

SIS 系统采用西门子完整的过程控制系统解决方案,它将过程控制功能和过程安全功能有机地整合到一个平台之上。安全仪表系统采用独立的、经过 TÜV 认证且具有 SIL3 安全完整性等级的西门子 S7–400FH 故障安全控制系统,其中包括 CPU、交直流电源系统、通信模块、通信总线。

Система SIS использует решение в виде системы управления процессами от компании SIEMENS, ее функции управления процессами и функции по безопасности объединены в одной платформе. Инструментальная система безопасности использует независимую систему управления безопасности отказов S7–400FH от SIEMENS, которая прошла TÜV сертификацию на SIL3 класс безопасности, в том числе система имеет систему переменного источника питания, модуль связи, коммуникационную шину.

该站采用的控制器、I/O 模块、通信以及人机界面接口与巴格德雷合同区域 B 区集气站相同,详见 2.3.3.1 节。

Данная станция использует контроллер, I/O модуль, связь и человеко-машинный интерфейс-все это идентично газосборному пункту Блока Б на договорной территории «Багтыярлык». Подробность приведена в пункте 2.3.3.1.

不同之处在于,根据实际需要,在每座预处理厂增加了 1 套 ACE 3600 作为前置 RTU。它的主要功能是将分散的 RTU 节点(单井)进行通信的整合,提高通信效率。此外,增加另外一种关井模式,保证可靠的关井命令的执行。

Разница заключается в том, что на основании фактических потребностей, в каждой УППГ добавили по одному ACE 3600, который выступает в качестве предварительного RTU. Его основная функция заключается в распределении узлов RTU (одиночных скважин), в выполнении согласованной связи, повышении эффективности связи. кроме того добавив другой тип закрытия скважины, обеспечивается надежность исполнения команды закрытия скважины.

2.3.3 天然气处理厂安全仪表系统

2.3.3 Инструментальная система безопасности ГПЗ

2.3.3.1 巴格德雷合同区域第二天然气处理厂

2.3.3.1 ГПЗ-2 на договорной территории «Багтыярлык»

巴格德雷合同区域第二天然气处理厂的综合值班室和中央控制室设置安全仪表系统,采用的硬件配置一样,仅 I/O 的点数不同,其中中央控制室配置了 5 套安全仪表系统控制器,用于 4 列主

Комплексная дежурная и центральный пункт управления ГПЗ–2 на договорной территории «Багтыярлык» имеют инструментальную систему безопасности. Конфигурация используемого

体装置及公用工程。

аппаратного обеспечения одинаковая, разница заключается лишь в отличии количества I/O точек, а также на центральном пункте управления было установлено 5 контроллеров инструментальной системы безопасности, которые используется для 4 ниток основной установки и коммунальных услуг.

巴格德雷合同区域安全仪表系统采用横河的 ProSafe-RS 系统,安全仪表系统网络结构图如图 2.3.7 所示。

В качестве инструментальной системы безопасности на договорной территории «Багтыярлык» используется система ProSafe-RS от компании Yokogawa. Структура инструментальной системы безопасности показана на рис. 2.3.7.

横河 ProSafe-RS 安全仪表系统包括:安全控制站(SCS-Safety Control System)、安全工程师站(SENG)及连接 SCS 与 SENG 的 V net/IP 或 V net 实时控制网络。SCS 执行安全控制, SENG 则实现 SCS 的工程组态与维护。ProSafe-RS 与 CENTUM CS-3000 无缝地集成在一起,形成一个完整的生产控制系统。同时,对 SCS 运转情况的监控可通过 CS—3000 的人机接口——操作员站来实现。

Инструментальная система безопасности ProSafe-RS от компании Yokogawa включает: система управления безопасностью (SCS-Safety Control System), безопасная инженерная станция (SENG), а также Vnet/IP или V net управляющая сеть работающая в режиме реального времени для соединения SCS и SENG. SCS выполняет контроль безопасности, SENG выполняет конфигурирование и обслуживание SCS. ProSafe-RS и CENTUM CS-3000 объединены целостной интеграцией, формируя при этом целостную систему управления производством. Наряду с этим, мониторинг исправности функционирования SCS может выполняться при помощи CS-3000 человеко-машинного интерфейса-операторской станции.

横河公司的 ProSafe-RS 安全仪表系统是基于横河公司 CS-3000 系统基础上构建的。是与 CS-3000 系统真正无缝连接在一起的安全仪表系统。ProSafe-RS 安全仪表系统已取得了德国技术监督委员会(TÜV)安全认证书,达到 SIL3 安全等级(对应 AK6 级的安全功能)。并同时达到国际电工委员会(IEC)61508SIL3 级的安全标准。同时, ProSafe-RS 系统和 CS-3000 系统无缝连接和集成一体的结构(RS 系统硬件、软件工程和集成网络通信, HART 通信),也得到了 TÜV 安全认

Инструментальная система безопасности ProSafe-RS от компании Yokogawa-это система построенная на основании системы CS-3000 от компании Yokogawa. Эта система действительно имеет непосредственную связь с CS-3000. Инструментальная система безопасности ProSafe-RS прошла сертификацию со стороны Совета технического контроля в Германии (TÜV) и получила сертификат безопасности по классу SIL3 (соответствует функциям безопасности класса АК 6).

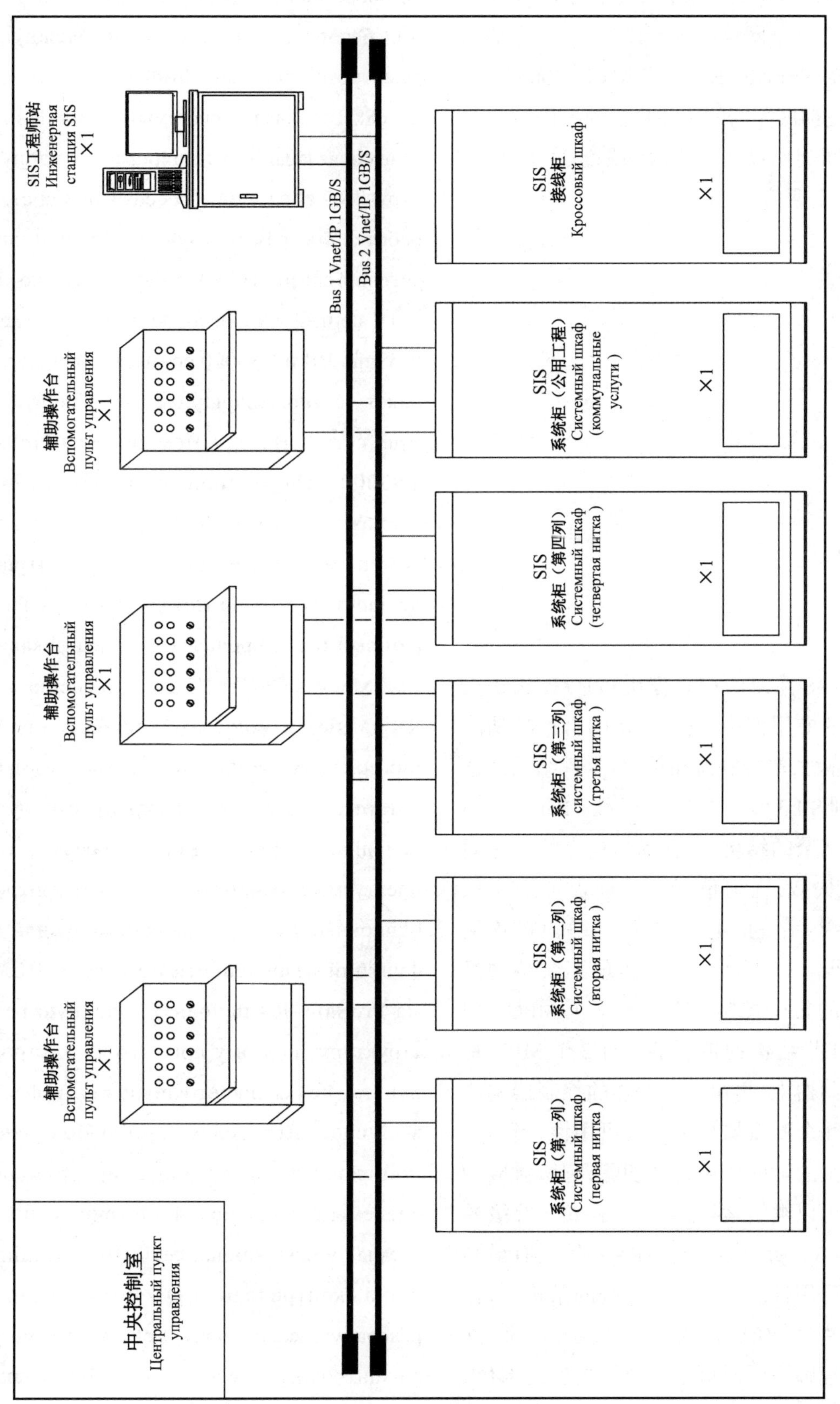

图 2.3.7 安全仪表系统网络结构图

Рис. 2.3.7 Структура инструментальной системы безопасности

证 SIL3 级标准。ProSafe-RS 系统与 CS-3000 系统共用同一个控制网络(Vnet//IP 网络或是 Vnet 网络),但同时 ProSafe-RS 系统和 CS-3000 系统在功能上又是彻底分离的。并且在同一网络上的各控制器之间交换数据和通信都是经过 TÜV 安全认证的"安全通信"方式。

Одновременно с этим, система прошла требования безопасности со стороны Международной Электротехнической Комиссии по классу (IEC) 61508SIL 3. Также, системы ProSafe-RS и CS3000 взаимосвязаны и интегрированы в единую структуру (RS аппаратное обеспечение системы, разработка программного обеспечения и интеграция сетевой связи, HART связь)– все это получило TÜV сертификат безопасности по классу SIL3. ProSafe-RS и CS3000 совместно используют одинаковую управляющую сеть (Vnet//IP сеть или Vnet сеть). Но при этом системы ProSafe-RS и CS3000 по функционалу имеют значительные расхождения. К тому же, в одинаковой сети, обмен данными и связь между контроллерами осуществляется по методу «безопасная связь», который также прошел TÜV сертификацию.

ProSafe-RS 系统的 CPU 模块和 I/O 模块是安全仪表系统的专用模块,具有丰富的自诊断功能和高度的可靠性,单控制器和单 I/O 卡件结构配置时,已经达到 SIL3 级安全功能标准。ProSafe-RS 系统采用全冗余的结构,不会因为单点的故障而引起系统的失效,任何情况下都能保证安全仪表系统不降级,系统的电源、控制网络、I/O 连接总线、控制器、I/O 卡件上均可实现冗余结构配置。如系统的每个控制器上都有 2 个 MPU (即为"Pair-Spare" 结构的控制器),每 2 个 MPU 集成在一块控制器上,再由 2 块同样的控制器构成冗余结构。冗余配置增加了系统可用性,当其中一个模件发生故障时将被自动切除,它所对应的另一个模件可以继续运行,生产过程安全等级始终保持在 SIL3。所以 ProSafe-RS 系统具有最高的可靠性和可用性。在全冗余系统的结构中,任何一个单部件失效时,系统会自动检测出来,并通知维护工程师。同时可在线更换失效的部件。ProSafe-RS 系统对更换失效的部件和修复的时间是没有限制的。

Модуль CPU и I/O модуль системы ProSafe-RS являются модулями специального назначения инструментальной системы безопасности, которые обладают расширенными функциями самодиагностики и высокой надежностью. Комплектуемые в систему одиночные контроллеры и одиночные I/O карты, также получили стандарт функций безопасности по классу SIL3. Система ProSafe-RS использует полную резервную структуру, поэтому при выходе из строя одного пункта, не возникнет влияния на эффективность всей системы в целом, при любых условиях не понижается класс работы инструментальной системы безопасности. Источник питания системы, управляющая сеть, I/O соединительная шина, контроллер, I/O карта–все имеет свою резервную компоновку. Если в системе у каждого контроллера имеется по 2 MPU (так называемый контроллер со структурой «Pair-Spare»), каждые 2 MPU интегрированные в один модуль контроллера, образуют резервную компоновку из 2 одинаковых модулей для контроллера, такого рода компоновка увеличивает работоспособность системы. В случае если один из модулей станет неисправным, в автоматическом режиме произойдет его исключение и другой модуль сможет продолжить его работу, тем самым всегда поддерживается класс безопасности производственного процесса SIL3. Именно поэтому система ProSafe-RS обладает высокой надежностью и работоспособностью. В системе со структурой в виде полного резервирования, в случае неисправности одного из узлов, система сможет выполнить автоматическую проверку и оповестить об этом инженера по техническому обслуживанию. Одновременно с этим, можно оперативно заменить поврежденный узел. Время для замены вышедших из строя узлов или время для восстановления вышедших узлов из строя системы ProSafe-RS не имеет ограничений.

ProSafe-RS 系统的在线诊断覆盖率达到99%。并且 DI 输入和 DO 输出模件,均能对卡件所接的现场回路的开路和短路进行检测,并可将诊断信息发到安全工程师站上。ProSafe-RS 系统的结构是基于 CS-3000 系统构建的,所以对 DCS 和 SIS 系统公共部件的运行状态的检测和预防失效是至关重要的。CS-3000 系统与 ProSafe-RS 系统的硬件和软件上所共享的数据,在传递和共享前已预先进行了分析,系统能准确判断出其数据的有效性,并同时对运行状态进行检测,以便防止系统失效。在 ProSafe-RS 系统运行时,系统会自动检测出硬件上的公共部件和安全功能上的任何失效,并通过诊断管理画面来告知维护工程师,最终达到系统的安全功能要求,排除 DCS 系统和 SIS 系统公共部件的失效,以便保护 DCS 和 SIS 系统。ProSafe-RS 系统的自诊断技术可在一个扫描期内对系统的全部硬件、软件进行诊断,控制器

Процент покрытия онлайн диагностирования системы составляет 99%. К тому же, DI модуль ввода и DO модуль вывода, могут быть соединены с обратной цепью строительной площадки для того чтобы проверять и обнаруживать размыкание цепи и короткое замыкание, а также в целях отправки диагностической информации на инженерную станцию для инженера по технике безопасности на производстве. Структура системы ProSafe-RS основана на строении системы CS-3000, поэтому проверка и защита общих узлов для систем DCS и SIS является очень важным моментом. Все данные аппаратного и программного обеспечения систем CS-3000 и ProSafe-RS используются этими системами совместно, перед передачей и совместным использованием данных выполняется передовой анализ, тем самым

和I/O卡件的故障检测信息均可显示在工程师站上,故障I/O模件的位置均可被显示出来。所有模件均可带电插拔,而不干扰ProSafe-RS系统的运行。

обеспечивая эффективность и точность передачи данных по системе, кроме того выполняется проверка рабочего состояния составляющих системы в целях предотвращения их выхода из строя. Во время работы системы ProSafe-RS, система может в автоматическом режиме проверять общие узлы в аппаратной части и функции безопасности на наличие выхода из строя каких-либо пунктов, к тому же при помощи диагностического графика оповещается инженер по техническому обслуживанию, тем самым возможно выполнение всех требований по безопасности для нормальной работы системы и исключается выход из строя узлов совместно используемых системами DCS и SIS-все это служит для защиты DCS и SIS систем. Технология самодиагностики системы ProSafe-RS может за время сканирования выполнить полную диагностику программного обеспечения, аппаратного обеспечения, контроллера и I/O карты на предмет неисправностей, а также отобразить всю соответствующую информацию в инженерной станции и даже обозначить расположение поврежденных I/O модулей. Поэтому модули работающие при электричестве или вырабатывающие электричество не смогут повлиять на работу системы ProSafe-RS.

Prosafe-RS系统和CS-3000系统共用一个统一集成的操作窗口(操作员站)。将过程控制系统及安全仪表系统集成起来,这种架构更深远的意义在于,可以将所有的报警信息、报表数据同时显示在单一的显示器画面上,从而实现紧急情况发生时的快速响应。操作员可以对他们已经熟知的操作及监控环境进行全局的安全监控,这使得整个工厂的安全性能得到极大的提高。

Система Prosafe-RS и система CS-3000 совместно используют одно централизованное интегрированное рабочее окно (операторская станция). При интеграции системы управления процессами и инструментальной системы безопасности, такого рода структура может иметь более глубокое значение, а заключается это значение в том, что можно все предупреждающие сообщения и отчетные данные отображать на одном экране в виде графика, тем самым обеспечивая быстрое реагирование в случае возникновения чрезвычайных ситуаций. Благодаря всему этому, оператор может легко ознакомиться и выполнять мониторинг рабочей обстановки. Это значительно повышает характеристику безопасности всего завода.

用户可使用 SENG—工程师站对 ProSafe-RS 系统进行组态、监视、操作和文档管理、用户程序输入,且把它编译成机器码,并下装到控制器上。专用的编程软件包是符合 IEC 61131-3 标准的软件包,提供标准功能块语言进行编程,可执行逻辑运算、顺序控制等各种逻辑程序。编程软件包允许在线修改程序,应用软件的在线修改和离线仿真逻辑程序都是通过 TÜV SIL3 级认证的。

Пользователь может использовать SENG–инженерную станцию для системы ProSafe –RS для выполнения конфигураций, мониторинга и работы и управления файлами. Пользователь загружает программу, однако ее машинный код компиляции, а также загрузка выполняется в контроллере. Специальный пакет программного обеспечения для программирования отвечает стандарту IEC 61131–3 касательно пакетов программного обеспечения, предоставляя при этом язык для программирования для стандартных функциональных блоков. Также возможно выполнение логических вычислений, последовательное управление и прочие различные логические программы. Пакет программного обеспечения для программирования позволяет выполнять онлайн модификацию, онлайн изменение прикладного программного обеспечения, имеется офлайн имитационная логическая программа–все это в свою очередь прошло сертификацию по классу TÜV SIL3.

安全控制功能软件包:为安全控制站操作用。此功能软件包可以分为两部分:应用逻辑执行功能组和外部连接功能组。应用逻辑执行功能组用来执行安全应用程序;外部连接功能组则用来实现与其他非 SCS 系统设备的通信,例如与 CENTUM CS3000 系统集成。

Функции контроля безопасности программного пакета: используются для работы станции управления безопасностью. Данные функции пакета программного обеспечения можно разделить на две части: функциональный блок исполнения прикладной логики и функциональный блок внешнего подключения. Функциональный блок исполнения прикладной логики используется для исполнения программ по безопасности; функциональный блок внешнего подключения используется для осущест вления связи с другими оборудованием, которое не имеет отношение к SCS системе. Например, интеграция системы CENTUM CS3000.

应用逻辑执行功能组：此功能组是整个软件包的主要部分，用于监视工厂生产情况，确保操作的安全性，并在异常情况发生时执行预设的安全操作。

Функциональный блок исполнения прикладной логики: данный функциональный блок является основной частью целого программного пакета, он используется для мониторинга производственной обстановки на заводе, обеспечивая при этом безопасность работы, а также безопасную эксплуатацию при возникновении необычных обстоятельств.

外部连接功能组：此功能组实现了应用逻辑执行功能组与其他非安全控制站（SCS）设备之间的通信。

Функциональный блок внешнего подключения: данный функциональный блок осуществляет связь между функциональным блоком исполнения прикладной логики и оборудованием, которое не имеет отношение к станции управления безопасностью（SCS）.

2.3.3.2 南约洛坦气田天然气处理厂安全仪表系统

2.3.3.2 Инструментальная система безопасности ГПЗ м/р «Южный Елотен»

南约洛坦气田天然气处理厂共设置2座控制室，分别为中央控制室和锅炉房控制室，其中中央控制室设置了4个现场机柜间，仅在中央控制室和现场机柜间设置了安全仪表系统。

На ГПЗ м/р «Южный Елотен» имеются всего 2 пункта управления: центральный пункт управления и пункт управления котельной, в том числе, на центральном пункте управления имеются 4 помещения машинных шкафов на месте. Инструментальная система безопасности установлена только на центральном пункте управления и в помещениях машинных шкафов на месте.

中央控制室及现场机柜间的安全仪表系统均采用艾默生的DeltaV SIS系统，安全仪表系统网络结构图如图2.3.8所示。

На центральном пункте управления и в помещениях машинных шкафов на месте используется инструментальная система безопасности DeltaV SIS от компании Emerson. Сетевая структура инструментальной системы безопасности показана на рис. 2.3.8.

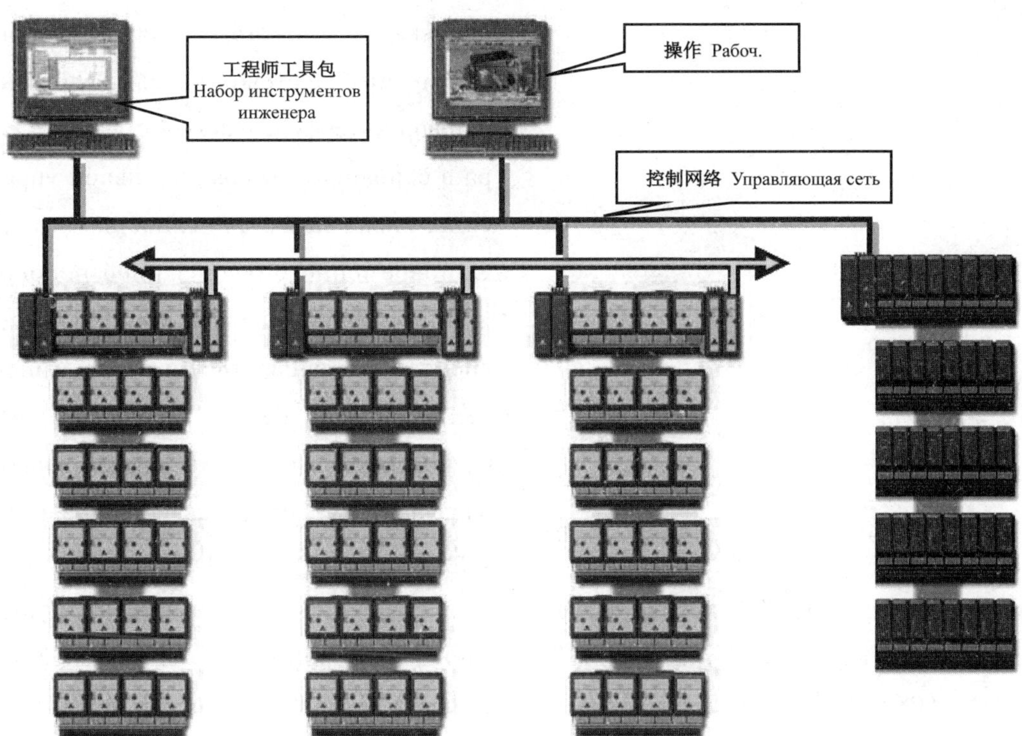

图 2.3.8 安全仪表系统网络结构图

Рис. 2.3.8 Сетевая структура инструментальной системы безопасности

DeltaV SIS 系统是艾默生过程控制有限公司新一代安全仪表系统(SIS)。这种智能 SIS 方案采用预估现场智能提高整个安全仪表功能的可用性。DeltaV SIS 由工作站、控制器和 I/O 子系统组成,各工作站及各控制器之间用以太网方式连接。

DeltaV SIS является инструментальной системой безопасности (SIS) нового поколения от компании Emerson. Такого рода интеллектуальное SIS решение используется для предварительной оценки и повышения работоспособности всех приборов безопасности на месте. DeltaV SIS состоит из рабочей станции, контроллера и I/O подсистемы. Между каждым контроллером и между каждой рабочей станцией используется соединение в виде сети Ethernet.

在 DeltaV 系统中,控制网络采用的设备包括交换机、以太网线及光缆。DeltaV 系统的节点包括工作站和控制器, DeltaV 系统的控制网络考虑到网络的可用性,往往采用冗余的方式,并建立两条完全独立的控制网络,即主、副控制网络。主、副控制网络中的交换机、以太网线及工作站和控制器的网络接口也是完全独立的。实现了在工作站上实现无缝集成的同时,使用专用硬件、软件和网络执行安全功能保证过程控制系统和安全仪表系统的隔离。

В системе DeltaV, используемое оборудование в управляющей сети включает коммутатор, сетевой кабель Ethernet и волоконно-оптический кабель. Узлы системы DeltaV включают рабочие станции и контроллеры. Управляющая сеть системы DeltaV учитывает работоспособность сети, поэтому очень часто используется резервная тип системы, поэтому устанавливаются 2 полностью независимые управляющие сети, а именно:

основная и вспомогательная управляющие сети. Коммутатор, сетевой кабель Ethernet, а также сетевой интерфейс рабочей станции и контроллера в основной и вспомогательной управляющих сетях также являются полностью независимыми. Одновременно с реализацией непосредственной интеграции рабочей станции, используется специальное аппаратное и программное обеспечение, а также сеть, для исполнения функций безопасности, тем самым обеспечивая полную изоляцию системы управления процессами и инструментальной системы безопасности.

DeltaV SIS经过独立的TÜV认证机构认证的单个安全控制器具有SIL3安全完整性等级的DeltaV SLS 1508逻辑控制器,该控制器使用HART协议与智能现场设备通信,在发生误跳之前诊断故障。采用冗余配置的两个SLS 1508逻辑控制器模块并列插在DeltaV底板上,冗余逻辑控制器无需组态任何控制策略,系统会自动识别逻辑控制器的冗余配置。两个SLS 1508模块在任何时候都是同时工作并连续监视冗余对的任何一个逻辑控制器是否存在完整性报警,当发生事件时,完整性报警会提示操作员出现故障。冗余逻辑控制器及其通道的健康状态都可以从DeltaV诊断浏览器中获得。如果一个SLS 1508模块检测到了故障的发生,它自动进入故障状态,其输出处于失电故障安全状态;而另一个SLS 1508模块继续读取输入变量,执行控制逻辑并输出驱动信号,对过程没有任何影响。一个冗余的SLS 1508模块被在线摘除,不会对过程造成影响。当摘除的模块被另一个模块取代,新的模块会在激活的模块装载当前数据库之前完成上电自检过程。

DeltaV SIS прошла независимую сертификацию со стороны TÜV, при этом система имеет DeltaV SLS 1508 логический котроллер который имеет SIL3 класс безопасности. Данный контроллер использует HART протокол для связи с интеллектуальным оборудованием на месте, который также позволяет выполнять диагностику при возникновении ошибок. Используется резервная компоновка двух модулей SLS 1508 логических контроллеров, которые установлены на плате DeltaV. Резервный логический контроллер не нужно конфигурировать какой-либо стратегией управления, система сама сможет автоматически распознать резервную компоновку логического контроллера. Два модуля SLS 1508 могут работать одновременно в любое время, а также могут последовательно выполнять мониторинг другого логического контроллера, а в случае возникновения неисправностей, оператор будет уведомлен о возникших проблемах. Состояние резервного логического контроллера, а также его канала, можно диагностировать при помощи браузера в DeltaV. Если с одним модулем SLS 1508 произойдут неполадки, он сможет автоматически перейти в аварийное состояние, а его место вывода при этом перестанет находиться под электрическим током, обеспечив тем самым безопасное состояние; При этом другой модуль SLS 1508 продолжит считывать входную переменную и будет выполнять логику управления, а также будет выводить пусковой сигнал, тем самым на рабочий процесс не поступит никакого отрицательного влияния. При онлайн отключении резервного модуля SLS 1508, также на рабочий процесс не поступит никакого отрицательного влияния. Отключенный модуль заменится другим модулем, при этом новый модуль сможет перед активизацией загрузки текущих данных в базу, выполнит подачу электрического питания и диагностику рабочих процессов.

DeltaV 对控制系统的维护及诊断提供了有效的策略。主要的工具有 DeltaV Diagnostics Explorer,它提供全系统范围的、现场设备级的深度诊断,覆盖 DetlaV 和 DeltaV SIS 以至仪表;帮助用户快速了解控制网络通信的状况、DeltaV 控制器及 I/O 卡件、SIS 逻辑处理器运行状况;并且支持拨号连接运行远程诊断。

Delta V для системы управления предоставляет эффективную стратегию по техническому обслуживанию и диагностированию. Основным инструментом является DeltaV Diagnostics Explorer, который предоставляет глубокую диагностику всей системы и уровня оборудования на месте, охватывая при этом приборы DeltaV и DeltaV SIS; данный инструмент позволяет пользователю быстро узнать состояние связи управляющей сети, а также рабочее состояние DeltaV контроллера, I/O карты, SIS логического процессора.

DeltaV 的工作站分为主工程师站、工程师站、操作员站等。工作站负责全局数据库的组态及组态数据库的维护。主工程师站配置有系统组态、操控、维护及诊断等软件包,具备工程师站和操作员站的所有功能。

Рабочие станции DeltaV подразделяются на основную инженерную станцию, инженерную станцию, операторскую станцию и прочие станции. Рабочая станция отвечает за конфигурацию глобальной базы данных и за техническое обслуживание конфигурирования базы данных. Основная инженерная станция имеет комплект программного обеспечения для конфигурирования системы, управления и контроля, технического обслуживания, диагностирования и так далее. Комплект программного обеспечения обладает всеми необходимыми функциями для инженерной станции и операторской станции.

DelatV的操作员站为用户提供了一个功能强大的操作环境，用内嵌式的组件以便各项数据的输入与读取。报警浏览表、流程图或模块详细信息等都会有直观的统一界面。系统预先定制了标准的操作面板及详细面板，以此来统一对所有模块的操作。系统将通过对报警的分级、显示及管理使得操作员可以准确无误地关注到最重要的报警信息，并可以直接通过报警栏处理最高级别的报警。

Операторская станция DeltaV предоставляет пользователям мощнейшую функциональную операционную среду, используя при этом вложенные компоненты, в целях облегчения ввода и считывания различных данных. Наглядная диаграмма для просмотра предупреждений, схема последовательности процессов или подробная информация о модулях, и так далее–все это представлено в виде единого интуитивного интерфейса. Система предварительно оснащена стандартной панелью управления и детальной панелью, благодаря которым можно оперировать всеми модулями. Система посредством классификации предупреждений, позволяет отображать предупреждающие сообщения, при этом оператор может точно управлять и удалять особое внимание основным предупреждающим сообщениям. Кроме того, можно напрямую при помощи панели предупреждений, обрабатывать предупреждения высшего уровня.

DeltaV SIS与DeltaV共享组态环境，DeltaV所有方便易用的特点，如即插即用、拖放的组态方式、树状结构的浏览器等，都充分应用到了DeltaV SIS软件中去。DeltaV SIS和DeltaV之间无须任何位号映射，也无须OPC或串行通信连接，工程师可以直接浏览或引用所需的位号或参数；DeltaV可以利用SIS的所有数据进行状态监视、历史记录、画面报警等。

DeltaV SIS и DeltaV совместно используют конфигурационную среду, особенности DeltaV позволяют облегчить работу, например методы конфигурации Plug and Play, Drag and Drop, браузер с древовидной структурой и так далее–все это в полной мере применено в программном обеспечении DeltaV SIS. Между DeltaV SIS и DeltaV не требуется какое-либо отображение позиционного обозначения, также не требуется OPC или последовательное коммуникационное соединение. Инженер может напрямую просматривать или ссылаться на необходимое позиционное обозначение или параметр; DeltaV позволяет использовать все данные SIS для осуществления мониторинга, ведения хронологии, создания графика предупреждений и так далее.

DeltaV 组态工作室里包含特别为 DeltaV SIS 设计的 1 套完善的经 TÜV 认证专用于 DeltaV SIS 的智能功能块、模块库等；组态采用功能块图的形式，避免了以往复杂梯形图的编制，使安全联锁功能组态直观易用。DeltaV SIS 提供了一整套通过 IEC 61508 认证的功能模块。此外，基于 EEMUA191 标准设计的内嵌的报警状态引擎，内嵌的 SOE 处理，联锁逻辑的离线仿真，内嵌的旁路、超驰处理使 DeltaV SIS 组态简单易用。DeltaV SIS 表决功能块(Voter)具有的先进特点，如内嵌的旁路和偏差报警处理，以避免虚假跳车的发生，提高过程可用度。具有通过 TÜV 认证的因果矩阵功能块(Cause-and-Effect Matrix function block)，可直接采用此功能块进行联锁功能的设计，然后下装到逻辑控制器中，避免了以往因果逻辑和组态代码编译可能带来的组态错误。DeltaV SIS 自动跟踪功能块组态和参数的所有修改、变更管理符合 IEC 61511 标准。

Конфигурация DeltaV включает 1 специально разработанный для DeltaV SIS, совершенный, прошедший TÜV сертификацию, используемый специально в DeltaV SIS, интеллектуальный функциональный блок, модульная библиотека и так далее. Для конфигурации применяются диаграммы функциональных блоков, вместо предыдущей сложной ступенчатой схемы, обеспечив еще более простое конфигурирование предохранительной блокировки функционального блока. DeltaV SIS предоставляет целый комплект функциональных блоков прошедших сертификацию IEC 61508. Кроме того, основываясь на EEMUA191 типовом проекте вложенного движка для состояния предупреждений, вложенная обработка SOE, имитированная офлайн логическая блокировка, вложенная блокировка, обработка «пересиливания», делают DeltaV SIS очень простой в использовании. Функциональный блок выборки DeltaV SIS (Voter) обладает прогрессивными особенностями, такими как вложенная блокировка и обработка предупреждений о погрешностях, тем самым повышая доступность процессов. Функциональный блок прошел TÜV сертификацию причинно-следственного функционального блока (Cause-and-Effect Matrix function block). Данный блок может напрямую использоваться для блокировочной функции, а затем при загрузке в логический контроллер, позволяет избежать ошибок при компиляции причинно-следственной логики и кодов конфигурации. Все изменения конфигураций и параметров функционального блока автоматического сопровождения DeltaV SIS соответствуют стандарту IEC 61511.

2.4 火气系统

气田的建设开发中,火灾及可燃、有毒气体的泄漏,都将会威胁到生产人员和工艺设备的安全,如何保证在早期发现可能出现的气体泄漏隐患,及时解除中毒及火灾等危险因素,变得尤为重要。

部分集输站场由于检测点数较少,通常采用将检测器的信号直接引入站控系统内,完成火灾、可燃及有毒气体的检测报警。点数较多的站场采用由检测器和报警器组成的独立的可燃气体或有毒气体报警系统方式进行集中检测。这种情况一般将报警系统放置于控制室的操作间,其结构可以是壁挂式,也可是柜式,便于控制室操作人员的监视和管理。

2.4 Система аварийной сигнализации и обнаружения пламени и газа

При разработке газового месторождения, пожар, а также утечка горючего и отравляющего газа могут нанести угрозу безопасности работников и технологического оборудования, поэтому обнаружение утечки газа на ранней стадии, а также своевременное устранение отравления и пожара–все это является очень важными моментами.

Касательно части станции внутрипромыслового сбора и транспорта газ, в виду сравнительно малого количества пунктов проверки, обычно используется сигнал детектора, который непосредственно вводится в систему управления станцией, в свою очередь позволяющий обнаружить и предупредить о пожаре, а также утечке горючего и отравляющего газа. В местах станции со сравнительно большим количеством пунктов проверки, используется детектор и устройство предупреждения, которые независимо выполняют централизованное обнаружение горючего или отравляющего газа. Такого рода условия обычно представлены в виде системы аварийной сигнализации, которая устанавливается в операционное помещение пункта управления, ее конструктивный тип может быть как настенного типа, так и шкафного типа. На пункте управления оператор сможет с удобством выполнять мониторинг и управление этой системой.

对于高酸性天然气处理厂，通常建立独立于过程控制系统的火灾和气体检测报警系统，简称火气系统（F&GS），以实现全厂各装置区火灾、可燃气体和有毒气体的泄漏检测、报警（一级和二级报警）及安全保护。

Касательно ГПЗ повышенной кислотности, обычно устанавливается независимая от системы управления процессами система для обнаружения пожара и утечки газов, сокращенно система аварийной сигнализации и обнаружения огня и газа（F&GS）. При помощи данной системы, выполняется обнаружение пожара, утечка горючего и отравляющего газа по всей территории завода на различных участках с установками. Обеспечивается предупреждение（предупреждения 1 и 2 классов）, а также обеспечение безопасности.

2.4.1 概述

F&GS 系统的首要功能是完成对处理厂全厂范围内可能的气体泄漏和火灾进行检测并报警（图 2.4.1）。通过安装于现场危险区域的气体及火灾探测器探测现场险情，当发生气体泄漏或火灾时，通过中央控制室的操作员站和模拟报警盘发出有针对性的报警信号，提醒操作人员采取相应的措施，同时，自动触发现场声光报警器，向装置区巡检人员发出报警。当有多个报警信号同时产生时，启动装置区扩音系统，并准备联锁停车。

2.4.1 Общие сведения

Основной функцией системы F&GS является обнаружение и предупреждение о пожаре и утечке газа в пределах завода（рис. 2.4.1）. Посредством установки газовых и пожарных датчиков в опасных местах на месте, во время возникновения пожара или утечки газа, сигнал тревоги направленный на операторскую станцию центрального пункта управления и аналоговую панель предупреждений, оператор предупреждается о необходимости предпринять соответствующие меры, при этом автоматический триггер запускает светозвуковой оповещатель на месте, который в свою очередь предупредит работников в зоне работы с установками. При одновременном возникновении нескольких сигналов тревоги, запустится звукоусилительное устройство, а также начнется подготовка к блокировке остановки работы.

F&GS 系统的控制器通常以 PLC 为核心，主要配置包括人机接口、输入输出接口、控制器、通信接口等。

Контроллер в виде PLC обычно является ядром системы F&GS. Главным образом система включает человеко-машинный интерфейс, интерфейс ввода/вывода, контроллер, интерфейс связи и так далее.

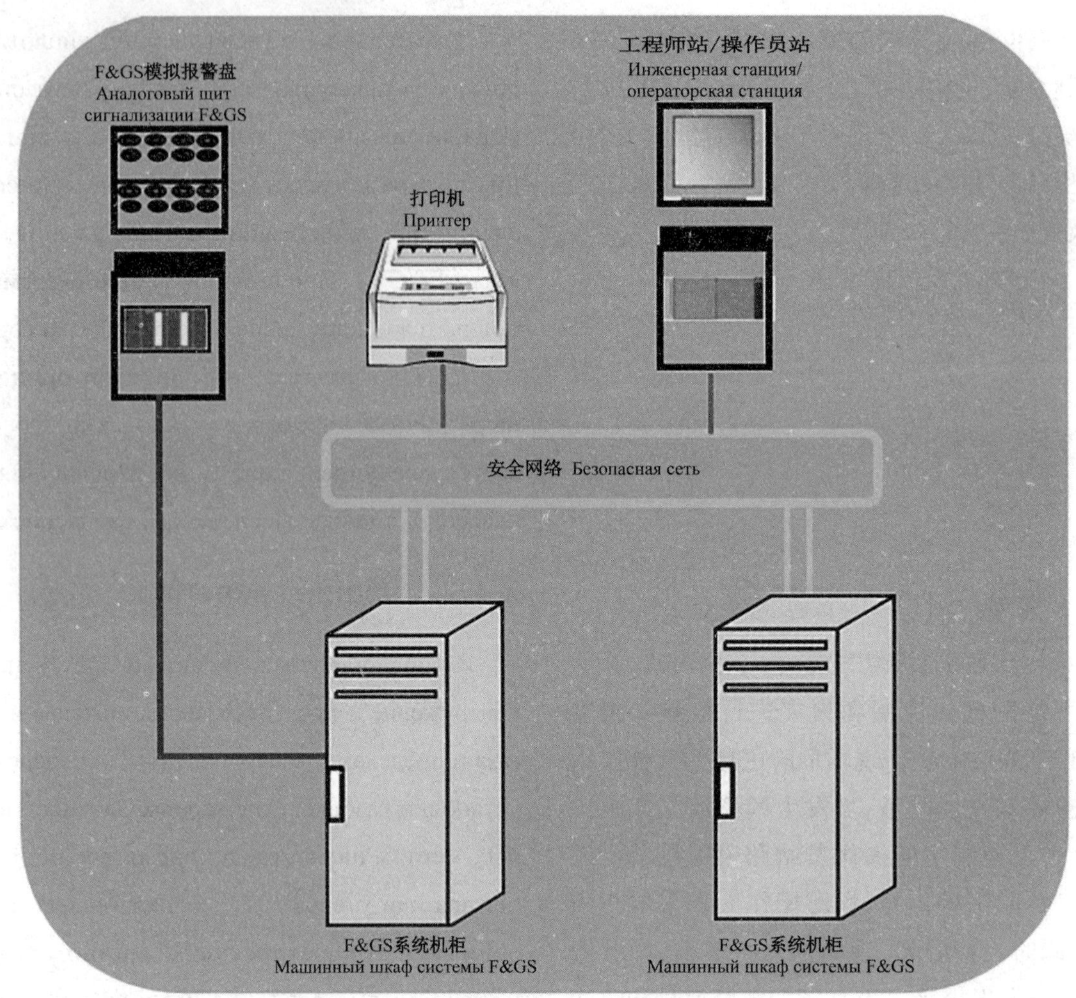

图 2.4.1 典型火气系统

Рис. 2.4.1 Типичная система аварийной сигнализации и обнаружения огня и газа

2.4.1.1 人机接口

人机接口包括操作员站（工程师站）和模拟报警盘。

工程师站除完成 F&GS 系统所有组态、观测所有逻辑功能图表和逻辑中间点的任务外，还可完成操作员站所有功能。

2.4.1.1 Человеко-машинный интерфейс

Человеко-машинный интерфейс включает операторскую станцию/инженерную станцию и аналоговую панель предупреждений

Инженерная станция помимо всех конфигураций системы F&GS, всех наблюдательных логических функций для графиков и логических промежуточных задач, также может иметь все функции операторской станции.

操作员站显示信息应包括全厂平面图报警显示、分区平面图报警显示、系统诊断显示等。全厂平面图报警显示提供完整的工厂总平面图,在总平面图上应有各分装置的名称标注和报警显示。

Отображаемые данные операторской станции должны включать отображение предупреждений на общем плане завода, отображение предупреждений на секционном плане завода, отображение диагностической информации, и так далее. Отображение предупреждений на общем плане завода предоставляет генеральный план завода, на котором отмечены все имеющиеся установки с названиями и соответствующие предупреждения для них.

分区平面图报警显示应显示主要工艺设备和F&GS系统现场设备的平面布置,可详细观测到各设备的相对位置以及F&GS系统现场设备的位号、测量值、状态及相关描述。当现场探测器探测到危险信号时,系统发出报警声响,在总平面图上的相应装置区发出闪光信号,同时,系统自动弹出相对应的分区平面图,弹出分区画面显示报警点的具体位置。

Отображение предупреждений на секционном плане должно показывать план компоновки основного технологического оборудования и системы F&GS для оборудования на месте. На этом плане можно детально наблюдать за относительным расположением оборудования, а также можно найти позиционное обозначение системы F&GS для оборудования на месте, кроме того на плане отображены фактические значения, состояния и прочие соответствующие характеристики. Если детектор на месте обнаружит опасный сигнал, система издаст звуковое предупреждение, при этом на генеральном плане отобразится соответствующая зона с установкой в виде мигающего сигнала, одновременно с этим, система автоматически выделит соответствующую область предупреждения на секционном плане завода, показывая конкретное расположение точки срабатывания аварийной сигнализации.

2.4.1.2 输入输出接口

2.4.1.2 Интерфейс ввода/вывода

各种输入输出卡、I/O点数应有20%的备用量。卡件支持带电插拔。

Различные карты ввода/вывода, количество запаса I/O точек должно составлять 20% от их общего числа. Карты поддерживают горячую замену.

2.4.1.3 控制器

F&GS 系统控制器通常采用可编程序逻辑控制器(PLC),同时为保证系统可靠性,应用安全仪表系统控制器是其发展趋势。

2.4.1.3 Контроллер

В качестве контроллера системы F&GS обычно используется программируемый логический контроллер (PLC). Одновременно с этим, для обеспечения надежности системы, используемый контроллер инструментальной системы безопасности является его тенденцией развития.

2.4.1.4 通信接口

F&GS 系统应配置与 DCS 或 SIS 系统进行通信的接口,通常采用 MODBUS RTU 协议,借助冗余 RS–485 串行通信形式将相应报警信息传送至 DCS 或 SIS 系统。

2.4.1.4 Интерфейс связи

Система F&GS оснащена интерфейсом для осуществления связи с системой DCS или SIS. Обычно для этого используется протокол MODBUS RTU. При помощи резервного RS–485 типа последовательной связи, соответствующее предупреждающее сообщение посылается в систему DCS или SIS.

2.4.1.5 模拟报警盘

模拟报警盘作为一种直观的报警形式,与操作员站一起放置在中央控制室操作员室。提供声、光两种报警方式。模拟报警盘的盘面须按装置划分并合理布置,在代表每个装置的盘面范围内,应有代表不同类型探测器的报警灯。模拟报警盘应有一个总的强制报警按钮,按下此按钮,触发全厂各装置的现场 F&GS 系统声光报警器。F&GS 按钮和 SIS 按钮应有明显的外观区别。对相同性质的报警,操作员站和模拟报警盘的声光形式应相同。

2.4.1.5 Аналоговая панель предупреждений

Аналоговая панель предупреждений является своего рода интуитивным типом предупреждения, которая вместе со операторской станцией устанавливается в операторской пункта центрального управления. Аналоговая панель предупреждений предоставляет звуковой и световой режим сигнализации. Щит аналоговой панели предупреждений имеет компоновку в соответствии с разграничением установок, при этом соответствующим образом размещаются предупреждающие лампы детекторов различного типа. Аналоговая панель предупреждений должна иметь одну главную принудительную тревожную кнопку. Нажав на эту кнопку, триггер запустит светозвуковой оповещатель системы F&GS по всей территории завода для каждой отдельной установки. При этом кнопка F&GS и кнопка SIS должны иметь отчетливую разницу в своем внешнем виде. Касательно предупреждения одинакового характера, светозвуковой тип предупреждения операторской станции и аналоговой панели предупреждений должен быть одинаковым.

2.4.2 单井站火灾气体检测

在土库曼斯坦地区单井站的现场可燃气体和有毒气体检测信号进入单井站 RTU,单井站 RTU 将可燃气体和有毒气体信号上传至所属站场或者调度控制中心。由于单井站可燃气体检测点较少,一般不单独设置 FGS 系统。

2.4.2 Обнаружение горючего газа на станции одиночной скважины

Сигнал обнаружения горючего и отравляющего газа на месте со станции одиночной скважины в Туркменистане посылается на RTU станции одиночной скважины. RTU станции одиночной скважины сигнал об отравляющем и горючем газе передает на подчиненную станцию или ЦОДУП. В виду того, что на станции одиночной скважины сравнительно мало пунктов обнаружения горячего газа, обычно отдельно не устанавливается FGS система.

2.4.3 站场 F&GS 系统

在土库曼斯坦 B 区,站场的 F&GS 系统与 SIS 系统共用控制器,I/O 卡独立,详细的系统说明参见“2.3 安全仪表系统”相关内容。

南油洛坦的预处理厂 F&GS 详细说明参见“2.4.4 天然气处理厂 F&GS 系统”相关内容。

2.4.3 Система F&GS на станции

Для систем F&GS и SIS на станции Блока Б в Туркменистане совместно применяются контроллер и отдельная карта I/O. И подробное описание систем приведено в пункте 2.3 «Инструментальная система безопасности».

Подробное описание системы F&GS на УППГ м/р «Южном Елокене» приведено в пункте 2.4.4 «Система F&GS ГПЗ».

2.4.4 天然气处理厂 F&GS 系统

在土库曼斯坦的天然气处理厂,均采用独立的 F&GS 系统完成处理厂的可燃气体、有毒气体检测及火灾报警等功能。

2.4.4 Система F&GS ГПЗ

На ГПЗ в Туркменистане, используется независимая система F&GS, позволяющая обнаруживать горючий и отравляющий газ на очистной установке. Кроме того система обладает пожарной сигнализацией и прочими функциями.

2.4.4.1 巴格德雷合同区域B区天然气处理厂火气系统

2.4.4.1 Система аварийной сигнализации и обнаружения огня и газа на ГПЗ Блока Б на договорной территории «Багтыярлык»

第二天然气处理厂在中央控制室设置有独立的火气系统,该火气系统采用AADvance关键控制系统,包括控制站、I/O模块、工程师站和辅助操作台等,网络结构图如图2.4.2所示。

На центральном пункте управления ГПЗ-2 установлена независимая система аварийной сигнализации и обнаружения огня и газа. Данная система использует ключевую систему управления AADvance, которая включает в себя станцию управления, I/O модуль, инженерную станцию, вспомогательную рабочую консоль и прочие составляющие. Сетевая структура показана на рис. 2.4.2.

该控制系统以冗余的高速通信网络将控制器和工程师站连接起来,可实现站与站之间的数据交换。与DCS系统采用OPC进行通信,将需要的报警信号传递给DCS系统。同时,采用硬线连接的方式将F&GS来的停车信号连接至中央控制室的安全仪表系统。

Данная система управления при помощи резервной высокоскоростной коммуникационной сети соединяется с контроллером и инженерной станцией, также система позволяет выполнять обмен данными между станциями. С системой DCS используется OPC для осуществления связи, таким способом необходимый предупредительный сигнал передает в систему DCS. Одновременно с этим, используется метод жесткого

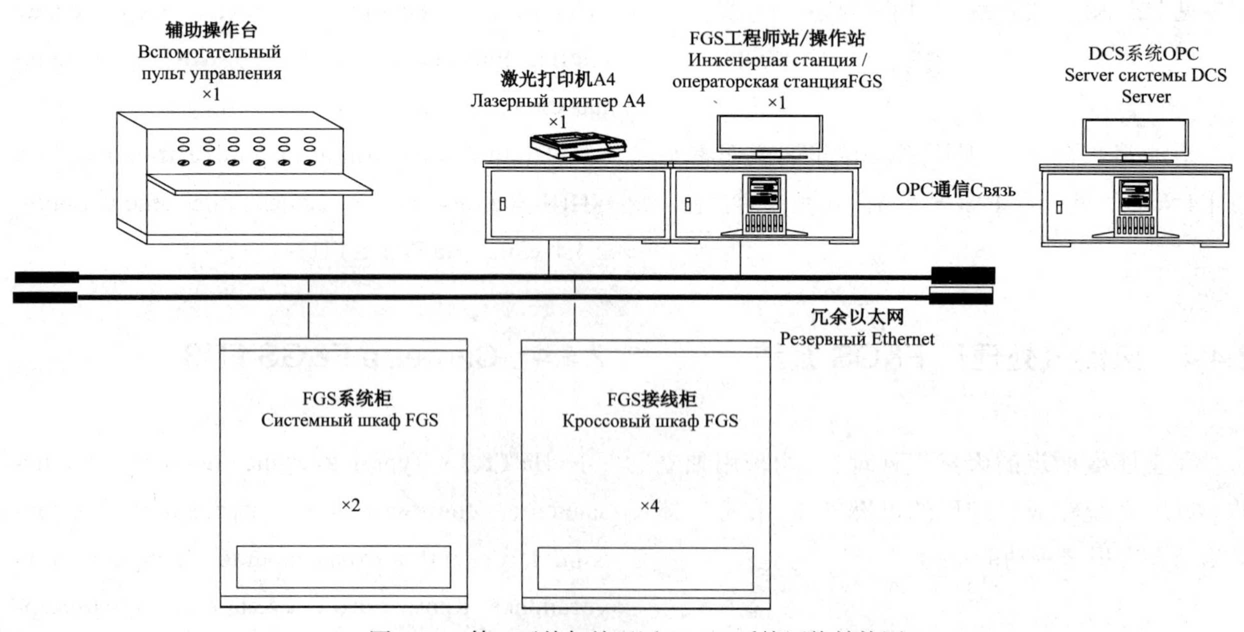

图2.4.2 第二天然气处理厂F&GS系统网络结构图

Рис. 2.4.2 Сетевая структура системы FG&S ГПЗ-2

соединения проводов, при помощи которого сигнал остановки от F&GS соединяется с инструментальной системой безопасности пункта центрального управления.

处理器模块是AADvance系统的核心部分,实现全面的系统控制功能。AADvance系统采用功能强大的400MHZ处理器,能高速处理各种模拟量和数字量信息。

Модуль процессора это ядро системы AADvance, который выполняет функцию комплексного управления системой. В системе AADvance используется функциональный мощный 400MHZ процессор, который позволяет очень быстро обрабатывать аналоговые и цифровые данные.

工程师站通过网络交换机,采用冗余的通信方式接在各控制器的通信接口上,用于控制器的组态、编程、修改、测试、软件下装及维护。工程师站能对整个F&GS系统进行诊断并显示系统故障。同时兼做操作员站和SOE站,SOE站用于在线记录系统的各类报警及动作事件、存入硬盘、供查询、追溯和打印。

Инженерная станция, посредством сетевого коммутатора, используя резервный тип связи, соединяется с интерфейсом связи каждого контроллер. Инженерная станция используется для конфигурирования, программирования, изменения, проверки контроллера, а также в целях загрузки программного обеспечения и технического обслуживания. Инженерная станция позволяет диагностировать всю F&GS систему, а также отображать сбои в системе. Одновременно с этим, сочетая свою работу со операторской станцией и SOE станцией, SOE станция используется для онлайн записи различных предупреждений системы, а также для выполнения рабочих положений, сохранения на жесткий диск, выполнения запросов, отслеживания и распечатки.

辅助操作台分区域显示可燃气体、有毒气体泄漏及火灾报警。同时提供硬按钮启动消防泵,可确保即使在F&GS系统宕机的情况下,通过硬按钮也能实现远程启停消防泵。

Раздел со вспомогательной рабочей консолью зонально отображает утечку горючего и отравляющего газа, а также пожарную сигнализацию. Одновременно с этим на консоли имеется аппаратная кнопка запуска пожарного насоса, что обеспечивает в случае зависания F&GS системы, при помощи аппаратной кнопки выполнять удаленный запуск и остановку пожарного насоса.

2.4.4.2 南约洛坦气田天然气处理厂火气系统

南约洛坦气田天然气处理厂共设置 2 座控制室，分别为中央控制室和硫黄成型控制室，其中中央控制室设置了 4 个现场机柜间，在中央控制室、现场机柜间及硫黄成型控制室设置了独立的火气系统。

中央控制室气系统采用 GE 公司的 GE SAFENET 控制系统，包括控制站、I/O 模块、工程师站和火气报警盘等，网络结构图如图 2.4.3 所示。

该控制系统通过冗余的 TCP/IP 以太网通信卡和操作员站系统通信。每个 CPU 机架上插有两块 TCP/IP 以太网通信卡，互为备用，并且连接到两个互为备用的交换机，上位机里插有两个独立的以太网卡，分别与不同的交换机连接，从而实现冗余的以太网通信。在该冗余网络中，任何的单点故障不会对通信造成中断和影响。在冗余情况下，TCP/IP 通信卡一路和网络进行通信，另一路在线监视，可自动切换且不需要 CPU 的干预。备用网路上提供在线的监视，如果第一路通信失败就自动切换到第二路，且当第一路通信正常后自动切换回来。冗余的电缆连接冗余的网络，每台 CPU 都和两路网络通信。与 DCS 采用 Modbus 协议、485 接口进行通信。

2.4.4.2 Система аварийной сигнализации и обнаружения пламени и газа на ГПЗ м/р «Южный Елотен»

На ГПЗ м/р «Южный Елотен» имеются всего 2 пункта управления: центральный пункт управления и пункт управления гранулированием серы. В том числе на центральном пункте управления имеются 4 помещения машинных шкафов. На центральном пункте управления, в помещениях машинных шкафов и на пункте управления гранулированием серы установлены независимые системы аварийной сигнализации и обнаружения пламени и газа.

На центральном пункте управления в качестве системы аварийной сигнализации и обнаружения огня и газа используется система управления GE SAFENET от компании GE, которая включает станцию управления, I/O модуль, инженерную станцию, панель предупреждения об огне и газе и так далее. Сетевая структура показана на рис. 2.4.3.

Данная система управления осуществляет связь, используя карту связи резервной TCP/IP сети Ethernet и операторскую станцию. На каждую платформу CPU вставляется 2 карты связи TCP/IP сети Ethernet, которые являются взаимно запасными, к тому имея соединения с двумя взаимно запасными коммутаторами, в главный компьютер также вставляются 2 независимые сетевые карты Ethernet. Если в данной резервной сети какая либо точка будет иметь неисправность, это не сможет прервать связь или же оказать на связь какое-либо влияние. При работе в резервном режиме, TCP/IP карта связи используя один канал устанавливает связь с сетью, а при помощи второго канала выполняется онлайн мониторинг,

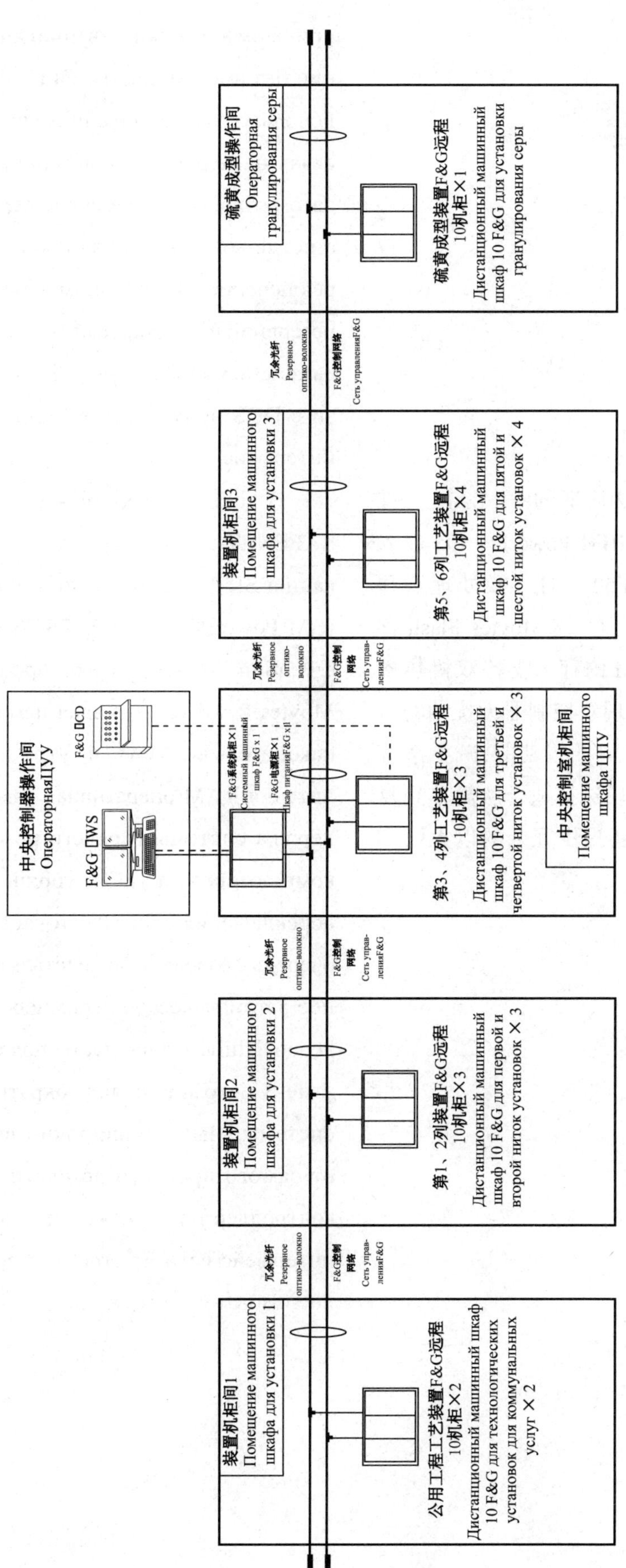

图 2.4.3　南油洛坦天然气处理厂 F&GS 系统网络结构

Рис. 2.4.3　Сетевая структура системы F&GS ГПЗ м/р «Южный Елотен»

при этом возможно автоматическое переключение без вмешательства CPU. Если запасная сеть используется для онлайн мониторинга и при этом связь на первом канале оборвется, произойдет автоматическое переключение на второй канал, а после восстановления произойдет обратное переключение. В резервном кабельном соединении резервной сети, каждый CPU выполняет сетевую связь с двумя каналами. Для осуществления связи с DCS используется Modbus протокол и 485 интерфейс.

控制器采用获得SIL2认证的GE SAFENET控制器，该控制器采用IBM PowerPC 405 G @ 266MHz（相当于Pentium 520MHz）微处理器并且拥有16 Mbytes RAM内存，8 Mbytes Flash存储和1 Mbyte非易失RAM内存。支持双机热备系统，采用硬热备切换，实现双控制器无扰动的自动切换。背板总线支持带电插拔功能，减少系统停机时间。广泛的I/O模块选择适合从简单到复杂的应用。此外，控制器还提供冗余的以太网和串口接口。

В качестве контроллера используется GE SAFENET контроллер который прошел сертификацию SIL2. В данном контроллере применяется IBM PowerPC 405 G @ 266MHz (равнозначный с Pentium 520MHz) микропроцессор, а также 16 Mbytes RAM оперативная память, 8 Mbytes Flash накопитель и 1 Mbyte не утрачиваемая при потере питания RAM оперативная память. Имеется поддержка системы горячего резервирования двух компьютеров, а также горячее резервирование переключения аппаратной части, которое в свою очередь позволяет осуществлять беспрепятственное автоматическое переключение двух контроллеров. Шина задней платы поддерживает горячую замену, что позволяет сократить время простоя системы. Имеется широкий выбор I/O модулей от самого простого до сложного; Кроме того, контроллер также может предоставить резервный интерфейс сети Ethernet и резервный интерфейс последовательного порта.

在中央控制室一个操作员站(与工程师站共用),通过冗余的通信方式接在各控制器的通信接口上,用于在线记录系统的各类报警及动作事件,存入硬盘,供查询、追溯和打印。

На центральном пункте управления 1 операторская станция (совместно используемая с инженерной станцией), посредством резервного типа связи соединяется с интерфейсом связи всех контроллеров, используется это для онлайн регистрации различных предупреждений системы, выполнения рабочих положений, сохранения на жесткий диск, выполнения запросов, отслеживания и распечатки.

专用事故记录站(黑匣子),是事故分析必不可少的应用工具,事件分辨率达 10ms,将所有的报警信息及操作事件全部记录下来,可将数据自动转存至 SOE 站内的硬盘中,甲方可方便地对 SOE 数据进行提取和转存。可生成报表,硬盘上的永久记录可转存到其他存储设备上,对今后装置及设备的维护有很大的帮助。

Специальная станция регистрации неисправностей (черный ящик)– это необходимый инструмент позволяющий выполнять анализ неисправностей, разрешающая способности достигает 10ms, станция позволяет все полностью регистрировать все предупреждающие сообщения и выполнение рабочих положений. Также, станция автоматически выгружает все данные на жесткий диск расположенный в SOE станции. В свою очередь заказчик сможет с легкостью выполнять извлечение и выгрузку SOE данных. Также имеется возможность создания отчетов, а информация, которая уже длительное время хранится на жестком диске, может быть выгружена на другие запоминающие устройства, что в свою очередь окажет сильную помощь для дальнейшего технического обслуживания оборудования и установок.

火气报警盘分区域显示可燃气体、有毒气体泄漏及火灾报警。

Панель предупреждения о пламени и газе, зонально отображаетs утечку горючего и отравляющего газа, а также пожарную сигнализацию.

3 检测及控制

测量单元将工艺参数转换成各类标准信号传输给计算机控制系统,执行单元接受计算机控制系统发出的控制指令。本章对温度、压力、流量、液位、过程分析、火气检测仪表以及调节阀、切断阀等执行单元的原理、选型和应用进行了详细介绍。

3.1 温度测量

3.1.1 温度仪表的分类

温度是表示被测物体冷热程度的物理量。按温度检测元件是否与被测对象接触,可分为接触式与非接触式两大类。接触式温度仪表的优点是结构比较简单、可靠、精确度较高、价格便宜,缺点是存在充分热交换带来的延迟,响应时间较长。非接触式的优点则是不和被测介质接触、响应时间较短、测温范围宽,缺点是受外界因素影响大,价格昂贵。表 3.1.1 为温度仪表的分类及特点。

3 Измерение и контроль

Измерительный блок преобразует технологические параметры в различные стандартные сигналы для передачи их в систему компьютерного управления, а исполнительный блок принимает команды управления, выданные системой компьютерного управления. В данной главе подробно описываются принцип, выбор и применение температуры, давления, расхода, уровня жидкости, анализа процесса, прибора обнаружения огня и газа, а также регулирующего клапана, отсечного клапана и других исполнительных блоков.

3.1 Измерение температуры

3.1.1 Классификация приборов для измерения температуры

Температура отображает физическую величину степени тепла или холода проверяемого предмета. В соответствии с тем, происходит ли контакт с объектом для выполнения измерения, приборы для измерения температуры могут быть разделены на 2 основных типа: контактный тип и бесконтактный тип. Основное преимущество приборов для измерения температуры контактного типа заключается в относительно простой конструкции, надежности, высокой точности, дешевой цене, а недостатками являются: существующие теплообмен замедляет работу, сравнительно долгое время отклика. Основное преимущество приборов для измерения температуры бесконтактного типа заключается в отсутствии необходимости соприкосновения с измеряемой средой, время отклика сравнительно короткое, широкий температурный диапазон, а недостатками являются: большое влияние со стороны внешних факторов, дорогая стоимость. В таблице 3.1.1 представлена информация о классификации и особенностях приборов для измерения температуры.

表 3.1.1 温度仪表的分类与特点

Таблица 3.1.1 Классификация и особенности приборов для измерения температуры

类别 Категория	类型 Тип	名称 Название	测温范围，℃ Температурны й диапазон，℃	优点 Преимуществ а	缺点 Недостатки
接触式 Контактный	固体膨胀式 Дилатометрический термометр	双金属温度计 Биметаллический термометр	-200～650	结构简单、机械强度大、价格低 Простая конструкция, большая механическая прочность, низкая цена	精确度低，使用范围有限 Низкая точность, ограниченная область применения
	热电阻 Терморезистор	铂电阻 Платиновый резистор	-200～850	测量准确 Точное измерение	不能测量高温，体积较大 Не может измерять высокие температуры, большие размеры
		铜电阻 Медный резистор	-50～150		
	热电偶 Термопара	热电偶 Термопара	-40～1600	测温范围广、测量准确 Широкий температурный диапазон, точно измерение	需自由端补偿，低温段精确度低 Требуется компенсация свободных краев, на участках с низкой температурой низкая точность измерения
非接触式 Бесконтактный	热辐射 Температурное излучение	辐射温度计 Радиационный термометр	600～3000	可测高温、价格适中 Можно измерять высокую температуру, умеренная цена	非线性、结构复杂 Нелинейный, сложная конструкция
		光学高温计 Оптический пирометр	700～1600	可用于高温测量 Можно использовать для измерения высоких температур	价格昂贵 Дорогая цена

3.1.2　双金属温度计

双金属温度计是利用固体受热产生几何位移作为测温信号的一种固体膨胀式温度计。其感温原件通常由两种膨胀系数不同、彼此牢固结合的金属制成平螺旋形或直螺旋形结构。感温原件的一端固定,另一端连接指针轴。被测物体温度变化时,两种金属由于膨胀系数不同,使螺旋管曲率发生变化从而造成指针偏转,直接显示温度示值。其典型结构如图 3.1.1 所示。

3.1.2　Биметаллический термометр

Биметаллический термометр использует сдвижение твердых тел за счет теплообразования, тем самым получая термометрический сигнал, это вид дилатометрического термометра. Его теплочувствительность определяется обычно за счет двух разных коэффициентов расширения, за счет соединения двух металлов образуется плоская спиралевидная или прямая вертикальная структура. Теплочувствительный элемент фиксируется с одной стороны, а с другой стороны соединяется вал стрелки. Во время изменения температуры измеряемого предмета, металл в виду разного коэффициента расширения, заставляет изменять кривизну спиралевидной трубки, тем самым создавая отклонение стрелки, за счет чего и отображается показание температуры. Типичная структура показана на рис. 3.1.1.

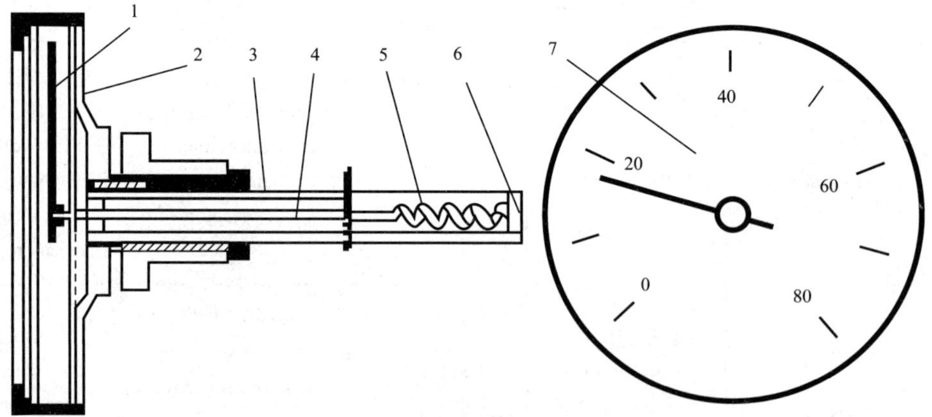

图 3.1.1　双金属温度计结构图

1—指针；2—表壳；3—金属保护管；4—指针轴；5—双金属感温元件；6—固定端；7—刻度盘

Рис. 3.1.1　Структура биметаллического термометра

1—стрелка；2—корпус прибора；3— защитная металлическая трубка；4—вал стрелки；5—биметаллический теплочувствительный элемент；6—закрепленный конец；7—циферблат

在土库曼斯坦的实际工程应用中,通常选用法兰安装的万向型双金属温度计作为现场就地指示型温度测量仪表。万向型是指双金属温度计的指针盘与保护管连接方向可任意调节,便于操作人员现场调整。

В Туркменистане, в процессе выполнения инженерных работ, обычно выбиралась фланцевая установка универсального биметаллического термометра используемого в качестве индикаторного температурного измерительного прибора на строительной площадке. Универсальная модель подразумевается универсальность соединения циферблата и защитной трубки, что в свою очередь позволяет свободно и легко регулировать прибор оператору на месте.

3.1.3 热电偶

3.1.3 Термопара

热电偶是目前使用最为广泛的测温元件。其测量原理基于“热电效应”:当两种不同导体 A 和 B 串接成一个闭合回路,若结合点出现温差,则闭合回路中就会有电流产生热电势。如图 3.1.2 所示。热电势 E_T 在热电极材料一定的情况下,仅取决于冷热两端温度差($T-T_0$),因此热电偶作为测温敏感元件,可用热电势 ET 作为测温信号。而热电偶的材料均具有单值的热电势与温度之间的对应关系,并有标准数据可查。通过实际测得的热电势 ET 再查找相应标准数据则可得出被测介质的温度,这就是热电偶的测温原理。

Термопара в настоящее время является наиболее широко используемым термометрическим элементом. Принцип измерения основывается на «термоэлектрическом эффекте»: два вида различных проводников A и B путем последовательного соединения образуют один замкнутый контур, в точке сцепления возникает разность температур, и в этот момент в замкнутом контуре электрический ток создает термоэлектрический потенциал. Это показано на рис. 3.1.2.Термоэлектрический потенциал E_T в условиях термоэлектродного материала, зависит от разницы температур ($T-T_0$) на обоих концах, а термопара при этом выступает в качестве чувствительного элемента для измерения температуры, а термоэлектрический потенциал ET выступает в качестве термометрического сигнала. Материал термопары обладает соответствующей связью между однозначным термоэлектрическим потенциалом и температурой, а также имеет стандартные данные для проверки. Посредством фактического измерения ET термоэлектрического потенциала, снова происходит поиск соответствующих стандартных данных, которые и отобразят температуру измеряемой среды. В этом и заключается принцип измерения температуры при помощи термопары.

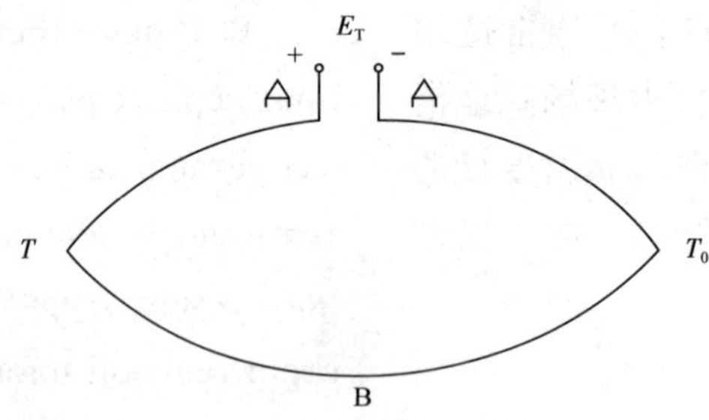

图 3.1.2 热电效应

Рис. 3.1.2 Термоэлектрический эффект

由于热电偶的标准数据都是冷接点 T_0 在 0℃情况下测得的。实际工程应用中,冷接点的温度不可能恒定在 0℃,因此热电偶测量中,不仅需要保持冷接点温度恒定,而且要对冷接点温度进行相对于 0℃时的热电势进行补偿,目的是将测得的热电势折算到冷接点温度为 0℃时的标准状态。为了保持冷接点温度恒定,常常需要将冷接点用导线延伸到温度恒定的场所(常接至控制室,由计算机控制系统的热电偶专用卡件自动进行热电势补偿)。这种用来延伸热电偶冷接点的导线即为补偿导线。

В виду того, что стандартные данные термопары являются холодным спаем T_0 при 0℃ условиях измерения, во время инженерных работ температура холодного спая не может быть постоянной при 0℃, по этой причине измерение при помощи термопары, не только требует за собой поддержание постоянной температуры холодного спая, но также требует за собой чтобы когда температура холодного спая была при 0℃, при этом компенсировался термоэлектрический потенциал, основная цель заключается в конвертации термоэлектрического потенциала в температуру холодного спая при 0℃ нормальном состоянии. Для того чтобы поддерживать постоянство температуры холодного спая, часто требуется использование проводника на месте с постоянной температурой (обычно проводник соединяется с пунктом управления, термопара при помощи компьютерной специальной карты выполнит автоматическую компенсацию термоэлектрического потенциала). Такого рода протянутый проводник для термопары считается компенсационным проводом.

采用与热电偶相同材料制成的导线称为延伸性补偿导线,采用与热电偶相近材料制成的导线称为补偿性补偿导线。补偿导线是热电偶温度测量中重要的组成部分,应选用与热电偶分度号相匹配的补偿导线。

Компенсационный провод должен быть изготовлен из такого же материала, как и термопара, тогда он сможет обеспечить компенсационное свойство. Компенсационный провод является важной составной частью при измерении температуры при помощи термопары, для работы требуется выбрать соответствующий компенсационному проводу тип градуировки термопары.

按照热电偶材料类别划分,工业上常用热电偶主要有以下 8 种,见表 3.1.2,其典型结构如图 3.1.3 所示。

В соответствии с материалом изготовления термопары, термопары, используемые в промышленности обычно делятся на следующие 8 видов, которые показаны в таблице 3.1.2. Типичная структура показана на рис. 3.1.3.

表 3.1.2 热电偶分类

Таблица 3.1.2 Классификация термопары

序号 №	名称 Название	分度号 Тип градуировки	测量范围, ℃ Диапазон измерений, ℃
1	铂铑 30– 铂 6 Платинородий30-платина 6	B	0～1800
2	铂铑 13– 铂铑 1 Платинородий 13-платина 1	R	0～1300
3	铂铑 10– 铂 Платинородий10-платина	S	0～1300
4	镍铬 – 镍硅 Хромоникель-никелькремний	K	–200～1200
5	镍铬 – 康铜 Хромоникель-константан	E	–200～900
6	铁 – 康铜 Железо-константан	J	–200～750
7	铜 – 康铜 Медь-константан	T	–200～350
8	镍铬硅 – 镍铬 Никельхромкремний-хромоникель	N	–200～1300

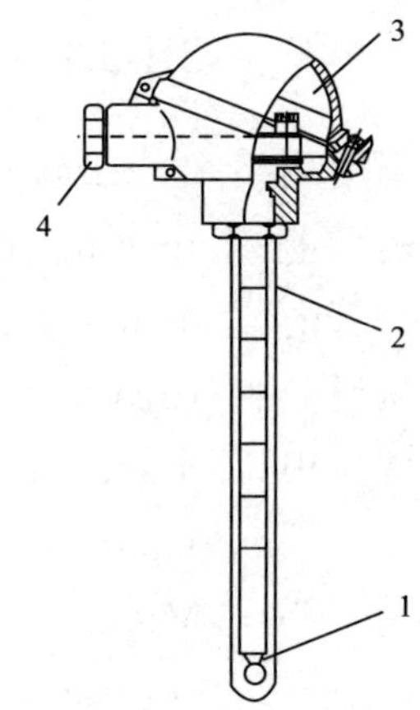

图 3.1.3 工业热电偶的典型结构

1—感温元件; 2—保护管; 3—接线盒; 4—电气接口

Рис. 3.1.3 Типичная структура промышленной термопары

1—теплочувствительный элемент; 2—защитная трубка; 3—соединительная коробка; 4—разъем для электричества

土库曼斯坦气田地面建设工程的温度测量中,热电偶的应用尤为广泛。常选用的热电偶分度号有 E、K、B 三种。E 型热电偶多用于中温段操作温度在 200～600℃的场合。K 型和 B 型常用于燃烧炉炉膛或烟道等温度高于 600℃的场合。高温场合的温度测量需要为热电偶选用相应高温用特殊材质的保护管,例如莫来石刚玉质管等。安装方式多为法兰安装,少量为焊接或螺纹安装。

При наземном обустройстве газовых месторождений в Туркменистане, для измерения температуры, особенно широко используется термопара. Обычно для работы выбираются три типа градуировки термопары: E, K, B. E тип обычно используется для участков где требуется измерять среднюю температуру в пределах 200-600℃ . K и B типы обычно используются в печах для сжигания или дымоходах, где температура составляет свыше 600 ℃ . Для измерения температуры в условиях с высокой температурой, требуется чтобы защитная трубка термопары была изготовлена из соответствующего материала, например из корундомуллитового материала. В большинстве случаев установка выполняется при помощи фланцев, реже при помощи сварки или установки при помощи винтов.

下面介绍两种在硫黄回收装置中应用的特殊热电偶。所谓特殊是指它们由于应用场合的要求采用相对特殊的结构或安装方式,其感温元件仍然是普通 E 分度号热电偶。

Ниже представлены 2 вида специальных термопар для установки по извлечению серы. Под так называемой специальной термопарой подразумевается, что такие термопары созданы в соответствии с требованиями в условиях эксплуатации, а также имеют специальную конструкцию или метод установки, а теплочувствительный элемент соответствует E типу градуировки термопары.

3.1.3.1　多点热电偶

3.1.3.1　Многоточечная термопара

在进行硫黄回收装置的反应器床层的温度测量时,常常用到多点热电偶。多点热电偶实际上是将多个不同插深的热电偶封装于一个保护管内制成,其结构如图 3.1.4 所示。多点热电偶从反应器的顶部插入安装,感温元件 A、B、C 的插深应根据床层测量点的位置进行精确计算。

Для выполнения измерения подложки реактора от установки по извлечению серы, обычно используется многоточечная термопара. В многоточечной термопаре, существует несколько разных глубин погружения защитной трубки от термопары, ее конструкция показана ни рис. 3.1.4. Многоточечная термопара устанавливает путем вставки в верхнюю часть реактора, а A/B/C глубина погружения теплочувствительного элемента должна выполнять точный расчет основываясь на расположении точки измерения на подложке.

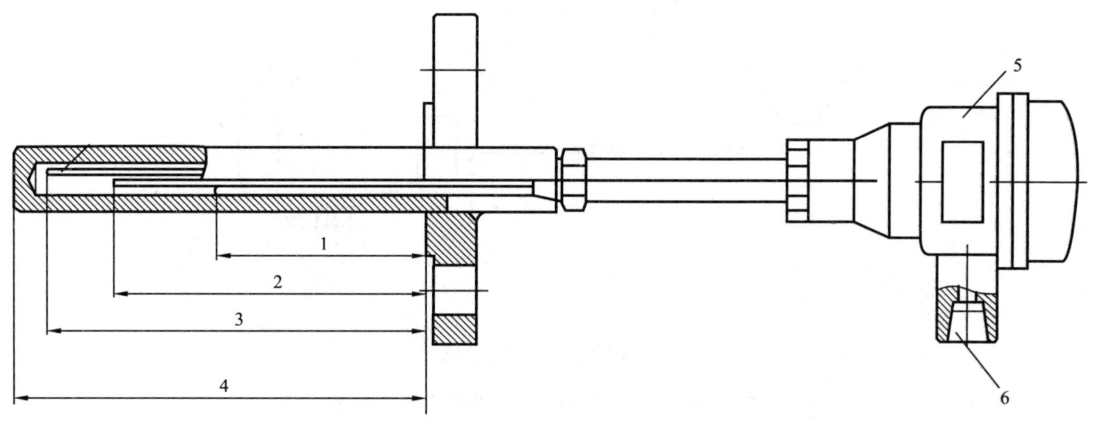

图 3.1.4 多点热电偶的结构(以 3 点为例)

1—感温元件 A 插深;2—感温元件 B 插深;2—感温元件 C 插深;4—保护管总长;5—接线盒;6—电气接口

Рис. 3.1.4 Конструкция многоточечной термопары（на примере трехточечной термопары）

1—А глубина погружения теплочувствительного элемента; 2—В глубина погружения теплочувствительного элемента; 3—С глубина погружения теплочувствительного элемента; 4—общая длина защитной трубки; 5—соединительная коробка; 6—разъем для электричества

3.1.3.2 表面热电偶

为了避免硫黄回收装置的燃烧炉炉壳在高温下发生硫化物腐蚀,常常需要检测燃烧炉的炉壳温度。这时,就需要用到表面热电偶,其外形如图 3.1.5 所示。表面热电偶的特殊性在于需要使用感温片以增大传热面积,减少温度传导的滞后。表面热电偶的感温片与炉体测温点进行焊接,热电偶与感温片则通常使用螺栓压接。表面热电偶的位置和数量根据需要进行选择,一台主燃烧炉通常安装 3 个或以上的表面热电偶。

3.1.3.2 Поверхностная термопара

Во избежание возникновения сульфидной коррозии корпуса печи для сжигания от установки по извлечению серы, которая может возникнуть при высоких температурах, используется поверхностная термопара, которая позволяет выполнять измерение температуры корпуса печи для сжигания. Внешний вид такой термопары показан на рис. 3.1.5. Особенность поверхностной термопары заключается в необходимости использования теплочувствительных пластин, с помощью которых увеличивается площадь поверхности теплообмена и уменьшается гистерезис передачи температуры. Теплочувствительная пластина поверхностной термопары при помощи сварки устанавливается в соответствующей точке осуществления измерения температуры корпуса печи, а термопара и теплочувствительная пластина обычно соединяются при помощи обжатия болтами. Расположение и количество поверхностной термопары выбирается исходя из необходимости. На одну основную печь для сжигания обычно устанавливается 3 или более поверхностных термопар.

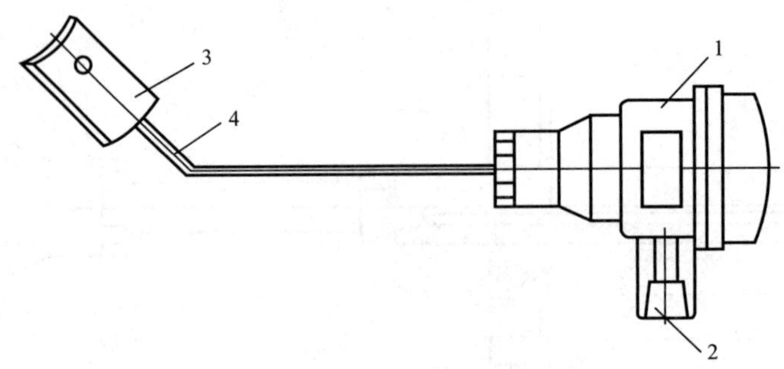

图 3.1.5 表面热电偶

1—接线盒;2—电气接口;3—感温片;4—热电偶

Рис. 3.1.5 Поверхностная термопара

1—соединительная коробка; 2—разъем для электричества; 3—теплочувствительная пластина; 4—термопара

3.1.4 热电阻

热电阻是利用电阻与温度呈一定函数关系的金属导体或半导体材料制成的感温元件。制造热电阻的材料通常有金属导体铂、铜、镍和半导体锗、碳、热敏电阻等。其中,铂热电阻由于其化学物理性能稳定且复现性好,已被石油化工行业广泛应用。热电阻的典型结构如图 3.1.6 所示。

3.1.4 Терморезистор

Терморезистор использует функциональную зависимость сопротивления и температуры, которая образуется за счет теплочувствительного элемента в виде металлического проводника или полупроводникового материала. В качестве материала для изготовления терморезистора обычно используется металлический проводник из платины, меди, никеля и полупроводник из германия, углерода. Кроме того, платиновый терморезистор благодаря своим стабильным химико-физическим свойствам, а также хорошей способностью к восстановлению широко используется в нефтехимической отрасли промышленности. Типичная структура терморезистора показана на рис. 3.1.6.

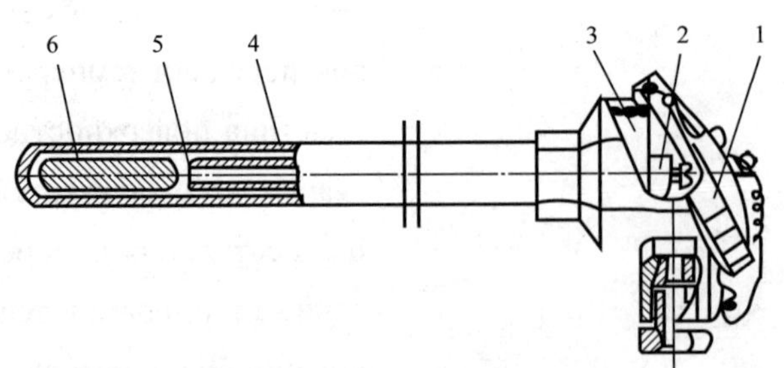

图 3.1.6 热电阻结构图

1—接线盒;2—接线柱;3—接线座;4—保护管;5—引出线;6—感温元件

Рис. 3.1.6 Структура терморезистора

1—соединительная коробка; 2—соединительная стойка; 3—соединительное основание; 4—защитная трубка; 5—выводной провод; 6—теплочувствительный элемент

土库曼斯坦气田地面建设工程中，常选用分度号 Pt100 、精确度等级为 A 级的铂电阻作为常温、低温、流量补偿等场合的测温元件。安装方式多为法兰安装，少量为焊接式安装，接线采用三线制。

В процессе наземного обустройства газовых месторождений в Туркменистане, обычно выбирался платиновый резистор с Pt100 типом градуировки, с А классом точности, и термометрическим элементом с компенсацией нормальной и низкой температуры. В большинстве случаев применялся тип установки при помощи фланца, реже при помощи сварки. Для подключения применялась трехпроводная система.

3.1.5 一体化温度变送器

3.1.5 Встроенный датчик температуры

一体化温度变送器以热电偶或热电阻作为感温元件，同时将二线制变送器集成于现场仪表的接线盒中(图 3.1.7)。它可以直接在现场仪表侧对热电阻信号或热电势信号进行处理(包括电势补偿)，从而输出标准的二线制信号，计算机控制系统侧可采用普通的模拟量卡件进行信号的采集，不必专门配置热电阻或热电偶卡件。

Встроенным датчиком для термопары или терморезистора выступает теплочувствительный элемент, а также встроенный в двухпроводную систему датчик расположенный в соединительной коробке для прибор на месте (рис. 3.1.7). Датчик позволяет напрямую выполнять обработку или сигнала термосопротивления с приборов на месте или сигнала с термоэлектрического потенциала (включая компенсацию электрического потенциала). Тем самым, выводя стандартный сигнал двухпроводной системы, компьютерная система управления, используя обыкновенную аналоговую карту, выполняет сбор сигналов, при этом не требуется использование терморезистора с особыми конфигурациями или карты термопары.

采用热电偶作为测温元件的一体化温度变送器不用再采用补偿导线进行信号传输，这是一体化温度变送器的一大应用特点。一体化温度变送器常用于测温点较少、无法专门配置热电阻(热电偶)卡件、采用补偿导线有困难的场合。土库曼斯坦气田地面建设工程中，一体化温度变送器也有应用，但不如热电阻和热电偶广泛。

Использую термопару в качестве встроенного датчика температуры термометрического элемента, не требуется дополнительного использования компенсационного провода для выполнения передачи сигналов, в этом и заключается основная особенность встроенного датчика температуры. Встроенный датчик температуры обычно редко используется для точек замера температуры, в случае отсутствия специальной конфигурации карты терморезистора (термопары) использование компенсационного провода очень затруднительное. В процессе наземного обустройства газовых месторождений в Туркменистане тоже использовались встроенные датчики температуры, но их количество уступает терморезисторам и термопарам.

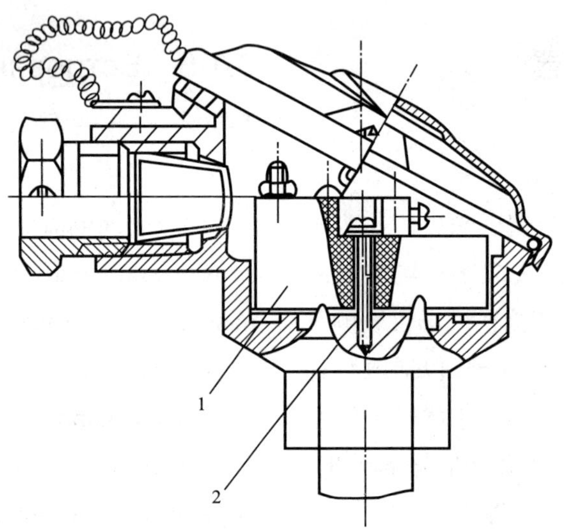

图 3.1.7 一体化温度变送器结构图

1—变送器；2—热电偶(热电阻)接线盒

Рис. 3.1.7 Структура интегрального датчика температуры

1—датчик; 2—соединительная коробка термопары (терморезистора)

还有一种温度变送器,大小和外形类似于浪涌保护器,可直接安装于控制室侧的中间端子柜中。其作用为将现场来的热电阻和热电偶信号转换为标准的4～20mA信号。这种变送器常用于某些自身没有开发热电阻(热电偶)卡件的SIS系统中,应用不多。

Другой вид температурных датчиков, по размеру и внешнему виду схожие с ограничителем импульсного перенапряжения, могут быть непосредственно установлены в шкафах промежуточного вывода в диспетчерской. Роль таких датчиков заключается в преобразовании сигнала поступающего с терморезисторов и термопар на месте в стандартный 4-20мА сигнал. Такого рода датчики обычно используются в системах SIS, у которых нет собственных карт терморезистора и термопары. Их использование очень редкое.

3.1.6 光学高温计

天然气地面工程所用的光学高温计实际上是一种红外非接触辐射式温度计。它主要由光缆探头、光导纤维、探测元件三大部分构成，其外形如图 3.1.8 所示。光缆探头安装于炉体开口并对准炉膛，炉膛的热辐射能量被光缆探头的光学物镜汇聚后由光导纤维传送到探测元件，再由探测元件转换成相应的线性电信号并进行显示或传输。

3.1.6 Оптический пирометр

Для наземного обустройства природного газа оптический пирометр в действительности является своего рода инфракрасным бесконтактным радиальным измерителем температуры. Такой измеритель температуры состоит из 3 основных частей: зонда оптико-волоконного кабеля, оптического волокна и детектора. Его внешний вид показан на рис. 3.1.8. Зонд оптико-волоконного кабеля устанавливается отверстии корпуса печи, а также выравнивается по топке печи. Тепловая излучаемая энергия топки печи, после сбора оптическим объективом зонда оптико-волоконного кабеля через оптическое волокно передается на детектор, затем при помощи детектора конвертируется в соответствующий линейный электрический сигнал, при этом выполняется отображение данных и их передача.

图 3.1.8 光学高温计

1—光缆探头；2—光导纤维；3—探测元件

Рис. 3.1.8 Оптический пирометр

1—зонд оптико-волоконного кабеля; 2—оптическое волокно; 3—детектор

光导纤维通常由多芯石英纤维束制成，具有一定柔韧性，炉膛内的辐射能量可沿着弯曲的纤维束实时传导给探测元件。故带有电子器件的探

Оптическое волокно обычно изготавливается из многожильных пучков кварцевых волокон, которые обладают гибкостью. Излучаемая энергия

测元件可以远离炉体安装,避免持续受到炉体的高温影响。

внутри топки печи может вдоль изгиба пучка волокон в реальном времени передаваться на детектор. Поэтому электронные приборы оснащенные детекторами, могут устанавливаться удаленно от корпуса печи, во избежание продолжительного получения отрицательного влияния высокой температуры от корпуса печи.

在土库曼斯坦气田地面建设工程中,光学高温计主要用于硫黄回收装置主燃烧炉炉膛的温度测量。光学高温计的测量范围达到 600～1600℃,在高温段测量效果较好,但是价格昂贵。

В процессе наземного обустройства газовых месторождений в Туркменистане, оптические пирометры главным образом применяются для измерения температуры в топке главной печи сжигания УПС. Диапазон измерений оптического пирометра составляет 600-1600℃ . Оптический пирометр хорошо выполняет измерение температуры на участках с высокой температурой, но при этом у него высокая стоимость.

3.2 压力测量

3.2 Измерение давления

3.2.1 压力测量概述

3.2.1 Общие сведения об измерении давления

任何一个物体受到的压力均包括大气压力和被测介质的压力(表压)两个部分。两部分压力之和称为绝对压力,测量绝对压力的仪表称为绝压表。而天然气地面工程涉及的压力测量通常指表压。

$$p_{表}=p_{绝}-p_{大气压力} \quad (3.2.1)$$

Любое тело получает 2 вида давления: атмосферное давление и давление измеряемой среды (манометрическое давление). Разница между этими двумя давлениями называется абсолютным давлением, а прибор для измерения абсолютно давления называется абсолютным манометром. А касательно наземного обустройства природного газа, под измерением давления обычно подразумевается манометрическое давление.

$$p_{манометрическое}=p_{абсолютное}-p_{атмосферное} \quad (3.2.1)$$

3.2.2 压力仪表分类

压力检测仪表按其作用原理可分为液柱式、弹性式、压力传感式及活塞式四大类。用于天然气地面工程的压力检测主要有弹性式和压力传感式。液柱式、活塞式通常使用于实验室或仪表校验中。压力检测仪表的主要分类与特性见表3.2.1。

3.2.2 Классификация манометров

Приборы для измерения давления, в соответствии с их принципами действия подразделяются на 4 основных типа: жидкостные, пружинные, с датчиком давления и поршневые. В процессе наземного обустройства природного газа в основном используются пружинные манометры и манометры с датчиком давления. Жидкостные и поршневые типы обычно используются в лабораториях и при калибровке измерительных приборов. Основные классификации манометров и их особенности приведены в таблице 3.2.1.

表3.2.1 压力检测仪表的主要分类与特性

Таблица 3.2.1 Основные классификации и особенности манометров

类型 Тип	名称 Название	测量范围，Pa Диапазон измерения，Па	精确度等级 Класс точности	优缺点 Достоинства и недостатки	应用场合 Условия использования
弹性式压力表 Пружинный манометр	弹簧管压力表、多圈弹簧管压力表、膜盒压力表、波纹管压力表、隔膜压力表 Пружинный манометр，Многовитковый пружинный манометр，Мембранный манометр，Сильфонный манометр，Мембранный дифференциальный манометр	-10^3～10^8	精密： Точность： 0.2，0.25，0.35，0.5； 一般： Обычно： 1.0，1.6，2.5	测量范围宽，结构简单，使用方便，价格便宜，可以制成电气远传式，广泛使用 Широкий диапазон измерений，простая конструкция，удобство использования，дешевая стоимость，можно изготовить с длинной передачей，широкое применение	用来测量压力和真空度，可就地指示，也可远传报警 Используется для измерения давления и степени вакуума，отображение показаний на месте，дистанционная сигнализация
压力变送器 Датчик давления	电容式压力变送器、扩散硅式压力变送器、振弦式压力变送器 Емкостный датчик давления，Диффузионный кремниевый датчик давления ，Вибрационный датчик давления	7×10^2～ 5×10^8	0.075～1.0	测量范围广，便于远传和集中控制 Широкий диапазон измерений，удобен для длинной передачи и централизованного управления	用于压力需要远传和集中控制的场合 Используется в условиях централизованного управления и удаленной передачи давления

3.2.3 弹簧管压力表

弹簧管压力表的敏感元件为截面为椭圆形的C形弹簧管。它通过弹簧管受压后自由端的位移带动指针来指示压力,如图3.2.1所示。

3.2.3 Пружинный манометр

Чувствительным элементом пружинного манометра является овальная С образная трубчатая пружина. После подверганию давления трубчатой пружины, свободный край смещает стрелку тем самыс отображая давление, как показано на рис. 3.2.1.

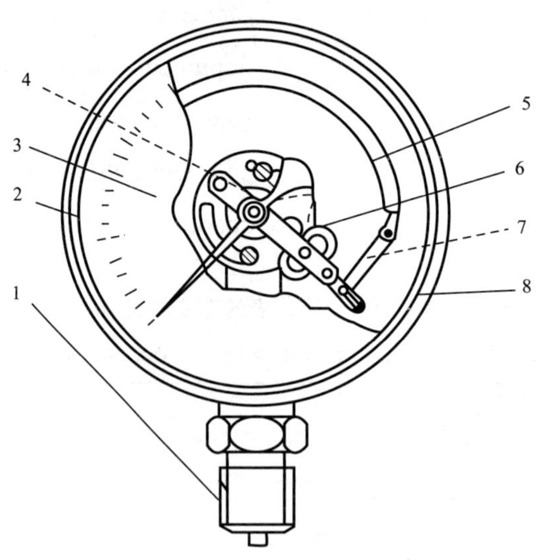

图 3.2.1 弹簧管压力表

1—接头;2—衬圈;3—刻度盘;4—指针;5—弹簧管;6—传动机构;7—连杆;8—表壳

Рис. 3.2.1 Пружинный манометр

1—муфта; 2—прокладное кольцо; 3—циферблат; 4—стрелка; 5—трубчатая пружина; 6—передаточный механизм; 7—кулиса; 8—корпус прибора

弹簧管压力表作为一种现场就地指示型仪表,在土库曼斯坦气田地面建设工程中广泛应用于液体、气体、蒸汽介质的压力测量。精确度等级通常为1.6级,其安装方式随介质的相态、温度、压力等因素各异。

Пружинный манометр используемый в процессе наземного обустройства газовых месторождений, является своего рода измерительным прибором который на месте отображает показания. Этот прибор широко используется для измерения давления жидкостей, газов и пара. Класс точности обычно является 1.6. Его способ установки зависит от фазового состояния среды, температуры, давления и прочих разнообразных факторов.

3.2.4 膜盒压力表

膜盒压力表的弹性敏感元件膜盒由两块连接在一起的圆形波纹膜片组成。当被测压力作用在膜盒内侧时,膜盒会产生变形,并通过联轴指针指示压力,如图 3.2.2 所示。

3.2.4 Мембранный манометр

Чувствительный упругий элемент мембранной коробки от мембранного манометра образуется путем соединения двух круглых мембранных узлов. При измерении давления посредством внутренней стороны мембранной коробки, мембранная коробка поддается деформации, а при помощи соединительного вала происходит стрелочка индикация давления, как показано на рис. 3.2.2.

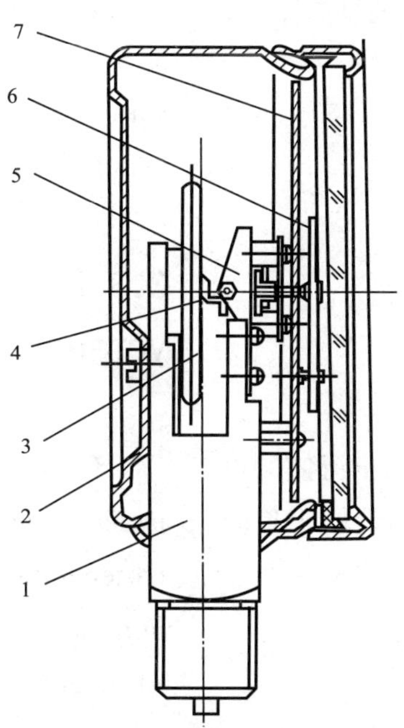

图 3.2.2 膜盒压力表剖视图

1—接头;2—表壳;3—膜盒;4—连杆;5—机芯;6—指针;7—表盘

Рис. 3.2.2 Вид мембранного манометра в разрезе

1 —муфта; 2—корпус прибора; 3—мембранная коробка; 4—кулиса; 5—механизм; 6—стрелка; 7 —циферблат

膜盒压力表用于测量气体微压或负压。在天然气净化厂中应用较少,通常使用于氮封或炉膛等场合。

Мембранный манометр используется для измерения микро-давления или отрицательного давления газа. На ГПЗ данный манометр используется очень мало. Данный манометр обычно используется в азотных уплотнениях, топке печи и прочих условиях.

3.3 流量测量

3.3.1 流量测量概述

流量是单位时间内流经某一截面的流体数量。流量可用体积流量和质量流量来表示，其单位分别为 m^3/h、L/h 和 kg/h。

流量计是指测量流体流量的仪表，它能指示和记录某瞬时流体的流量值。流量计的种类繁多，测量原理各异。

3.3.2 标准节流装置

标准节流装置配套差压变送器测量流体的流量是目前石化行业应用最为广泛、用量居于首位的流量计。

节流装置基于伯努利方程和连续性原理。当管道内的流体流经管道内的节流件时，流束将在节流件处形成局部收缩。流速增大，静压降低，在节流件前后产生差压，流量越大差压越大。节流装置的计算式如式（3.3.1）所示。

3.3 Измерение расхода

3.3.1 Общие сведения об измерении расхода

Расход-это объем флюида, протекающего в единицу времени через некоторое сечение. Расход выражается объемным расходом и массовым расходом, они соответственно измеряются в $м^3/ч$, л/ч и кг/ч.

Расходомер-это прибор для измерения расхода флюида, он может показать и зарегистрировать объем флюида некоторого момента. Имеется много разновидностей расходомеров, которые основаны на разных принципах измерения.

3.3.2 Стандартная дроссельная установка

Стандартная дроссельная установка оснащена датчиком дифференциального давления для измерения расхода флюида, на данный момент широко применяется в нефтехимической промышленности, стоит на первом месте среди расходомеров по количеству пользования.

Дроссельная установка основана на уравнении Бернулли и принципе непрерывности. При протекании флюида в трубопроводе через дроссельный элемент, образуется местное сужение струйки на месте дроссельного элемента. Увеличивается скорость течения, снижается статическое давление, возникает дифференциальное давление перед и после дроссельного элемента, чем больше расход, тем больше дроссельное давление. Формула дроссельной установки показана ниже.

$$q_v = \frac{C_\varepsilon}{\sqrt{1-\beta^4}} \times \frac{\pi}{4} d^2 \sqrt{\frac{2\Delta p}{\rho_1}} \qquad (3.3.1)$$

式中 C——流出系数；

ε——可膨胀性系数；

d——节流件开孔直径，m；

β——直径比，$\beta=d/D$；

D——管道内径，m；

ρ_1——被测流体密度，kg/m^3；

Δp——差压，Pa。

由式（3.3.1）可知，流体流量与差压的平方成正比关系，这就是标准节流装置测量流量的原理。

按照 ISO 5167 的规定，标准节流装置包括标准孔板、标准喷嘴、经典文丘里管和文丘里喷嘴。本节着重介绍在天然气地面工程中应用较多的标准孔板节流装置，其结构如图 3.3.1 所示。高级阀式孔板节流装置如图 3.3.2 所示。

$$q_v = \frac{C_\varepsilon}{\sqrt{1-\beta^4}} \times \frac{\pi}{4} d^2 \sqrt{\frac{2\Delta p}{\rho_1}} \qquad (3.3.1)$$

Где C——коэффициент истечения；

ε——коэффициент расширяемости；

d——диаметр отверстия дроссельной диафрагмы，м；

β——отношение диаметров，$\beta=d/D$；

D——внутренний диаметр трубопровода，м；

ρ_1——плотность измеряемого флюида，кг/м^3；

Δp——перепад давления，Па.

Из вышеуказанной формулы следует，что расход флюида прямо пропорционален квадрату дифференциального давления，это и есть принцип измерения расхода стандартной дроссельной установки.

Согласно положениям ISO 5167，стандартная дроссельная установка состоит из стандартной диафрагмы，стандартного сопла，классической трубы Вентури и сопло Вентури. В настоящем параграфе делается акцент на описание стандартной диафрагменной дроссельной установки，наиболее часто используемой в наземных объектах газовой промышленности，ее конструкция показана на рис. 3.3.1. Диафрагменная дроссельная установка с высококлассным клапаном показана в рис. 3.3.2.

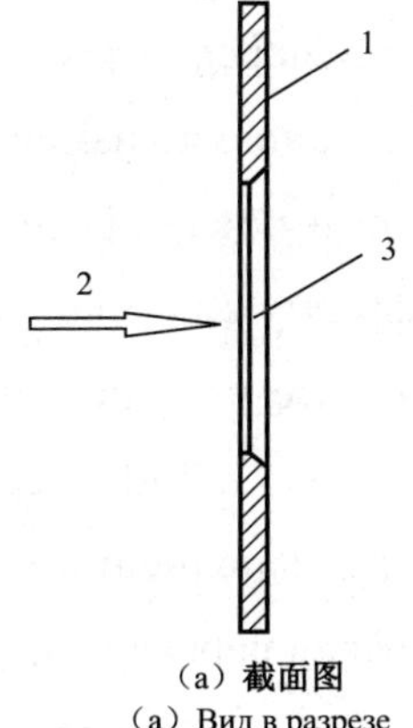

（a）截面图

（a）Вид в разрезе

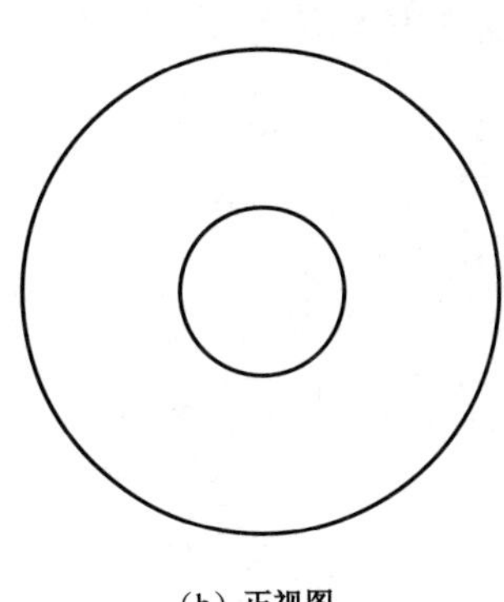

（b）正视图

（b）Вид спереди

图 3.3.1 标准孔板

1—孔板；2—流向；3—节流孔

Рис. 3.3.1 Стандартная диафрагма

1—диафрагма；2—направление течения；3—дроссельное отверстие

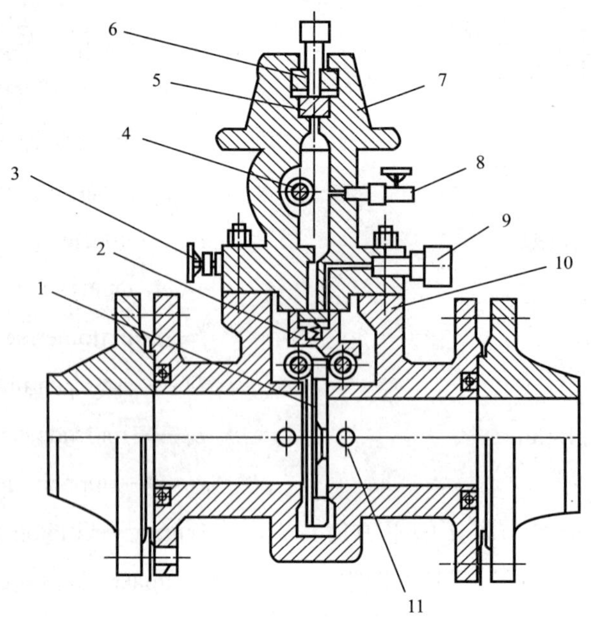

图 3.3.2　高级阀式孔板节流装置

1—孔板；2—滑阀；3—平衡阀；4—齿轮轴；5—上盖；6—顶板；7—上阀体；8—放空截断阀；9—注油器；10—下阀体；11—取压孔

Рис. 3.3.2　Диафрагменная дроссельная установка с высококлассным клапаном

1—диафрагма; 2—золотник; 3—балансировочный клапан; 4—вал-шестерня; 5—верхняя крышка; 6—верхняя плита; 7—верхний корпус клапана; 8—сбросной отсечной клапан; 9—пресс-насос; 10—нижний корпус клапана; 11—отверстие для отбора давления

标准孔板节流装置按照 ISO5167 的规定进行设计、制造、安装、使用，无须个别校准即可投用。基于上述标准节流装置测量流量的原理，使用差压仪表检测流体流经标准孔板前后产生的差压，再根据标准 ISO5167《用安装在圆形截面管道中的差压装置测量满管流体流量第 2 部分：孔板》进行流量计算即可得到流体的体积流量。

Проектирование, изготовление, монтаж и эксплуатация стандартной диафрагменной дроссельной установки осуществляются в соответствии с положениями ISO5167, не требуется отдельная калибровка, можно сразу ввести в эксплуатацию. Основываясь на вышеизложенном принципе измерения расхода стандартной дроссельной установки, измерить перепад давления флюида до и после протекания через стандартную диафрагму с помощью измерителя перепада давления, затем осуществить расчет расхода по стандарту ISO5167 «Измерение расхода флюида при полном наполнении с помощью устройства для измерения перепада давления, установленного в трубопроводе с круглым сечением. Часть 2 : Диафрагмы», чтобы получить объемный расход флюида.

标准孔板结构易于复制，简单牢固，性能稳定可靠，使用期限长，价格低廉，更为简便的是按照标准设计和制造即无须个别校准。但是由于差压信号与流量为平方关系，其量程比较小，通常为3∶1（通过双差压变送器量程比可提高至10∶1）。另外，孔板对于安装条件要求较高，常需要较长的直管段，需要在设计和使用时特别注意。

Конструкция стандартной диафрагмы легко воспроизводится, простая и прочная, имеет стабильные и надежные характеристики, длительный срок службы, низкую стоимость, более того, согласно стандартному проектированию и изготовлению не требует отдельной калибровки. Но, так как между сигналом перепада давления и расходом существует квадратная зависимость, он имеет относительно малое отношение пределов измерения, как правило, равное 3∶1 (посредством отношения пределов измерения двух датчиков дифференциального давления можно повысить до 10∶1). Кроме того, диафрагма предъявляет относительно высокие требования к условиям монтажа, часто требуется сравнительно длинный прямолинейный участок трубы, следует уделить особое внимание при проектировании и использовании.

在土库曼斯坦气田地面建设工程的实际应用中，根据测量介质和计量等级的不同，常用到法兰取压孔板节流装置、简易/普通阀式孔板节流装置、高级阀式孔板节流装置。其中，高级阀式孔板节流装置是一种常用的天然气流量测量设备。它可以在不截断流体的情况下进行孔板清洗或更换，操作管理简单。高级阀式孔板节流装置常用于天然气贸易交接计量。其应用于天然气贸易交接计量的性能特点，详见第5章。

В практическом применении обустройства газовых месторождений в Туркменистане, согласно разным измеряемым средам и классам учета, часто используется диафрагменная дроссельная установка с фланцевым способом отбора давления, диафрагменная дроссельная установка с простым/обычным клапаном, диафрагменная дроссельная установка с высококлассным клапаном. Из них, диафрагменная дроссельная установка с высококлассным клапаном часто используется для измерения расхода природного газа. Чистку и замену этой установки можно осуществить без прерывания флюида, она проста в управлении и эксплуатации. Диафрагменная дроссельная установка с высококлассным клапаном часто используется для коммерческого учета природного газа.

Ее характеристические особенности при коммерческом учете природного газа приведены в разделе 5.

3.3.3 质量流量计

质量流量计分为热式质量流量计和科里奥利质量流量计。本节主要介绍在天然气行业应用较多的科里奥力质量流量计(图 3.3.3)。其测量原理基于科里奥利效应(Coriolis)。当一根管子绕原点旋转时,让一个质点从原点通过管子向外端流动,即质点的线速度由零逐渐增大,质点被赋予了能量,随之产生的反作用力(即惯性力)将使管子的旋转速度减缓,使管子运动发生滞后。相反,让一个质点从外端通过管子向原点流动,即质点的线速度由大逐渐减小趋向于零,质点的能量被释放出来,随之产生的反作用力将使管子的旋转速度加快,使管子运动发生超前。这种能使旋转的管子运动发生超前或滞后的力就称为科里奥利力,简称科氏力。

3.3.3 Массовый расходомер

Массовый расходомер делится на тепловой массовый расходомер и Кориолисов массовый расходомер. Здесь в основном описывается Кориолисов массовый расходомер, наиболее часто используемый в газовой промышленности (рис. 3.3.3). Его принцип измерения основан на эффекте Кориолиса (Coriolis). При вращении одной трубки вокруг исходной точки, чтобы одна материальная точка двигалась от исходной точки к внешнему концу через трубку, при этом линейная скорость материальной точки постепенно увеличивается от нуля, материальная точка наделяется энергией, следом возникает противодействующая сила (то есть сила инерции), которая постепенно уменьшает скорость вращения трубки, приводит к замедлению движения трубки. И наоборот, чтобы одна материальная точка двигалась от внешнего конца к исходной точке через трубку, при этом линейная скорость материальной точки постепенно приближается к нулю, высвобождается энергия материальной точки, следом возникает противодействующая сила, которая увеличивает скорость вращения трубки, приводит к опережению движения трубки. Данная сила, приводящая к опережению или задержке движения вращающейся трубки, называется силой Кориолиса, сокращенное название Кориолисов сила.

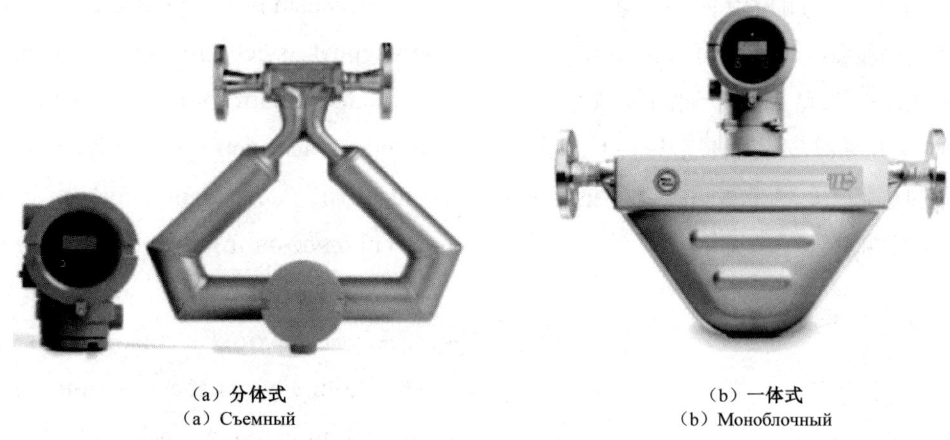

（a）分体式
（a）Съемный

（b）一体式
（b）Моноблочный

图 3.3.3 科里奥利质量流量计
Рис. 3.3.3 Кориолисов массовый расходомер

由于旋转运动不适于实际应用,故工业产品化后的科里奥利质量流量计通常是以振动代替旋转运动,即由两端固定的薄壁测量管,在中心处加以测量管谐振或接近谐振的激励。这样的话,如果把测量段看作是从中心分开的两段,那么这两段就相当于分别围绕两端固定点做来回旋转运动。当流体从一端流向另一端时,就产生了科里奥利力,使测量管中点前后两半段产生方向相反的扭曲,进而产生相位差。测出扭曲量扭角的大小,或测出两段管通过中心平面的时间差就可以得到质量流量。

Так как вращательное движение не годится в практическом применении, как правило, после промышленной коммерциализации вращательное движение в Кориолисов массовом расходомере заменено на вибрацию. То есть с помощью тонкостенных измерительных труб, зафиксированных на двух концах, на середину оказывается резонанс измерительных труб или возбуждение близкое к резонансу. Таким образом, если рассматривать измерительный участок в качестве два участка разделенных с середины, то эти два участка соответственно подобны неподвижным токам на двух концах, вокруг которых осуществляется вращательное движение. Когда флюид течет из одного конца в другой конец, возникает Кориолисов сила, приводящая к кручению по противоположному направлению на двух участках до и после точки в измерительной трубе, после чего возникает разность фаз. Измерить угол кручения величины кручения, или измерить трубы двух участков посредством разницы во времени средней плоскости можно получить массовый расход.

质量流量计可直接测量流体的质量流量，且不受流体密度、黏度的影响，具有很高的精确度。但受限于价格昂贵，因此常用于油品等较重要介质的测量。质量流量计安装简便，无上下游直管段的要求，但是应避免安装于管道振动大的位置。测量液体时，应使测量管充满流体。

Массовый расходомер может непосредственно измерить массовый расход флюида, к тому же не зависит от плотности, вязкости флюида, обладает очень высокой точностью. Но из-за высокой стоимости, часто используется для измерения нефтепродуктов и других относительно важных сред. Массовый расходомер прост в монтаже, не требует верхних и нижних прямых участков труб, но следует избегать монтажа на месте с большой вибрацией трубопровода. При измерении флюида, измерительная труба должна быть заполнена флюидом.

3.3.4 金属管转子流量计

3.3.4 Роторный расходомер с металлической трубкой

转子流量计又称浮子流量计，是变面积式流量计的一种。它是由一个锥形管和一个置于锥形管内可以上下自由移动的转子(也称浮子)构成的。转子流量计本体可以用两端法兰、螺纹或软管与测量管道连接，垂直安装在测量管道上。当流体自下而上流入锥管时，被转子截流，这样在转子上、下游之间产生压力差，转子在压力差的作用下上升，这时作用在转子上的力有 3 个：流体对转子的动压力(向上)、转子在流体中的浮力(向上)和转子自身的重力(向下)。 流量计垂直安装时，转子重心与锥管管轴会相重合，作用在转子上的 3 个力都平行于管轴。当这 3 个力达到平衡时，转子就平稳地浮在锥管内某一位置上。此时，重力 = 动压力 + 浮力。对于给定的转子流量计，转子大小和形状已经确定，因此它在流体中的浮力和自身重力都是已知的常量，唯有流体对浮子的动压力是随来流流速的大小而变化的。因此当来流流速变大或变小时，转子将作向上或向下的移动，相应位置的流动截面积也发生变化，直到流速变成

Роторный расходомер также называется поплавковым расходомерам, относится к группе расходомеров с изменяемой площадью. Роторный расходомер состоит из одной конической трубки и ротора (поплавка), свободно перемещающегося вверх и вниз внутри конической трубки. Роторный расходомер соединяется с измерительной трубой посредством фланцев на двух концах, нарезки или гибкой трубки, устанавливается вертикально на измерительном трубопроводе. При втекании флюида снизу вверх в коническую трубку, ротор преграждает течение, таким образом, между верхним и нижним течениями ротора возникает перепад давления, под действием перепада давления ротор поднимается вверх, в это время имеются три силы, действующие на ротор: динамическое давление флюида относительно ротора (вверх), сила плавучести ротора во флюиде (вверх) и собственная сила тяжести ротора (вниз).

平衡时对应的速度，转子就在新的位置上稳定。对于 1 台给定的转子流量计，转子在锥管中的位置与流体流经锥管的流量的大小成对应关系。

При вертикальном монтаже расходомера, воссоединяется центр тяжести ротора с осью конической трубки, три силы, действующие на ротор, параллельны оси трубки. Когда все три силы приходят к равновесию, ротор плавно останавливается на некотором положении внутри конической трубки. В это время, сила тяжести = динамическое давление + сила плавучести. Относительно заданного роторного расходомера, уже определены размеры и форма ротора, поэтому сила плавучести и собственная сила тяжести во флюиде являются постоянными величинами, только динамическое давление флюида относительно поплавка варьируется в зависимости от скорости течения. Поэтому при увеличении или уменьшении скорости течения подающей струи, ротор перемещается вверх или вниз, также изменяется площадь проходного сечения на соответствующем месте, вплоть до достижения соответствующей скорости при балансе, ротор стабилизируется на новом положении. Относительно одного заданного роторного расходомера, положение ротора в конической трубке и объем расхода флюида, протекающего через коническую трубку, находятся в коррелятивном отношении.

锥管材质为金属的转子流量计，即为金属管转子流量计（图 3.3.4）。其浮子位置通过磁耦合方式进行转换。

Роторный расходомер с металлической конической трубкой, т.е. роторный расходомер с металлической трубкой (рис. 3.3.4). Положение поплавка изменяется способом магнитной связи.

金属管转子流量计属于中、低精确度的流量计，可就地显示也可远传信号，价格较便宜。在土库曼斯坦气田地面建设工程中，金属管转子流量计通常作为吹扫气的流量测量。

Роторный расходомер с металлической трубкой относится к расходомерам со средней и низкой точностью, может отобразить на месте и отправить сигнал, обладает низкой стоимостью. В обустройстве газовых месторождений в Туркменистане, роторный расходомер с металлической трубкой, как правило, служит для измерения расхода продувочного воздуха.

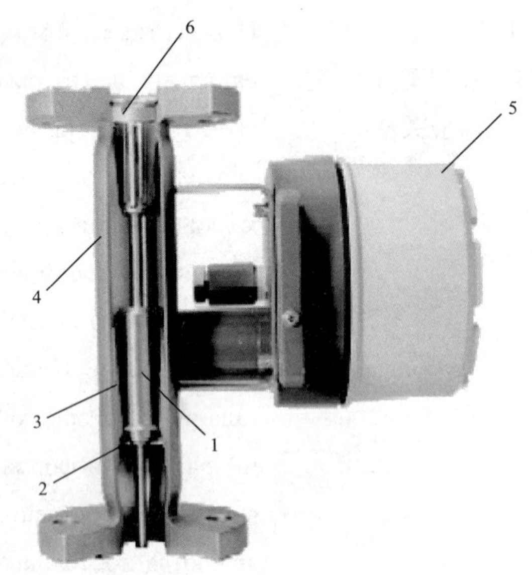

图 3.3.4 转子流量计结构图

1—转子；2—止动器；3—锥管；4—测量管；5—表盘；6—导向器

Рис. 3.3.4 Конструкция роторного расходомера

1—ротор；2—тормоз；3—коническая трубка；4—измерительная труба；5—циферблат；6—направитель

3.3.5 电磁流量计

电磁流量计是一种测量导电性液体体积流量的仪表。其工作原理基于法拉第电磁感应定律，即导体在磁场中运动时切割磁力线，在导体的两端产生感应电动势。导电性液体的流动方向、磁场和感应电动势的方向互相垂直，其计算式为

$$E=KBDv \quad (3.3.2)$$

式中 E——感应电动势，即流量信号；

K——系数；

3.3.5 Электромагнитный расходомер

Электромагнитный расходомер служит прибором для измерения объемного расхода электропроводного флюида. Его принцип работы основывается на законе электромагнитной индукции Фарадея, т.е. проводник при движении в магнитном поле срезает магнитные силовые линии, на двух концах проводника возникает индуктированная электродвижущая сила. Направление течения электропроводного флюида и направление магнитного поля и индуктированной электродвижущей силы являются взаимоперпендикулярными, его формула показана ниже：

$$E=KBDv \quad (3.3.2)$$

Где E——индуктивная электродвижущая сила, т.е. сигнал расхода；

K——коэффициент；

B——磁感应强度，T；

D——测量管内径，m；

v——液体平均流速，m/s。

根据上述原理，电磁流量计测量流量时，导电性的液体以速度 v 流过垂直于流动方向的磁场，导电性液体的流动感应出一个平均流速成正比的电压，其感应电压信号通过 2 个或 2 个以上与液体直接接触的电极检出，并通过电缆送至转换器通过智能处理，转换成标准信号 4～20mA 输出即可得到流体流量(图 3.3.5)。

B——магнитная индукция, Т;

D——внутренний диаметр измерительной трубы, м;

v——средняя скорость флюида, м/с.

Согласно вышеизложенному принципу, при измерении расхода электромагнитным расходомером, электропроводный флюид протекает со скоростью V магнитное поле, перпендикулярное направлению течения, благодаря течению электропроводного флюида возникает напряжение прямо пропорциональное средней скорости течения, его сигнал об индуктированном напряжении выявляется с помощью 2 или более 2 электродов, имеющих прямой контакт с флюидом, и через кабель передается в преобразователь, где он преобразуется в стандартный сигнал 4-20мА посредством интеллектуальной обработки, после выхода сигнала можно получить расход флюида (рис. 3.3.5).

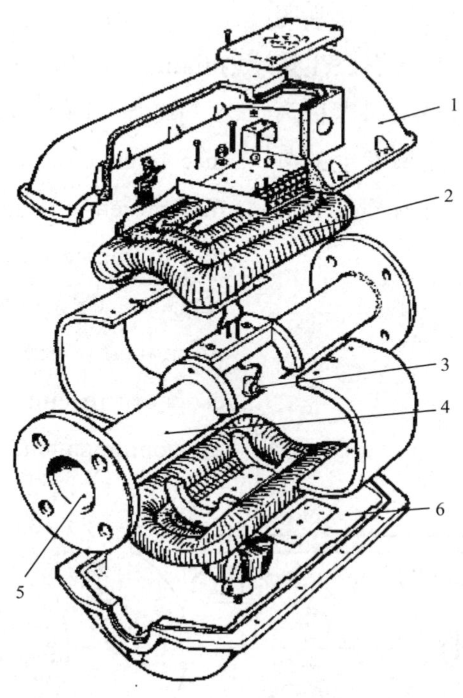

图 3.3.5　电磁流量计结构图

1—上壳体；2—线圈；3—电极；4—测量管；5—衬里；6—下壳体

Рис. 3.3.5　Конструкция электромагнитного расходомера

1—верхний корпус; 2—катушка; 3—электрод; 4—измерительная труба; 5—футеровка; 6— нижний корпус

电磁流量计不受流体组分、密度、黏度、压力、温度的影响，测量范围大，但不能测量低导电率的液体，也不能测量气体、蒸汽以及含有气泡的液体，因此限制了使用范围。电磁流量计安装方便，可水平、垂直或倾斜任意角度进行安装，对直管段要求较低。在土库曼斯坦气田地面建设工程中，电磁流量计主要用于循环水或污水的流量测量。

Электромагнитный расходомер не зависит от состава, плотности, вязкости, давления и температуры флюида, имеет большой диапазон измерения, но не пригоден для измерения флюида с низкой электропроводимостью, газа, пара, а также флюида с пузырьками воздуха, это ограничило его область применения. Электромагнитный расходомер удобен в монтаже, его можно устанавливать в горизонтальном, вертикальном направлении или под любым наклонным углом, обладает низкими требованиями к прямому участку трубы. В обустройстве газовых месторождений в Туркменистане, (электромагнитный расходомер) в основном используется для измерения расхода оборотной воды или сточных вод.

3.3.6 涡街流量计

涡街流量计基于“卡曼涡街”原理制成(图3.3.6)，在流体中设置漩涡发生体，从漩涡发生体两侧交替地产生有规则的漩涡，这种漩涡即称为卡曼涡街(Karman Vortex street)。漩涡发生的频率 f 与被测流体的流速 v 成正比，与主体宽度 d 成反比。

3.3.6 Вихревой расходомер

Вихревой расходомер изготовлен на основе принципа «Вихревой дорожки Кармана» (рис. 3.3.6), во флюиде устанавливают вихреобразующее тело, с двух сторон вихреобразующего тело попеременно возникают правильные вихри, эти вихри также называются Вихревой дорожкой Кармана (Karman Vortex street). Частота возникновения вихрей f прямо пропорциональна скорости течения измеряемого флюида и обратно пропорциональна ширине корпуса d.

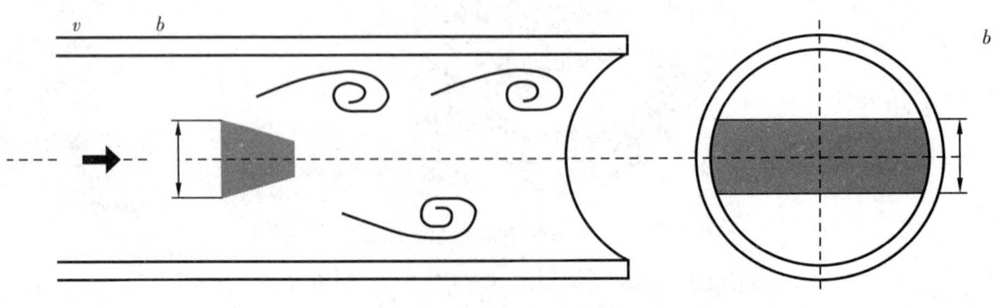

图 3.3.6 卡曼涡街

Рис. 3.3.6 Вихревая дорожка Кармана

$$f = S_t v / (1 - 1.27 d/D) d \quad (3.3.3)$$

其中 S_t 为斯特劳哈尔数，无量纲，与漩涡发生体形状及雷诺数有关，通过实验确定。S_t 与雷诺数函数关系中的线性部分即为涡街流量计的线性测量范围，如图 3.3.7 和图 3.3.8 所示。

$$f = S_t v / (1 - 1.27 d/D) d \quad (3.3.3)$$

Где, S_t-число Струхаля, безразмерное, зависит от формы вихреобразующего тела и числа Рейнольдса, определяется опытным путем. Линейная часть в функциональной зависимости St от числа Рейнольдса является диапазоном линейного измерения вихревого расходомера. Как показано на рис. 3.3.7 и рис. 3.3.8.

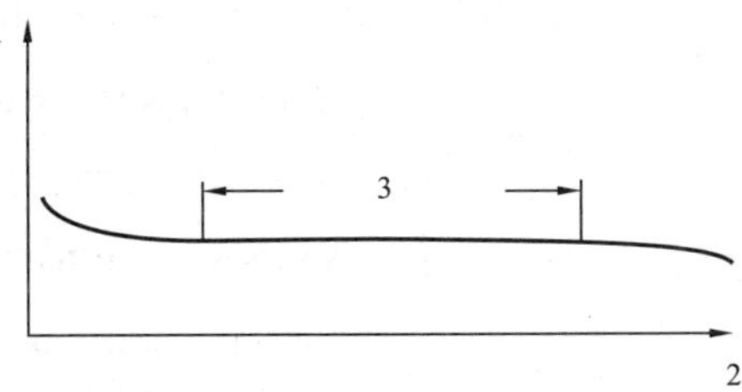

图 3.3.7 斯特劳哈尔数与雷诺数的关系

1—纵坐标：斯特劳哈尔数 S_t；2—横坐标：雷诺数；3—线性测量范围

Рис. 3.3.7 Зависимость числа Струхаля от числа Рейнольдса

1—ордината：число Струхаля S_t；2—абсцисса：число Рейнольдса；3—диапазон линейного измерения

图 3.3.8 涡街流量计

Рис. 3.3.8 Вихревой расходомер

由此，通过测量涡街的分离频率即可测出流体的流速，再通过流速与管径即可得到流体的体积流量。

Таким образом, посредством измерения частоты отделения вихревых дорожек можно получить скорость течения флюида, затем посредством скорости течения и диаметра трубы можно получить объемный расход флюида.

涡街流量计的传感单元由壳体、旋涡发生体及检测体组成,流体流经旋涡发生体时,发生体两侧交替产生旋涡,并产生压力脉动,从而使检测体产生交变的应力。封装在检测体内的压电片在此交变应力作用下产生与旋涡同频率的交变的电荷信号,转换单元将这个信号进行处理,输出脉冲信号或标准模拟信号。

Чувствительный элемент вихревого расходомера состоит из корпуса, вихреобразующей части и измерительной части, при протекании флюида через вихреобразующую часть, происходит попеременное образование вихрей на двух сторонах, и возникает пульсация давления, что приводит к возникновению знакопеременного напряжения в контрольно-измерительной части. Установленная внутри контрольно-измерительной части пьезоэлектрическая пластинка под действием данного знакопеременного напряжения образует переменный сигнал заряда с частотой одинаковой с вихрем, данный сигнал обрабатывается преобразовательным узлом, после чего происходит выход импульсного сигнала или стандартного аналогового сигнала.

涡街流量计结构简单、牢固,安装维护方便。适用流体种类多,在一定雷诺数范围内,输出信号不受流体密度、黏度的影响,精确度可达1%,属于中上水平。但是涡街不适用于雷诺数小于 2×10^4 的流体,对于高黏度、低流速、小口径的使用有局限性。在土库曼斯坦气田地面建设工程中,涡街流量计通常用于蒸汽的测量。

Вихревой расходомер имеет простую конструкцию, прочен и удобен в монтаже и техническом обслуживании. Подходит для разных типов флюида, в определенном диапазоне чисел Рейнольдса, выходной сигнал не зависит от плотности и вязкости флюида, точность достигает 1%, относится к средневысокому уровню. Но вихревой расходомер не пригоден для измерения флюида с числом Рейнольдса менее 2×10^4, ограничен в использовании при высокой вязкости, низкой скорости течения и малом диаметре отверстия. В обустройстве газовых месторождений в Туркменистане, вихревой расходомер часто используется для измерения пара.

3.3.7 旋进旋涡流量计

3.3.7 Вихревой расходомер с вращающимся потоком

旋进旋涡流量计是近年来开发的一种速度式流量仪表,由于英文名称相近,常与涡街流量计相

Вихревой расходомер с вращающимся потоком относится к скоростным расходомерам, он

混淆。简单来讲,它与涡街的主要区别在于,涡街流量计属于流体主动振荡,而旋进漩涡则需要通过叶片使流体被动振荡。实际上,它与涡街的测量原理也有所不同(图 3.3.9)。

разработан в последние годы, из-за английского названия его часто путают с вихревым расходомером. Проще говоря, основным отличием между ними является то, что в вихревом расходомере происходит активное колебание флюида, а в расходомере с вращающимся потоком происходит пассивное колебание флюида за счет лопатки. На самом деле, его принцип измерения также отличается от вихревого расходомера (рис. 3.3.9).

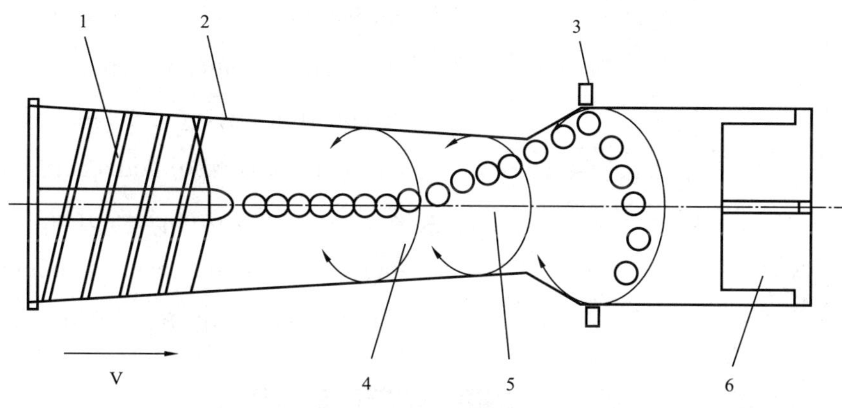

图 3.3.9 漩涡原理

1—漩涡发生体;2—壳体;3—检测元件;4—漩涡流;5—漩涡中心流;6—导流体

Рис. 3.3.9 Принцип образования вихря

1— вихреобразующее тело; 2— корпус; 3— измерительный элемент; 4— вихревой поток; 5— центральный вихревой поток; 6— перегородка

旋进旋涡流量计的组成如图 3.3.10 所示。当被测介质沿管道中轴到达仪表上游入口时,其固定于端部的扇形叶片首先迫使流体进行旋转运动,然后再由旋涡发生体形成旋涡流。由于流体本身具有的动能,旋涡流继续在文丘利管中向前旋进,在流体到达文氏管的收缩段时由于节流作用使得旋涡流动能增加、流速加大,当进入扩散段后,又因回流的作用流体就被迫进行二次旋转。产生的旋涡频率再经频率感测元件(压电晶体)检测、转换及前置放大器的放大、滤波和整形等一系列过程之后,旋涡频率就转变成了与被测介质流速大小成正比的脉冲信号,然后再与温度、压力等检测信号一起被送往微处理器进行积算处理,

Состав вихревого расходомера с вращающимся потоком показан на рис. 3.3.10. При достижении измеряемой средой до верхнего входа измерительного прибора вдоль оси трубопровода, его веерообразная лопатка, зафиксированная на торце, приводит флюид во вращение, затем образуется вращающийся поток вихреобразующим телом. Из-за собственной кинетической энергии флюида, вращающийся поток продолжит движение вперед по трубе Вентури, при достижении сужающего участка трубы Вентури флюидом, под действием дросселирования увеличивается кинетическая энергия и скорость течения

最后在 LCD 上显示出测量结果(标准状况下的瞬时流量、累计流量及温度、压力数据)。

вращающегося потока, после поступления в диффузорный участок, под действием обратного течения происходит вторичное вращение флюида. Образованная частота вихря заново измеряется, преобразуется измерительным чувствительным элементом (пьезоэлектрическим кристаллом) и усиливается, фильтруется и формируется предварительным усилителем, после целой серии процедур, частота вихря преобразуется в импульсный сигнал прямо пропорциональный величине скорости течения измеряемой среды, затем отправляется вместе с сигналами о температуре, давлении в микропроцессор для интеграции, в конце на LCD отображаются результаты измерения (мгновенный расход, общий расход и данные о температуре и давлении).

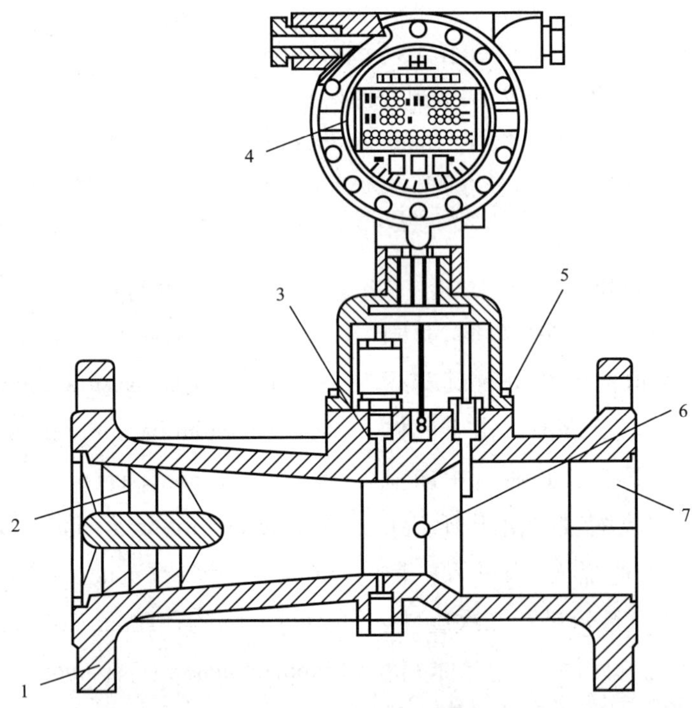

图 3.3.10 旋进漩涡流量计

1—壳体;2—漩涡发生体;3—压力传感器;4—流量积算仪;5—温度传感器;6—压电传感器;7—出口导流体

Рис. 3.3.10 Вихревой расходомер с вращающимся потоком

1—корпус; 2—вихреобразующее тело; 3—датчик давления; 4—сумматор расхода; 5—датчик температуры; 6—пьезоэлектрический датчик; 7—выходная перегородка

旋进漩涡流量计适用于石油、蒸汽、天然气、水等多种介质的流量测量,并实现了压力、温度及压缩系数等动态参数的在线自动补偿。在土库曼斯坦气田地面建设工程中,旋进旋涡流量计主要用于自用天然气的计量。

Вихревой расходомер с вращающимся потоком подходит для измерения расхода нефти, пара, природного газа, воды и множество других сред, к тому же осуществлена оперативная автоматическая компенсация динамических параметров, как давление, температура и коэффициент сжатия. В обустройстве газовых месторождений в Туркменистане, вихревой расходомер с вращающимся потоком в основном используется для измерения природного газа.

3.3.8 超声流量计

3.3.8 Ультразвуковой расходомер

超声流量计是通过检测流体流动对超声脉冲的作用来测量流量的仪表。目前实际应用的超声流量计主要有传播速度差及多普勒法两种测量原理。多普勒法可用于含杂质的混浊介质,但精确度较低。传播速度差法的精确度较高,要求被测介质较洁净。传播速度法又分为时间差法、频率差法和相位差法。本节介绍应用最多的时间差法。

Ультразвуковой расходомер-это прибор для измерения расхода посредством детектирования действие потока флюида на ультразвуковой импульс. В настоящее время, среди фактически используемых ультразвуковых расходомеров в основном имеются два типа принципа измерения, это разность скоростей передачи и метод Доплера. Метод Доплера можно использовать для измерения расхода мутной среды, содержащей примеси, но он обладает низкой точностью. Хотя метод разности скоростей передачи обладает относительно высокой точностью, но требует относительно чистую измеряемую среду. Метод разности скоростей передачи делится на метод разности времен, метод разности частот и метод разности фаз. Здесь описывается наиболее часто используемый метод разности времен.

时间差法的测量原理为利用 1 对超声波换能器相向交替(或同时)收发超声波,通过观测超声波在介质中的顺流和逆流传播时间差来间接测量流体的流速,再通过流速来计算流量的一种间接

Принцип измерения методом разности времен является посредственным методом измерения, где с помощью пары ультразвуковых преобразователей попеременно встречно (или

测量方法，如图 3.3.11 所示。顺流换能器和逆流换能器，两只换能器分别安装在流体管线的两侧并相距一定距离，管线的内直径为 D，超声波行走的路径长度为 L，超声波顺流速度为 t_u，逆流速度为 t_d，超声波的传播方向与流体的流动方向加角为 θ。由于流体流动的原因，是超声波顺流传播 L 长度的距离所用的时间比逆流传播所用的时间短，其时间差可用下式表示：

одновременно）принимаются и отправляются ультразвуковые волны, посредством наблюдения за разностью времен передачи по течению и против течения ультразвуковых волн в среде измеряется скорость течения флюида, затем через скорость течения находится расход, как показано на рис. 3.3.11. Два ультразвуковых преобразователя（по течению и против течения）соответственно устанавливаются на двух боках трубопровода флюида и находятся на определенном расстоянии друг от друга, внутренний диаметр трубопровода обозначается D, длина пути, по которому проходит ультразвуковая волна, обозначается L, скорость ультразвуковой волны по течению обозначается t_u, скорость ультразвуковой волны против течения-t_d, угол между направлением передачи ультразвуковой волны и направлением течения флюида-θ. Из-за течения флюида требуется меньше времени для преодоления расстояния L ультразвуковой волной, передаваемой по течению, чем для преодоления расстояния ультразвуковой волной, передаваемой против течения, его разницу времен можно выразить следующей формулой.

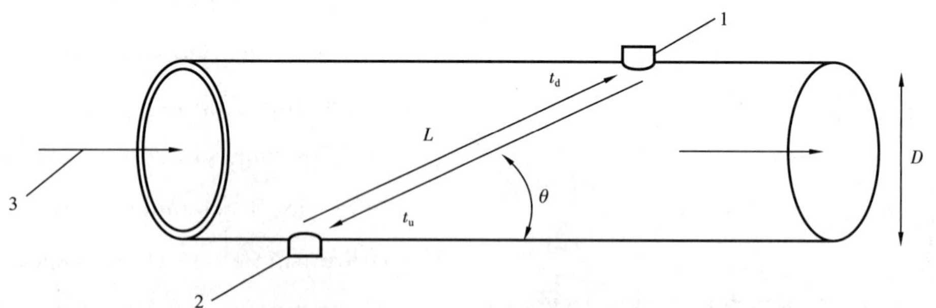

图 3.3.11 时间差法测量原理

1—逆流传感器；2—顺流传感器；3—流向

Рис. 3.3.11 Принцип измерения методом разности времен

1—датчик против течения; 2—датчик по течению; 3—направление течения

$$\begin{cases} t_d = \dfrac{L}{c + v_{\cos}\theta} \\ t_u = \dfrac{L}{c - v_{\cos}\theta} \end{cases} \quad (3.3.4)$$

其中：c 是超声波在非流动介质中的声速，v 是流体介质的流动速度，t_u 和 t_d 之间的时间差可近似采用下式表达：

$$\Delta t \approx \frac{2vX}{c^2} \quad (3.3.5)$$

X 为两个换能器之间的间距。由此可得式（3.3.6）。

$$v = \frac{c^2 \Delta t}{2X} \quad (3.3.6)$$

由此可见，流体的流速 v 与超声波顺流和逆流传播的时间差成正比。故流量可由式（3.3.7）得到：

$$Q = \frac{\pi D^2}{4} \int v dt \quad (3.3.7)$$

超声流量计主要由表体、换能器及其信号处理单元和安装部件组成（图 3.3.12）。外夹式流量计的换能器紧密安装在管道壁外，其安装换能器处的管道可作表体使用；插入式流量计的换能器直接与被测介质接触。超声流量计又可根据换能器的数量分为单声道、双声道和多声道流量计。

$$\begin{cases} t_d = \dfrac{L}{c + v_{\cos}\theta} \\ t_u = \dfrac{L}{c - v_{\cos}\theta} \end{cases} \quad (3.3.4)$$

Где, c-скорость ультразвуковой волны в нетекучей среде, v-скорость течения среды флюида, разность времен между t_u и t_d можно приблизительно выразить следующей формулой:

$$\Delta t \approx \frac{2vX}{c^2} \quad (3.3.5)$$

X-расстояние между двумя преобразователями. Из этого можно получить формулу（3.3.6）.

$$v = \frac{c^2 \Delta t}{2X} \quad (3.3.6)$$

Из этого видно, что скорость течения флюида v прямо пропорциональна времени передачи против течения. Поэтому расход можно найти по формуле（3.3.7）:

$$Q = \frac{\pi D^2}{4} \int v dt \quad (3.3.7)$$

Ультразвуковой расходомер в основном состоит из корпуса, преобразователя и его блока обработки сигналов, монтажного узла（рис. 3.3.12）. Преобразователь ультразвукового расходомера с наружной установкой плотно смонтирован на наружной стенке трубопровода, трубопровод на месте установки преобразователя может использоваться в качестве поверхностного тела; преобразователь вставного расходомера непосредственно контактирует с измеряемой средой. Ультразвуковой расходомер делится на одноканальный, двухканальный и многоканальный расходомеры в зависимости от количества преобразователей.

图 3.3.12 超声流量计

Рис. 3.3.12 Ультразвуковой расходомер

超声流量计的检测元件无可动部件，量程较宽，且不受气体压力、温度、组分变化的影响，重复性好、精确度高、量程比宽。在土库曼斯坦气田地面建设工程中，多声道超声流量计主要应用于天然气的贸易交接计量，同时单声道超声流量计在火炬气的检测中也有应用。

Измерительный элемент ультразвукового расходомера не имеет подвижных частей, обладает широким диапазоном измерения, не подвергается влиянию давления, температуры, измерения состава газа, обладает хорошей воспроизводимостью, высокой точностью, широким диапазоном измерения. В обустройстве газовых месторождений в Туркменистане, многоканальный ультразвуковой расходомер в основном используется для коммерческого учета природного газа, вместе с тем одноканальный ультразвуковой расходомер также применяется для измерения факельного газа.

3.4 液位检测

3.4 Измерение уровня жидкости

3.4.1 常用液位检测仪表分类

3.4.1 Классификация часто используемых приборов для измерения уровня жидкости

液位检测仪表按其工作原理分为直读式、浮力式、电磁式、差压式、声波式、核辐射式等。

Согласно принципам действия приборы для измерения уровня жидкости делятся на приборы прямопоказывающего типа, поплавкового типа, электромагнитного типа, дифференциального типа, ультразвукового типа, радиоактивного типа и др.

3.4.2 直读式玻璃板液位计

直读式玻璃板液位计本体前后两侧的玻璃板交错排列,前面的玻璃板可看到后面玻璃板之间的盲区,反之亦然(图 3.4.1)。利用液相压力平衡原理,通过仪表与被测容器气相、液相的直接连接来直接读取容器中的液位高低。此类液位仪表简单实用,应用广泛。

3.4.2 Прямопоказывающий уровнемер с плоским смотровым стеклом

Плоские стекла расположены на передней и задней стороне прямопоказывающего уровнемера с плоским смотровым стеклом в шахматном порядке, через переднее плоское стекло можно увидеть слепую зону между задним плоским стеклом, и наоборот (рис. 3.4.1). Используя принцип равновесия давлений жидкой фазы, посредством прямого соединения прибора с газовой, жидкой фазой в измеряемой емкости непосредственно считывается уровень жидкости в емкости. Данный тип уровнемера является простым и практичным, имеет широкое применение.

图 3.4.1 玻璃板式液位计

Рис. 3.4.1 Уровнемер с плоским смотровым стеклом

3.4.3 磁浮子液位计

磁浮子液位计又称磁翻板(翻柱)液位计,其结构图如图 3.4.2 所示。与容器相连的浮子室(用非导磁的不锈钢制成)内装带磁钢的浮子,翻板指示标尺紧贴浮子室安装。当液位变动引起浮子上升或下降时,翻板指示标尺中的翻板受到浮子中磁钢的吸引而翻转,翻转部分显示红色,未翻转部分显示白色,红白交界处则表示液位所在处。

3.4.3 Магнитный поплавковый уровнемер

Магнитный поплавковый уровнемер также называется уровнемером с магнитным роликовым указателем (столбом), его конструкция показана на рис. 3.4.2. В камере поплавки (изготовленной из немагнитной нержавеющей стали), соединенной с емкостью, имеется поплавка из магнитной стали, магнитный роликовый указатель плотно монтируется к камере поплавки. При подъеме или спуске поплавка из-за измерения уровня жидкости, в магнитном роликовом указателе под действие магнитной стали поплавка переворачиваются вращающиеся ролики, повернутая часть имеет красный цвет, а неповернутая-белый, граница между красным и белым цветом является положением уровня жидкости.

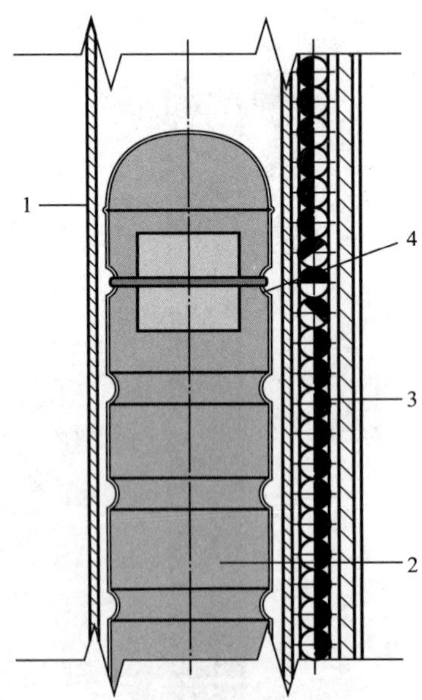

图 3.4.2 磁浮子液位计结构

1—浮子室;2—浮子;3—磁翻板;4—磁钢

Рис. 3.4.2 Конструкция магнитного поплавкового уровнемера

1—камера поплавка; 2—поплавок; 3—магнитный роликовый указатель; 4—магнитная сталь

磁浮子液位计浮子翻转后颜色反差大,液位显示效果明显,故通常用作就地液位显示仪表。通过在浮子室旁加装磁耦合报警开关或磁致伸缩式变送器后,还可将液位信号远传,用作报警或控制室显示,但通常不用做液位调节(图 3.4.3 和图 3.4.4)。其结构简单,价格低廉,安装方式灵活多样,可侧装也可以顶装,在土库曼斯坦气田地面建设工程中,应用非常广泛。

После переворачивания поплавка в магнитном поплавковом уровнемере имеется большой контраст по цвету, заметно отображается уровень жидкости, как правило, используется в качестве местного прибора для отображения уровня жидкости. Посредством установки переключателя сигнализации с магнитной связью или магнитострикционного датчика рядом с камерой поплавка, также можно осуществить дистанционную передачу сигнала об уровне жидкости, для сигнализации или отображения в кабине отображения, но, как правило, не используется для регулировки уровня жидкости (рис. 3.4.3 и рис. 3.4.4). Он имеет простую конструкцию, низкую цену, гибкий и многообразный способ монтажа, можно осуществить и боковую установку и потолочную установку, очень широко применяется в обустройстве газовых месторождений в Туркменистане.

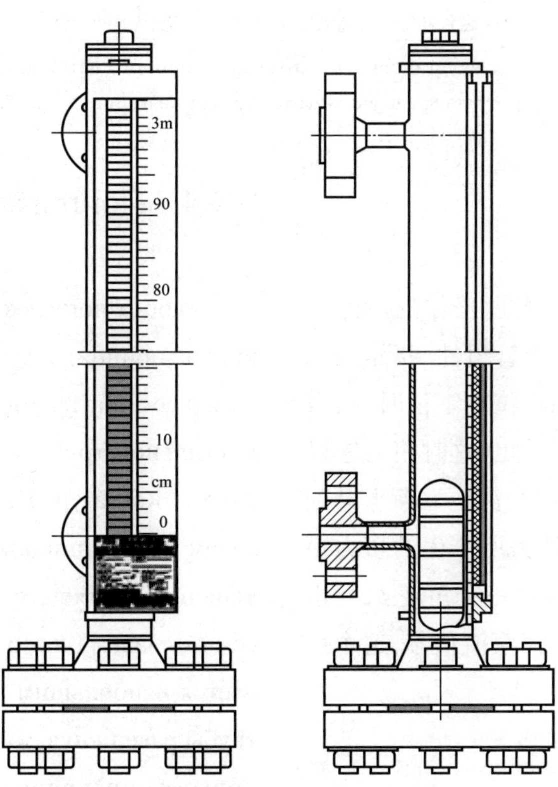

图 3.4.3 磁浮子液位计

Рис. 3.4.3 Магнитный поплавковый уровнемер

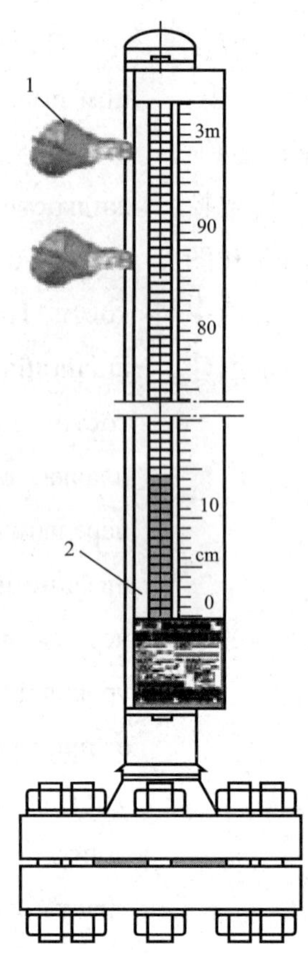

图 3.4.4 加装磁致伸缩变送器或液位开关后的磁浮子液位计

1—磁致伸缩变送器或液位开关；2—磁浮子液位计

Рис. 3.4.4 Поплавковый уровнемер после установки магнитострикционного датчика или выключателя уровня жидкости

1—магнитострикционный датчик или выключатель уровня жидкости; 2—поплавковый уровнемер

3.4.4 浮筒液位计

浮筒液位计是基于浮力原理工作的。浮筒液位计由浮筒筒体、浮筒、扭力管组件、指示表或变送器等组成(图 3.4.5)。当液位在零位时，扭力管受到浮筒重量所产生的扭力矩(这时扭力矩最大)，扭力管转角处于“零”度，当液位逐渐上升到最高时，扭力管受到最大的浮力所产生的扭力矩的作用(这时扭力矩最小)，转过一个角度 ϕ，变送器将这转角 ϕ 转换成 4～20mA 直流信号，这个信号正比于被测量液位。

3.4.4 Поплавковый уровнемер

Работа поплавкового уровнемера основывается на принципе плавучести. Поплавковый уровнемер состоит из ствола поплавка, поплавка, узла крутильной трубы, указателя или датчика (рис. 3.4.5). Когда уровень жидкости находится в нулевом положении, крутильная труба подвергается влиянию крутящего момента, образованного весом поплавка (в это время крутящий момент является наибольшим), угол поворота крутильной трубы равен «нулям» градусам, при постепенном повышении уровня жидкости до наивысшей точки, крутильная труба подвергается действию крутящего момента, образованного максимальной силой выталкивания, (в это время крутящий момент является наименьшим) после поворота на угол ϕ, датчик преобразует угол поворота ϕ в сигнал постоянного тока 4-20мА, данный сигнал прямо пропорционален измеряемому уровню жидкости.

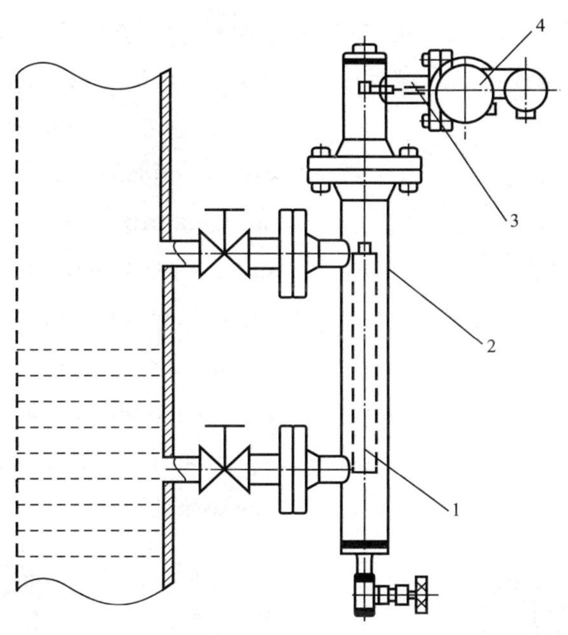

图 3.4.5 浮筒液位计

1—浮筒; 2—筒体; 3—扭力管组件; 4—变送器

Рис. 3.4.5 Поплавковый уровнемер

1—поплавка; 2—ствол; 3—узел крутильной трубы; 4—датчик

按照安装方式的不同,安装在设备内部的浮筒称为内浮筒,安装在设备外部的称为外浮筒。浮筒液位计可用于测量液位或界位,其精确度较高、性能可靠、稳定性好。因为上述优点,在土库曼斯坦气田地面建设工程中,浮筒液位计通常作为液位控制回路的检测仪表。

Согласно разным способам монтажа, монтируемый внутри оборудования поплавок называется внутренним поплавком, а вне оборудования-наружным поплавком. Поплавковый уровнемер можно использовать для измерения уровня жидкости или положения граничной поверхности, он обладает высокой точностью, надежными характеристиками, хорошей стабильностью. Благодаря вышеперечисленным преимуществам, в обустройстве газовых месторождений в Туркменистане поплавковый уровнемер часто используется в качестве КИП контура управления уровнем жидкости.

3.4.5 雷达液位计

雷达液位计利用超高频电磁波经天线向被测容器的液面发射，当电磁波碰到液面后反射回来（图 3.4.6）。天线接收反射的微波脉冲并将其传输给电子线路，微处理器对此信号进行处理，识别出微脉冲在物料表面所产生的回波。正确的回波信号识别由智能软件完成，精确度可达到毫米级。其测量原理表达式可以概括为：

3.4.5 Радарный уровнемер

Радарный уровнемер отправляет высокочастотные электромагнитные волны на поверхность жидкости в измеряемой емкости, затем электромагнитные волны отражаются от поверхности жидкости (рис. 3.4.6). Антенна принимает отображенный микроволновый импульс и передает его в электронную схему, после чего данный сигнал обрабатывается микропроцессором, опознаются отраженный импульс, образованный на поверхности материала микропульсом. Опознавание верного сигнала отраженного импульса осуществляется интеллектуальным программным обеспечением с точностью до миллиметра. Его принцип измерения можно выразить следующей формулой.

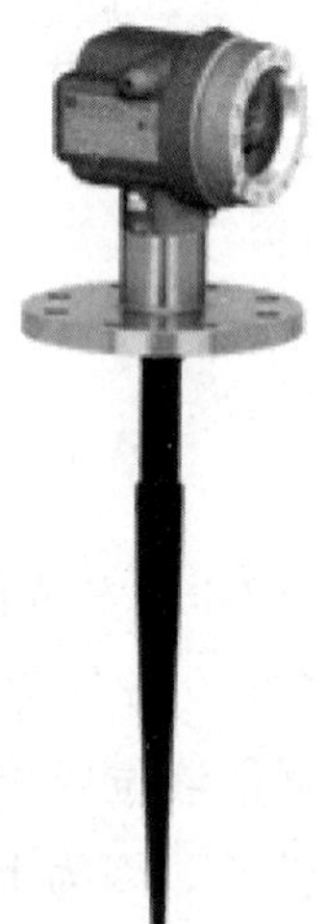

图 3.4.6 雷达液位计

Рис. 3.4.6 Радарный уровнемер

$$L=E-C\times T/2 \quad (3.4.1)$$

式中 T——脉冲的时间行程，s；

C——光速，m/s；

E——容器空罐的距离，m；

L——液位，m。

$$L=E-C\times T/2 \quad (3.4.1)$$

Где T——время прохождения импульса, s;

C——скорость света, m/s;

E——расстояние между пустыми емкостями, m;

L——уровень жидкости, m.

雷达液位计可按精确度分为工业测量级和计量级,可以适应不同测量和计量的要求。雷达液位计的探头与介质表面无接触,属非接触测量,能够准确、快速地测量不同的介质,无论是固体、液体还是粉尘。而且由于电磁波的特点,不受环境的影响,故其应用场合比较广。在土库曼斯坦气田地面建设工程中,雷达液位计常用于大型立罐和球罐,有时也用作内部集输脏污介质的液位测量。

Радарный уровнемер по классу точности может разделяться на промышленный и измерительный, может адаптироваться к различным требованиям к измерению и учету. Зонд радарного уровнемера не контактирует с поверхностью среды, относится к бесконтактному измерению, может точно, быстро измерить различные среды, вне зависимости от твердого, жидкого тела или пыли. К тому же из-за применения электромагнитной волны, не подвергается влиянию окружающая среда, поэтому он имеет широкую область применения. В обустройстве газовых месторождений в Туркменистане, радарный уровнемер часто используется для измерения больших вертикальных и шаровых емкостей, также используется для измерения уровня загрязняющей среды в внутрипромысловом сборе и транспорте.

3.4.6 差压式液位测量仪表

3.4.6 Дифференциальный прибор для измерения уровня жидкости

3.4.6.1 吹气式液位测量

3.4.6.1 Измерение уровня жидкости с продуванием воздуха

吹气式液位测量的原理如图 3.4.7 所示。空气经吹气装置过滤、减压、稳流后从三通同时进入差压变送器和被测容器。调节吹气装置的稳压阀使空气压力略高于被测液柱的压力而缓慢均匀地冒出气泡。由于差压变送器的另一端接大气,故此时差压变送器测得的差压几乎即为液柱的压力。根据式(3.4.2)即可计算出液柱的高度:

Принцип измерения уровня жидкости с продуванием воздуха показан на рис. 3.4.7. Воздух после фильтрации, снижения давления и стабилизации течения в продувочном устройстве через тройник одновременно поступает в дифференциальный датчик и измеренный сосуд. Отрегулировать клапан поддержания давления продувочного устройства, чтобы давление воздуха стало слегка выше давления измеряемого столба жидкости для медленного равномерного появления пузырьков воздуха. Так как другой конец дифференциального датчика подключен с атмосферой, поэтому дифференциальное давление, измеренное дифференциальным датчиком, почти равно давлению столба жидкости. Согласно формуле 3.4.2 можно вычислить высоту столба жидкости:

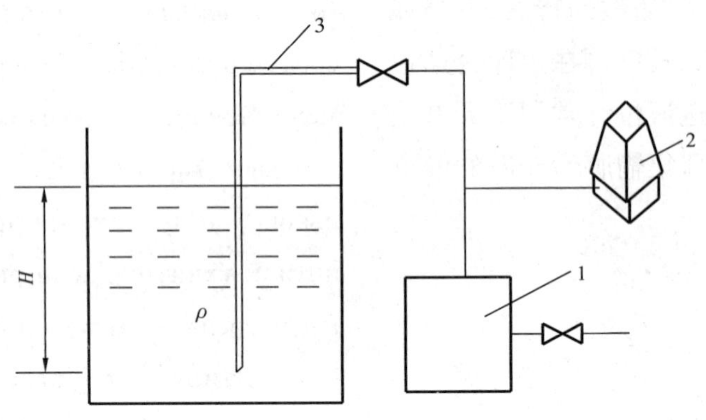

图 3.4.7 吹气式液位测量原理图

1—吹气装置；2—差压变送器；3—吹气管

Рис. 3.4.7 Схема принципа измерения уровня жидкости с продуванием воздуха

1— продувочное устройство; 2— дифференциальный датчик; 3— продувочная труба

$$H=p/\rho g \tag{3.4.2}$$

式中 H——液位高度；

p——液柱压力；

ρ——液体密度；

g——重力加速度。

吹气式液位测量适用于常压容器中黏稠或腐蚀介质的液位测量。其测量精确度取决于差压变送器及吹气装置的精确度。在土库曼斯坦气田地面建设工程中，这种测量方式主要应用于液硫池的液位测量。

$$H=p/\rho g \tag{3.4.2}$$

Где H——высота уровня жидкости;

p——давление столба жидкости;

ρ——плотность жидкости;

g——ускорение силы тяжести.

Измерение уровня жидкости с продуванием воздуха подходит для измерения уровня вязкой или коррозийной среды в сосуде под атмосферным давлением. Его точность измерения зависит от точности дифференциального датчика и продувочного устройства. В обустройстве газовых месторождений в Туркменистане, данный способ измерения в основном используется для измерения уровня жидкости в зумпфе жидкой серы.

3.4.6.2 差压液位测量

差压液位测量原理如图 3.4.8 所示。

3.4.6.2 Дифференциальное измерение уровня жидкости

Принцип дифференциального измерения уровня жидкости показан на рис. 3.4.8.

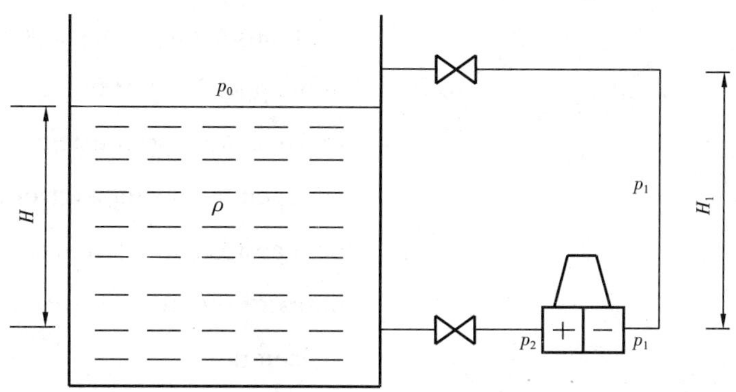

图 3.4.8 差压液位测量原理图

Рис. 3.4.8 Схема принципа дифференциального измерения уровня жидкости

如图 3.4.8，差压变送器测得的差压：

$$\Delta p=p_2-p_1=\rho gH \tag{3.4.3}$$

式中 Δp——测得差压；

ρ——液体密度；

g——重力加速度；

H——液位高度；

p_0——容器内操作压力；

p_1——负压室压力；

p_2——正压室压力。

若气相管中无冷凝液，则可得出 $p_0=p_1$，而 $p_2=p_0+\rho gH$。此时，可得式（3.4.4），由此即可得到液体高度：

$$H=\Delta p/\rho g \tag{3.4.4}$$

实际工程应用中，气相管中完全无冷凝的情况极少。因此，遇有易冷凝的介质，通常在负压室加装一个冷凝罐。气相介质在冷凝罐中凝结并自动从气相口溢出，从而使负压室管线灌满冷凝液，如图 3.4.9 所示。使用过程中应注意，采用带负迁移的差压液位测量，其差压变送器应低于下取压口安装。

Как показано на рис. 3.4.8, дифференциальное давление, измеренное дифференциальным датчиком:

$$\Delta p=p_2-p_1=\rho gH \tag{3.4.3}$$

Где Δp——измеренное дифференциальное давление;

ρ——плотность жидкости;

g——ускорение силы тяжести;

H——высота уровня жидкости;

p_0——рабочее давление в сосуде;

p_1——давление в отрицательном сосуде;

p_2——давление в положительном сосуде.

Если в трубе газовой фазы отсутствует конденсат, то $p_0=p_1$, а $p_2=p_0+\rho gH$. В это время, можно получить формулу 3.4.4, из этого можно получить высоту жидкости:

$$H=\Delta p/\rho g \tag{3.4.4}$$

В практическом применение очень редко встречается полное отсутствие конденсата в трубе газовой фазы. Поэтому, при встрече легкоконденсируемой среды, как правило, устанавливается конденсатный бак на отрицательный сосуд. Газофазная среда конденсируется в конденсатном баке и автоматически проступает через газофазное отверстие, тем самым заполняет трубопровод отрицательного сосуда конденсатом. Как показано на рис. 3.4.9. В процессе использования следует учесть, при применении дифференциального измерения уровня жидкости с отрицательным переносом, его дифференциальный датчик должен быть смонтирован ниже отверстия для отбора давления.

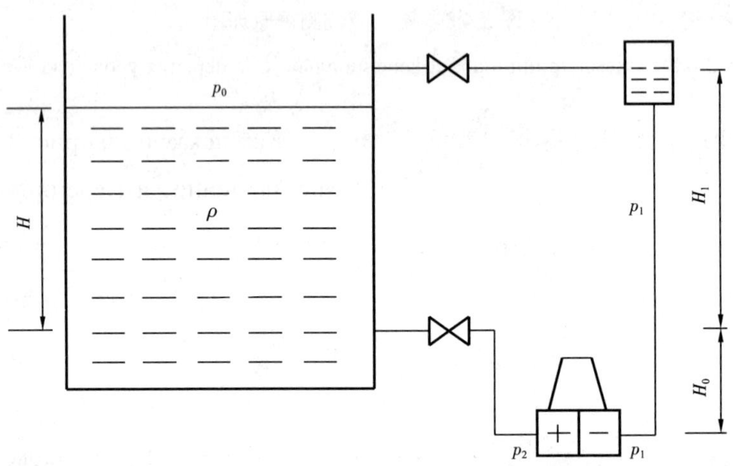

图 3.4.9 带负迁移差压液位测量原理图

Рис. 3.4.9 Схема принципа дифференциального измерения уровня жидкости с отрицательным переносом

由图 3.4.9 可得：

$$\begin{cases} p_1 = p_0 + \rho g H_1 + \rho g H_0 \\ p_2 = p_0 + \rho g H + \rho g H_0 \\ \Delta p = p_2 - p_1 = \rho g H - \rho g H_1 \end{cases} \quad (3.4.5)$$

由上式可知，当液位高度 H 为 0 时，负压室已经受到了压力 $\rho g H_1$。因此，这个压力必须加以抵消，抵消的这部分压力即为差压变送器的负迁移。

负迁移量：

$$SR=\rho g H_1 \quad (3.4.6)$$

Из рис. 3.4.9 можно получить：

$$\begin{cases} p_1 = p_0 + \rho g H_1 + \rho g H_0 \\ p_2 = p_0 + \rho g H + \rho g H_0 \\ \Delta p = p_2 - p_1 = \rho g H - \rho g H_1 \end{cases} \quad (3.4.5)$$

Из вышеуказанной формулы следует, что когда высота уровня жидкости H равна 0, отрицательный сосуд уже находится под давлением $\rho g H_1$. Поэтому, данное давление необходимо компенсировать, компенсируемая часть данного давления является отрицательным переносом дифференциального датчика.

Величина отрицательного переноса：

$$SR=\rho g H_1 \quad (3.4.6)$$

当被测介质具有腐蚀性时，可以在上下取压口处均加装隔离罐，隔离罐中灌注与工艺介质互不反应的隔离液。除此之外，还可直接选用带有抗腐蚀膜片的双法兰差压变送器。其迁移量及仪表量程仍然可以使用式（3.4.5）进行计算。但是应注意双法兰毛细管中的灌冲液为硅油，计算量程范围及迁移量时应将硅油的密度$\rho_{硅}$代入：

$$\begin{cases} p_1=p_0+\rho_{硅}g\ (H_1+H_0) \\ p_2=p_0+\rho gH+\rho_{硅}gH_0 \\ \Delta p=\rho gH-\rho_{硅}gH_1 \end{cases} \qquad (3.4.7)$$

差压液位测量是一种成熟可靠、使用方式灵活、价格适中、应用极其广泛的液位测量方式。它的测量范围可根据需要计算确定，其范围之广几乎不受限制。加之可使用隔离液等措施，更加使得这种测量方式可以用于天然气地面工程中绝大多数的液位测量场合。在土库曼斯坦气田地面建设工程中，差压液位测量已经得到了广泛应用。差压液位测量的缺点在于当地的环境温度变化剧烈可能造成正负压室测量管中介质产生冻堵、结晶、相变等，从而影响测量精确度。因此，在使用差压法测量液位时应注意根据介质的物理特性对测量管线采取隔离、保温、伴热等措施。

Если измеряемая среда обладает коррозионной активностью，то на месте верхнего и нижнего отверстий для отбора давления устанавливается изолирующий бак, изолирующий бак заполняется разделительной жидкостью, не реагирующий с технологической средой. Кроме того, также можно непосредственно применить двухфланцевый дифференциальный датчик с корозийностойкой пленкой. Его величина переноса и диапазон измерения также можно вычислить с помощью формулы（3.4.5）. Но необходимо учесть, что в качестве буферного раствора в двухфланцевой капиллярной трубке используется силиконовое масло, при расчете диапазона измерений и величины переноса, необходимо подставить плотность силиконового масла $\rho_{кремний}$:

$$\begin{cases} p_1=p_0+\rho_{кремний}g\ (H_1+H_0) \\ p_2=p_0+\rho gH+\rho_{кремний}gH_0 \\ \Delta p=\rho gH-\rho_{кремний}gH_1 \end{cases} \qquad (3.4.7)$$

Дифференциальное измерение уровня жидкости является зрелым, надежным, гибким в использовании, широко используемым методом измерения уровня жидкости, обладает умеренной ценой. Его диапазон измерения определяется через расчеты по мере необходимости, он имеет очень широкий диапазон, который можно считать неограниченным. К тому же можно использовать разделительную жидкость и другие меры, это позволяет данному методу измерения адаптироваться к большинству случаев измерения уровня жидкости при строительстве надземных объектов газовой промышленности. В обустройстве газовых месторождений в Туркменистане, дифференциальное измерение уровня жидкости получило широкое применение. Недостатком дифференциального измерения уровня жидкости является резкое изменение температуры местной окружающей среды может привести к замораживанию и засорению, кристаллизации, изменению фазы среды в измеряемой трубе положительного и отрицательного сосудов, что влияет на точность измерения. таким образом, при применении дифференциального метода измерения уровня жидкости, необходимо принять меры по изоляции, теплоизоляции, обогреву относительно измеряемого трубопровода согласно физическим свойствам среды.

3.5　过程分析

3.5　Анализ процесса

3.5.1　概述

3.5.1　Общие сведения

在天然气地面工程中,常常需要对各种介质进行多种在线分析以确定其成分,确保产品质量。在整个天然气处理流程中常用的在线过程分析仪表主要有水分分析仪、硫化氢分析仪和比值分析仪、气相色谱分析仪等。每种分析仪都有 2 种或 2 种以上不同测量原理的产品,无法一一罗列。本节将选择在土库曼斯坦气田地面建设工程中已经成熟应用的分析仪进行介绍。

В обустройстве газовых месторождений, часто требуется проведение разных оперативных анализов относительно различных сред, чтобы определить их состав и обеспечить качество продукции. Во всем процессе переработки природного газа в состав часто используемых технологических онлайн-анализаторов входят анализатор влажности, анализатор сероводорода и анализатор соотношения, газохроматографический анализатор и др. Каждый анализатор имеет два или более двух типов принципа измерения, здесь они не будут перечисляться. В настоящем параграфе даются описания анализаторов, которые получили зрелое применение в обустройстве газовых месторождений в Туркменистане.

3.5.2 水分分析仪

水分分析仪用于在线检测天然气中的水分含量,同时可以通过检测实时压力计算出天然气的水露点。水分分析仪通常采用石英晶体振荡或激光法,本节以石英晶体振荡法为例进行介绍。

石英晶体振荡法的测量原理是石英晶体和一种敏感的吸湿材料做成的薄片合在一起并装在小盒内(图 3.5.1)。当石英晶体暴露于气流中时,镀在表面上的吸湿材料吸附水分,结果导致表面质量的变化使石英晶体振荡频率发生变化。气体中的水分含量通过测量晶体振荡频率的变化而被检测出来。

3.5.2 Анализатор влажности

Анализатор влажности служит для онлайнового измерения содержания влаги в природном газе, вместе с тем можно вычислить точку росы по влаге в природном газе через измерение давления в режиме реального времени. Для анализатора влажности часто применяется метод колебания кварцевого кристалла или лазерный метод. Здесь описывается пример с использованием метода колебания кварцевого кристалла.

Принцип измерения по методу колебания кварцевого кристалла основан на том, что пластинка, изготовленная из кварцевого кристалла и чувствительного влагопоглощающего материала, устанавливается в маленькую коробку (рис. 3.5.1). Когда кварцевый кристалл подвергается воздействию газового потока, влагопоглощающий материал, нанесенный на поверхность, поглощает влагу. Изменение качества поверхности приводит к изменению частоты колебания кварцевого кристалла. Содержание воды в газе находится посредством измерения изменения частоты колебания кристалла.

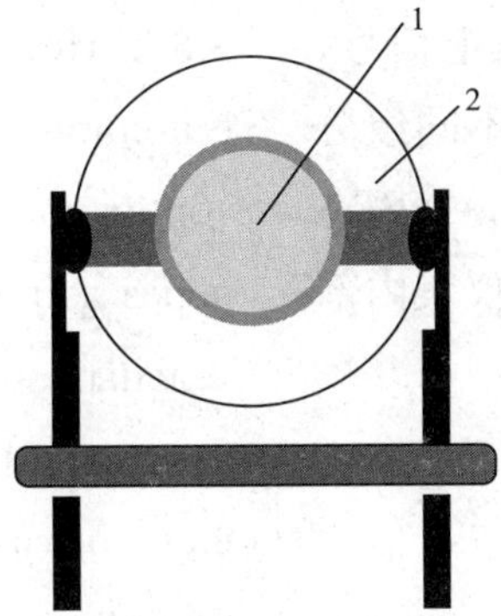

图 3.5.1 石英晶体振荡分析仪核心传感器

1—吸湿材料涂层;2—石英晶体

Рис. 3.5.1 Главный датчик анализатора на основе колебания кварцевого кристалла

1—покрытие из влагопоглощающего материала; 2—кварцевый кристалл

石英晶体振荡法水分分析仪的测量范围通常为 0.1～2500mL/m³，精确度可达测量范围的 ±10%。采用石英晶体振荡原理的在线水分分析仪具有体积小、价格低、性能可靠、响应快速、可在线校验的特点。土库曼斯坦气田地面建设工程中，水分分析仪通常用于脱水装置的天然气出口或天然气贸易计量站。

Диапазон измерения анализатора влажности методом колебания кварцевого кристалла, как правило, равен 0,1-2500мл/м³, точность достигает ±10% диапазона измерения. Онлайновый анализатор влажности на основе колебания кварцевого кристалла имеет малые габариты, низкую цену, надежные характеристики, быструю ответную реакцию, может осуществить оперативную калибровку. В обустройстве газовых месторождений в Туркменистане, анализатор влажности часто используется на выходе природного газа из установки осушки газа или в узле коммерческого учета природного газа.

3.5.3 在线硫化氢分析仪

在线硫化氢分析仪用于检测天然气中硫化氢气体的含量，通常采用紫外分光法。它利用硫化氢对紫外光的吸收，与硫化氢浓度呈线性关系的原理实现定量测量，如图 3.5.2 所示。光源发出全波长光束，经聚光器汇聚后进入入射光纤，并由该光纤导入测量探头内，经气体吸收后的光束沿反射光纤进入散光器，发散开来的光束由分光光栅分成按波长排列的光谱，再由二极管点阵检测器检测出光谱中不同波长的强度并转换成电信号，然后送数据处理单元进行处理，计算出不同组分的浓度数值。所有的光处理器件固化在一个固态模块中，因此仪器中没有可移动的部件，仪表内部除光源外，没有任何其他需要更换的部件。

3.5.3 Онлайновый анализатор сероводорода

Онлайновый анализатор сероводорода служит для измерения содержания сероводородного газа в природном газе, как правило, применяется ультрафиолетовая спектроскопия. На основе свойства поглощения ультрафиолетового света сероводородом, принципа линейной зависимости от концентрации сероводорода осуществляется количественное измерение. Как показано на рис. 3.5.2. Источник света излучает световой пучок с полной длиной волны, после сбора конденсатором поступает в падающее оптиковолокно, и через данное оптиковолокно вводится в измерительный зонд, после поглощения газом световой пучок поступает в рассеиватель вдоль отражающего оптиковолокна, рассеянный световой пучок посредством спектральной дифракционной решетки разделяется на спектры, выстроенные по длине волны, затем измеряется интенсивности разных длин волн в спектре и преобразуется в электрический сигнал посредством датчика с диодной матрицей, после чего передается в блок обработки данных, производится расчет значение концентрации разных компонентов. Все элементы оптической обработки установлены в одном твердотельном модуле, поэтому в приборе отсутствуют передвижные части. Кроме источника света, внутри прибора отсутствуют детали, требующие замены.

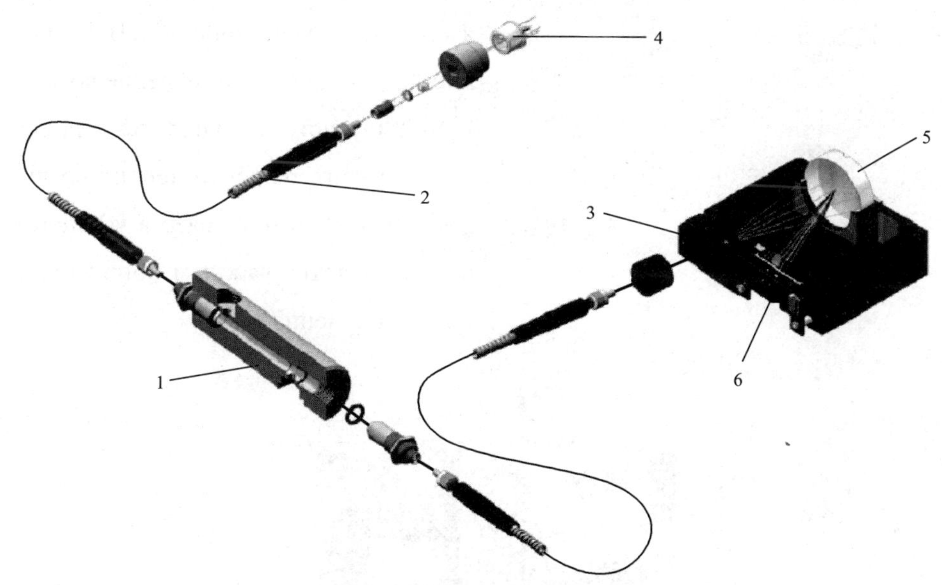

图 3.5.2 紫外分光法检测原理

1—流通池；2—光纤；3—灯源；4—聚光器；5—检测器；6—全息光栅

Рис. 3.5.2 Принцип измерения методом ультрафиолетового спектроскопии

1—проточная ячейка；2—оптиковолокно；3—источник света；4—конденсатор；5—детектор；6—голографическая решетка

在线硫化氢分析仪的测量范围可达0～1000mL/m^3，用于微量硫化氢检测时常选用0～50mL/m^3。在土库曼斯坦气田地面建设工程中，微量硫化氢分析仪通常用于检测脱硫装置湿净化气中的硫化氢含量。

Диапазон измерения онлайнового анализатора сероводорода достигает 0-1000мл/м^3, при измерении ничтожного количества сероводорода часто используется диапазон 0-50мл/м^3. В обустройстве газовых месторождений в Туркменистане, микроанализатор сероводорода часто используется для измерения содержания сероводорода во влажном очищенном газе установки сероочистки.

3.5.4 H_2S/SO_2 比值分析仪

H_2S/SO_2 比值分析仪又称为 2：1 分析仪(图 3.5.3)，用于硫黄回收装置尾气中 H_2S 和 SO_2 含量的测量。分析仪的输出信号通常有 4 个，分别显示 H_2S 含量、SO_2 含量、H_2S/SO_2（比值）、H_2S-2SO_2（空气需求量）。其中 H_2S-2SO_2 常用于硫黄回收装置气风配比回路的空气反馈调节，是硫黄回收装置的重要设备。

3.5.4 Анализатор соотношения H_2S/SO_2

Анализатор соотношения H_2S/SO_2 также называется анализатором 2：1 (рис. 3.5.3), он служит для измерения содержания H_2S и SO_2 в хвостовом газе с установки получения серы. Как правило, имеются 4 выходных сигналов анализатора, которые соответственно отображают содержание H_2S, содержание SO_2, H_2S/SO_2 (соотношение), H_2S-2SO_2 (потребление воздуха). Из них, H_2S-2SO_2 часто используется для регулирования воздуха контура соотношения воздух-газ с применением обратной связи в установке получения серы, является важным оборудованием в установке получения серы.

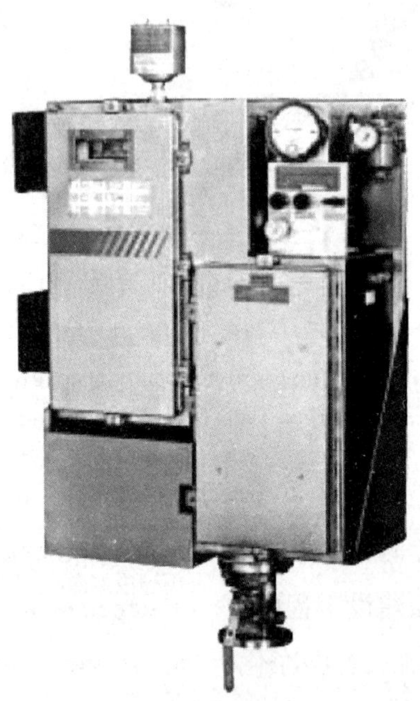

图 3.5.3 H_2S/SO_2 比值分析仪外形图

Рис. 3.5.3 Габаритный чертеж анализатора соотношения H_2S/SO_2

H_2S/SO_2 比值分析仪基于贝尔—兰贝特定律。当原始光 I_0 通过测量池时，样气中的被测组分 H_2S 和 SO_2 按时间程序分别吸收各自特征波长的

Анализатор соотношения H_2S/SO_2 основан на законе Бера-Ламберта. При прохождении исходного света I_0 через измерительный элемент, в

紫外光（H_2S 吸收 232nm，SO_2 吸收 280nm），吸收后经各自单色滤光片滤波，然后通过光电二极管检测器检测，该检测信号通过对数放大器转换为吸光率，吸光率与样气中被测 H_2S 和 SO_2 的浓度成正比。

газовой пробе измеряемые компоненты H_2S и SO_2 согласно временной программе соответственно поглощают ультрафиолетовые лучи с их собственной характеристической длиной волны（H_2S поглощает 232nm，SO_2 поглощает 280nm），после поглощения проходят через собственный монохроматизирующий фильтр для фильтрации，затем измеряется детектором с фотодиодами，данный сигнал обнаружения преобразуется в коэффициент поглощения света посредством логарифмического усилителя，коэффициент поглощения света прямо пропорционален концентрации измеряемых H_2S и SO_2 в газовой пробе.

3.5.5 气相色谱分析仪

3.5.5 Газохроматографический анализатор

气相色谱分析仪用于在线检测天然气的组分，一般检测到 C_{6+} 或更高。可对天然气中的 C_1、C_2、C_3、iC_4、$NeoC_5$\iC_5、nC_5、C_{6+}、CO_2 及空气（包括 N_2、CO 和 O_2）进行分析，检测各组分的摩尔体积百分比。

Газохроматографический анализатор используется для онлайнового измерения состава природного газа，как правило，обнаруживает C_{6+} и выше. Может осуществить анализ C_1，C_2，C_3，iC_4，$NeoC_5$\iC_5，nC_5，C_{6+}，CO_2 и воздуха（включая N_2，CO и O_2）в природном газе，измерить процентное соотношение компонентов по молярному объему.

气相色谱分析的工作原理为：由于天然气各组分的蒸气压、分子尺寸、化学结构不同，在色谱柱上的吸附能、溶解度的不同而使各种组分在色谱柱上的分配系数不同，当混合气体（称为流动相）连续通过色谱柱（称为固定相）时，流动相中的各种物质与固定相进行多次吸附、脱吸、溶解、解析。这样，混合物中的各种组分被分离开来，按照分离顺序从色谱柱末端流出，进入检测器。检测器把分离后的各个组分的浓度再转换成电信号，最后由电子仪表或数据处理器输出各组分的浓度。其分析结果通常通过 RS485 串行接口输入上位计算机或流量计算机。

Принципом работы газохроматографического анализатора является：из-за разного давления пара，величины молекулы，химической структуры компонентов природного газа，в связи с разной способностью поглощения，растворимостью на хроматографической колонне вещества различных компонентов имеют разный коэффициент распределения на хроматографической колонне，при непрерывном прохождении смешенного газа（называется подвижной фазой）через хроматографическую колонну（называется неподвижной фазой），различные вещества в подвижной фазе многократно абсорбируются, десорбируются, растворяются, анализируются в неподвижной фазе. Таким образом отделяются различные компоненты из смеси, согласно порядку отделения выходят из конца хроматографической колонны и поступают в детектор. Детектор заново преобразует концентрации отделенных компонентов в электрические сигналы, в конце концентрации компонентов выводятся электронным прибором или процессором для обработки данных. Как правило, результаты анализа вводятся в главную ЭВМ или компьютер расхода через последовательный интерфейс RS485.

气相色谱分析仪对天然气各组分的分析结果可以用于天然气的相关计算,例如实时相对密度(比重)、热值、压缩因子、澳泊指数等。因此,色谱分析仪通常用于天然气贸易计量站检测外输净化天然气的组分。

Результаты анализа компонентов природного газа газохроматографическим анализатором могут быть использованы в соответствующих расчетах природного газа, например, относительная плотность (удельный вес) в режиме реального времени, теплотворная способность, коэффициент сжимаемости, число Воббе и др. Поэтому, как правило, хроматографический анализатор используется в узле коммерческого учета природного газа для проверки состава экспортного очищенного природного газа.

3.6 火灾及气体检测

3.6 Обнаружение пожара и газа

3.6.1 火灾和气体检测现场仪表

3.6.1 Местные приборы для обнаружения пожара и газа

3.6.1.1 火灾和气体检测现场仪表类型

3.6.1.1 Типы местных приборов для обнаружения пожара и газа

火灾和气体检测报警系统(F&GS)现场检测仪表分以下几种类型:

Местные КИП системы обнаружения и сигнализации пожара и газа (F&GS) делятся на следующие типы:

（1）固定点式可燃气体检测器；

（1）Стационарный точечный детектор горючих газов；

（2）远程开路式可燃气体检测器；

（2）Дистанционный разомкнутый детектор горючих газов；

（3）超声波气体泄漏检测器；

（3）Ультразвуковой детектор утечки газов；

（4）有毒气体检测器；

（4）Детектор токсичных газов；

（5）便携式可燃（有毒）气体检测器；

（5）Портативный детектор горючих（токсичных）газов；

（6）火灾检测器；

（6）Детектор пожара；

（7）手动火灾报警按钮；

（7）Ручная кнопка пожарной сигнализации；

（8）声光报警器等。

（8）Светозвуковой сигнализатор.

3.6.1.2 火灾和气体检测现场仪表测量原理

3.6.1.2 Принцип измерения местных приборов для обнаружения пожара и газа

（1）固定点式气体检测器。

在天然气处理厂及站场通常采用固定点式可燃气体检测器。固定式可燃气体检测器根据检测器的技术性能、被测气体的理化性质和生产环境特点确定，烃类可燃气体通常采用催化燃烧检测原理或红外检测原理。当使用场所的空气中含有能使催化燃烧检测元件中毒的硫、磷、硅等物质时，应采用抗毒性催化燃烧检测器或红外检测器。

（1）Стационарный точечный детектор газов.

На ГПЗ и станциях часто используют стационарный точечный детектор горючих газов. Стационарный точечный детектор горючих газов определяется в зависимости от технических характеристик детектора, физико-химических характеристик измеряемого газа и условий производственной среды, как правило, для детектирования углеводородных горючих газов применяется принцип детектирования методом каталитического горения или инфракрасный детекторный принцип. Если воздух на месте пользования детектора содержит серу, фосфор, кремний и другие вещества, вызывающие отравление измерительного элемента каталитического горения, следует использовать антитоксический детектор каталитического горения или инфракрасный детектор.

可燃气体测量范围为该气体爆炸下限浓度的0～100%LEL（爆炸下限）；一般情况下一级报警值设定值为25% LEL，二级报警值设定为50% LEL。

Диапазоном измерения горючих газов является 0-100% LEL концентрации нижнего предела взрываемости данного газа；в обычной ситуации

通常可燃气体检测器需要 24V.DC 供电，可采用三线制 4～20mA 信号输出。

предел сигнализации 1 класса нижний предел взрываемости равен 25%, предел сигнализации 2 класса равен 50% LEL. Как правило, детектор горючих газов требуе электроснабжения 24V.DC, можно использовать выход трехпроводного сигнала 4-20мА.

有毒气体检测器通常采用电化学或半导体等检测原理。

Как правило, для детектора токсичных газов обычно применяется электрохимический или полупроводниковый принцип детектирования.

H_2S 气体测量范围为 0～50mL/m^3，SO_2 气体测量范围为 0～100mL/m^3；通常可采用三线制或二线制 4～20mA 信号输出。

Диапазон измерения газа H_2S равен 0-50мл/м^3, диапазон измерения газа SO_2 равен 0-100мл/м^3; как правило, можно использовать выход трехпроводного или двухпроводного сигнала 4-20мА.

（2）远程开路式可燃气体检测器。

（2）Дистанционный разомкнутый детектор горючих газов.

目前在天然气工程中逐渐开始采用远程开路式可燃气体检测器，作为固定式气体检测器的辅助方式来检测可能泄露的可燃气体。远程开路式可燃气体探测器通常选用红外吸收式或激光探测原理，由 1 台红外 / 激光光束发射器和 1 台红外 / 激光光束接收器组成。远程开路式可燃气体检测器测量范围 0～5LEL·m，通常可采用 4～20mA 信号输出。

В настоящее время, в объектах газовой промышленности постепенно начали использовать дистанционный разомкнутый детектор горючих газов в качестве вспомогательного прибора к стационарному детектору газов для детектирования возможной утечки горючих газов. Как правило, применяется дистанционный разомкнутый детектор горючих газов, действующий по принципу поглощения ИК-излучения или лазерного детектирования, который состоит из одного инфракрасного/лазерного передатчика и одного инфракрасного/лазерного приемника. Диапазон измерения дистанционного разомкнутого детектора горючих газов равен 0-5LEL·М, как правило, может применяться выход сигнала 4-20мА.

（3）超声波气体泄漏检测器。

（3）Ультразвуковой детектор утечки газов.

超声波气体泄漏检测器用于检测带压气体泄漏，探测器应包含超声波探头、信号处理电路、接线模块、防爆型壳体。超声波气体泄漏检测器最远检测半径距离可达到 20m，声强检测范围不小于 58～104dBA，通常可采用 4～20mA 信号输出。

Ультразвуковой детектор утечки газов используется для обнаружения утечки газа под давлением, детектор должен включать в себя ультразвуковой зонд, схему обработки сигнала, модуль соединения проводов, взрывозащитный корпус. Наибольший радиус детектирования ультразвукового детектора утечки газов достигает 20 м, диапазон детектирования интенсивности звука не менее 58-104dBA, как правило, может применяться выход сигнала 4-20мА.

（4）便携式可燃（有毒）气体检测器。

（4）Портативный детектор горючих（токсичных）газов.

工厂巡检人员进入天然气装置时，需携带便携式气体检测器。便携式可燃气体检测仪（甲烷），传感器工作原理为催化燃烧式，测量范围是0～100% LEL；便携式 H_2S 气体检测仪，传感器工作原理为电化学式，测量范围是 0～50mL/m^3。

При входе патрульного инспектора завода в установку подготовки природного газа, следует взять с собой портативный детектор газов. Портативный детектор горючих газов（метана）, датчик работает на принципе каталитического горения, диапазон измерения равен 0-100%LEL; портативный детектор газа H_2S, датчик работает на принципе электрохимии, диапазон измерения равен 0-50мл/$м^3$.

（5）火灾检测器。

（5）Детектор пожара.

火灾检测器应根据发生火灾的烟雾、热量和火焰辐射等燃烧特点，分别选择烟感、温感和火焰检测器。在天然气装置区内，通常采用火焰检测器作为火灾检测手段。烟感、温感检测器一般用于建筑物的火灾检测。在控制室活动地板下、电缆桥架内或电缆沟内可设置感温电缆。

Существуют дымовой детектор, температурный детектор и детектор пламени, которые соответственно выбираются в зависимости от дыма, количества тепла и излучения пламени при возникновении пожара. В зоне установки подготовки природного газа, как правило, применяется детектор пламени для обнаружения пожара. Дымовой и температурный детекторы обычно используются для обнаружения пожара в зданиях и сооружениях. Под съемным полом пункта управления, внутри кабельной эстакады или кабельной траншеи можно проложить термочувствительный кабель.

火焰检测器通常采用紫外 / 红外、三频红外以及紫外 / 频率双项确认原理，测量范围 15～100m，角度不小于 80°。

Как правило, детектор пламени работает на принципе двойного подтверждения ультрафиолетовым/инфракрасным излучением, трехдиапазонным инфракрасным излучением и ультрафиолетовым излучением/частотой, диапазон измерений равен 15-100 м, угол не менее 80°.

(6)手动火灾报警按钮、声光报警器。

在现场安装的手动火灾报警按钮采用按压报警方式,通过机械结构进行自锁,可减少人为误触发现象。手动火灾报警按钮应具有短路和断路的自动诊断功能。

每个工艺装置区边界醒目位置至少应设一个声光报警器,在环境噪声大于60dB的场所,其声压级应高于背景噪声15dB。

(6) Ручная кнопка пожарной сигнализации, светозвуковой сигнализатор.

В ручной кнопке пожарной сигнализации, установленной на месте, применяется метод нажимной сигнализации, посредством механической конструкции осуществляется самоблокировка, что позволяет уменьшить случаи ошибочного запуска из-за человеческого фактора. Ручная кнопка пожарной сигнализации должна обладать функцией автоматической диагностики при коротком замыкании и обрыве.

На границе каждой зоны технологических установок на видном месте необходимо установить как минимум один светозвуковой сигнализатор на участке с уровнем шума окружающей среды более 60дБ, уровень звукового давления светозвукового сигнализатора должен быть выше фонового шума на 15дБ.

3.6.2 火灾和气体检测现场仪表设置原则

3.6.2 Принципы установки местных приборов для обнаружения пожара и газа

3.6.2.1 气体检测仪表设置原则

3.6.2.1 Принцип установки приборов для обнаружения газа

(1)一般规定。

在生产或使用可燃气体及有毒气体的工艺装置和储运设施的区域内,对可能发生可燃气体和有毒气体泄漏的地方应设置固定点式可燃气体检测器和有毒气体检测器。

(1) Общие требования.

В зоне производства или использования технологических установок горючих и токсичных газов и сооружений хранения и транспортировки, необходимо установить стационарные детекторы горючих газов и детекторы токсичных газов на местах с возможной утечкой горючих и токсичных газов.

可燃气体和有毒气体检测器的检测点，根据气体的理化性质、释放源的特性、生产场地布置、地理条件、环境气候、操作巡检路线等条件，在气体易于积累和便于采样检测之处布置，具体如下：

Разместить точки обнаружения детектора горючих и токсичных газов согласно физико-химическим характеристикам газа, характеристикам источника выброса, компоновке производственного участка, географическим условиям, окружающему климату, маршруту патрулирования и другим условиям на местах, где легко скопляются газы и удобно осуществлять отбор проб, как:

① 设备和管道的法兰和阀门组；

① Фланец и группа клапанов на оборудовании и трубопроводе;

② 液体排液口和放空口；

② Отверстие для дренажа жидкости и отверстие для сброса;

③ 气体压缩机和液体泵的密封处；

③ Место герметизации газового компрессора и насоса перекачки жидкости;

④ 液体采样口和气体采样口等。

④ Отверстие для отбора жидких проб и отверстие для отбора газовых проб.

（2）检测点设置原则。

（2）Принципы размещения точек обнаружения.

释放源处于露天或敞开式厂房布置的设备区域内，当检测点位于释放源的全年最小频率风向的上风侧时，可燃气体检测器探头的室外有效覆盖水平平面半径宜为 15m。在现场设备密集布置时，检测器数量可适当增加。可燃气体检测器安装在高于释放源 1～2m 位置或可燃气体易于积聚位置。当释放源位于封闭或局部通风不良的半敞开厂房内（例如仓库和压缩机房等装置），检测器距所覆盖范围内的任一释放源不大于 7.5m，当释放源为比空气轻的可燃气体，应在释放源上方和厂房内最高点气体易于积聚处设置可燃气体检测器。

Если источник выброса находится под открытым небом или в зоне оборудования, размещенного на открытом заводе, если точка обнаружения находится на наветренной стороне с минимальной годовой частотой направления ветра источника выброса, то эффективный радиус охвата горизонтальной плоскости вне помещения зонда детектора горючих газов должен быть равен 15 м. При тесной компоновке оборудования на месте, можно увеличить количество детекторов надлежащим образом. Детектор горючих газов монтируется на высоте 1-2 м от источника выброса или на месте, где легко скопляются горючие газы. Если источник выброса находится на закрытом или полуоткрытом заводе с плохим местным проветриванием (например, склад, компрессорная станция), расстояние от детектора до любого источника выброса, расположенного в зоне покрытия, не должно превышать 7,5 м, если источником выброса является горючий газ, который легче чем воздух, следует установить детектор горючих газов над источником выброса или на наивысшей точке заводского помещения, где легко скопляется газ.

有毒气体检测器与释放源的距离不宜大于2m。检测比空气重的有毒气体检测器(例如 H_2S 或 SO_2),其安装高度应距地坪0.3～0.6m;检测比空气轻的有毒气体检测器,其安装高度宜高出释放源0.5～2m。

Расстояние от детектора токсичных газов до источника выброса не должно превышать 2 м. При детектировании токсичных газов, которые тяжелее воздуха (например, H_2S или SO_2), высота монтажа детектора от пола равна 0,3-0,6 м; при детектировании токсичных газов, которые легче воздуха, высота монтажа детектора должна превысить источник выброса на 0,5-2 м.

3.6.2.2 火灾检测仪表设置

3.6.2.2 Установка прибора для обнаружения пожара

在可能易引发火灾的场所(例如有易燃物体储存的仓库等)应设置火灾检测器。在控制室活动地板下和室外主电缆槽体内设置感温电缆;同时,在防火分区设置手动报警按钮及声光报警器等,手动火灾报警按钮宜设置在天然气处理装置公共活动场所的出入口处,应在明显的和便于操作的部位。每个工艺装置区至少设置一个手动火灾报警按钮,从工艺装置区内的任何位置到最邻近的一个手动火灾报警按钮的距离不应大于30m。当安装在墙上时其底边距地高度宜为1.3～1.5m,且应有明显的标志。

На участках, где легко возникают пожары (например, склад для хранения легковоспламеняющихся веществ и т.д.), следует установить детектор пожара. Под съемным полом пункта управления и внутри главного кабельного канала вне помещения следует проложить термочувствительный кабель; одновременно, необходимо установить в противопожарной зоне ручную кнопку пожарной сигнализации и светозвуковой сигнализатор, ручную кнопку пожарной сигнализации следует установить на входе/выходе общественного пространства установки переработки природного газа, и на очевидном и удобном для управления месте. На каждой зоне технологических установок как минимум устанавливается одна ручная кнопка пожарной сигнализации, расстояние от любой точки зоны технологических установок до ближайшей ручной кнопки пожарной сигнализации не должно превышать 30 м. При настенном монтаже, высота от основания до пола должна находиться в пределах 1,3-1,5 м, и должно иметься четкое обозначение.

3.6.3 现场使用情况

在天然气处理厂装置区内集气装置、脱硫脱碳装置、硫黄回收装置、凝析油稳定装置、凝析油罐区、火炬及放空系统、生产污水处理装置区、分析化验室等可能发生 H_2S 有毒气体泄漏的地方设置固定点式 H_2S 有毒气体检测器。在尾气焚烧和火炬区设置 SO_2 气体检测器。

在天然气处理厂内集气装置、脱硫脱碳装置、脱水装置、脱烃装置、硫黄回收装置、凝析油稳定装置、天然气外输装置、凝析油罐区、火炬及放空系统、燃料气系统、污水处理装置区可能发生可燃气体泄漏的地方设置可燃气体检测器。

在天然气处理厂内凝析油罐区、硫黄仓库、硫黄包装机厂房、压缩机房、膨胀机房等工艺设施附近设置火焰检测器。

当检测到可燃和有毒气体的泄漏，潜在或初期火灾烟雾的出现，中央控制室 F&GS 系统将进行报警。在检测到火灾或气体泄漏经操作员确认后实施安全联锁。

3.6.3 Условия эксплуатации на месте

На месте размещения газосборной установки, установки обессеривания и обезуглероживания газа, установки получения серы, установки стабилизирования конденсата, в парке резервуаров конденсата, факельно-сбросной системе, зоне установок очистки производственных сточных вод, аналитической лаборатории и на других местах с возможностью возникновения утечки токсичного газа H_2S на ГПЗ устанавливаются стационарные точенные детекторы токсичного газа H_2S. На месте дожига хвостового газа и в факельной зоне устанавливается детектор газа SO_2.

На месте размещения газосборной установки, установки обессеривания и обезуглероживания газа, установки осушки газа, установки очистки газа от углеводородов, установки получения серы, установки стабилизирования конденсата, экспортной установки газа, в парке резервуаров конденсата, факельно-сбросной системе, системе топливного газа, зоне установок очистки производственных сточных вод и на других местах с возможностью возникновения утечки горючих газов на ГПЗ устанавливаются детекторы горючих газов.

Вблизи парка резервуаров конденсата, склада серы, корпуса устройства гранулирования и расфасовки серы, компрессорной, помещения турбодетандеров и других технологических сооружений на ГПЗ устанавливаются детекторы пламени.

При детектировании утечки горючих и токсичных газов на раннем этапе, при появлении потенциального или первичного дыма от пожара, издается сигнализация системой F&GS в центральном пункте управления. После подтверждения оператором обнаруженного пожара или утечки газа запускается предохранительная блокировка.

当发现火情时，中央控制室 F&GS 系统操作台按钮可远程启动电动消防泵和柴油消防泵，进行消防灭火。

При обнаружении пожара, с помощью кнопок на пульте управления системой F&GS в центральном пункте управления можно осуществить дистанционный запуск электрического пожарного насоса с электроприводом и дизельного пожарного насоса для тушения пожара.

F&GS 系统主要现场检测设备及技术参数：

Главные местные приборы обнаружения системы F&GS и технические параметры:

（1）可燃气体检测器，测量范围 100%LEL，一级报警值 25%LEL，二级报警值 50%LEL；

（1）Детектор горючих газов, диапазон измерения: 100%LEL, предел сигнализации 1 класса-25%LEL, предел сигнализации 2 класса-50%LEL;

（2）H_2S 气体检测器，测量范围 0～50mL/m^3，一级报警值 10mL/m^3，二级报警值 20mL/m^3；

（2）Детектор газа H_2S, диапазон измерения: 0-50мл/$м^3$, предел сигнализации 1 класса-10мл/$м^3$, предел сигнализации 2 класса-20мл/$м^3$;

（3）火焰检测器，常开触点；

（3）Детектор пламени, нормально-открытый контакт;

（4）火灾报警按钮，击玻璃，触点闭合；

（4）Кнопка пожарной сигнализации, после разбития стекла замыкается контакт;

（5）声光报警器，声光报警：红色、闪烁，声响不低于 105dB。

（5）Светозвуковой сигнализатор, светозвуковая сигнализация: красный цвет, мигание, звук не менее 105dB.

3.7 调节阀

3.7 Регулирующий клапан

3.7.1 调节阀的特点和适用场合

3.7.1 Особенности и область применения регулирующего клапана

调节阀是自动控制系统主要的终端控制元件之一。从流体力学的观点看，它是一种局部阻力可以变化的节流元件。它安装在工艺管道上，直接与被调介质接触，接受控制单元的输出信号，通过执行机构的作用改变阀芯与阀座间的流通面积，调节流体的流量。

Регулирующий клапан-это один из главных терминальных элементов управления автоматической системой управления. С точки зрения гидромеханики, он представляет собой дроссельный элемент с переменным местным сопротивлением. Он монтируется на технологический трубопровод, непосредственно контактирует с регулируемой средой, принимает выходные сигналы от блока управления, под действием исполнительного механизма изменяет проходное сечение между сердечником клапана и седлом клапана, регулирует расход флюида.

调节阀根据阀芯的动作方式,分为直行程式和角行程式两大类。直行程式的阀有直通单座阀、多级降压调节阀、笼式(套筒阀)等;角行程式的阀有蝶阀、偏心旋转阀、球阀(O形、V形)等。其特点和适用场合见表3.7.1。

Регулирующий клапан согласно способам действия сердечника клапана делится на два основных типа: с прямым ходом и с угловым ходом. Среди клапанов с прямым ходом имеются проходной односедельный клапан, многоступенчатый регулирующий клапан понижения давления, клапан клеточного типа (втулочный клапан) и др.; среди клапанов с угловым ходом имеются клапан-бабочка, эксцентриковый поворотный клапан, шаровой клапан (O-образный, V-образный) и др. Особенности и область применения приведены в табл. 3.7.1.

表3.7.1 调节阀特点和应用场合表

Таблица 3.7.1 Особенности и область применения регулирующего клапана

动作方式 Способ действия	调节阀类型 Тип регулирующего клапана	特点和适用场合 Особенности и область применения
直行程 Прямой ход	直通单座阀 Проходной односедельный клапан	泄漏量小,容易密闭,不平衡力较大。适用于压差较小、要求泄漏量较小的场合 Малый объем утечки, легко герметизируется, относительно большая неуравновешенная сила. Подходит для мест со сравнительно малым перепадом давления и требованием относительно малого объема утечки
	多级降压阀 Многоступенчатый клапан понижения давления	根据多级阀芯降压的原理,每级阀芯上分担一部分压差,改善高压差对阀芯、阀座的冲刷和气蚀作用,适用于高压差工况 Согласно принципу понижения давления многоступенчатого сердечника клапана, каждая ступень сердечника клапана берет на себя определенную часть перепада давления, чтобы облегчить промыв и коррозийное действие высокого перепада давления относительно сердечника и седла клапана, подходит для рабочих условий с высоким перепадом давления
	笼式(套筒阀) Клапан клетчатого типа (втулочный клапан)	不平衡力较小,允许压差较大,且通过选择不同阀内件可降低噪声或抵抗气蚀等,适用于较多工况 Относительно малая неуравновешенная сила, допускается сравнительно большой перепад давления, к тому же выбирая разные внутренние детали клапана можно снизить уровень шума или противостоять газовой коррозии, подходит для многих рабочих условий
	角形阀 Угловой клапан	流路简单、阻力小,特别适用于高黏度、含有悬浮物和颗粒状物质流体的调节。有时由于现场条件的限制,要求两个管道成直角场合时,就可以采用角形控制阀 Простая линия течения, малое сопротивление, подходит для регулирования флюида с высокой вязкостью, содержанием взвешенных и зернистых веществ. Иногда из-за ограничений местных условий, на месте с требованием образования прямого угла двумя трубопроводами, можно использовать угловой регулирующий клапан

续表
продолжение

动作方式 Способ действия	调节阀类型 Тип регулирующего клапана	特点和适用场合 Особенности и область применения
角行程 Угловой ход	偏心旋转阀 Эксцентриковый поворотный клапан	密封性好,流通能力较大,阀盖和阀体为整体铸造,工作温度较高(高温型可达 +450℃),可调比大,体积小,重量轻,多用于大口径、高温度场合 Хорошая герметичность, относительно большая пропускная способность, крышка клапана и корпус клапана отлиты как одно целое, сравнительно высокая рабочая температура (высокотемпературный тип может достичь +450℃), большое рабочий диапазон, малые габариты, легкий вес, в большинстве случаях используется в местах с крупным диметром, высокой температурой
	蝶阀 Клапан-бабочка	体积小,重量轻,有自清洗作用,可广泛用于有悬浮颗粒物和浑浊浆状流体流量调节,特别适用于大口径、大流量、低压差的场合 Малые габариты, легкий вес, имеет функцию самоочистки, может широко применяться для регулирования расхода флюида с взвешенными частицами и мутного густого флюида, в частности подходит для мест с большим диаметром, большим расходом и низким перепадом давления
	O 形球阀 O-образный шаровой клапан	开关操作迅速,流阻小,介质流向可为双向,可调比大,流量特性为快开特性,常用于两位式开关控制 Быстрая операция включения-выключения, малое сопротивление потоку, направление течения среды может быть двухсторонним, большой рабочий диапазон, расходная характеристика является быстродействующей, часто используется двухпозиционный контроль за включением и выключением
	V 形球阀 V-образный шаровой клапан	流通能力大,可调比大,流量特性近似于等百分特性,V 形口与阀座间有剪切作用,因此特别适用于纤维、含有颗粒等黏性介质的调节和切断 Большая пропускная способность, большой рабочий диапазон, расходная характеристика в принципе равна стопроцентной характеристики, обладает срезающим действием между V-образным отверстием и седлом клапана, поэтому очень подходит для регулирования и прерывания волокнистой среды, среды с содержанием гранул и других вязких сред

3.7.1.1 流量特性

流量特性是调节阀最重要的特性之一,其固有流量特性是由阀内件的结构决定的。大多数控制过程都是使用直线、等百分比(或者近似等百分比)流量特性的调节阀。固有流量特性为阀前后的压降一定的流量特性,也称理想流量特性。

3.7.1.1 Расходная характеристика

Расходная характеристика является одной из наиболее важных характеристик регулирующего клапана, присущая ему расходная характеристика обусловлена конструкцией внутренних деталей клапана. Большинство процедур цифрового управления используют регулирующие клапана с линейной, равно процентной (приблизительно равно процентной) расходной характеристикой. Присущая расходная характеристика является определенной расходной характеристикой понижения давления до и после клапана, ее также называется идеальной расходной характеристикой.

图 3.7.1 示出了快开、直线、等百分比、平方根、双曲线等基本的流量特性曲线。近似等百分比流量特性一般介于直线和等百分比特性之间。图 3.7.2 示出了几种调节阀的特性曲线。

На рис. 3.7.1 показаны основные кривые расходной характеристики: соответствующая быстрому открытию, линейная, равно процентная, соответствующая корню квадратному, гиперболическая. Приблизительно равно процентная расходная характеристика находится между линейной и равно процентной характеристикой. На рис. 3.7.2 показаны несколько расходных характеристик регулирующего клапана.

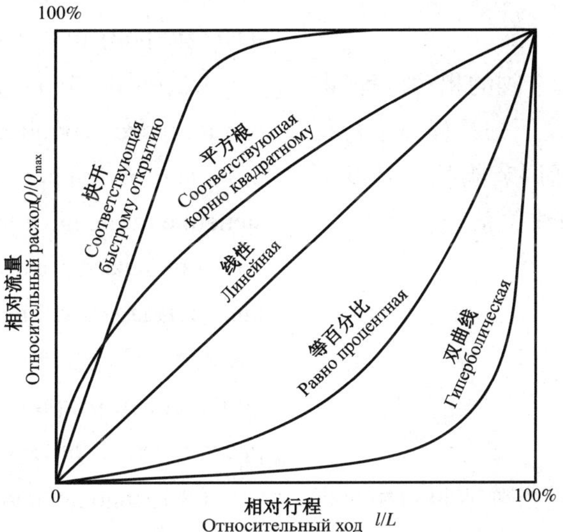

图 3.7.1 阀门的流量特性曲线

Рис. 3.7.1 Кривая расходной характеристики клапана

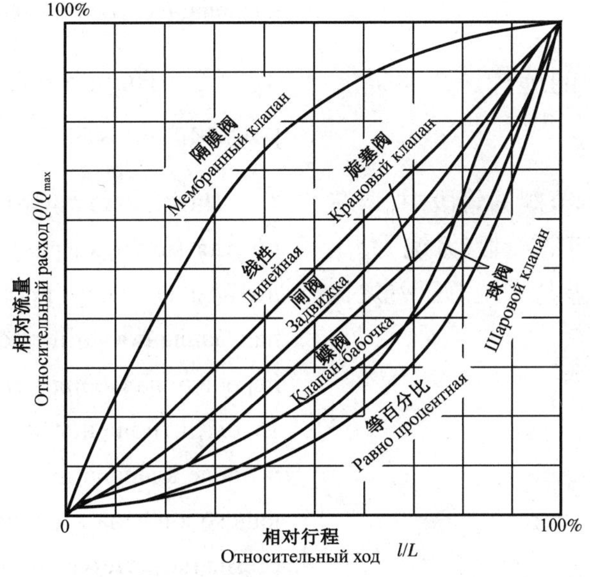

图 3.7.2 各种类型阀门流量特性曲线

Рис. 3.7.2 Кривая расходной характеристики разных разнотипных клапанов

（1）快开流量特性在阀小开度时流量就比较大，随着开度的增大，流量反而增加得很小。快开特性的阀通常只限于要求快速提量场合使用，如压缩机防喘振控制调节阀要求采用快开特性。

（1）Соответствующая быстрому открытию расходная характеристика при небольшой степени открытия клапана имеет относительно большой расход, вслед за увеличением степени открытия расход увеличивается незначительно. Как правило, клапан с соответствующей быстрому открытию характеристикой используется только на месте, требуемом быстрого повышения расхода, например, в регулирующем клапане антипомпажного контроля компрессора требуется применение соответствующей быстрому открытию характеристики.

（2）直线流量特性是指调节阀的相对行程（即开变）（l/L，即调节阀某一开度下的行程与全行程之比）与相对流量（Q/Q_{max}，即调节阀某一开度下的流量与全开流量之比）成直线关系。

（2）Линейная расходная характеристика представляет собой линейная зависимость относительного хода регулирующего клапана（т.е. изменение степени открытия）（l/L, т.е. отношение хода при некоторой степени открытия регулирующего клапана к полному ходу）от относительного расхода（Q/Q_{max}, отношение расхода при некоторой степени открытия регулирующего клапана к расходу при полном открытии）.

（3）等百分比流量特性是指调节阀的相对行程变化所引起的相对流量的变化与该点的相对流量成正比。

（3）Равно процентная расходная характеристика представляет собой прямую зависимость между изменением относительного расхода, вызванным изменением относительного хода регулирующего клапана, и относительным расходом в данной точке.

3.7.1.2　调节阀流量特性的选择

3.7.1.2　Выбор расходной характеристики регулирующего клапана

在工艺装置特定安装调节阀的管段中，调节阀全关时阀前后的压差约等于该管段（系统）总压差，调节阀全开时阀前后压差与系统总压差之比称为阀阻比，也称为压降比。

На участке трубы технологической установки для монтажа регулирующего клапана, при полном закрытии регулирующего клапана перепад давления до и после клапана равен общему перепаду давления（системы）на данном участке трубы, отношение между перепадом давления до и после клапана при полном открытии регулирующего клапана и общим перепадом давления системы называется коэффициентом сопротивления клапана, или коэффициентом перепада давления.

（1）阀前后压差变化小，设定值变化小，工艺过程的主要变量的变化小，以及 S（压降比）>0.75 的控制对象，宜选用直线流量特性。

（1）Малое изменение перепада давления до и после клапана, малое изменение заданного значения, малое изменение ключевой переменной технологического процесса, а также объект управления $S>0,75$, следует выбрать линейную расходную характеристику.

（2）慢速的工艺过程，当 $S>0.4$ 时，宜选用直线流量特性。

（2）Медленный технологический процесс, при $S>0,4$, следует выбрать линейную расходную характеристику.

（3）要求大的可调范围，管路系统压力损失大，开度变化及阀上压差变化相对较大的场合，宜选用等百分比流量特性。

（3）Требуется большой регулируемый диапазон, большая потеря давления в трубопроводной системе, место со сравнительно большим изменением степени открывания клапана и изменением перепада давления на клапане, следует выбрать равно процентная расходная характеристика.

（4）快速的工艺过程，当对系统动态过程不太了解时，宜选用等百分比流量特性。

（4）Быстрый технологический процесс, если плохо освоен динамический процесс системы, следует выбрать равно процентной расходной характеристикой.

3.7.1.3 调节阀材料选择

3.7.1.3 Выбор материала регулирующего клапана

（1）阀体耐压等级、使用温度范围和耐腐蚀性能和材料都不应低于工艺连接管道材质的要求。并应优先选用制造厂的定型产品。一般情况下选用铸钢或锻钢阀体。

（1）Класс сопротивления давлению корпуса клапана, диапазон рабочей температуры, антикоррозийный свойства и материал не должны быть ниже требований к материалу технологического соединительного трубопровода. К тому же следует преимущественно использовать одобренные заводом-производителем продукты. Как правило, используется корпус клапана из литой стали или ковкой стали.

（2）阀内件材料一般选用不锈钢。在出现高压差的流体场合，阀芯、阀座表面应进行硬化 3 处理。

（2）Как правило, внутренние детали клапана изготавливаются из нержавеющей стали, в случае появления флюида с высоким перепадом давления, следует упрочнить поверхность сердечника клапана и седла клапана.

（3）调节阀泄漏量的选择。根据工艺对泄漏量的要求选择不同等级泄漏量的阀型。

（3）Выбор скорости утечки регулирующего клапана. Согласно требованию технологии к скорости утечки, выбираются типы клапанов со скоростью утечки разного класса.

3.7.1.4 调节阀附件的功能

3.7.1.4 Функции принадлежностей регулирующего клапана

（1）电气转换器。

① 控制系统采用电动仪表和气动调节阀组成的场合；

② 将电信号转变为气信号；

③ 快速调节系统，宜选用电气转换器。

（1）Электрический преобразователь.

① Система управления состоит из электрических приборов и пневматического регулирующего клапана;

② Преобразовать электрический сигнал в пневматический сигнал;

③ Для быстродействующей регулирующей системы следует использовать электрический преобразователь.

（2）阀位传送器。

① 重要场合，宜选用阀位传送器；

② 电动执行机构、电动液压式执行机构应配用阀位传送器。

（2）Датчик положения клапана.

① На важных местах следует использовать датчик положения клапана;

② Электрический исполнительный механизм, электрогидравлический исполнительный механизм должны быть оснащены датчиком положения клапана.

3.7.1.5 调节阀气（电）开、气（电）关的选择

3.7.1.5 Выбор пневматического/электрического открытия, пневматического/электрического закрытия регулирующего клапана

仪表能源系统发生故障或控制信号突然中断时，调节阀的开度应处于使生产装置安全的位置。

При отказе энергетической системы прибора или внезапном обрыве контрольного сигнала, степень открытия регулирующего клапана должна находиться в положении, которое обеспечивает безопасность производственной утсановки.

气开：当仪表能源系统发生故障或控制信号突然中断时，调节阀处于全关位置。

Пневматическое открытие: при отказе энергетической системы прибора или внезапном обрыве контрольного сигнала, регулирующий клапан находится в полностью закрытом положении.

气关：当仪表能源系统发生故障或控制信号突然中断时，调节阀处于全开位置。

Пневматическое закрытие: при отказе энергетической системы прибора или внезапном обрыве контрольного сигнала, регулирующий клапан находится в полностью открытом положении.

3.7.2 调节阀选型实际应用情况

3.7.2 Выбор типа регулирующего клапана на практике

（1）净化天然气出厂压力控制系统调节阀一般选用低噪声套筒调节阀。

（1）Как правило, в системе контроля давления на выходе с завода очищенного природного газа обычно используется малошумный втулочный регулирующий клапан.

（2）脱硫装置富液液位控制调节阀，静压高、压降大，宜优先选用角形调节阀，采用底进侧出，其阀芯堆焊硬质合金。

（2）В качестве регулирующего клапана для контроля уровня насыщенного раствора в установке сероочистки, из-за высокого статического давления и большого перепада давления следует преимущественно использовать угловой регулирующий клапан, в котором осуществляется вход снизу и выход с боку, к его сердечнику клапана приварен твердый сплав.

（3）硫黄回收装置气 / 风比率控制系统调节阀，因调节范围大，一般选用偏心旋转调节阀。

（3）В качестве регулирующего клапана системы управления соотношением газ-воздух в установке получения серы, из-за большого диапазона регулирования, как правило, используется эксцентричный вращающийся регулирующий клапан.

（4）原料气和酸气放空至火炬压力控制系统调节阀，因正常操作时要求调节阀严密关闭，设计时常考虑调节阀和截断阀双重设置方案。

（4）Сырьевой газ и кислый газ сбрасываются в регулирующий клапан системы управления давлением факела, так как во время нормальной работы требуется плотное закрытие регулировочного клапана, при проектировании обычно учитывается вариант установки регулирующего клапана и отсечного клапана.

（5）在要求泄漏量小、调节阀口径小于DN20mm、调节阀允许压降满足要求时，可选用单座调节阀。

（5）Если требуется малая скорость утечки, допустимый перепад давления регулирующего клапана диаметром менее DN20мм удовлетворяет требованиям, можно использовать односедельный регулирующий клапан.

（6）回收装置和尾气处理装置过程气上的调节阀宜选用气动蝶阀。因为蝶阀特别适用于大口径、大流量、低压差的场合。

（6）В качестве регулирующего клапана технологического газа в установке получения и установке очистки хвостового газа следует использовать пневматический клапан-бабочка. Так как клапан-бабочка особенно подходит для мест с большим диаметром, большим расходом и низким перепадом давления.

3.7.3　自力式调节阀

3.7.3　Самоходный регулирующий клапан

自力式调节阀是利用降压原理来控制管道系统流体压力或流量的阀门，不需外来能源而直接利用管道流体介质自身所具有的压能进行压力（流量）等工艺参数的调节。其结构简单、维修方便、调节灵敏，因此在天然气输配系统目前广泛使用自力式调节阀。自力式调节阀主要用于阀后压力调节，稳定阀后管道介质压力。

Самоходный регулирующий клапан осуществляет управление давлением или расходом флюида в трубопроводной системы посредством принципа понижения давления, он не требует внешней энергии, а непосредственно использует собственную энергию давления флюидной среды в трубопроводе для регулирования давления（расхода）и других технологических параметров, он имеет простую конструкцию, прост в обслуживании, гибок в регулировании, поэтому в на данный момент самоходный регулирующий клапан получил широкое применение в системе транспорта и распределения природного газа. Самоходный регулирующий клапан в основном используется для регулировки давления после клапана, стабилизации давления среды в трубопроводе после клапана.

土库曼斯坦气田地面建设工程中，自力式调节阀主要用于燃料气系统压力调节及氮气压力调节。

В обустройстве газовых месторождений в Туркменистане, самоходный регулирующий клапан в основном используется для регулировки давления системы топливного газа и давления азота.

3.8 截断阀

截断阀的执行机构按照采用的驱动能源形式的不同,可分为电动执行器、气动执行器、气 / 液联动执行机构、电 / 液执行机构等。而截断阀阀门形式主要有球阀、蝶阀等,其中以球阀应用最为普遍。但现在随着装置的处理规格、处理量增大,管道口径变大,蝶阀应用也较多。截断阀主要用于紧急停车的介质截断和放空及部分工艺过程要求的两位式控制。

3.8 Отсечной клапан

По приводной энергии исполнительный механизм отсечного клапана может разделиться на электрический исполнительный механизм, пневматический исполнительный механизм, пневмогидравлический исполнительный механизм, электрогидравлический исполнительный механизм и др. Отсечной клапан в основном включает в себя шаровой клапан, клапан-бабочка и др., из них наиболее распространенным является шаровой клапан. Но в настоящее время вместе со спецификациями обработки установки, увеличивается объем обработки, увеличивается диаметр отверстия трубопровода, также увеличивается область применения клапана-бабочки. Отсечной клапан в основном используется для отсекания и сброса среды при аварийной остановке, а также для двухпозиционного управления согласно требованиям некоторых технологических процессов.

3.8.1 球阀

球阀的种类繁多,且有多种分类方法,与油气地面工程相关的分类如下:

(1)按结构形式分类。

① 浮动球球阀;

② 固定球球阀;

③ 提升阀杆式球阀。

3.8.1 Шаровой клапан

Существуют многие типы шаровых клапанов, и имеются многие разные способы классификации, классификация шаровых клапанов, связанных с наземными объектами нефтегазовой промышленности, приведена ниже:

(1) Классификация по конструктивному исполнению.

① Поплавковый шаровой клапан;

② Стационарный шаровой клапан;

③ Шаровой клапан с подъемным штоком.

（2）按通径大小分类。

① 全通径球阀；

② 缩径球阀。

（3）按阀体形式分类。

① 侧装分体式球阀；

② 上装分体式球阀；

③ 全焊接球阀。

（4）按密封副材质分类。

① 软密封球阀；

② 全金属密封球阀。

（5）按与管道的连接方式分类。

① 法兰式连接；

② 焊接；

③ 其他连接方式：螺纹、对夹、卡箍等。

（2）Классификация по величине проходного диаметра.

① Полнопроходной шаровой клапан；

② Шаровой клапан с суженным проходом.

（3）Классификация по исполнению корпуса клапана.

① Съемный шаровой клапан с боковой установкой；

② Съемный шаровой клапан с верхней установкой；

③ Цельносварной шаровой клапан.

（4）Классификация по материалам уплотнительной пары.

① Шаровой клапан с мягким уплотнением；

② Шаровой клапан с цельнометаллическим уплотнением.

（5）Классификация по способу соединения с трубопроводом.

① Фланцевое соединение；

② Сварочное соединение；

③ Другие способы соединения, резьба, встречный схват, хомут и др.

3.8.1.1　固定球球阀

（1）固定球球阀主要用于高压大口径的工况中（图 3.8.1）。支承阀球的作用力由阀杆、支承套或支承板上传递到阀球上，使阀球除了留有沿阀杆轴线 90°转动的自由度外，在任何情况下都处于相对固定的状态，这将大大减少操作球阀所需的转矩。因此，在油气管线阀门中，一般阀门公称内径达到或超过 DN200mm，或者公称内径达到 DN150mm，同时公称压力达到 10MPa（Class 600），一般会选用固定球球阀。

3.8.1.1　Стационарный шаровой клапан

（1）Стационарный шаровой клапан в основном используется в рабочих условиях с высоким давлением и большим диаметром（рис. 3.8.1）. Сила поддержки шарового клапана передается на клапан через шток, опорную втулку или опорную плиту, чтобы шаровой клапан находился в относительно неподвижном состоянии в любых обстоятельствах, за исключением оставленной степени свободности для поворота на 90° вдоль осевой линии штока, это значительно уменьшает вращающий момент, необходимый для управления шаровым клапаном. Поэтому, среди клапанов нефтегазового трубопровода, как правило, номинальный внутренний диаметр клапана достигает или превышает DN200, или номинальный внутренний диаметр достигает DN150, вместе с тем номинальное давление достигает 10МПа (Class 600), как правило, выбирается стационарный шаровой клапан.

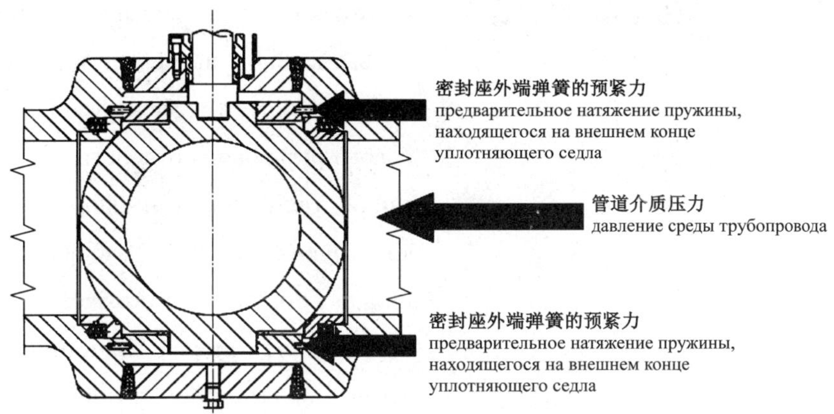

图 3.8.1 固定球球阀内部结构示意

Рис. 3.8.1 Схема внутренней конструкции неподвижного шарового клапана

(2)固定球球阀的主要密封结构。

固定球球阀的密封座一般允许沿着阀门通径的轴线方向微量移动，当密封座在其外端的弹簧的预紧力和管道介质压力的合力作用下，挤压向球体表面时，即可产生密封效果。

在正确选择密封副的条件下，固定球球阀可以实现管道双方向的完全密封，以及每个阀座的独立密封。

(2) Основная уплотняющая конструкция стационарного шарового клапана.

Как правило, допускается ничтожно малое перемещение уплотняющего седла стационарного шарового клапана по осевому направлению проходного диаметра клапана, когда уплотняющее седло под совместным действием предварительного натяжения пружины, находящегося на его внешнем конце, и давления среды трубопровода сжимает корпус шарового клапана, создается уплотняющий эффект.

При правильном выборе уплотнительной пары, стационарный шаровой клапан может осуществить полное двухстороннее уплотнение трубопровода, а также независимое уплотнение каждого седла клапана.

（3）阀体结构。

① 侧装式分体球阀。

侧装式分体球阀的阀体由2片或3片筒状的阀体组件构成。组装时，阀球沿阀门通径方向装入阀体内腔就位，在阀球安装就位后，阀体构件之间通过侧面的螺孔由螺栓和螺母连接固定，形成封闭的阀体结构。侧装式分体球阀可以在管道以外拆卸阀体，对阀门内件进行更换，是地面安装球阀的最常用结构。

② 上装式分体球阀。

上装式分体球阀的阀体一般由底部阀体和上部阀盖构成，阀球可以从上端放入底部阀体，上部阀盖在阀球就位后从顶部用螺栓与下部阀体固定，形成封闭的阀体结构。

上装式分体球阀可以在线维修，不需要从管道上拆卸，即可打开上阀盖对阀门内件进行维修、更换，节省了阀门维修的时间和工作量。

（3）Конструкция корпуса клапана.

① Съемный шаровой клапан с боковой установкой.

Корпус съемного шарового клапана с боковой установкой состоит из двух или трех трубчатых элементов корпуса клапана, во время сборки, шаровой клапан устанавливается во внутреннюю полость корпуса по направлению проходного сечения клапана, после монтажа шарового клапана на месте, элементы корпуса клапана фиксируются между собой посредством бокового резьбового отверстия с помощью болта и гайки, таким образом, формулируется закрытая конструкция корпуса. Разборку корпуса съемного шарового клапана с боковой установкой можно осуществить вне трубопровода, осуществить замену внутренних деталей клапана, является наиболее часто используемой конструкцией при наземном монтаже шарового клапана.

② Съемный шаровой клапан с верхней установкой.

Съемный шаровой клапан с верхней установкой, как правило, состоит из нижнего корпуса клапана и верхней крышки клапана, шаровой клапан можно вставить сверху в нижний корпус клапана, верхняя крышка клапана фиксируется сверху с нижним корпусом клапана с помощью болта после монтажа шарового клапана на месте, образуя закрытую конструкцию корпуса клапана.

Можно осуществить онлайновый ремонт съемного шарового клапана с верхней установкой, не требуется разборка с трубопровода, после открытия верхней крышки клапана можно сразу же осуществить ремонт, замену внутренних деталей клапана, что сэкономило время ремонта клапана и объем работы.

但是由于上装式分体球阀的阀体形状较为复杂，因此大部分采用铸钢作为阀体材料，而且阀门尺寸和重量都相对较大，也导致成本较高。

Но из-за сложной формы корпуса съемного шарового клапана с верхним установкой, в большинстве случаев применяется литая сталь в качестве материала корпуса клапана, и клапан обладает относительно большими размерами и весом, что также повышает себестоимость.

③ 全焊接阀体球阀。

③ Шаровой клапан с цельносварным корпусом клапана.

全焊接阀体球阀（以下简称全焊接球阀）取消了侧装式阀体组件之间连接的螺栓螺母，代之以焊接方式，在阀球安装就位后，将阀体组件焊接在一起，形成封闭的阀体结构。

Для шарового клапана с цельносварным корпусом клапана（далее-цельносварной шаровой клапан）сняли соединительные болты и гайки между элементами корпуса клапана с боковой установкой, заменили их сварным соединением, после монтажа шарового клапана на месте, элементы корпуса клапана соединяются сваркой, чтобы образовать закрытую конструкцию корпуса клапана.

全焊接球阀非常适合于大口径长距离输送的天然气管道项目，尤其适用于埋地安装的场合。

Цельносварной шаровой клапан очень подходит для трубопроводов дальнего транспорта природного газа с большим диаметром, в частности, подходит для подземного монтажа.

全焊接球阀由于阀体部件是焊接连接，因此无法在不破坏阀体的情况下对阀门内件进行维修或更换，只能通过注入密封脂等方式对失效的密封进行临时性修补。

Так как элементы корпуса цельносварного шарового клапана соединены сваркой, поэтому невозможно осуществить ремонт или замену внутренних деталей клапана без разрушения корпуса клапана, можно лишь осуществить временную реставрацию поврежденного уплотнения посредством ввода уплотнительной смазки.

全焊接球阀对设计、材料和制造的要求较高，因此在中等口径以下的规格中，其成本与分体式球阀相比没有优势甚至更高。

Имеютмя высокие требования к проектированию, выбору материала и изготовлению цельносварного шарового клапана, поэтому в спецификациях с средним диаметром отверстия и ниже, его себестоимость не имеет преимуществ и даже выше по сравнению со съемными шаровыми клапанами.

3.8.1.2 浮动球球阀

浮动球球阀在阀体内有 2 个固定的阀座密封圈,在它们之间夹紧阀球。阀球可以在密封座的夹持中沿阀杆轴线进行 90°旋转。

3.8.1.2 Поплавковый шаровой клапан

Внутри корпуса поплавкового шарового клапана имеются два стационарных уплотнительных кольца седел, между ними зажат шаровой клапан. Шаровой клапан может быть повернут на 90° вдоль осевой линии штока между уплотняющими седлами.

当阀球通径方向垂直于管道方向时,阀门处于关闭状态。依靠两个阀座与阀球之间的预紧力,以及管道介质压力,将阀球紧紧压向下游的密封座,从而实现阀门的完全密封(图 3.8.2)。浮动球球阀属于单面强制密封。

Когда направление прохода шарового клапана перпендикулярно направлению трубопровода, клапан находится в закрытом состоянии. Опираясь на предварительное натяжение между двумя седлами и шаровым клапаном, а также давление среды трубопровода, шаровой клапан крепко давится в сторону нижнего уплотняющего седла, таким образом, осуществляется полное уплотнение шарового клапана (рис. 3.8.2). Поплавковый шаровой клапан относится к одностороннему принудительному уплотнению.

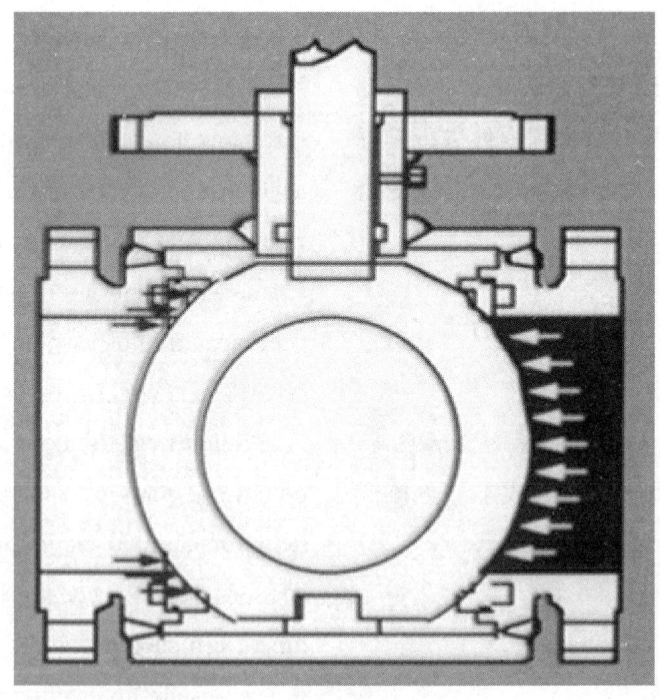

图 3.8.2 浮动球球阀内部结构示意

Рис. 3.8.2 Схема внутренней конструкции поплавкового шарового клапана

由于浮动球球阀相较于固定球球阀,在阀球转动时,与密封座之间存在更大的摩擦力,所以转动力矩更大。因此,经常只用于小口径、低压差的工况中。

Так как по сравнению с неподвижным шаровым клапаном, присутствует большая сила трения между поплавковым шаровым клапаном и уплотнительным седлом при вращении, поэтому он имеет больший момент вращения. В связи с этим, поплавковый шаровой клапан часто используется только в рабочих условиях с малым диаметром и низким перепадом давления.

3.8.2 蝶阀

3.8.2 Клапан-бабочка

蝶阀按作用形式可分为调节型、调节切断型、切断型三种。它主要由阀体、筏板、曲柄、轴、轴承座等零部件组成。

По способу действия клапан-бабочка может разделиться на три типа: регулирующий тип, регулирующий отсечной тип, отсечной тип, в основном состоит из корпуса клапана, клапанной пластинки, кривошипа, вала, седла подшипника и других деталей.

当薄膜执行机构或活塞执行机构接收信号压力后,推杆就向下移动,与推杆连接的连杆也跟着向下移动,促使曲柄绕着蝶阀旋转。如配置长行程执行机构,就应通过外接杆将输出臂的旋转运动传到蝶阀的曲柄。由于曲柄通过平键与轴连接,轴与阀板用销子固定,从而带动阀板在阀体内旋转,使管道流通面积变化,达到调节介质流量的目的。

После принятия сигнала мембранным или поршневым исполнительным механизмом, толкатель переместится вниз, соединенный с толкателем шатун также переместится вниз, что приведет во вращение кривошипа вокруг клапана-бабочки. Если используется длинноходовый исполнительный механизм, то необходимо передать вращательное движение выходного плеча кривошипу клапана-бабочки через наружный соединительный рычаг. Так как кривошип соединяется с осью с помощью плоской шпонки, вал и клапанная пластинка фиксируются с помощью шпонки, тем самым приводится во вращение клапанная пластинка внутри корпуса клапана, в последствии чего изменяется проходное сечение трубопровода и достигается цель регулирования расхода среды.

蝶阀的特点：

（1）重量轻、结构紧凑、占空间位置小；

（2）流阻较小，在相同压差时，其流量约为同口径单、双座阀的 1.5 倍以上；

（3）易于制造大口径的阀门，根据需要可以制成口径达 2m 以上的蝶阀；

（4）与同口径的其他调节阀或球阀相比，造价低；

（5）使用寿命长，维修工作量小；

（6）普通蝶阀的缺点是泄漏量大。

Особенности клапана-бабочки：

（1）Малый вес，компактная конструкция，занимает мало пространства；

（2）Относительно малое сопротивление потоку，при подобии с перепадом давления，его расход примерно больше односедельного，двухседельного клапана с одинаковым диаметром в 1,5 раза；

（3）Легко изготавливается клапан с большим диаметром，согласно требованиям можно изготовить клапан с диаметром свыше 2 м；

（4）По сравнению с другими регулирующими клапанами или шаровым клапаном с одинаковым диаметром имеет низкую стоимость；

（5）Длительный срок службы，небольшой объем работ по техническому обслуживанию；

（6）Недостатком обычной клапана-бабочки является большая скорость утечки.

3.8.3 三通截止阀

三通截止阀属于强制密封式阀门，所以在阀门关闭时，必须向阀瓣施加压力，以强制密封面不泄漏；三通截止阀可用于控制空气、水、蒸汽、各种腐蚀性介质、泥浆、油品、液态金属和放射性介质等各种类型流体的流动。三通截止阀根据材质还分为铸钢、不锈钢、铬钼钢等材质。

3.8.3 Трехходовой отсечной клапан

Трехходовой отсечной клапан относится к клапанам с принудительным уплотнением，поэтому при его закрытии，необходимо оказать давление на заслонку клапана，чтобы на поверхности принудительного уплотнения отсутствовали утечки；трехходовой отсечной клапан можно использовать для управления течением воздуха，воды，пара，различных агрессивных сред，глинистого раствора，нефтепродуктом，жидкого металла，излучающей среды и других типов флюида. Трехходовые отсечные клапаны изготавливаются из литой стали，нержавеющей стали，хромомолибденовой стали и других материалов.

三通截止阀与二通截止阀外观上最明显的差别就是多一个流道口。三通阀门主要用于改变介质流向，如图3.8.3所示，它除了进口A、出口B外，还有换向口C，二通截止阀是不具备改变介质流向功能的。

Наиболее заметной разницей с виду между трехходовым отсечным клапаном и двухходовым отсечным клапаном является дополнительное проточное отверстие. Трехходовой клапан главным образом служит для изменения направления вращения, как в рис. 3.8.3, кроме входа A и выхода B трехходовой отсечной клапан имеет еще одно переводное отверстие C, а двухходовой отсечной клапан не обладает функцией изменения направления течения среды.

图3.8.3 三通截断阀示意图

Рис. 3.8.3 Схема трехходового отсечного клапана

工作过程：三通截止阀打开时介质从A道口进入，经B道口流出，当旁路需要介质流入时，开启执行机构，阀芯换向，介质从A道口进C道口出，当管线不需要介质流入时，开启执行机构，阀门关闭，截断介质。

Рабочий процесс：После открытия трехходового отсечного клапана, среда поступает через отверстие A, затем вытекает из отверстия B, если среда должна втечь в обходную линию, то запускается исполнительный механизм, изменяется направление сердечника клапана, среда втекает через отверстие A и вытекает из отверстия C, если трубопровод не требует подачи среды, то можно запустить исполнительный механизм, чтобы закрыть клапан и отсечь среду.

3.8.4 轨道球阀

轨道球阀是一种比较新型的球阀,具有一些独有的特性,如开关无摩擦,密封不易磨损,启闭力矩小。这样可减小所配执行器的规格。配以多回转电动执行机构,可实现对介质的调节和严密切断。广泛适用于石油、化工、城市给排水等要求严格切断的工况。

3.8.4.1 轨道球阀工作原理

(1)开启过程。

① 在关闭位置,球体受阀杆的机械施压作用,紧压在阀座上,如图 3.8.4(a)所示。

② 当逆时针转动手轮时,阀杆则反向运动,其底部角形平面使球体脱开阀座,如图 3.8.4(b)所示。

③ 阀杆继续提升,并与阀杆螺旋槽内的导销相互作用,使球体开始无摩擦地旋转,如图 3.8.4(c)所示。

④ 直至到全开位置,阀杆提升到极限位置,球体旋转到全开位置,如图 3.8.4(d)所示。

3.8.4 Рельсовый шаровой клапан

Рельсовый шаровой клапан является относительно новым типом шарового клапана, обладает особыми характеристиками, как отсутствие трения при переключении, износостойкое уплотнение, малый пуско-остовочный момент силы. Таким образом, можно сократить типы исполнительных устройств. Данный клапан оснащен многооборотным электрическим исполнительным механизмом, может осуществить регулирование и строгое отсечение среды, широко применяется в нефтяной, химической промышленности, городском водоснабжении и канализации и в других рабочих условиях со строгими требованиями к отсечению.

3.8.4.1 Принцип работы рельсового шарового клапана

(1) Процесс открытия.

① В закрытом положении, корпус клапана подвергается механическому давлению, оказываемому штоком, крепко прижимается к седлу клапана, как показано на рис. 3.8.4(a).

② При повороте маховика против часовой стрелки, шток передвигается в противоположном направлении, его нижняя угловая плоскость позволяет корпусу клапана высвободиться из седла клапана, как показано на рис. 3.8.4(b).

③ Шток продолжает подниматься, и взаимодействует с направляющей шпонкой в винтовой канавке штока, чтобы корпус клапана вращался без трения, как показано на рис. 3.8.4(c).

④ Вплоть до положения полного открытия, шток поднимается до крайнего предела, корпус поворачивается до положения полного открытия, как показано на рис. 3.8.4(d).

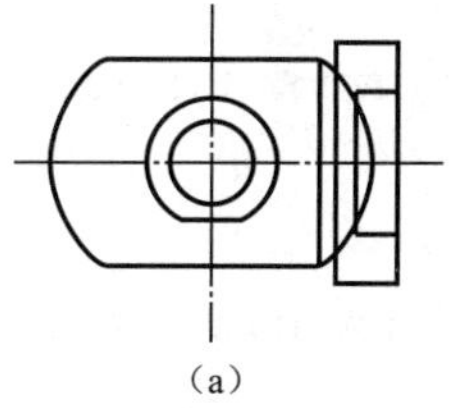
(a)

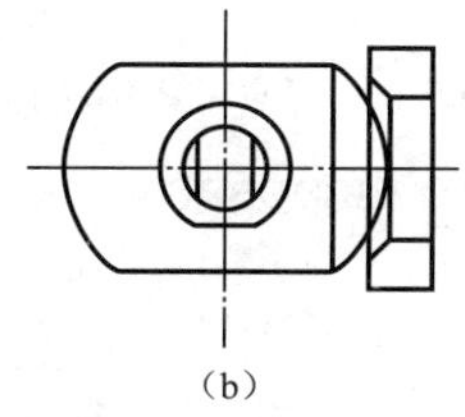
(b)

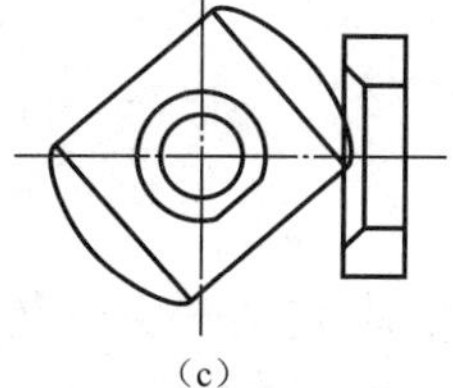
(c)

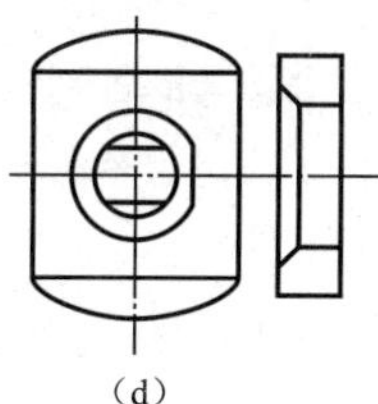
(d)

图 3.8.4 轨道球阀开启原理图

Рис. 3.8.4 Принципиальная схема открытия рельсового шарового клапана

(2)关闭过程。

① 关闭时,顺时针旋转手轮,阀杆开始下降并使球体离开阀座开始旋转,如图 3.8.5(a)所示。

② 继续旋转手轮,阀杆受到嵌于其上螺旋槽内的导销的作用,使阀杆和球体同时旋转 90°,如图 3.8.5(b)所示。

③ 快要关闭时,球体已在与阀座无接触的情况下旋转了 90°,如图 3.8.5(c)所示。

④ 手轮转动的最后几圈,阀杆底部的角形平面机械地楔向压迫球体,使其紧密地压在阀座上,达到完全密封,如图 3.8.5(d)所示。

(2) Процесс закрытия.

① При закрытии, следует повернуть маховик по часовой стрелке, шток начнет спускаться, после чего шаровой клапан отходит от седла клапана и начинает вращаться, как показано на рис. 3.8.5(a).

② Продолжить вращение маховика, шток подвергается воздействию направляющей шпонки, вставленной в его верхнюю винтовую канавку, впоследствии чего шток и корпус клапана одновременно поворачиваются на 90°, как показано на рис. 3.8.5(b).

③ При скором закрытии и отсутствии контакта с седлом клапана корпус клапана поворачивается на 90°, как показано на рис. 3.8.5(c).

④ При повороте маховика на последние обороты, угловая плоскость под штоком по инерции направляется в сторону корпуса клапана и давит его, чтобы он был тесно прижат к седлу клапана для достижения полного уплотнения, как показано на рис. 3.8.5(d).

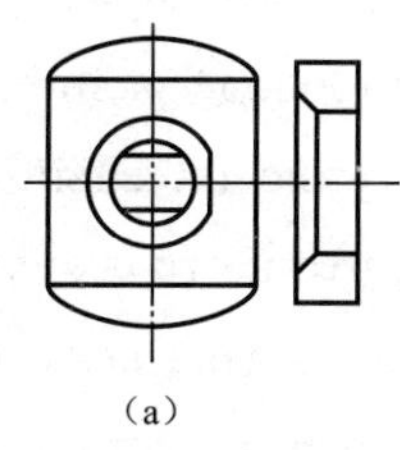
(a)

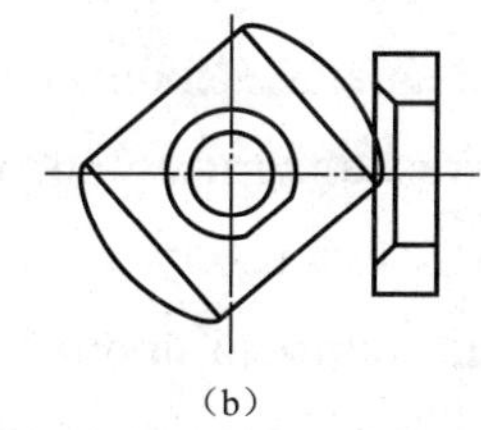
(b)

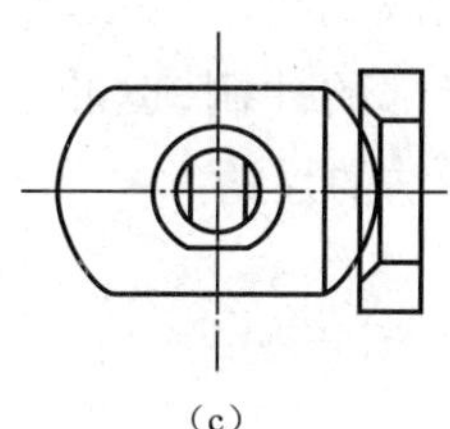
(c)

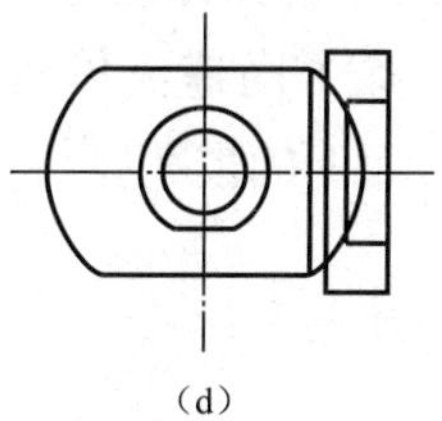
(d)

图 3.8.5 轨道球阀关闭原理图

Рис. 3.8.5 Принципиальная схема закрытия рельсового шарового клапана

3.8.4.2　轨道球阀的结构特点

(1)启闭无摩擦。这一功能完全解决了传统阀门因密封面之间相互摩擦而影响密封的问题。

(2)上装式结构。对装在管道上的阀门可直接在线检查与维修,能有效减少装置停车,降低成本。

(3)单阀座设计。消除了阀门中腔介质因异常升压而影响使用安全的问题。

(4)低扭矩设计。特殊结构设计的阀杆,只需配一个小手轮阀门就能轻松启闭。

(5)楔形密封结构。阀门是靠阀杆提供的机械力,将球楔压到阀座上而密封,使阀门的密封性不受管线压差变化的影响,在各种工况下密封性能都有可靠保证。

(6)密封面的自清洁结构。当球体倾离阀座时,管线中的流体沿球体密封面成360°均匀通过,不仅消除了高速流体对阀座局部的冲刷,也冲走了密封面上的聚积物,达到自清洁的目的。

3.8.4.2　Особенности конструкции рельсового шарового клапана

(1) Отсутствие трения при открытии и закрытии. Данная функция полностью разрешила проблему влияния трения между уплотнительными поверхностями традиционных клапанов на уплотнение.

(2) Конструкция с верхней установкой. Можно непосредственно осуществить оперативный осмотр и ремонт клапана, установленного на трубопроводе, позволяет эффективно снизить количество остановки устройства, снизить себестоимость.

(3) Односедельная конструкция. Устранены проблемы, связанные с воздействием ненормального повышения давления среды в средней полости клапана на безопасность эксплуатации.

(4) С низким крутящим моментом. Шток с специальной конструкцией может легко открываться и закрываться только с одним маленьким маховиком.

(5) Клиновидная уплотняющая конструкция. Клапан опирается на механическую силу, предоставленную штоком, шар прижимается к седлу, тем самым осуществляется уплотнение, чтобы уплотненность клапана не подвергалась влиянию изменения перепада давления трубопровода, и надежно обеспечить герметичность в любых рабочих условиях.

(6) Конструкция самоочистки уплотнительной поверхности. При отделении корпуса от седла клапана, флюид в трубопроводе равномерно протекает углом 360° вдоль уплотнительной поверхности корпуса клапана, что не только устранило местный промыв седла клапана высокоскоростным флюидом, но и уносило скопившиеся вещества на уплотнительной поверхности, тем самым достигается цель самоочистки.

3.8.5 执行机构

作为角行程开关方式的阀门,有多种类型的执行机构可以与阀门配套使用,常用的包括电动执行机构、气动执行机构和气液联动执行机构等。

3.8.5 Исполнительный механизм

Многие типы исполнительных механизмов комплектно используются с клапаном с угловым ходом, часто используемые исполнительные механизмы: электрический исполнительный механизм, пневматический исполнительный механизм и пневмогидравлический исполнительный механизм.

3.8.5.1 电动执行机构

电动执行机构配套的球阀一般用于工艺过程的切换。其基本原理是将执行机构自带电动机的输出轴力矩,通过机械减速装置传递到阀杆上,按控制要求开启或关闭阀门(图 3.8.6)。

3.8.5.1 Электрический исполнительный механизм

Шаровой клапан, укомплектованный электрическим исполнительным механизмом, как правило, используется для переключения технологических процессов. Его основным принципом является передача момента силы выходного вала собственного электродвигателя исполнительного механизма штоку с помощью механического редуктора, после чего согласно требованиям управления открывается или закрывается клапан (рис. 3.8.6).

图 3.8.6 电动执行机构示意图

Рис. 3.8.6 Схема электрического исполнительного механизма

电动执行机构具有体积小、成本低等优势。但是,因为绝大多数电动执行机构都要配置机械减速,以提高最终的输出扭矩,因此,阀门的启闭过程速度较慢。

Электрический исполнительный механизм имеет малые габариты, низкую себестоимость и другие преимущества. Но, из-за того, что большинство электрических исполнительных механизмов требует оснащение механическим редуктором, чтобы повысить окончательный выходной крутящий момент, поэтому процесс открытия и закрытия клапана относительно медленный.

3.8.5.2 气动执行机构

3.8.5.2 Пневматический исполнительный механизм

在现场具备仪表风气源的条件下,可以采用气动执行机构驱动阀门。其原理是依靠仪表风的压力,推动气动执行机构气缸内的活塞,通过与球阀阀杆连接的拨叉机构,将气缸活塞杆的直线运动转换为转矩输出,驱动阀杆转动(图 3.8.7)。

При наличии источников воздуха для КИПиА на месте, можно использовать пневматический исполнительный механизм для привода клапана. Его принцип: приводить поршень в цилиндре пневматического исполнительного механизма в движение давлением воздуха для КИПиА, и преобразовать прямолинейное движение поршня цилиндра в выход вращающего момента с помощью поводкового механизма, соединенного со штоком шарового клапана, чтобы приводить шток во вращение (рис. 3.8.7).

图 3.8.7 拨叉机构示意图

Рис. 3.8.7 Схема поводкового механизма

根据控制要求的不同，气动执行机构可分为单作用型和双作用型。单作用型在执行机构气缸活塞的一端安装有复位弹簧，当活塞另一端的气压泄放后，弹簧复位，阀门动作。反之，则依靠仪表风的压力，推动活塞挤压弹簧变形，驱动阀门动作，并保持仪表风的压力，使阀门处于所要求的启闭状态(图 3.8.8)。

Согласно разным требованиям к управлению, пневматический исполнительный механизм делится на типы одинарного действия и двойного действия. На одном конце пневмоцилиндра исполнительного механизма одинарного действа установлена возвратная пружина, после сброса пневматического давления с другого конца поршня, пружина возвращается в исходное положение, срабатывает клапан. И наоборот, под давлением воздуха для КИПиА продвигается поршень для сжатия и деформации пружины, после чего приводится в действие клапан, и сохраняется давление воздуха для КИПиА, чтобы клапан находился в требуемом состоянии (открытом или закрытом) (рис. 3.8.8).

图 3.8.8 单作用气动执行机构

Рис. 3.8.8 Пневматический исполнительный механизм одинарного действия

双作用执行机构在气缸活塞的两侧都可以施加仪表风压力，通过加压方向的不同，可以控制阀门的启闭。

Исполнительный механизм двойного действия может оказывать давление воздуха для КИПиА на двух сторонах поршня пневмоцилиндра, по разному направлению оказания давления может управлять открытием и закрытием клапана.

所有的气动执行机构，除了执行机构本体外，还需要配备按控制要求组合的气路控制系统，主要包括电磁阀、先导阀和排气阀等。

Все пневматические исполнительные механизмы, кроме самого исполнительного механизма, должны быть оснащены системой пневматического управления, комплектованной согласно требованиям к управлению, данная система в основном включает электромагнитный клапан, пилотный клапан и выпускной клапан.

气动执行机构不需要机械减速机构，运行速度快，适用于需要球阀快速启闭的工况。

Пневматический исполнительный механизм не требует механического редукционного механизма, обладает высокой эксплуатационной скоростью, подходит для быстрого открытия и закрытия шарового клапана.

气动执行机构也存在下列缺点：

В пневматическом исполнительном механизме также существуют следующие неблагоприятные факторы:

（1）现场需要有仪表风；

（2）由于仪表风压力有限，所以气动执行机构与其他类型的执行机构相比，体积一般较大。

(1) На месте необходим воздух для КИПиА;

(2) Из-за ограниченного давления воздуха для КИПиА, поэтому пневматический исполнительный механизм по сравнению с другими типами исполнительного механизма имеет относительно большой объем.

3.8.5.3 气液联动执行机构

3.8.5.3 Пневмогидравлический исполнительный механизм

气液联动执行机构是以管道内的天然气作为动力源，气体压力作用于气液转换罐中的液压油表面，再由液压油驱动油缸中的活塞按所需的方向运动，最后通过与球阀阀杆连接的拔叉机构，将油缸活塞杆的直线运动转换为转矩输出，驱动阀杆转动（图 3.8.9）。

Для пневмогидравлического исполнительного механизма используется природный газ в трубопроводе в качестве источника движущей силы, давление газа действует на поверхность гидравлического масла в резервуаре для газожидкостной конверсии, затем гидравлическое масло приводит поршень в гидроцилиндре в движение по требуемому направлению, в конце прямолинейное движение поршня гидроцилиндра преобразуется в выход вращающего момента с помощью поводкового механизма, соединенного со штоком шарового клапана, чтобы приводить в движение шток (рис. 3.8.9).

采用液压油作为驱动活塞的介质，主要原因是管道天然气的压力一般都远高于仪表风的压力，气体的可压缩特性会导致管道天然气直接驱动活塞时，运行过程很不平稳，如果先对天然气进行降压再直接驱动活塞，又存在气缸体积必须增大和气缸密封等问题。

Основной причиной использования гидравлического масла в качестве среды для привода поршня является то, что давление природного газа в трубопроводе, как правило, выше давления воздуха для КИПиА, сжимаемость газа приводит к прямому приводу поршня трубопроводным газом, рабочий процесс очень не стабильный. Если осуществить прямой привод поршня после понижения давления природного газа, то необходимо увеличить объем цилиндра и уплотнение цилиндра.

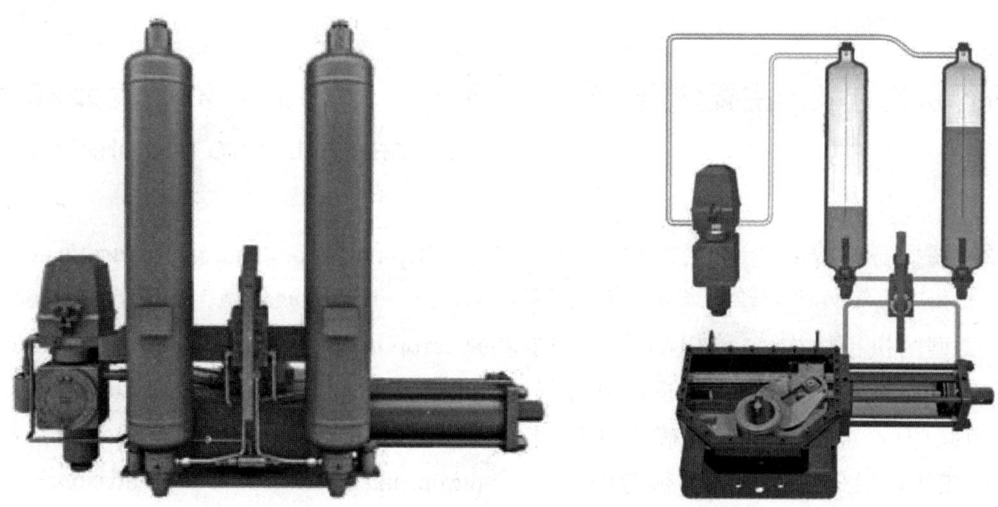

图 3.8.9 气液联动执行机构

Рис. 3.8.9 Пневмогидравлический исполнительный механизм

通过合理设计气液联动执行机构的控制系统,可以同时或单独实现对球阀各种不同的控制需求,包括紧急切断、远程启闭、就地启闭、就地手动启闭以及管道压力异常时自动关闭等功能。执行机构的控制系统部件根据功能的不同,主要包括电磁阀、气动先导阀、电子破管保护单元、压力变送器、换向阀和液压手操泵等。

Посредством рационального проектирования системы управления пневмогидравлическим исполнительным механизмом, можно одновременно или отдельно выполнить различные требования к управлению шаровым клапаном, включая аварийное выключение, дистанционный/местный пуск и остановка, местный ручной пуск и остановка, автоматическое остановка при ненормальном давлении в трубопроводе и др. В элементы системы управления исполнительным механизмом в основном входят электромагнитный клапан, пневматический пилотный клапан, электронный защитный блок при повреждении трубы, датчик давления, переключающий клапан, гидравлический насос ручного управления и др.

同时,气液联动执行机构又具有体积相对较小、安装方便和启闭速度快等优势。

Вместе с тем, пневмогидравлический исполнительный механизм обладает относительно малым объемом, удобен в монтаже, быстро открывается и закрывается.

目前大口径的天然气管道线路截断球阀和进出站球阀,绝大多数都采用气液联动执行机构。

В настоящее время, в большинстве отсечных шаровых клапанах трубопровода природного газа с большим диаметром и шаровых клапанах на входе и выходе станции используется пневмогидравлический исполнительный механизм.

3.8.6 执行机构选型的主要依据

在选择球阀执行机构的类型时,需要根据球阀的使用需求和现场条件进行综合考虑。但是不论选用哪种类型的执行机构,其作用都是通过向阀杆输出合适的扭矩,驱动阀球以合适的速度转动,完成启闭阀门的动作。因此,在确定执行机构的类型后,在执行机构的选型时必须考虑如下因素:

(1)阀门扭矩。

在执行机构选型时需要获知以下各种球阀扭矩参数:

① 阀门开启瞬间的最大扭矩;

② 阀门关闭瞬间的最大扭矩;

③ 阀门由开至关的过程扭矩;

④ 阀门由关至开的过程扭矩;

⑤ 阀杆最大可承受扭矩。

以上扭矩参数的大小会与阀门在运行时的上下游压差有较大关系,因此,在获取以上扭矩参数时需要明确所对应的阀门上下游压差数值。

3.8.6 Основной критерий выбора исполнительного механизма

При выборе типа исполнительного механизма шарового клапана, необходимо осуществить всесторонний учет согласно назначению шарового клапана и местным условиям. Но вне зависимости от выбора типа исполнительного механизма, он предназначен для вывода подходящего момента штоку, привода шарового клапана во вращение с подходящей скоростью, осуществления открытия и закрытия клапана. Поэтому, после определения технических характеристик исполнительного механизма, при выборе типа исполнительного механизма следует учесть следующие факторы:

(1) Крутящий момент клапана.

При выборе исполнительного механизма следует узнать крутящие моменты различных шаровых клапанов:

① Мгновенный максимальный крутящий момент при открытии клапана;

② Мгновенный максимальный крутящий момент при закрытии клапана;

③ Крутящий момент процесса перехода от открытого до закрытого состояния клапана;

④ Крутящий момент процесса перехода от закрытого до открытого состояния клапана;

⑤ Максимально допустимый крутящий момент штока клапана.

Значение крутящего момента значительно зависит от разницы между верхним и нижним давлением при эксплуатации клапана, поэтому при получении вышеуказанных параметров крутящего момента, необходимо определить разницу между верхним и нижним давлением соответствующего клапана.

在执行机构选型时，还需要保证执行机构的输出扭矩包含一定的安全系数，同时又不能够因为执行机构输出的扭矩过大而破坏阀杆。

При выборе исполнительного механизма, также необходимо обеспечить включение определенного коэффициента безопасности в выходной крутящий момент исполнительного механизма, вместе с тем не допускается повреждение штока клапана из-за чрезмерно большого выходного крутящего момента исполнительного механизма.

（2）阀门启闭时间。

（2）Время открытия и закрытия клапана.

对于气动和气液联动执行机构，可以通过调整执行机构的进气和排气管路的直径，以及调整气路排放阀的排放速度来调节阀门的启闭速度。对于电动执行机构，主要是通过调整电动机的转速以及减速机构的减速比来调整阀门的启闭速度。在减速机构的减速比相同时，电动机的功率越大，阀门的启闭速度越快。

Относительно пневматического и пневмогидравлического исполнительного механизма, можно отрегулировать скорость открытия и закрытия клапана посредством регулирования диаметра впускного и выпускного трубопровода исполнительного механизма и интенсивности сброса выпускного клапана пневматической линии. Относительно электрического исполнительного механизма, регулировка скорости открытия и закрытия клапана в основном осуществляется посредством регулирования скорости вращения электродвигателя и редукционного числа редукционного механизма. При равном редукционном числе редукционного механизма, чем больше мощность электродвигателя, тем быстрее скорость открытия и закрытия клапана.

球阀过快的启闭速度有可能对阀门的内件产生比例影响。对于阀门可以承受的最快启闭速度，行业内一种约定俗成的观点是一般不要短于阀门公称内径英寸数的一半，单位为秒。 即 20in 口径的阀门，启闭速度不要小于 10s。

Слишком быстрое открытие и закрытие шарового клапана могут оказать масштабное влияние на внутренние детали клапана. Относительно максимально допустимой скорости открытия и закрытия клапана, в отрасли имеется общепринятое убеждение, т.е. данная скорость должна быть не менее половины значения номинального внутреннего диаметра клапана в дюймах, единицей измерения является секунда. Т.е. при диаметре клапана 20in, скорость открытия и закрытия должна быть не менее 10 сек.

（3）执行机构与阀门的机械连接。

（3）Механическое соединение исполнительного механизма с клапаном.

阀门执行机构一般会使用轴套与阀杆连接，通过轴套的转动驱动阀杆转动。同时，执行机构的外壳还需要与球阀的顶部安装法兰固定连接，否则当轴套输出力矩时，执行器的外壳会反向转动，扭矩无法传递到阀杆。

Как правило, исполнительный механизм клапана соединяется со штоком клапана с помощью втулки, посредством вращения втулки шток приводится во вращение. Вместе с тем, корпус исполнительного механизма должен быть прочно соединен с монтажным фланцем наверху шарового клапана, иначе при выходном моменте втулки корпус исполнительного механизма будет вращаться в противоположном направлении, впоследствии крутящий момент не будет передан штоку.

因此，在执行机构选型时需要确保阀杆与轴套，执行机构外壳的安装界面与球阀顶部法兰的规格相互匹配。

Поэтому при выборе типа исполнительного механизма, необходимо обеспечить сочетание штока с втулкой, монтажной поверхности корпуса исполнительного механизма с техническими характеристиками верхнего фланца шарового клапана.

实际应用情况如下：

Практическое применение:

（1）在内部集输工程集气站原料气进出口管线、处理厂集气装置原料气入口管线及外输首站产品气出口管线截断采用气液联动阀。

（1）Для отсечения трубопроводов сырьевого газа на входе и выходе из ГСП объекта внутрипромыслового сбора и транспорта газа, трубопроводов сырьевого газа на входе в газосборную установку ГПЗ, и трубопроводов товарного газа на выходе из главной экспортной станции применяется пневмогидравлический клапан.

（2）内部集输工程集气站泄压放空管线采用电动截断阀。

（2）На сбросном трубопроводе ГСП объекта внутрипромыслового сбора и транспорта газа используется электрический отсечной клапан.

（3）处理厂硫黄回收装置空气及酸气管线截断阀采用气动蝶阀。

（3）В качестве отсечного клапана на трубопроводах воздуха и кислого газа из установки получения серы ГПЗ используется пневматическая клапан-бабочка.

（4）处理厂硫黄回收装置催化剂再生采用气动三通截断阀。

（5）处理厂其他场合（除上述情况）的截断阀均采用气动截断球阀。

（4）Для регенерации катализатора в установке получения серы ГПЗ используется пневматический трехходовой отсечной клапан.

（5）В качестве отсечного клапана во всех остальных местах（кроме вышеперечисленных）ГПЗ используется пневматический отсечной шаровой клапан.

4 典型控制回路

4 Типичный контур управления

所有检测控制均是根据工艺对象需求来确定的,本章针对内部集输、天然气处理厂、外输管道等各个工艺对象的典型控制回路进行详细描述,同时也介绍了控制回路 PID 参数整定。

Все работы по контролю и управлению определяются в соответствии с потребностями технологических объектов. В данной главе описываются типичные контуры управления различных технологических объектов, таких как внутрипромысловой сбор и транспорт газа, ГПЗ и экспортный трубопровод, а также уставка параметров PID контура управления.

4.1 内部集输

4.1 Внутрипромысловый сбор и транспорт газа

4.1.1 单井站

4.1.1 Станция одиночной скважины

在土库曼斯坦地区,单井站设置井口安全截断系统,油压、套压和出站温度、压力等过程检测,同时设置远程终端装置 RTU,显示、控制、存储单井站工艺参数。通过通信系统将单井站的工艺参数上传到气田监视系统及控制中心进行监视、控制、报警、存储等。接受并执行站场及调度控制中心指令。

На территории Туркменистана, на станции одиночной скважины устанавливается система безопасного отсечения на устье скважины, приборы для измерения давления нефти, затрубного давления, температуры на выходе из станции и давления, вместе с ними устанавливается пульт дистанционного управления RTU для показания, управления и хранения технологических параметров станции одиночной скважины. С помощью системы связи технологические параметры станции одиночной скважины передаются в центр мониторинга и управления месторождениями для мониторинга, управления, сигнализирования об опасности, хранения. Принимать и выполнять указания станции и центра оперативно-диспетчерского управления.

4.1.2 集气站

在土库曼斯坦地区,集气站主要检测和控制如下内容:

(1)集气站单井来气设置压力检测。在进出站管线上设置紧急截断阀,紧急截断阀根据站场SIS系统指令切断单井来气。

(2)分离器主要检测和控制以下4个方面。

① 轮换计量分离器是对各单井来气分别进行分离,然后再进行计量,分离器的气相出口采用高级阀式孔板节流装置,对单井气量轮换计量,液相采用质量流量计,对单井气田水及凝析油进行轮换计量。

② 生产分离器对各单井站来气进行集中分离,然后再进行计量。分离器的气相出口采用高级阀式孔板节流装置,对气区气量计量;液相采用质量流量计,对气区气田水及凝析油进行计量。

4.1.2 Газосборный пункт

На территории Туркменистана, основные КИП газосборного пункта приведены ниже:

(1) На месте поступления газа из одиночной скважины в газосборном пункте устанавливается прибор для измерения давления. На трубопроводах на входе и выходе из станции устанавливается аварийный отсечной клапан, аварийный отсечной клапан отсекает газ, поступающий из одиночной скважины, согласно указаниям системы SIS станции.

(2) Основые работы контроля и управления сепаратора приведены в следующем.

① Сепаратор с поочередным учетом осуществляет отдельную сепарацию газов, поступающих из одиночных скважин, затем проводит учет, на выходном отверстии газовой фазы сепаратора используется диафрагменная дроссельная установка с высококлассным клапаном, которая осуществляет поочередный учет объема газа в одиночной скважине, для жидкой фазы используется массовый расходомер, который осуществляет поочередный учет промысловой воды и конденсата в одиночной скважине;

② Производственный сепаратор осуществляет централизованную сепарацию газа, поступающего из станций одиночных скважин, затем производит учет. На выходном отверстии газовой фазы сепаратора установлена диафрагменная дроссельная установка с высококлассным клапаном, которая осуществляет учет объема газа в газовой зоне; для жидкой фазы используется массовый расходомер, который осуществляет учет промысловой воды и конденсата в газовой зоне;

③ 分离器通常设置有液位检测及控制，一般气井产水量少，分离器液位控制多采用两位式。

③ Как правило, на сепараторе устанавливаются приборы для измерения и управления уровнем жидкости, обычно небольшой дебит воды газовой скважины, часто применяется двухпозиционное управление уровнем жидкости сепаратора.

④ 对于气液分输集气工艺，由于分离后的油、水进低压系统，则还需在气液分离器的液相出口设置紧急截断阀，防止高压气体串入低压设备引发危险。

④ Для газосборной технологии отдельного транспорта газа и жидкости, так как нефть и вода после сепарации поступают в систему низкого давления, то необходимо предусмотреть аварийный отсечной клапан на выходном отверстии жидкой фазы газожидкостного сепаратора во избежание опасности из-за попадания газа высокого давления в оборудование низкого давления.

（3）集气站内设置紧急泄压放空系统，紧急放空设备采取紧急放空截断阀加限流孔板的形式。当装置发生火灾或其他威胁生产安全的情况时，安全仪表系统关闭装置进出截断阀，打开紧急放空截断阀对装置内气体进行泄压放空。

（3）На ГСП устанавливается система аварийного сброса давления, в качестве оборудования аварийного сброса используется отсечной клапан аварийного сброса с ограничительной диафрагмой. При возникновении пожара установки или другого случая, угрожающего безопасному производству, инструментальная система безопасности закрывает впускной и выпускной отсечные клапаны, открывает отсечной клапана аварийного сброса для сброса давления газа в установке.

4.2 天然气处理厂

4.2 ГПЗ

4.2.1 集气装置

4.2.1 Газосборная установка

为防止内部集输管线爆管及来气超压，集气装置在每路来气支线上设置有进厂压力检测及紧急切断；当压力出现异常情况，紧急截断阀根据安全仪表仪态指令切断进厂来气。

Во избежание разрыва трубопровода внутрипромыслового сбора и транспорта газа и избыточного давления поступающего газа, на каждом газоподающем ответвлении газосборной установки предусматриваются приборы для измерения давления на входе в завод и аварийного отсечения;

при появлении ненормального давления, аварийный отсечной клапан отсекает поступающий в завод газ согласно указаниям защитным прибором.

分离器的检测和控制与集气站相同。

Контроль и управление сепаратора совпадает с ГСП.

集气装置内设置紧急泄压放空系统,紧急放空设备采取 SIS 放空截断阀加限流孔板的形式。当装置发生火灾或其他威胁生产安全的情况时,SIS 系统关闭装置进出截断阀,打开 SIS 放空截断阀对装置内气体进行泄压放空。

Внутри газосборной установки устанавливается система аварийного сброса давления, в качестве оборудования аварийного сброса применяется отсечной клапан сброса SIS с ограничительной диафрагмой. При возникновении пожара установки или другого случая, угрожающего безопасному производству, система SIS закрывает впускной и выпускной отсечные клапаны установки, открывает отсечной клапан сброса SIS для сброса давления газа в установке.

4.2.2 脱硫装置

4.2.2 Установка сероочистки

4.2.2.1 原料气压力控制

4.2.2.1 Регулирование давления сырьевого газа

维持脱硫吸收塔的稳定压力是保证脱硫、脱水和脱烃装置正常运转的重要措施,压力控制阀设置在净化气输出管线上,调节阀的压降为装置操作压力与输气管线起始压力之差。因为该压差数值相对较大,控制灵敏。设计时要充分考虑输气管线起始压力随输气量大小而变化,调节阀的调节范围应留有充分余地。同时该阀是全装置的主要噪声源,设计选型时应尽量采用低噪声阀,在过去的设计中,选用了低噪声和调节范围较宽的笼式调节阀,效果较好。压力检测点在没有脱水装置时可设置在调节阀前,当设有脱水装置时,测量点可移至脱硫吸收塔之前,这样对稳定脱硫吸收塔压力更为合适。压力调节器的比例度要稍大一些,这样可避免调节阀动作过快而引起流量的过大波动。

Поддержание стабильного давления абсорбера сероочистки является важным мероприятием для обеспечения нормальной работы установок сероочистки, осушки газа и очистки газа от углеводородов, клапан управления давлением устанавливается на выпускном трубопроводе очищенного газа, перепад давления регулирующего клапана представляет собой разницу между рабочим давлением установки и исходным давлением газопровода. Так как значение данного перепада давления относительно большое, поэтому управление является гибким. При проектировании следует в полной мере учесть изменение исходного давления газопровода в зависимости от объема транспортируемого газа, необходимо ставить достаточный припуск для диапазона регулирования регулирующего клапана. Вместе с тем, данный клапан является основным источником шума всей установки, при проектировании следует по возможности использовать клапан с низким уровнем шума, в предшествующих проектированиях был применен регулирующий клапан клетчатого типа с низким уровнем шума и относительно широким диапазоном регулирования, получен хороший эффект. Пункт контроля давления при отсутствии установки осушки газа можно установить перед регулирующим клапаном, если установлена установка осушки газа, то пункт контроля можно разместить перед абсорбером сероочистки, это будет благоприятствовать стабилизацию давления абсорбера сероочистки. Следует настроить немного больший диапазон пропорциональности регулятора давления во избежание чрезмерно большого колебания расхода из-за слишком быстрого действия регулирующего клапана.

土库曼斯坦地区产能较大,装置套数也较多(4～6套)。多套净化装置并列运行,为保证每套处理量的均匀分配,在装置入口设置流量控制,同时也可切换为压力控制来完成对各套装置的有效调控。

Производительность в Туркменистане относительно большая, также имеется многое количество установок (4-6 компл.). Несколько установок очистки работают в параллельном режиме, чтобы обеспечить равномерное распределение производительности каждой установки, на входном отверстии установки установлен прибор для управления расходом, вместе с тем также можно переключить на управление давлением для эффективного контроля установок.

在原料气管线上装置有紧急截断阀,主要是考虑当装置发生事故时作紧急切断用,此时,为避免该阀切断时,集气管线压力超高,在原料气管线上安装通往天然气处理厂火炬的紧急调节阀和截断阀,调节阀可由原料气管线上的压力控制系统控制,调节器的给定值可高于装置操作压力

На трубопроводе сырьевого газа установлен аварийный отсечной клапан, который в основном предназначен для аварийного отсечения при возникновении аварии установки, в это время, чтобы избежать сверхвысокого давления газосборного трубопровода при отсечении данного клапана,

0.3MPa 左右，正常时因压力测量低于给定值，调节阀处于全关状态，当事故压力超过给定值时，调节阀开启以维持给定的压力，为使该系统响应快，设计时要考虑调节器具有抗积分饱和性能。

на трубопроводе сырьевого газа предусматриваются аварийный регулирующий клапан, направленный к факелу ГПЗ, и отсечной клапан, управление регулирующим клапаном осуществляет система управления давлением на трубопроводе сырьевого газа, заданное значение регулятора может быть выше рабочего давления установки примерно на 0,3МПа, при нормальных условиях регулирующий клапан находится в полностью закрытом состоянии из-за измеряемого давления ниже заданного значения. Когда аварийное давление превышает заданное значение, открывается регулирующий клапан для поддержания заданного давления. В целях быстрой реакции данной системы, при проектировании следует учесть свойство защиты от интегрального насыщения регулятора.

4.2.2.2 脱硫装置吸收塔液位控制系统

4.2.2.2 Система управления уровнем жидкости в абсорбера установки сероочистки

脱硫吸收塔液位是保证脱硫装置正常运转的主要参数，当液位过低造成吸收塔高压气体窜入低压的闪蒸塔或进入再生塔时，将会造成设备损坏的重大事故。因此，吸收塔液位控制具有以下特点：

Абсорбер установки сероочистки является основным параметром для обеспечения нормальной работы установки сероочистки, если чрезмерный низкий уровень жидкости приведет к попаданию газа высокого давления абсорбера в испарительную колонну низкого давления или в регенерационную колонну, то это приведет к серьезному повреждению установки. Поэтому, управление уровнем жидкости абсорбера обладает следующими особенностями:

（1）吸收塔底储液停留时间一般应 4min 左右，考虑到脱硫溶液是在脱硫—再生这一密闭系统内循环，当吸收塔底液位保持一定时，系统内的变化，如溶液的损失、吸收塔和再生塔塔盘上的积液量增加（可能是液泛的前兆）、溶液的浓度的变化（水分的损失或增加）等都会反映到再生塔的液

（1）Время пребывания жидкости на дне абсорбера, как правило, должно быть примерно равно 4 мин, учитывая то, что десульфурационный раствор циркулирует в замкнутой системе сероочистки-регенерации, при сохранении определенного уровня жидкости на дне абсорбера,

位变化上,而再生塔底液位又是不可控的,故再生塔应留有更大的停留时间作为系统溶液变化的缓冲空间,吸收塔底液位测量范围一般为 1100mm 左右,而再生塔液位应设置 2000mm 左右,前者可选浮筒式,后者应优选差压式液位仪表。

изменение в системе, как потеря раствора, увеличение накопления жидкости на тарелках абсорбера и регенерационной колонны (также является признаком затопления), изменение концентрации раствора (потеря или повышение влаги) и др., отразится на изменении уровня жидкости в регенерационной колонне, а уровень жидкости в регенерационной колонне является неуправляемым, поэтому для регенерационной колонны оставлено большее время пребывания в качестве буферного пространства изменения раствора системы, диапазон измерения уровня жидкости на дне абсорбера, как правило, примерно равен 1100 мм, а уровня жидкости регенерационной колонны должен быть примерно равен 2000 мм, для первого можно использовать поплавковый тип, а для последнего преимущественно предусматривается дифференциальный уровнемер.

(2)基于吸收塔液位控制的重要地位,除正常设置的液位调节测量仪表外,在稍低位置设置超低液位联锁保护检测点。

(2) Так как управление уровнем жидкости абсорбера занимает важное место, кроме приборов для регулирования и измерения уровня жидкости нормальных установок, на немного нижнем положении устанавливается пункт контроля блокированной защиты от слишком низкого уровня жидкости.

(3)安装在吸收塔底富液管线上的液位调节阀因压降大(一般在 3MPa 以上),富液的腐蚀及冲刷、节流后吸收气体的释放等原因会造成调节阀的损坏,近年来选用多级降压笼式调节阀,应用效果较好。在调节前设联锁截断阀,可保证高压气体不串入低压系统。

(3) Клапан регулирования уровня жидкости, установленный на трубопроводе насыщенного раствора на дне абсорбера повреждается из-за большого перепада давления (как правило, выше 3МПа), коррозии и промыва насыщенным раствором, выпуска поглощающего газа после дросселирования и других причин, в последние годы применяется регулирующий клапан клеточного типа с многоступенчатым понижением давления, эффект эксплуатации хороший. Перед регулированием установлен блокировочный отсечной клапан, который предотвращает попадания газа высокого давления в систему низкого давления.

（4）吸收塔的高压富液通过液位控制进入低压再生系统，富液的高压能量消耗在调节阀上，损耗了能量，如果让富液通过一个水力透平（如巴格德雷合同区域第一天然气处理厂及南约洛坦气田第二天然气处理厂），用水力透平带动溶液循环泵，大约可以回收 50% 的能量，不足的部分可以辅助原动机补充。溶液循环泵、能量回收涡轮和辅助原动机串在同一驱动轴上运转，实现对富液能量的回收。

（4）Насыщенный раствор высокого давления абсорбера поступает в систему регенерации низкого давления посредством управления уровнем жидкости, энергия высокого давления насыщенного раствора потребляется на регулирующем клапане, что приведет к потере энергии. В случае прохождения насыщенного раствора через одну гидравлическую турбину (например, ГПЗ-1 на договорной территории Багтыярлык и ГПЗ-2 месторождения «Южный Елотен»), привода циркуляционного насоса раствора в движение с помощью гидравлической турбины, можно регенерировать примерно 50% энергии, недостаточную часть можно дополнить с помощью первичного двигателя. Циркуляционный насос раствора, турбина регенерации энергии и вспомогательный первичный двигатель соединяются и работают на одном приводном вале, чтобы осуществлять регенерацию энергии насыщенного раствора.

图 4.2.1 为采用富液水力透平后吸收塔液位控制系统图，其动作原理如下：

Рис. 4.2.1 Схема системы управления уровнем жидкости в абсорбере после использования гидравлической турбины насыщенного раствора, ее принцип действия показана ниже：

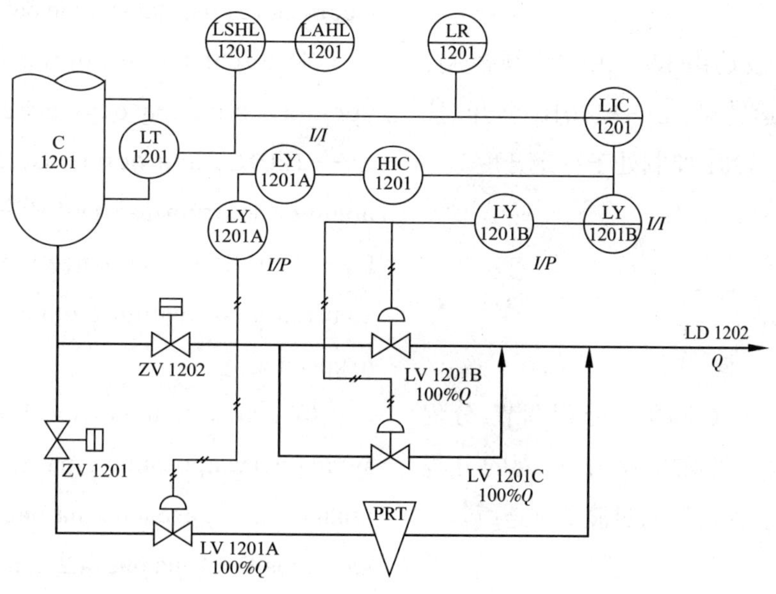

图 4.2.1　吸收塔液位控制系统图

Рис. 4.2.1　Схема системы управления уровнем жидкости в абсорбере

① 在富液管线上安装了3台液位调节阀，其正常流通能力分别是LV—1201A为100%*Q*，LV—1201B为100%*Q*，LV—1201C为10%*Q*。

① На трубопроводе насыщенного раствора установлены три клапана регулирования уровня жидкости, их нормальная пропускная способность соответственно равна LV—1201A-100%Q, LV—1201B-100%Q, LV—1201C-10%Q.

② 当吸收塔C—1201建立正常液位后，由LIC—1201的输出信号控制LV—1201B、C阀，此时HIC—1201处于手动位置，LV—1201A处于关闭状态，水力透平PRT不运转。

② После создания нормального уровня жидкости в абсорбере C—1201, управление клапанами LV—1201B, C осуществляется посредством выходного сигнала LIC—1201, в это время HIC—1201 находится в положении ручного действия, LV—1201A находится в закрытом состоянии, гидравлическая турбина PRT не работает.

③ 通过HIC—1201逐渐打开LV—1201A阀，PTR投入运转，此时LV—1201B、C阀的开度自动随LIC—1201控制信号减少，当LIC—1201与HIC—1201的输出信号相等时，将HIC—1201切换至自动状态，实现无扰动切换。

③ С помощью HIC—1201 постепенно открывается клапан LV—1201A, запускается PTR, в это время степень открытия клапанов LV—1201B и C автоматически уменьшается вместе с сигналом управления LIC—1201, при совпадении выходных сигналов LIC—1201 и HIC—1201, HIC—1201 переключается в режим автоматического действия, таким образом осуществляется переключение без возмущения.

④ 正常的液位波动由LV—1201C阀控制，当PRT因故障停止运转时，LV—1201C全开，且LV—1201B受LIC—1201控制处于一定开度。

④ Управление нормальным колебанием уровня жидкости осуществляется клапаном LV—1201C, при остановке PRT из-за отказа, полностью открывается LV—1201C, к тому же LV—1201B под управлением LIC—1201 находится в состоянии с определенной степенью открытия.

⑤ LV—1201A、B、C阀采用分程调节，分程范围如图4.2.2所示。图4.2.2中B、C阀的分程范围有部分重叠，以确保信号的过渡更加连续。

⑤ Для клапанов LV—1201A, B, C используется регулирование с разделением диапазона, диапазоны приведены на рис. 4.2.2. Диапазоны клапанов B и C на рис. 4.2.2 частично совпадают, чтобы обеспечить более непрерывный переход сигнала.

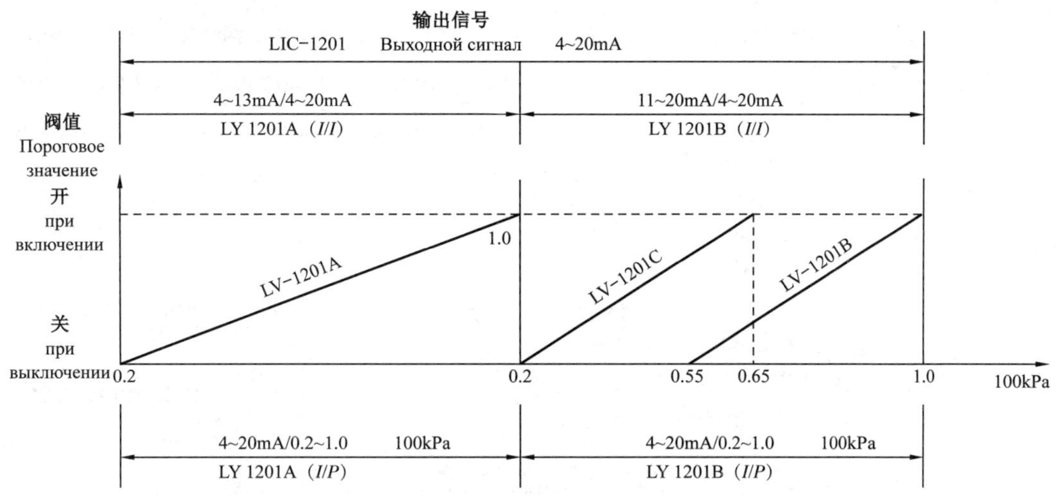

图 4.2.2 吸收塔液位分程范围

Рис. 4.2.2 Диапазоны уровня жидкости в абсорбере

该系统当富液负荷为 100% 时，水力透平的效率最高，可回收 50% 以上的富液能量，当富液流量减至 40% 时，水力透平回收能量为零，应停止透平的运行。该系统辅助原动机采用电动机，当富液通过量变化引起水力透平转速变化时，电动机会自动从电网中吸收能量以补充能量的变化，维持额定的转速。

Когда нагрузка насыщенного раствора данной системы достигает 100%, наблюдается наивысший КПД гидравлической турбины, можно регенерировать свыше 50% энергии насыщенного раствора, при уменьшении расхода насыщенного раствора до 40%, утилизируемая энергия гидравлической турбины равна нулю, необходимо прекратить работу турбины. В качестве вспомогательного первичного двигателя данной системы используется электродвигатель, при изменении скорости вращения гидравлической турбины из-за количественного изменения насыщенного раствора, электродвигатель автоматически поглотит энергию из электросети, чтобы дополнить изменение энергии и сохранить номинальную скорость вращения.

4.2.2.3 脱硫装置再生塔控制系统

4.2.2.3 Система управления регенерационной колонной установки сероочистки

脱硫装置的富液进入低压的再生塔，随着压力的降低和温度的提高，在吸收塔中吸收的酸性气体 H_2S 和 CO_2 被解析出来，完成溶液的再生过程。再生塔的热源来自塔底蒸汽重沸器，控制系统如图 4.2.3 所示。

Насыщенный раствор установки сероочистки поступает в регенерационную колонну низкого давления, вслед за понижением давления и повышением температуры, выделяются поглощенные кислые газы H_2S и CO_2 в абсорбере, завершается процесс регенерации раствора. Источник тепла регенерационной колонны происходит от парового ребойлера на дне колонны, система управления показана на рис. 4.2.3.

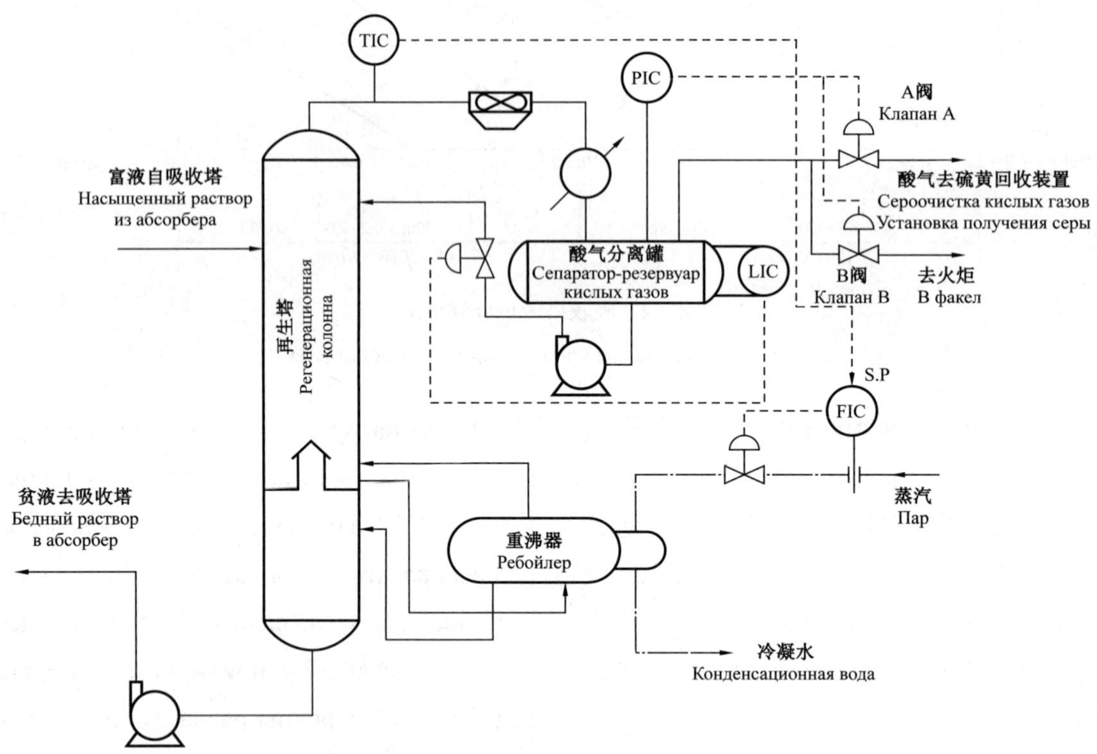

图 4.2.3 再生塔控制系统图

Рис. 4.2.3 Схема системы управления регенерационной колонной

（1）保持再生塔压力稳定是保证再生塔酸性气体解析的重要控制点，通常的方案是由酸性气体分离罐上压力控制分程的A阀和B阀控制，正常操作时，控制去硫黄回收装置的A阀，当回收装置事故联锁切断酸气时，压力控制自动过渡到通往酸气放空火炬的B阀。为保证正常运转时酸气不泄漏，B阀应采用调节切断型调节阀，调节阀阀座可选用软密封形式。压力调节器应具备积分功能，以便控制输出信号在A、B阀之间过渡。调节器比例度应适当放大，以减少酸气流量的过大波动。

（1）Поддержание стабильного давления в регенерационной колонне является важной точкой контроля для обеспечения выделения кислых газов в регенерационной колонне. Как правило, применяют вариант, в котором управление осуществляется с помощью клапанов A и B управления давлением с разделением диапазона на емкости для отделения кислых газов, во время нормальной работы клапан A, управляющий установками сероочистки и получения серы, при аварийной блокировке и отсечении кислого газа установки получения серы, управление давлением автоматически переключается на клапан B факела для сброса кислых газов. Чтобы обеспечить отсутствие утечки кислого газа во время нормальной работы, необходимо использовать регулирующий клапан отсечного типа в качестве клапана B, можно использовать седло с мягким уплотнением на регулирующем клапане. Регулятор давления должен обладать функцией интегрирования, чтобы облегчить переход выходного сигнала между клапанами A и B. Следует увеличить диапазон пропорциональности регулятора надлежащим образом для уменьшения чрезмерных колебаний расхода кислого газа.

（2）酸气分离罐的酸水回流控制一般采用液位调节方式，但应采用大比例度和较长的积分时间，以获得均匀控制效果，这对再生塔的热负荷稳定是有好处的，尤其当酸气分离罐的停留时间较长（如大于30min）时。

（2）Как правило, для управления обратным течением кислой воды в емкости для отделения кислых газов используется метод регулирования уровня жидкости, но следует использовать большой диапазон пропорциональности и относительно долгое время интеграции, чтобы получить равномерный эффект контроля, это благоприятствует стабилизации тепловой нагрузки в регенерационной колонне, особенно если время пребывания в емкости для отделения кислых газов относительно долгое（например, более 30 мин）.

酸水回流可以采用流量控制，此时，酸气分离罐可以只设液位指示报警。

Для обратного течения кислой воды можно применить управление расходом, при этом в емкости для отделения кислых газов можно установить только сигнализацию с индикацией уровня жидкости.

（3）再生塔底重沸器蒸汽采用流量控制，这种衡定给热的控制方案虽然能满足再生过程基本要求，但当液量和富液酸气负荷变化时，因所需的热负荷变化会引起塔顶蒸汽和酸气的回流比变化，因此，塔顶的回流比改变是再生塔热平衡的直接反应，回流比可由塔顶温度间接控制。

（3）Для пара ребойлера на дне регенерационной колонны применяется управление расходом, хотя данный вариант управления со стабильной теплоотдачей может удовлетворить основные требования к регенерационному процессу, но при изменении объема жидкости и нагрузки кислых газов насыщенного раствора, из-за изменения требуемой тепловой нагрузки изменяется флегмовое

再生塔顶的温度实际上就是塔顶水蒸气分压所对应的水蒸气饱和温度，设塔顶水蒸气的摩尔分数为X_1，分压为p_1，塔顶酸气的摩尔分数为X_2，塔顶总压为p，则有：

$$p_1 = p\frac{X_1}{X_1+X_2} = p\frac{1}{X_1+X_2/X_1} = p\frac{1}{1+\frac{1}{n}X} \quad (4.2.1)$$

式中 $n=X_2/X_1$为回流比。

从公式（4.2.1）中可看出，当塔顶温度一定（p_1一定），在总压p衡定时，则回流比n就一定。在自控设计中，通常采用塔顶温度与重沸器蒸汽流量串级控制，在现场获得了满意效果。

这种采用塔顶温度控制来间接控制回流比的方案不是对所有酸气再生塔都合适的，如在SCOT装置的再生塔和酸水汽提塔的控制方案中，因塔顶温度对回流比的变化不敏感（工艺设计中回流比n取得大）而不宜采用。

число между водяным паром и кислыми газами на вершине колонны, поэтому изменение флегмового числа на вершине колонны является прямой реакцией теплового баланса регенерационной колонны, температура на вершине колонны посредственно управляет флегмовым числом.

В действительности температура на вершине регенерационной колонны является температурой насыщения водяного пара, соответствующей парциальному давлению водяного пара на вершине колонны, если принять число моля водяного пара на вершине колонны за X_1, а парциальное давление за p_1, Принять число моля кислого газа на вершине колонны за X_2, а общее давление на вершине колонны за p, то получается:

$$p_1 = p\frac{X_1}{X_1+X_2} = p\frac{1}{X_1+X_2/X_1} = p\frac{1}{1+\frac{1}{n}X} \quad (4.2.1)$$

Где $n=X_2/X_1$-флегмовое число.

Из формулы（4.2.1）видно, при определенной температуре на вершине колонны（определенной p_1）, в случае стабилизации общего давления p, то флегмовое число n является определенным. В проекте по КИПиА, как правило, используется каскадное управление температурой на вершине колонны и расходом пара в ребойлере, на месте получены удовлетворительные результаты.

Данный вариант с использованием управления температурой на вершине колонны для посредственного управления флегмовым числом не является подходящим для всех регенерационных колонн кислых газов, но в варианте управления регенерационной колонной и отпарной колонной кислой воды установки SCOT, из-за того, что температура на вершине колонны не чувствительна к изменению флегмового числа (в технологическом проекте принято большое флегмовое число n), не следует использовать этот вариант.

将式(4.2.1)的水蒸气分压 p_1 对回流比取导数：

Взять производную парциального давления водяного пара p_1 относительно флегмового числа по формуле (4.2.1):

$$\mathrm{d}\left(\frac{p_1}{n}\right)=\left(\frac{p}{1+\frac{1}{n}}\right)'=p\frac{1}{\left(1+n^2\right)} \tag{4.2.2}$$

$$\mathrm{d}\left(\frac{p_1}{n}\right)=\left(\frac{p}{1+\frac{1}{n}}\right)'=p\frac{1}{\left(1+n^2\right)} \tag{4.2.2}$$

脱硫再生塔的回流比 n 工艺取值为 1 时，计算得 $\mathrm{d}\left(\frac{p_1}{n}\right)=0.25p$，而 SCOT 再生塔 n 工艺取值为 6.8 时，计算得 $\mathrm{d}\left(\frac{p_1}{n}\right)=0.016p$。

Когда технологическое занчение флегмового числа n регенерационной колонны сероочистки равно 1, путем расчета получен $\mathrm{d}\left(\frac{p_1}{n}\right)=0.25p$, а когда технологическое занчение n регенерационной колонны SCOT равно 6,8, путем расчета получен $\mathrm{d}\left(\frac{p_1}{n}\right)=0.016p$.

(4)在保证再生贫液质量的前提下，为了减少蒸汽消耗量，可以采用贫液中酸气含量质量反馈控制重沸器蒸汽流量的在线质量控制系统。

(4) При условии обеспечения качества регенерационного бедного раствора, чтобы уменьшить расход пара, можно использовать операционную систему контроля качества, которая осуществляет управление расходом пара ребойлера через обратную связь по содержанию и качеству кислых газов в бедном растворе.

4.2.3 脱水装置

4.2.3 Установка осушки газа

目前天然气工业用的脱水吸附设备为固定床吸附塔。其中应用较广的为分子筛脱水。为保证装置连续操作，每套装置至少需要两个吸附塔。在双吸附塔的流程中，一座塔进行脱水，另一座塔进

В настоящее время, в газовой промышленности используется абсорбер в неподвижном слое в качестве абсорбционного оборудования для осушки газа. Среди них, наиболее широко применяемым

行吸附剂的再生和冷却,两塔切换操作。在三塔或多塔装置中,切换程序有所不同,对于普通的四塔流程(如土库曼斯坦地区),一般是两塔吸附,一塔再生,另一塔冷却。分子筛脱水装置主要检测控制系统有:

является установка осушки газа молекулярным ситом. Чтобы обеспечить непрерывную работу установки, каждая установка как минимум должна быть оснащена двумя абсорберами. В технологическом процессе с двумя абсорберами, одна колонна осуществляет осушку газа, а другая восстанавливает и охлаждает абсорбента, две колонны работают в режиме переключения. В установке с тремя или более колоннами отличается процедура переключения, относительно обычной процедуры с четырьмя колоннами(например, в районе Туркмнистана), как правило, имеются два абсорбера, одна регенерационная колонна и другая градирня. Основные системы контроля и управления установки осушки газа молекулярным ситом включают:

(1)分子筛脱水塔进出口截断阀顺序控制系统(对分子筛吸附、再生和冷却过程进行程序控制)。

(1)Система последовательного управления отсечными клапанами на входе и выходе из колонны осушки газа с молекулярным ситом (осуществляет программное управление процессами абсорбции молекулярным ситом, регенерации и охлаждения).

(2)加热炉再生气温度控制系统。

(2)Система управления температурой регенерированного газа нагревательной печи.

(3)再生气流量控制系统。

(3)Система управления расходом регенерированного газа.

(4)对出装置干气流量进行计量。

(4)Учет расхода сухого газа, выходящего из установки.

(5)在装置出口管路设置在线水分分析仪,对出装置干气露点进行分析检测,以防止湿气进入输气干线等。

(5)На трубопроводе на выходе установки устанавливается онлайновый анализатор влажности для анализа и измерения точки росы сухого газа, выходящего из установки, во избежание попадания влажного газа в магистральный газопровод.

4.2.4 脱烃装置

在气田投产初期,压力较高,有充分的压力能利用,通常采用J—T法膨胀制冷,就能满足工艺要求的液烃分离温度,如巴格德雷合同区域第二天然气处理厂、南约洛坦气田然气处理厂均采用J—T阀。后期压力下降,可利用膨胀同轴压缩机法,回收部分压力能。巴格德雷合同区域第一天然气处理厂采用外制冷设备取代节流阀,如丙烷制冷法,其他工艺和控制都是相同的。

来自脱水装置的干净化气进入原料气预冷器,与低温产品气换冷,温度降低后,经干气分离器初步分离出液烃后进入膨胀机膨胀端,膨胀后大部分 C_3 及 C_3 以上的组分被冷凝下来,再经低温分离器分离出液烃。分离出液烃后的低温产品气进入换热器中换热,经膨胀机压缩端增压,最后经产品气空冷器冷却后外输,液烃则送至凝析油稳定装置处理。

4.2.4 Установка очистки газа от углеводородов

В начальном периоде ввода месторождения в эксплуатацию, наблюдается относительно высокое давление, имеется достаточное давление для использования, как правило, метод J—T для расширения и охлаждения может удовлетворить технологические требования к температуре сепарации жидких углеводородов, например, на ГПЗ-2 на договорной территории Багтыярлык, ГСП месторождения «Южный Елотен» используется клапан J—T. В позднем периоде снижается давление, может применяться метод коаксиального компрессора расширения для рекуперации частичной энергии давления. На ГПЗ-1 на договорной территории Багтыярлык используется внешнее холодильное оборудование взамен дроссельного клапана, например, метод охлаждения пропаном, прочие технологии и управления являются одинаковыми.

Сухой очищенный газ, поступающий из установки осушки газа, входит в предварительный охладитель сырьевого газа, обменивается холодом с низкотемпературным товарным газом, после снижения температуры и предварительной очистки от жидких углеводородов с помощью сепаратора сухого газа входит в расширительный конец детандера, после расширения большая часть компонентов C_3 и выше конденсируется, потом очистится от жидких углеводородов с помощью низкотемпературного сепаратора. Низкотемпературный товарный газ после очистки от жидких углеводородов поступает в теплообменник для обмена тепла, нагнетается на компрессорном конце детандера, в конце после охлаждения АВО осуществляется экспортный транспорт товарного газа, а жидкие углеводороды обрабатываются в установке стабилизирования конденсата.

4.2.4.1 低温分离器的温度控制

烃露点主要靠节流阀来控制,采用压降的控制来实现温度的控制,在焦耳—汤姆逊(以下简称J—T)效应下,使天然气的温度迅速降低,经分离后而实现液烃的脱除。

(1)采用压力调节实现温度控制。

采用阀后压力控制或阀前压力控制[采用阀前压力控制是目前使用中的主流方案(含膨胀机的控制)],在一定的压力降下,可以将温度降低约20～30℃。在入口温度为0～-5℃时,出口温度可以降低到-35～-20℃,这时可以在低温分离器中分离出液态烃,即达到脱烃的目的。同时,在干气增加出口温度控制,可以保证入口温度和压力的稳定,实现装置的平稳运行,如图4.2.4所示。

4.2.4.1 Управление температурой низкотемпературного сепаратора

Поддержание точки росы по углеводородам в основном осуществляется дроссельным клапаном, путем управления перепадом давления осуществляется управление температурой, под действием эффекта Джоуля-Томсона (далее-J—T) быстро снижается температура природного газа, после сепарации удаляются жидкие углеводороды.

(1) Управление температурой регулированием давления.

Используется управление давлением после клапанна (или давлением до клапана, в настоящее время, управление давлением до клапана является ведущим вариантом в практическом применении (включая управление детандером), при определенном перепаде давления, можно снизить температуру примерно на 20-30℃. Если температура на входе изменяется в пределах от 0 до –5℃, то температуру на входе можно снизить до пределов от –35 до –20℃, в это время можно отделить жидкие углеводороды в низкотемпературном сепараторе для обеспечения очистки газа от углеводородов. Вместе с тем, дополнительная установка управления температурой на выходе сухого газа может обеспечить стабильную температуру и давление на входе для обеспечения стабильной работы установки. См. рис. 4.2.4.

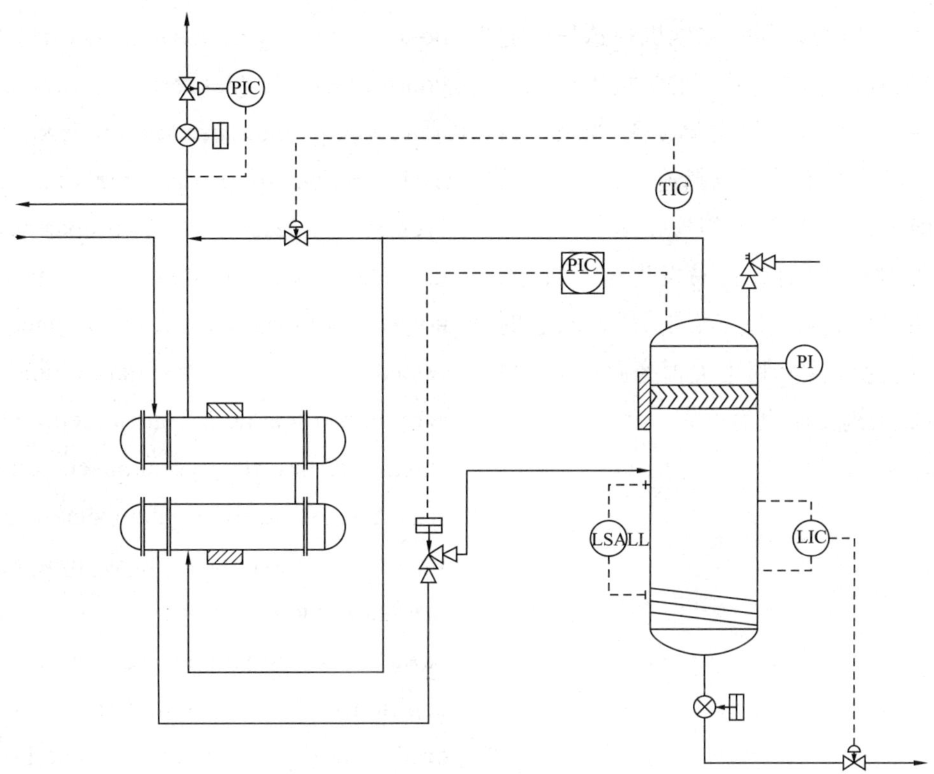

图 4.2.4 压力调节实现温度控制系统图

Рис. 4.2.4 Схема системы управления температурой регулированием давления

（2）采用丙烷制冷装置实现温度控制。

（2）Управление температурой с помощью пропановой холодильной установки.

在气田开发后期，因气田压力下降，无压力源节流，需增加外制冷装置，将图 4.2.4 中 J—T 阀改为制冷装置即可。

В поздний период разработки месторождения, из-за падения давления месторождения, отсутствует источник давления для дросселирования, необходимо установить наружную холодильную установку, только нужно сменить клапан J—T на рис. 4.2.4 на холодильную установку.

4.2.4.2 膨胀—压缩机组的控制与安全保护系统

4.2.4.2 Управление и система защиты безопасности детандер—компрессорного агрегата

（1）膨胀机—压缩机的控制。

（1）Управление детандером-компрессором.

增压机装在膨胀机工作轮同轴的另一端，形成双悬臂转子。转子中间体两端有支撑和止推轴承。在膨胀机叶轮和轴承之间装有刚性迷宫式密封。增压机叶轮是半开式单级径向离心式。天然气在膨胀机里产生的膨胀功，直接由增压机回收，

Нагнетатель установлен на другом соосном конце рабочего колеса детандера, образуя двухконсольный ротор. На двух концах промежуточного соединения ротора имеются опора и упорный подшипник. Между крыльчаткой детандера и

以提高外输干气的压力。同时增压机在这里还起着稳定控制膨胀机转速的作用。增压机出口至入口端设有反馈旁路,装有气关式调节阀,当增压机入口气量偏小,机组发生喘振或超速时,膨胀机反馈气量,就可稳定转速,保证机组安全运转。实际情况表明,当外输压力偏低时,易发生短路现象,这时增压机入口气直接经旁路至干气管线,这时机组容易发生超速运转。利用关掉旁路阀、提高外输压来控制膨胀机转速更为可靠。

подшипником установлено жесткое лабиринтное уплотнение. Применяется полуоткрытая одноступенчатая радиальная центробежная крыльчатка нагнетателя. Природный газ в нагнетателе образует работу расширения, которая рекуперируется нагнетателем, чтобы повысить давление экспортного сухого газа. Вместе с тем, здесь нагнетатель также играет роль в стабилизации и управлении скоростью вращения детандера. От выхода до входна нагнетателя установлен байпас обратной связи, установлен регулирующий клапан с пневматическим выключением, при малом объеме газа на входе в нагнетатель, возникновении помпажа или превышении скорости агрегата, детандер должен отдать объем газа для обеспечения стабильной работы и безопасной эксплуатации агрегата. Практика показывает, что при низком экспортном давлении, легко возникает явление короткого замыкания, в это время газ на входе в нагнетатель прямо попадает в трубопровод сухого газа через байпас, в это время легко возникает превышение скорости агрегата. Способ закрытия байпасного клапана, повышения экспортного давления для управления скоростью вращения детандера будет более надежным.

(2)膨胀机—压缩机的安全保护系统。

(2)Система защиты безопасности детандера—компрессора.

高速运转的透平膨胀机,绝对不允许在无润滑油时启动和停车。因此机组设置了启动装置与润滑系统的联锁,在润滑系统投入正常工作之前,膨胀机是无法启动的。当油泵出现故障或电路断电时,膨胀机进口调节阀可自动关闭,同时旁路调节阀自动打开,这时油压容器投入工作。调节阀15s关闭结束,油压容器延迟供油约50s,实现安全保护。

Строго не допускаются запуск и остановка турбодетандера, работающего на высоких скоростях, при отсутствии смазки. В связи с этим на агрегате установлена блокировка пусковой установки со смазочной системой, до ввода смазочной системы в нормальную работу невозможен запуск детандера. При появлении неисправностей в масляном насосе или обрыве электропитания цепи, регулирующий клапан на выходе детандера может закрыться автоматически, одновременно автоматически открывается байпасный регулировочный клапан, в это время срабатывает сосуд, работающий под давлением масла. Регулирующий клапан закрывается в течение 15 сек, сосуд, работающий под давлением масла, замедляет подачу масла примерно на 50 сек, таким образом, осуществляется защита безопасности.

当透平膨胀机制动系统失灵发生飞车、润滑油系统油压降低、轴承温度超限引起危险时,安全保护装置都能报警和实现自动停车。

При отказе тормозной системы турбодетандера и возникновении опасностей, вызванных быстрой работой машины, падением давления масла смазочной системы, превышением температуры подшипника, установка защиты безопасности осуществляет сигнализацию и автоматическую остановку машины.

膨胀机叶轮与润滑轴承之间设置的迷宫型密封器,内充高于喷嘴压力的常温原料气,目的是减小冷损和保护润滑油的正常流动,实现双重保护。

Между крыльчаткой детандера и смазочным подшипником устанавливается лабиринтное уплотнение, внутренняя часть заполняется сырьевым газом нормальной температуры с давлением выше давления сопла, чтобы уменьшить холодный износ и защитить нормальное течение смазочного масла, таким образом, осуществляется двойная защита.

4.2.5 硫黄回收装置

4.2.5 Установка получения серы

4.2.5.1 硫黄回收装置气 / 风比率控制系统

4.2.5.1 Система управления соотношением газа/воздуха установки получения серы

按照进硫黄回收装置酸气中 H_2S 完全反应生成硫黄所需要的氧气来配比空气,是克劳斯反应过程的基本控制系统,无论是直流还是分流法克劳斯过程,炉头比率控制系统的配置基本一致,现就直流法流程对比率控制系统的有关问题分析如下:

Согласно требуемому кислороду для получения серы необратимой реакцией H_2S в кислом газе, поступающего в установку получения серы, базовая система управления в процессе реакции Клауса определяет соотношение воздуха, вне зависимости от прямоточного и разветвленного процесса Клауса, конфигурации систем управления соотношением в головке печи в принципе одинаковы, ниже проведен анализ вопросов, связанных с системой управления соотношением прямоточного процесса:

气/风比率前馈调节是比率控制的基本配置。

Регулирование соотношения газа/воздуха с прямой связью является базовой конфигурацией управления соотношением.

当硫黄回收装置硫黄产量较低时(如小于10t/d),仅采用前馈调节一般能取得满意效果,经济上是合理的。前馈调节系统越完善,装置的收率会越高。在配备了尾气H_2S/SO_2比率反馈调节的情况下,前馈调节运行得好,可减少反馈调节量,而反馈调节因过程滞后时间长,调节过程品质不易获得满意效果。

При низкой производительности установки получения серы (например, менее 10т/сут.), только регулирование с прямой связью может добиться удовлетворительного результата, с экономической точки зрения это является разумным. Чем совершенственнее система регулирования с прямой связью, тем выше продуктивность установки. При комплектовании регулированием с прямой связью соотношения хвостовых газов H_2S/SO_2, если система регулирования с прямой связью работает хорошо, то можно уменьшить объем регулирования с обратной связью, а из-за длительной задержки процесса регулирования с обратной связью, качество процесса регулирования трудно достигает удовлетворительного результата.

为了提高前馈调节系统品质,通常可以采取以下措施:

Для повышения качества системы регулирования с прямой связью, как правило, применяются следующие мероприятия:

(1)对进装置的酸气和空气采用温度、压力补偿提高流量检测精度。补偿可采用操作条件下实际的温度、压力与流量计算时的基准温度、压力比较的办法,补偿运算式为:

$$Q_x = (p_f/p_n \times T_n/T_f)^{1/2} \times Q \qquad (4.2.3)$$

(1) Применяется компенсация температуры и давления кислых газов и воздуха, поступающих в установку для повышения точности измерения расхода. При компенсации можно применить метод сопоставления фактической температуры и давления в рабочих условиях с базовой температурой и давлением при расчете расхода, рабочей формулой компенсации является:

$$Q_x = (p_f/p_n \times T_n/T_f)^{1/2} \times Q \qquad (4.2.3)$$

式中 p_f, T_f——气体操作条件下绝对压力和绝对温度；

p_n, T_n——节流装置设计基准绝对压力和绝对温度；

Q——补偿前标准状态下的气体体积流量；

Q_x——换算到标准状态下补偿后的气体体积流量。

Где p_f и T_f——абсолютное давление и абсолютная температуры в условиях эксплуатации газа.

p_n и T_n——Проектное абсолютное давление и абсолютная температура проектной основы дроссельной установки.

Q——Объемный расход газа в стандартных условиях до компенсации.

Q_x——Приведенный объемный расход газа после компенсации в стандартных условиях.

（2）克劳斯过程的总反应式为 $H_2S+1/2O_2 \rightarrow 1/e\ S_e+H_2O$，气 / 风风率调节的比率系数与酸气中的 H_2S 浓度有直接关系，一般说来，当天然气净化厂原料气中的 H_2S 和 CO_2 浓度较稳定时，进回收酸气系统的 H_2S 浓度变化不大，以此计算出来的比率系数可以作为常数设定，但实际装置运行时，H_2S 浓度有 10% 左右的变化，这主要是由以下几方面的原因造成的：

（2）Общая формула реакции процесса Клауса $H_2S+1/2O_2 \rightarrow 1/e\ S_e+H_2O$, коэффициент соотношения регулирования газа/воздуха имеет прямую зависимость от концентрации H_2S в кислых газах, вообще говоря, при относительно стабильном концентрации H_2S и CO_2 в сырьевом газе ГПЗ, наблюдается небольшое изменение концентрации H_2S в системе получения кислого газа, поэтому вычисленный коэффициент отношения может считаться постоянным числом, но при фактической эксплуатации установки, существует изменение концентрации H_2S примерно на 10%, что в основном вызвано по следующим причинам.

① 原料气 H_2S 浓度随气田气井的配产变化；

② 脱硫装置的 H_2S/CO_2 选择性脱除深度变化；

③ 溶剂再生状况的变化；

④ 溶剂闪蒸深度变化及脱硫装置的正常波动等。

① Концентрация H_2S в сырьевом газе изменяется в зависимости от распределения производительности газовых скважин месторождения;

② Изменение глубины выборочной очистки от H_2S/CO_2 установки сероочистки;

③ Изменение состояния регенерации растворителя;

④ Изменение глубины флаш-испарения растворителя и нормальное колебание установки сероочистки.

比较好的方案是设计时采用检测酸气中的 H_2S、在线对比率调节的比率系数进行调整，这对炼油厂的硫黄回收装置更显重要，因为炼厂酸气来源复杂，酸气中 H_2S 波动范围要大得多。比较节约的方案是根据酸气的人工分析值（H_2S 和 CH_4 摩尔百分数）、人工输入调节计算单元，以获得实际的比值系数。

Лучшее решение заключается в том, что осуществляется измерение H_2S в кислых газах при проектировании для оперативного регулирования коэффициента соотношения, это более важно для установки получения серы на нефтеперерабатывающем заводе, так как источник кислых газов перерабатывающего завода сложный, намного больше диапазон колебания H_2S в кислых газах. Более экономичным вариантом является вариант получения фактического коэффициента соотношения согласно результату ручного анализа кислых газов (процентная молярная концентрация H_2S и CH_4), вычислительному блоку регулирования ручным вводом.

当获得了酸气中的 H_2S 摩尔分数后（在线检测或人工检测输入），可按下面计算式计算所需的空气量：

После получения мольной доли H_2S в кислых газах (оперативное измерение или ввод ручного измерения), можно рассчитать требуемый объем воздуха по следующей формуле:

$$F_{空气}=F_{酸气}\times[K_1\times C_{H_2S}+(K-K_2)\times(100-C_{H_2S})\div(100-C_{H_2S(设)})] \tag{4.2.4}$$

$$F_{воздух}=F_{кислые\ газы}\times[K_1\times C_{H_2S}+(K-K_2)\times(100-C_{H_2S})\div(100-C_{H_2S(проект.)})] \tag{4.2.4}$$

式中 $F_{空气}$——通过比率计算所需的空气体积流量；

$F_{酸气}$——进入回收装置的总酸气体积流量；

C_{H_2S}——酸气中 H_2S 的摩尔分数；

$C_{H_2S(设)}$——酸气中 H_2S 的摩尔分数（设计值）；

K_1——酸气中 H_2S 完全反应生成硫黄所需空气的反应式系数 K_1=0.5/0.1973/100=0.02534；

Где $F_{воздух}$——требуемый объемный расход воздуха, полученный расчетом соотношения;

$F_{кислые\ газы}$——общий объемный расход кислых газов, поступающий в установку получения серы;

C_{H_2S}——мольная доля H_2S в кислых газах;

$C_{H_2S(проект.)}$——мольная доля H_2S в кислых газах (проектное значение);

K_1——коэффициент реакции воздуха, требуемого для получения серы необратимой реакцией H_2S в кислых газах K_1=0,5/0,1973/100=0,02534;

K_2——酸气中 H_2S 浓度为设计值时，完全反应生成硫黄所需空气的比率系数；

K——酸气中所有成分完全反应所需空气的比率系数。

（3）计算比率系数时不但要考虑主要反应，也要考虑副反应，如 CH_4 及重烃燃烧的耗氧量、NH_3 反应的耗氧量等。

K_2——коэффициент соотношения воздуха, требуемого для получения серы необратимой реакцией, когда концентрация H_2S в кислых газах равна проектному значению;

K——коэффициент соотношения воздуха, требуемого для необратимой реакции всех компонентов в кислых газах.

（3）При расчете коэффициента соотношения следует учесть основную реакцию и побочную реакцию, например, расход кислорода для сжигания CH_4 и тяжелых углеводородов, расход кислорода для реакции NH_3.

4.2.5.2 H_2S/SO_2 比率反馈调节

4.2.5.2 Регулирование с обратной связью соотношения H_2S/SO_2

前馈调节系统无论如何完善，但局限于流量测量本身的误差一般为 2%，若存在其他附加误差，测量精度会更加降低。所有前馈调节不精确的因数都会使尾气中的 H_2S/SO_2 的浓度比率偏离 2∶1，并且反应炉头的气 / 风比率的误差会在尾气成分出现的偏差上得到放大。偏差的估算公式可按下面公式计算：

$$R_{IG} = \frac{R_I - 2}{1 - \frac{P}{3}\left(R_I + 1\right)} + 2 \qquad (4.2.5)$$

式中 R_{IG}——转化后过程气 H_2S/SO_2 比；

Дальнейшее совершенствование системы регулирования с прямой связью ограничено собственной погрешностью измерения расхода, которая обычно равна 2%, если существуют другие дополнительные погрешности, то точность измерения снизится еще сильнее. Все неточные коэффициенты регулирования с прямой связью приведут к отклонению соотношения концентрации H_2S/SO_2 в хвостовом газе на 2∶1, а также погрешность соотношения газа/воздуха на головке реакционной печи увеличиться на основе появившегося отклонения состава хвостового газа. Расчет отклонения можно осуществить по следующей формуле:

$$R_{IG} = \frac{R_I - 2}{1 - \frac{P}{3}\left(R_I + 1\right)} + 2 \qquad (4.2.5)$$

Где R_{IG}——Объемное соотношение H_2S/SO_2 технологического газа после конверсии;

R_I——原始的 H_2S/SO_2 体积比；

P——转化率。

从式（4.2.5）中可看出，如原始比增加 1%，即 R_I=2.02，当回收装置转化率为 94% 时，转化后尾气中 H_2S/SO_2（R_{IG}）增加 18.6%，可见反应炉头配比偏差后，尾气 H_2S/SO_2 成分比率偏差得到了极大的放大。若采用尾气中 H_2S/SO_2 成分比率在线分析信号反馈控制修正空气的供给量，可以得到气 / 风比率很高的控制精度。

R_I——Начальное соотношение（объемное） H_2S/SO_2；

P——Коэффициент конверсии.

Из формулы 4.2.5 видно，что при увеличении начального соотношения на 1 %，т.е. R_I=2，02，когда коэффициент конверсии установки получения серы равен 94%，H_2S/SO_2（R_{IG}）в хвостовом газе увеличивается на 18，6 % после конверсии. Если применяется сигнал онлайнового анализа коэффициента соотношения компонентов H_2S/SO_2 в хвостовом газе для управления с обратной связью и корректировки объема подачи воздуха，может быть получена очень высокая точность управления соотношением газа/воздуха.

（1）反馈控制信号。尾气中 H_2S/SO_2 在线分析仪一般采用紫外分光光度计原理，分别检测出尾气中 H_2S 和 SO_2 的体积分数，经过信号处理，可得到 H_2S/SO_2 比率信号和 $H_2S—2SO_2$ 空气量需求信号。以上两种输出信号都可以用作反馈控制器的测量值，通过对空气的流量微调可使 $H_2S÷SO_2=2$ 或使 $H_2S-2SO_2=0$，使回收装置达到最佳气 / 风比率状态。若 $H_2S-SO_2=0$ 则经过变换可得到 $H_2S÷SO_2=2$，与 H_2S/SO_2 作为测量信号结果完全相同，但因为 H_2S-2SO_2 信号与空气需求量的百分数呈线性关系，对调节过程品质更为有利，设计时应优先选择。

（1）Сигнал управления с обратной связью. Онлайновый анализатор H_2S/SO_2 в хвостовом газе обычно работает на принципе ультрафиолетового спектрофотометра，который измеряет объемные доли H_2S и SO_2 в хвостовом газе соответственно. После обработки сигналов，можно получить сигнал соотношения H_2S/SO_2 и сигнал потребности к объему воздуха $H_2S—2SO_2$. Вышеуказанные выходные сигналы могут быть использованы в качестве измеренного значения регулятора с обратной связью. После небольшой регулировки расхода воздуха можно обеспечить $H_2S÷SO_2=2$ или $H_2S-2SO_2=0$，чтобы установка получения серы достигла оптимального состояния соотношения газа/воздуха. Если $H_2S-SO_2=0$，то после конверсии можно получить $H_2S÷SO_2=2$，что полностью совпадает с результатом при использовании H_2S/SO_2 в качестве измерительного сигнала，но так как существует линейная зависимость между сигналом H_2S-2SO_2 и процентом требуемого объема воздуха，это благоприятствует качеству процесса регулирования，следует преимущественно выбрать данный сигнал при проектировании.

（2）H_2S/SO_2 比率在线分析仪。H_2S/SO_2 比率在线分析仪是尾气成分在线反馈控制的关键设备，目前国内尚无可靠产品，需从国外引进。要求该仪器具有反应快、能自动对零点和量程进行标定、具有完善的取样系统、能有效克服干扰组分对测量的影响等性能。

（2）Онлайновый анализатор соотношения H_2S/SO_2. Онлайновый анализатор соотношения H_2S/SO_2 является ключевым оборудованием для онлайнового управления составом хвостового газа с обратной связью, в настоящее время отсутствует надежная продукция в Китае, поэтому необходимо импортировать продукцию из-за рубежа. Данный прибор должен обладать быстрой реакцией, автоматически определить нулевую точку и диапазон измерения, иметь усовершенствованную систему отбора проб, эффективно преодолевать влияние интерференционных компонентов на измерение и т.д.

（3）在线比率分析仪取样点位置。分析仪的取样一般设置在最后一级冷凝器出口尾气管线上，此处虽然过程气管道长，调节过程的纯滞后时间长，对调节过程品质有影响，但该处因转化率最高，H_2S/SO_2 比率偏差放大作用强，对提高反馈控制精度有利。

（3）Положение точки отбора проб онлайнового анализатора соотношения. Отбор проб анализатора обычно устанавливается на трубопроводе хвостового газа на выходе конденсатора последующей ступени, здесь хотя длинныйтрубопровод технологического газа, длительное чистое время задержки процесса регулирования влияет на качество процесса регулирования, но так как на данном месте наблюдается наибольший коэффициент конверсии, сильное действие по увеличения отклонения соотношения H_2S/SO_2, что благоприятствуют повышению точности управления с обратной связью.

分析仪的采样是通过蒸汽或空气喷射产生负压，抽吸样气通过紫外分光光度计的检测通道，然后排入过程气管道，取样口与样气返回口应防止样气的返混。整个取样管路当采用蒸汽夹套保温时，保温蒸汽压力应考虑过程气中的硫不会产生冷凝，以保持取样管道的畅通。为防止过程气中的硫雾进入样品管道，一般在取样口垂直安装硫除雾器，硫除雾器采用单独的自力式调压器对夹套蒸汽稳压，硫除雾器样气出口温度低于仪器

Отбор проб анализатора осуществляется с помощью отрицательного давления, создаваемого впрыском пара или воздуха, всасывающий пробный газ проходит через контрольно-измерительный канал ультрафиолетового спектрофотометра, затем подается в трубопровод технологического газа. Следует избежать обратного смешивания пробного газа в отверстии для отбора пробы и отверстии для возврата пробного газа. При использовании

检测室的温度，该温度是仪器对硫蒸气干扰进行修正的重要参数。

паровой рубашки для теплоизоляции всего пробоотборного трубопровода, давление теплоизоляционного пара должно быть определено с учетом отсутствия конденсации серы в технологическом газе, чтобы обеспечить бесперебойность пробоотборного трубопровода. Во избежание попадания серного тумана технологического газа в трубопровод пробы, как правило, в отверстии для отбора проб вертикально устанавливается серный тумноуловитель, в серном туманоуловителе используется самоходный регулятор давления для стабилизации давления пара в рубашке, температура на выходе газовой пробы серного туманоуловителя ниже температуры приборной контрольно-измерительной лаборатории, данная температура является важным параметром для корректировки помеха, оказываемого приборами на серный пар.

总之，尾气比率在线分析仪的采样管路设计是很重要的，是保证仪器正常工作的基础。

Вообще говоря, соотношение хвостового газа очень важно при проектировании пробоотборного трубопровода онлайнового анализатора, является основой для обеспечения нормальной работы прибора.

（4）控制方案。控制方案如图 4.2.5 所示。方案中以下问题应认真考虑：

（4）Вариант управления. Вариант управления показан на рис. 4.2.5. В варианте следует серьезно учесть следующие вопросы:

① 空气调节阀的数量配置。图 4.2.5 中气 / 风比率调节系统设置了 2 台调节阀，这是硫黄回收装置的通常做法，一个调节阀用于前馈比率调节，口径按空气量的 80%～90% 设计。另一个调节阀用于尾气 H_2S/SO_2 比率反馈控制，口径按空气量的 10%～20% 设计。反馈控制用调节阀单独设置是便于使反馈控制获得更高的调节精度，反馈控制采用 AIC—001 与 FIC—003 串级调节主要是为了克服空气流量波动的干扰。当采用 2 个调节阀时，应在前馈调节回路的运算式中引入一常数项 K_1，其运算式为：

① Количество воздушных регулирующих клапанов. На рис. 4.2.5 в системе регулирования соотношения газа/воздуха установлены 2 регулирующих клапана, это является обычным способом компоновки установки получения серы, один регулирующий клапан предназначен для регулирования соотношения с прямой связью, проектирование диаметра осуществляется согласно 80%-90% объема воздуха. Другой регулирующий клапан предназначенен для управления соотношением H_2S/SO_2 хвостового газа с обратной связью, проектирование диаметра осуществляется согласно 10%-20% объема воздуха. Осуществляется отдельная установка регулирующего клапана для управления с обратной связью, чтобы получить более высокую точность регулирования при управлении с обратной связью, проводится управление с обратной связью путем каскадного регулирования AIC—001 и FIC—003 в основном для преодоления помех от колебания расхода воздуха. При использовании 2 регулирующих клапанов, необходимо ввести константу K_1 в расчетную формулу контура регулирования с прямой связью, его расчетная формула:

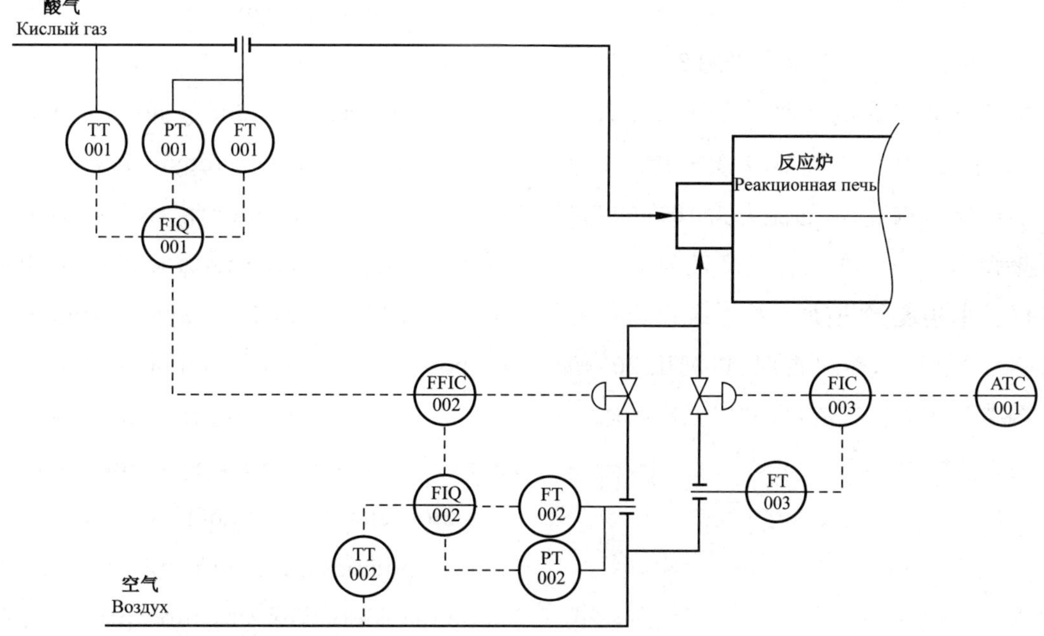

图 4.2.5 风气比控制系统图

Рис. 4.2.5 Схема системы управления соотношением газа/воздуха

$$F_{001} \times K + K_1 = F_{002} \quad (4.2.6)$$

考虑在反馈空气调节阀处于中间开度时，F_{003} 流量为($F_{001}+F_{002}$) × 1/10，K_1 可取值为 0.1，这样处理是为了气 / 风比率调节系统在不同负荷时其实际比率系数衡定。

$$F_{001} \times K + K_1 = F_{002} \quad (4.2.6)$$

Учитывая то, что воздушный регулирующий клапан с обратной связью находится в положении промежуточной степени открытия, расход F_{003} равен ($F_{001}+F_{002}$) × 1/10, K_1 может составлять 0,1, чтобы фактический коэффициент соотношения был постоянным при разных нагрузках системы регулирования соотношения газа/воздуха.

当硫黄回收装置硫黄产量较小时(如小于10t/d),气/风比率调节也可以只采用1个空气调节阀,此时,反馈调节器AIC—001的调节输出信号可直接叠加在FFIC—002的输出信号中,若采用此方案,调节阀的选型应尽可能采用调节比较大的阀型,如偏心旋转调节阀等。

При небольшой производительности установки получения серы (например, менее 10т/сут.), для регулирования соотношения газа/воздуха также можно использовать один воздушный регулирующий клапан, в это время, регулирующий выходной сигнал регулятора с обратной связью AIC—001 может быть непосредственно наложен на выходной сигнал FFIC—002, в случае применения данного варианта, следует по возможности использовать регулирующий клапан с относительно большим диапазоном регулирования, например, эксцентриковый вращающийся регулирующий клапан и др.

在实际硫黄回收装置上也有采用3个空气调节阀的方案,3个调节阀的流通能力分别按70%、20%、10%设计,其中70%和20%流通能力的调节阀用于前馈比率调节,流通能力为10%的调节阀作为反馈调节。该方案组合起来较为复杂,若采用常规仪表来实现,会增加自控系统投资费用,好处是在开工烘炉、系统升温时,可利用20%流通能力的调节阀作为空气流量控制,方便操作,增加了系统的灵活性。

В действительности, на установке получения серы также применяется вариант с тремя воздушными регулирующими клапанами, пропускная способность этих трех регулирующих клапанов соответственно проектируется по 70%, 20% и 10%, регулирующие клапаны с пропускной способностью 70% и 20% предназначены для регулирования соотношения с прямой связью, регулирующий клапан с пропускной способностью 10% предназначен для регулирования с обратной связью. Данный вариант является трудно комбинируемым, использование обычных приборов для комбинации может увеличить капиталовложение в систему КИПиА. Преимущество в том, что во время запуска и сушки печи, а также повышения температуры системы, можно использовать регулирующий клапан с пропускной способностью 20% для управления расходом воздуха, что обладает простой в эксплуатации, увеличивает гибкость системы.

② 调节器的调节类型选择。因为空气量的反馈调节过程有纯滞后,采用常规的 PID 调节类型过程品质很难保证,根据现场经验,当系统纯滞后大于 30s 时,采用采样调节规律可以获得较为理想的调节特性。图 4.2.6 为 AIC—001 反馈调节采样调节过程示意图。

② Выбор типа регулирующего клапана. Из-за задержки процесса регулирования объема воздуха с обратной связью, очень трудно обеспечить качество процесса с применением обычного типа регулирования PID, согласно опыту на месте, при чистой задержке системы выше 30 сек, с применением закона регулирования отбора проб можно получить относительно идеальную регулирующую характеристику. На рис. 4.2.6 показана схема процесса регулирования отбора проб с обратной связью AIC—001.

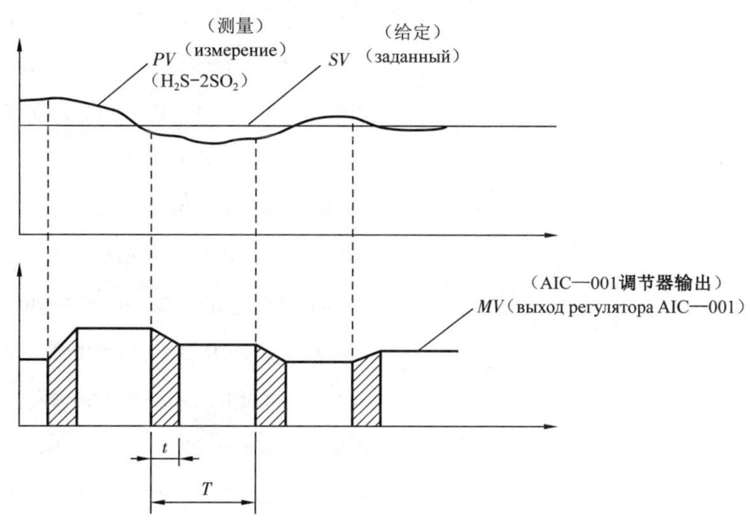

图 4.2.6　AIC—001 反馈调节采样调节过程示意图

Рис. 4.2.6　Схема процесса регулирования отбора проб с обратной связью AIC—001

以上参数可结合调节器 P、I 参数现场整定。当程纯滞后为 40s 时, T 取 80s、t 取 15s,在现场取得了较理想的结果。

Вышеуказанные параметры могут быть определены на месте с учетом параметров P, I регулятора. При чистой задержке процесса на 40 сек, T-40 сек, t-15 сек, были получены относительно идеальные результаты на месте.

4.2.5.3　硫黄回收装置风机的控制

4.2.5.3　Управление вентилятором установки получения серы

气 / 风比率控制的空气由单独的风机提供,风机工作是否稳定,直接影响比率控制效果。当风机采用罗茨式风机时,因为风机特性为转速一定

Воздух для управления соотношением газа/воздуха предоставляется отдельным вентилятором, стабильность работы вентилятора прямо

时，排量一定，且风机风量一般大于比率控制用风量，可以采用风机总管压力调节放空的方案，该方案对硫黄回收装置风机风量有另外的用风点时更显重要。调节放空的方案显然要多消耗一部分能量，一般设计时正常放空量占20%左右，若考虑节能，可采用罗茨风机调速的办法，电动机调速器的输入信号可由风机总管压力调节器输出提供，当装置硫黄产量较大，风机功率较大时，节能效果更为明显。

влияет на результат управления соотношением. При использовании вентилятора Рутса, так как объем выброса является определенным при определенной скорости вращения вентилятора, и количество воздуха вентилятора обычно превышает количество воздуха для управления соотношением, может применяться вариант с регулированием и сбросом давления коллектора вентилятора, данный вариант является очень важным для установки получения серы при наличии другой точки потребления воздуха, поступающего из вентилятора. Очевидно, что вариант с регулированием и сбросом расходует немного больше энергии, при общем проектировании объем сброса занимает около 20%, если учесть энергоснабжение, то можно использовать способ регулирования скорости вентилятора Рутса, входной сигнал регулятора скорости электродвигателя может быть предоставлен регулятором давления коллектора вентилятора, при большой производительности установки и относительно большой мощности вентилятора, энергосберегающий эффект более очевиден.

当风机选用离心式风机时，可不设空气总管压力调节系统，此时考虑到风机出口压力有一定变化，为确保空气流量测量精度，应设置空气流量的温度、压力补偿。为防止离心式风机进入喘振区，应设置按风机总管流量控制空气防空防喘振调节系统，该系统正常时调节阀关闭，当空气流量接近喘振流量限时，调节器自动开启放空调节阀以维持风机最低流量运转。

При использовании центробежного вентилятора, нельзя устанавливать систему регулирования давления воздушного коллектора, в это время, следует учесть определенное изменение давления на выходе вентилятора, чтобы обеспечить точное измерение расхода воздуха, необходимо установить компенсацию температуры и давления расхода воздуха. Во избежание попадания центробежной вентилятора в зону помпажа, следует установить противовоздушную противопомпажную систему регулирования согласно управлению расходом коллектора вентилятора, при нормальном состоянии данной системы регулирующий клапан закрыт, при приближении расхода воздуха к пределу помпажного расхода, автоматически открывается сбросной регулирующий клапан регулятора, чтобы поддержать работу вентилятора с минимальным расходом.

4.2.5.4 硫黄回收装置主燃烧炉联锁保护系统

主燃烧炉联锁保护系统主要是防止酸气流量超低时,影响燃烧炉的正常燃烧,出现较短的燃烧火焰使燃烧器损坏。当酸气流量降为零时(酸气紧急放空),应立即切断空气,以防止空气进入反应器造成系统积存的硫黄燃烧,使催化剂损伤。当燃烧炉的余热锅炉液位超低时,为防止炉管烧坏,也应即时停止反应炉的进料。将以上联锁信号引入联锁装置,紧急切断酸气和空气,以保证装置的安全。酸气和空气截断阀应单独设置,有些装置采用空气调节阀兼做联锁截断阀用,由于调节阀关闭性能不佳,在停止风机运转时,会造成过程热气流倒流至风机,设计时应慎重考虑。

4.2.5.4 Система блокировочной защиты главной печи сжигания установки получения серы

Система блокировочной защиты главной печи сжигания в основном предотвращает поломку горелки из-за появления короткой пламени сгорания вследствие ненормального сжигания в горелке при чрезмерно низком расходе кислых газов. При снижении расхода кислых газов до нуля (аварийный сброс кислых газов), немедленно отсекается воздух, во избежание попадания воздуха в реактор, приводящего к горению накопленной серы в системе, впоследствии чего повреждается катализатор. Если уровень жидкости в котле-утилизаторе печи для сгорания слишком низок, во избежание прогара труб печи, также следует немедленно остановить подачу сырья в реакционную печь. Вышеуказанный сигнал блокировки вводится в блокировочное устройство, осуществляется аварийное отсечение кислых газов и воздуха, чтобы обеспечить безопасность установки. Необходимо установить отдельные отсечные клапаны для кислых газов и воздуха, в некоторых установках используется воздушный регулирующий клапан в качестве блокировочного отсечного клапана, так как регулирующий клапан обладает плохим свойством закрытия, при остановке вентилятора технологический горячий газ втекает обратно в вентилятор, при проектировании следует серьезно обдумать.

主燃烧炉采用燃料气点火,升温设计一般采用程序点火。设置在燃烧器上的火焰检测器,一方面用于程序点火,另一方面用于正常生产时监视酸气燃烧熄火。设计选型应要求火焰检测器能适应燃料气和酸气两种介质的燃烧。

В главной печи сжигания используется топливный газ для зажигания, при проектировании повышения температуры обычно используется технологическое зажигание. Детектор пламени, установленный на горелки, с одной стороны предназначен для технологического зажигания, а с другой предназначен для надзора за прекращением горения кислых газов при нормальном производстве. При проектировании и выборе типа, детектор пламени должен быть адаптирован к горению двух сред: топливный газ и кислый газ.

4.2.5.5 有关注意问题

4.2.5.5 Проблемы, которые следует учесть

(1)为防止酸气中冷凝酸水对流量测量带来影响,酸气流量计应尽量安装在酸气管道上方,当只能装在节流装置下方时,其流量测量管路应采用蒸汽伴热措施。

(1) Во избежание оказания влияния конденсационной кислой воды в кислых газах на измерение расхода, следует по возможности установить расходомер кислых газов на верху трубопровода кислых газов, если возможен только монтаж под дроссельную установку, следует применять мероприятие по обогреву паром на расходомерном трубопроводе.

(2)当脱硫装置再生塔压力调节阀安装在反应炉前时,调节阀不宜安装在地面位置,以防形成倒U形造成调节阀管道内酸水的积存。

(2) Если клапан регулирования давления регенерационной колонны установки сероочистки смонтирован перед реакционной печью, то не следует устанавливать регулирующий клапан на полу во избежание образования формы перевернутой U, которая приводит к накоплению кислой воды в трубопроводе регулирующего клапана.

(3)酸气分离器因为酸气带水量少且不均匀,其液位可采用二位式调节,调节阀应选用泄漏量少的切断型调节阀。

(3) Для сепаратора кислых газов из-за небольшого и неравномерного содержания воды в кислых газах может осуществляться двухпозиционное регулирование уровня жидкости, следует использовать отсечной регулирующий клапан с малым объемом утечки.

（4）反应炉炉膛温度一般高于1000℃，且为还原性气体环境，测温可选用吹气式热电偶，吹气采用N_2。当装置不能提供N_2时，采用二硅化钼热电偶，其插入炉膛深度不应伸出炉子耐火材料层50mm。近年来，已广泛采用光学高温计测量炉膛温度，现场使用效果较好。

（4）Температура в топке реакционной печи обычно превышает 1000℃ при восстановительной газовой среде, для измерения температуры можно использовать термопару с обдувом, обдув осуществляется с помощью N_2. Если установка не может предоставить N_2, то можно использовать термопару на основе дисилицида молибдена, ее глубина проникновения в топку печи не должна превышать слой огнестойкого материала печи на 50 мм. В последние годы, широко применяется оптический пирометр для измерения температуры в топке печи, эффект эксплуатации на месте хороший.

（5）当工艺装置采用分流法时，除炉头气/风比率控制与上述系统考虑相同外，还应设置进炉1/3流量的酸气与旁路2/3流量酸气的比率控制系统，因该调节回路对比率要求不十分严格，可直接采用体积流量比率控制，其流量无需进行温度和压力补偿。该系统调节阀设在酸气旁路管线上，其调节阀的压降可按酸气火嘴压降与炉膛及余热锅炉压降之和计算。当以上两项压降过小而影响调节灵敏度时，可考虑将旁路酸气管线从脱硫再生塔压力调节阀前引出。

（5）При применении раздельного метода в технологической установке, кроме совпадения управления соотношением газа/воздуха на головке печи с вышеуказанной системой, также необходимо установить систему управления соотношением 1/3 расхода кислых газов в печь и 2/3 байпасного расхода кислых газов, так как данный контур регулирования предъявляет весьма строгие требования к соотношению, можно непосредственно применить управление соотношением объемных расходов, его расход не требует компенсации температуры и давления. Регулирующий клапан данной системы установлен на байпасном трубопроводе кислых газов, расчет перепада давления его регулирующего клапана осуществляется согласно сумме перепада давления форсунки кислых газов и перепада давления топки печи и котла-утилизатора. При слишком малом перепаде давления, оказывающем влияние на чувствительность регулирования, можно вывести байпасный трубопровод кислых газов перед клапаном регулирования давления регенерационной колонны сероочистки.

1/3 酸气与 2/3 酸气比率控制的比值系数，在设计时应设置人工调整措施，比值调整要依据燃烧炉炉膛温度的测量值，当炉膛温度高于正常值时，应改变比值以增加进炉的酸气流量。

Коэффициент соотношения в управлении соотношением 1/3 кислых газов и 2/3 кислых газов, при проектировании следует установить мероприятия для ручного регулирования, регулирование соотношения должно быть осуществлено по измеренному значению температуры в топке печи сжигания, когда температура в топке печи превышает нормальное значение, следует изменить соотношение, чтобы увеличить расход кислых газов, подающих в печь.

4.2.5.6　MCRC 低温克劳斯装置的控制要点

4.2.5.6　Основные пункты управления установки MCRC, работающей по низкотемпературному процессу Клауса

MCRC 装置的关键技术是在常规克劳斯反应器之后，设置了 2 台低温克劳斯反应器，1 台吸附，1 台再生，采用程序自动切换，使该硫黄回收装置的硫收率达到 99%，一个装置可起到硫黄回收和尾气处理两个装置的作用。

Ключевой технологией установки MCRC является то, что после обычного реактора Клауса установлены 2 реактора низкотемпературного процесса Клауса, 1 абсорбер, 1 регенерационная колонна, применяется автоматическое переключение процессов, чтобы коэффициент получения серы в данной установке получения серы достиг 99%, одна установка может осуществить функции установок получения серы и обработки хвостовых газов.

低温克劳斯反应之所以可以提高转化率，一是因为克劳斯反应是放热反应，在低温区（127℃左右）平衡转化率可接近 100%。二是低温克劳斯反应的生成物硫黄以液态形式积存在催化剂微孔表面，降低了生成物的气相分压，有利于反应的进行。

Повышение коэффициента конверсии реакцией низкотемпературного процесса Клауса происходит по следующим причинам, во первых, так как реакция Клауса является экзотермической реакцией, коэффициент равновесной конверсии в низкотемпературной зоне（около 127℃）может достичь 100%. Во-вторых, образованная сера посредством низкотемпературной реакции Клауса в жидком состоянии накапливается на микропористой поверхности катализатора, что снизило парциальное давление газовой фазы продукта реакции, и благоприятствует продвижению реакции.

低温克劳斯硫黄回收装置自控设计应充分注意以下问题：

При проектировании автоматического управления установки получения серы по низкотемпературному процессу Клауса следует полностью учесть следующее：

（1）该装置的总硫收率为99%，气 / 风比率控制的微小差异将会直接影响收率，为此，尾气中的H_2S/SO_2比率在线分析反馈控制是必不可少的，其控制方式及有关问题在硫黄回收装置气 / 风比率控制方案一节中已有详细叙述。

（1）Общий коэффициент получения серы в данной установке составляет 99%，незначительное отличие управления соотношением газа/воздуха окажет прямое влияние на коэффициент получения，таким образом，онлайновый анализ и управление с обратной связью соотношением H_2S/SO_2 в хвостовых газах являются необходимыми，его способ управления и соответствующие вопросы подробно описаны в разделе варианта управления соотношением газа/воздуха в установке получения серы.

（2）2台低温克劳斯反应器的反应吸附和再生过程采用自动程序切换，与此相关的控制策略如下：

（2）Переключение абсорбционного и регенерационного процессов в реакторе низкотемпературного процесса Клауса осуществляется автоматически，ниже перечислены соответствующие стратегии управления：

① 自动程序编排上要保证任何时候过程气的畅通。程序切换阀门为夹套三通阀，该切换阀应具备阀位反馈，双向电控动作、全行程动作时间小于5s，具备现场手控等功能。

① При составлении автоматической программы необходимо обеспечить бесперебойность технологического газа в любое время. В качестве клапана для переключения программ используется рубашечный трехходовой клапан，данный переключающий клапан должен обладать обратной связью о положении клапана，временем срабатывания двухстороннего электрического управления и срабатывания полного хода менее 5 сек，местным ручным управлением и другими функциями.

② 在切换后不流通的过程气管路上，为防止硫凝结，可设置管壁温度检测。

② На трубопроводе с не протекающим технологическим газом после переключения，во избежание конденсации серы，можно установить прибор для измерения температуры стенок трубы.

③ 因为切换操作，二级低温克劳斯反应器出口过程气的冷却器在两种工况下，冷却水流量差异很大，在控制冷凝冷却器出口温度的同时，应兼顾冷却水不至于在冷凝冷却器中汽化，通常的做法是采用选择控制方案，正常时采用冷凝冷却器出口过程气温度调节冷却水量，当出口水温超过设定值时自动切换至冷凝冷却器出口水温调节冷却水量。

③ Из-за переключения, охладитель технологического газа на выходе реактора низкотемпературного процесса Клауса второй ступени работает в двух рабочих режимах, большое отличие расхода охлаждающей воды, одновременно при управлении температурой на выходе конденсатора-охладителя, следует наблюдать за охлаждающей водой, чтобы она не испарилась в конденсаторе-охладителе, обычно применяется вариант управления, в нормальном состоянии используется температура технологического газа на выходе конденсата-охладителя для регулировки объема охлаждающей воды. Когда температура воды на выходе превышает заданное значение, производится автоматическое переключение на температуру воды на выходе конденсатора-охладителя для регулировки объема охлаждающей воды.

④ 程序动作应设置程序阶段显示信号和相应的切换流程画面(在采用 DCS 系统的情况下)。

④ Срабатывание программы необходимо установить сигнал отображения стадии программы и соответствующее изображение переключения программы (при применении системы DCS).

(3)因为硫黄的凝固点为 115℃，为确保硫黄在冷凝冷却器中不凝固，冷却水温应高于 115℃，实际控制温度为 120℃左右，为此应设置冷却水的水温控制。为确保余热锅炉调节阀前水压稳定，不受冷凝冷却水流量控制影响，应设置上水压力控制系统，其方案为设置 2 台 MCRC 冷却器的旁通调节阀，当冷却水流量变化时，通过旁通调节稳定余热锅炉和一级冷却器上水压力。

(3) Так как точка затвердевания серы составляет 115℃, чтобы предотвратить затвердевание серы в конденсаторе-охладителе, температура охлаждающей воды должна превышать 115℃, фактическая контролируемая температура приблизительно равна 120℃, поэтому следует установить прибор для управления температурой охлаждающей воды. В целях обеспечения того, что давление воды до регулирующего клапана котла-утилизатора стабильное и не подвергается влиянию управления расходом охлаждающей воды для конденсации, следует установить систему управления давлением воды, его вариантом

является установка байпасных регулирующих клапанов для двух охладителей MCRC, при изменении расхода охлаждающей воды стабилизируется давление воды на котле-утилизаторе и охладителе первой ступени путем байпасного регулирования.

4.3 外输管道

4.3 Экспортный трубопровод

4.3.1 首站

4.3.1 Главная станция

4.3.1.1 概述

4.3.1.1 Общие сведения

首站是设在输气管道起点的站场，一般具有过滤分离、气质分析、计量、清管器发送、天然气增压等功能。工艺流程通常应满足外输、清管发送、站内自用气和越站的需要，必要时还应满足外输计量、增压的需要（图 4.3.1）。

Главная станция представляет собой станцию, размещенную на начале газопровода, как правило, обладает такими функциями, как фильтрация, сепарация, анализ качества газа, учет, пуск скребков, нагнетание природного газа и др. Технологический процесс должен удовлетворить требования к экспорту, пуску скребков, газа, газу для собственных нужд на станции и переходу через станцию, при необходимости также должен удовлетворить требования к экспортному учету и нагнетанию (рис. 4.3.1).

图 4.3.1 压气站进站过滤分离装置

Рис. 4.3.1 Сепарационно-фильтрующая установка на входе в КС

4.3.1.2 主要的检测与控制

（1）进站压力、温度检测。

（2）出站压力、温度的检测。

（3）出站压降速率超高报警。

压降速率计算方法如下：

$$\Delta p_i = \frac{\sum_{t=i}^{i+3} p_{t-12}}{4} - \frac{\sum_{t=i}^{i+3} p_t}{4} = \frac{\sum_{t=i}^{i+3} \left(p_{t-12} - p_t\right)}{4} \left(i = 1,2,3\cdots,\frac{n}{5}\right) \quad (4.3.1)$$

式中 p_t——t 时刻采样压力，MPa；

Δt——采样间隔，Δt=5s；

Δp_t——压降速率，MPa/min；

Δp_{sp}——压降速率设定值，MPa/min 。

压降速率计算方法是以连续 4 个采样压力的平均值作为一组，与 60s 前的 4 个采样压力的平均值求差。压降速率连续判断时间设定为 n 秒，n 应该是 5 的整数倍。

（4）过滤分离器总差压检测。

（5）天然气气质检测。

（6）天然气贸易交接计量（详见第 5 章）。

（7）站内自耗气计量。

4.3.1.2 Основной контроль и управление

（1）Контроль давления и температуры на входе в станцию.

（2）Контроль давления и температуры на выходе из станции.

（3）Сигнализация о превышении скорости перепада давления на выходе из станции.

Метод расчета скорости перепада давления показан ниже：

$$\Delta p_i = \frac{\sum_{t=i}^{i+3} p_{t-12}}{4} - \frac{\sum_{t=i}^{i+3} p_t}{4} = \frac{\sum_{t=i}^{i+3} \left(p_{t-12} - p_t\right)}{4} \left(i = 1,2,3\cdots,\frac{n}{5}\right) \quad (4.3.1)$$

Где p_t——пробное давление в момент t, МПа；

Δt——интервал отбора проб, Δt=5сек.；

Δp_t——скорость перепада давления, МПа/мин.；

Δp_{sp}——заданное значение скорости перепада давления, МПа/мин.

Метод расчета скорости перепада давления основан на получении разницы между средним значением 4 пробных давлений до 60 сек и средним значением 4 пробных давлений после 60 сек, за одну группу принимается среднее значение четырех пробных давлений. Время непрерывного определения скорости перепада давления устанавливается в n сек., n должен быть целым числом, кратным 5.

（4）Контроль общего перепада давления фильтра-сепаратора.

（5）Контроль качества природного газа.

（6）Учет природного газа при приеме-сдаче（см. раздел 5）.

（7）Учет газа, саморасходующегося внутри станции.

（8）清管器通过指示器位置检测。

（9）站场流程 / 管路切换联锁控制。

（10）具有增压功能的首站，压缩机组的检测与控制参见 4.3.2 节“压气站”的相关描述。

（8）Контроль положения сигнализатора прохождения скребков.

（9）Блокировочное управление переключением процессов/трубопроводов станции.

（10）Главная станция, обладающая нагнетательной функцией, контроль и управление компрессорным агрегатом приведены в подробном описании в разделе 4.3.2 «КС».

4.3.2 压气站

4.3.2.1 概述

压气站是设在输气管道沿线特别是上游的天然气增压站场，一般具有过滤分离、天然气增压、清管等功能。工艺流程应满足外输增压、清管、站内自用气和越站的需要（图 4.3.2）。

4.3.2 КС

4.3.2.1 Общие сведения

КС является ДКС природного газа, которая размещается вдоль газопровода, в частности, на верховье, как правило, обладает такими функциями, как фильтрация, сепарация, нагнетание природного газа, трубоочистка и др. Технологический процесс должен удовлетворить требования к экспортному нагнетанию, трубоочистке, газу для собственных нужд на станции и переходу через станцию（рис. 4.3.2）.

图 4.3.2 压气站压缩机厂房

Рис. 4.3.2 Здание для компрессорных установок КС

4.3.2.2 主要的检测与控制

（1）进站压力、温度的检测。

（2）出站压力、温度的检测。

（3）进站和出站的压力控制。

（4）过滤分离器总差压检测。

（5）燃料气处理和计量。

对于燃驱压缩机组，其燃料气的过滤、调压和计量设备一般由燃料气处理橇和燃料气计量橇完成。

（6）火焰及可燃气体检测。

在燃气发电机房、压缩机厂房内设置可燃气体检测器、火焰探测器及报警器，信号送至站控制室内的火气系统（F&GS），用于压缩机厂房等处的可燃气体泄漏检测、火焰监视及报警。

燃驱压缩机组（图 4.3.3）的火气检测仪表和气体灭火装置由压缩机组自身成套配置，检测、报警信号送至机组控制系统（UCS–Unit Control System）及站控系统（SCS-Station Control System）报警。

4.3.2.2 Основной контроль и управление

（1）Контроль давления и температуры на входе в станцию.

（2）Контроль давления и температуры на выходе из станции.

（3）Управление давлениями на входе и выходе из станции.

（4）Контроль общего перепада давления фильтра-сепаратора.

（5）Обработка и учет топливного газа.

Фильтрация, регулирование давления и учет топливного газа компрессорного агрегата с газотурбинным приводом обычно осуществляются блоком обработки и учета топливного газа.

（6）Детектирование пламени и горючих газов.

В здании газового генератора и компрессорной устанавливаются детектор горючих газов, детектор пламени и сигнализатор, сигнал отправляется в огнегазовую систему（F&GS）в пункте управления для детектирования утечки горючих газов, контроля пламени и сигнализации в компрессорной и др.

Приборы для обнаружения огня и газов и газовая противопожарная установка являются собственной комплектацией компрессорного агрегата с газотурбинным приводом（рис. 4.3.3）, сигналы обнаружения и сигнализации отправляются в систему управления агрегатом（UCS-Unit Control System）и систему управления станцией（SCS-Station Control System）для сигнализации.

图 4.3.3 压气站燃驱压缩机组

Рис. 4.3.3 Компрессорный агрегат с газотурбинным приводом на КС

（7）压缩机组的检测与控制。

（7）Контроль и управление компрессорным агрегатом.

压缩机组的机组控制系统（UCS）由压缩机组生产制造厂家配套提供，为 1 套独立的、完整的控制和保护系统，具有独立的数据网络和人机接口，可以在脱离站控系统监控的状态下，通过控制室内自带的上位机系统（HMI–Human Machine Interface）、多机组联合控制盘或单机组控制盘启、停压缩机。压缩机组控制系统与站控系统进行通信，实现数据上传。

Система управления компрессорным агрегатом（UCS）предоставляется заводом-изготовителем в комплекте с компрессорным агрегатом, она представляет собой независимую, целостную систему управления и защиты, имеет отдельную сеть передачи данных и интерфейс человек-машина, может осуществить запуск и остановку компрессора в состоянии отстранения от мониторинга системы управления станцией с помощью собственной системы главного компьютера в пункте управления（HMI-Human Machine Interface）, панели управления несколькими агрегатами или панели управления одиночным агрегатом. Система управления компрессорным агрегатом находится в связи с системой управления станцией, осуществляет передачу данных.

机组的现场自控设备应符合该区域的电气防爆等级。压缩机组控制系统在必备的基本条件（如吸入压力、仪表、供气、润滑油压、油温、交直流电源等）满足情况下，能独立完成自动程序启动、

Местное оборудование автоматического управления агрегата должно соответствовать степени взрывозащиты электрооборудования данного участка. Система управления компрессорным

加速、加载并按设定工况运行等功能。并可在控制室操作终端远程启动机组和关闭机组。运行中一旦偏离设定工况(如过压、超温、过振动)能够自动调整到最佳状态,能有效实施防喘振保护(离心式压缩机组)。当发生异常情况时,可启用机组安全仪表系统的ESD功能控制机组完成紧急停车。

агрегатов в случае удовлетворения основных обязательных требований (например, давление всасывания, приборы, подача газа, давление смазочного масла, температура масла, источник переменного/постоянного тока и др.) должна самостоятельно осуществить автоматический пуск программы, ускорение, загрузку, работать по заданному режиму работы и др. и может дистанционо запустить и выключить агрегат посредством управляющего терминала пункта управления. Во время эксплуатации при отклонении от заданных рабочих режимов (например, перенапряжение, сверхтемпература, чрезмерная вибрация) данная система может осуществить автокоррекцию до оптимального состояния и эффективную защиту от помпажа (центробежный компрессорный агрегат). При возникновении ненормальной ситуации, можно осуществить функцию ESD инструментальной системы безопасности для управления агрегатом, чтобы завершить аварийную остановку.

每套机组在压缩机组设有单机控制盘(UCP–Unit Control Panel),通过内置的PLC对整个机组进行逻辑控制、报警和监视。

На каждом компрессорном агрегате установлен панель управления одиночным агрегатом (UCP-Unit Control Panel), с помощью встроенного PLC осуществляются логическое управление, сигнализация и мониторинг всего агрегата.

机组控制系统(UCS)的基本功能如下:

Основные функции системы управления агрегатом (UCS) приведены ниже:

(1)根据站控系统命令,自动进行机组启、停;

(1) Согласно командам системы управления станцией, автоматически производится запуск и остановка агрегата;

(2)根据站控系统给定值,由多机组联合控制盘MCP进行并联机组及单机的负荷分配控制;

(2) Согласно заданным значениям системы управления станцией, осуществляется управление распределением нагрузок параллельно включенных и одиночных агрегатов с помощью панели управления несколькими агрегатами MCP;

（3）启动、停车逻辑控制；

（3）Логическое управление запуском и остановкой;

（4）加载、卸载逻辑控制；

（4）Логическое управление загрузкой и разгрузкой;

（5）压缩机参数检测；

（5）Контроль параметров компрессора;

（6）燃气轮机参数检测（燃驱）；

（6）Контроль параметров газовой турбины（газотурбинный привод）;

（7）电动机参数检测（电驱）；

（7）Контроль параметров электродвигателя（привод от электродвигателя）;

（8）数据处理；

（8）Обработка данных;

（9）机组报警及紧急停车保护；

（9）Сигнализация агрегата и аварийная остановка;

（10）与机组启、停和运行相关阀门控制及状态监视；

（10）Управление и наблюдение за состоянием клапанов, связанных с запуском, остановкой и работой агрегата;

（11）转速检测和控制；

（11）Контроль и управление скоростью вращения;

（12）空燃比检测和控制（燃驱）；

（12）Контроль и управление отношением воздуха к топливу（газотурбинный привод）;

（13）机组防喘振控制；

（13）Антипомпажное управление агрегатом;

（14）机组振动轴位移和轴承温度监控；

（14）Смещение вибрационного вала агрегата и контроль температуры подшипника;

（15）机组润滑油系统监控（如采用磁力轴承技术则无此项功能）；

（15）Контроль смазочной системы агрегата（если используется магнитный подшипник, то отсутствует данная функция）;

（16）机组火气检测报警及单机消防控制；

（16）Сигнализация при обнаружении огня и газов агрегата и пожарное управление одиночного агрегата;

（17）机组控制系统通过 RS232/485、Modbus TCP/IP、模拟量和开关量接口与站控系统相连，进行数据交换和控制；

（17）Система управления агрегатом соединяется с системой управления станцией посредством RS232/485, Modbus TCP/IP, аналоговой величины и интерфейса двухпозиционной переменной, осуществляет обмен и управление данными;

（18）配电系统、阴极保护系统的数据采集等。

（18）Сбор данных энергораспределительной системы, системы катодной защиты.

4.3.3 分输站及末站

4.3.3 Раздаточная станция и конечная станция

4.3.3.1 概述

4.3.3.1 Общие сведения

分输站是设在输气管道沿线，为分输气体至用户而设置的站场。一般具有过滤分离、计量、压力(流量)控制功能。工艺流程应满足分输计量、压力(流量)控制、站内自用气和越站的需要，必要时还应满足清管接收、发送的需要(图 4.3.4)。

Раздаточная станция размещается вдоль газопровода, представляет собой станцию для раздачи газа до потребителей, как правило, обладает функциями фильтрации, сепарации, учета и управления давлением/расходом. Технологический процесс должен удовлетворить требования к раздаче и учету, управлению давлением/расходом, газу для собственных нужд на станции и переходу через станцию, при необходимости также должен удовлетворить требования к приему и пуску скребков (рис. 4.3.4).

图 4.3.4 分输站计量调压装置

Рис. 4.3.4 Установки для учета и регулирования давления на раздаточной станции

分输站的主要作用是满足下游用户的用气压力与流量要求，并进行贸易交接计量。

Раздаточная станция в основном служит для удовлетворения требований к давлению и расходу газа, потребляемого последующими потребителями, и коммерческого учета.

末站是设在输气管道终点的站场。与分输站类似,一般具有清管器接收、过滤分离、计量、压力(流量)控制及分输等功能。工艺流程应满足分输计量、压力(流量)控制、清管接收和站内自用气的需要,必要时还应满足支线清管发送的需要。

Конечная станция размещена на конце газопровода, аналогична с раздаточной станцией, как правило, обладает функциями приема скребков, фильтрации, сепарации, учета, управления давлением/расходом и распределительного транспорта. Технологический процесс должен удовлетворить требования к раздаче и учету, управлению давлением/расходом, приему скребков и газу для собственных нужд на станции при необходимости также должен удовлетворить требования к пуску скребков в ответвления.

4.3.3.2 主要的检测与控制

(1)进站压力、温度的检测;

(2)出站压力、温度的检测;

(3)进出站压降速率超高报警;

(4)过滤分离器总差压检测;

(5)分输用户用气量的天然气贸易计量(详见第5章);

(6)站内自耗气计量;

(7)去分输用户的压力(流量)控制;

(8)清管器通过指示器位置检测;

(9)站场流程(管路)切换联锁控制;

(10)进、出站截断阀的控制;

(11)放空截断阀控制;

4.3.3.2 Основной контроль и управление

(1) Контроль давления и температуры на входе в станцию;

(2) Контроль давления и температуры на выходе из станции;

(3) Сигнализация о превышении скорости перепада давления на входе и выходе из станции;

(4) Контроль общего перепада давления фильтра-сепаратора;

(5) Коммерческий учет природного газа, потребляемого раздаточными потребителями (см. раздел 5);

(6) Учет газа, расходующего внутри станции;

(7) Управление давлением/расходом газа в раздаточные потребители;

(8) Контроль положения сигнализатора прохождения скребков;

(9) Сблокированное управление переключением процессов/трубопроводов станции;

(10) Управление отсечными клапанами на входе и выходе из станции;

(11) Управление сбросным отсечным клапаном;

（12）配电系统、阴极保护系统的数据采集等。

（12）Сбор данных энергораспределительной системы, системы катодной защиты.

4.3.4 清管站

4.3.4 Узел пуска/приема скребков

4.3.4.1 概述

独立清管站是专为清管器收发而设置的站场，一般具有清管器接收、发送及天然气除尘分离等功能（图 4.3.5）。工艺流程应满足清管接收、清管发送和天然气越站的需要。

4.3.4.1 Общие сведения

Независимый узел пуска/приема скребков специально установлен для пуска и приема скребков, как правило, обладает такими функциями, как прием и пуск скребков, обеспыливание и сепарация природного газа（рис. 4.3.5）. Технологический процесс должен удовлетворять требования к приему и пуску скребков и переходу природного газа через станцию.

图 4.3.5 清管站过滤分离及收发球装置

Рис.4.3.5 Установки фильтрации, сепарации и пуска-приема скребков на узле пуска/приема скребков

4.3.4.2 主要的检测与控制

（1）进站压力、温度的检测；

（2）出站压力、温度的检测；

（3）进出站压降速率超高报警；

4.3.4.2 Основной контроль и управление

（1）Контроль давления и температуры на входе в станцию;

（2）Контроль давления и температуры на выходе из станции;

（3）Сигнализация о превышении скорости перепада давления на входе и выходе из станции;

（4）清管器通过指示器位置检测；

（5）电动阀门的开关控制；

（6）线路截断阀的控制；

（7）供电系统的工作状态检测；

（8）阴极保护系统的数据采集等。

（4）Контроль положения сигнализатора прохождения скребков;

（5）Управление открытием и закрытием электрического клапана;

（6）Управление линейным отсечным клапаном;

（7）Контроль рабочего состояния системы электроснабжения;

（8）Сбор данных системы катодной защиты.

4.3.5 阀室

4.3.5.1 概述

阀室是线路截断阀及其配套设施的总称，是输气管道线路的附属设施之一。线路截断阀通常安装在室内，也可安装在有防护栏或围墙的室外。根据管道建设的具体需要，阀室分为普通阀室、监视阀室和监控阀室三类。

（1）普通阀室。

只设置线路截断阀、干线放空系统及就地压力表，而不设置监视和监控设施的阀室。普通阀室通常具备干线放空、压力平衡及输气线路氮气置换吹扫的功能，可采用手动或气液联动执行机构驱动。

4.3.5 Клапанный узел

4.3.5.1 Общие сведения

Клапанный узел-совокупность линейных отсечных клапанов и их комплектных сооружений, является одним из вспомогательных сооружений газопроводной линии. Линейный отсечной клапан обычно монтируется внутри помещения, также может монтироваться вне помещения на месте с защитным ограждением или оградой. Согласно конкретным требованиям к строительству трубопровода, клапанный узел делится на обычный клапанный узел, наблюдательный клапанный узел и контрольный клапанный узел.

（1）Обычный клапанный узел.

Клапанный узел, в котором устанавливаются только линейный отсечной клапан, сбросная система магистрали и местный манометр, но не устанавливаются наблюдательные и контрольные сооружения. Обычный клапанный узел, как правило, обладает функциями сброса магистрали, выравнивания давления, замещения и продувки азота в трубопроводе транспорта газа, можно использовать ручной или пневмогидравлический исполнительный механизм для привода.

（2）监视阀室。

可进行数据采集监视的阀室。阀室内线路截断阀的阀位、管道压力等信号可上传。

（2）Наблюдательный клапанный узел.

Клапанный узел, осуществляющий сбор и наблюдение за данными. Сигналы положения линейного отсечного клапана, давления трубопровода в клапанном узле могут передаться.

（3）监控阀室。

可进行数据采集、监视及控制的阀室。阀室内线路截断阀的阀位、管道压力等信号可上传，并可通过 SCADA 系统实现对线路截断阀的远程控制（图 4.3.6）。

（3）Контрольный клапанный узел.

Клапанный узел, осуществляющий сбор, наблюдение и контроль данных. Сигналы положения линейного отсечного клапана, давления трубопровода в клапанном узле могут передаться. Можно осуществить дистанционное управление линейным отсечным клапаном с помощью системы SCADA（рис. 4.3.6）.

图 4.3.6 监控阀室阀组区

Рис. 4.3.6 Зона групповых клапанов в контрольном клапанном узле

4.3.5.2 监控阀室主要的检测与控制

4.3.5.2 Основной контроль и управление контрольного клапанного узла

（1）线路截断阀上、下游压力检测；

（1）Контроль давлениями до и после линейного отсечного клапана;

（2）线路截断阀阀位检测及远程控制；

（2）Контроль положения линейного отсечного клапана и дистанционное управление;

（3）气体温度、管道表面温度或地温的检测；

（3）Контроль температуры газа, температуры поверхности трубопровода или температуры почвы;

（4）机柜间温度（湿度）检测；

（4）Контроль температуры/влажности в помещении машинного шкафа;

（5）工艺装置区可燃气体泄漏检测；

（5）Детектирование утечки горючих газов в зоне технологической установки;

（6）供电系统的工作状态检测；

（6）Контроль рабочего состояния системы энергоснабжения;

（7）阴极保护系统的数据采集等。

（7）Сбор данных системы катодной защиты и др.

4.4 控制回路 PID 参数整定

4.4 Настройка параметров контура управления PID

4.4.1 PID 控制回路原理

4.4.1 Принцип контура управления PID

PID 控制回路通常分为单回路控制回路和复杂控制回路。一个加热炉出口温度控制的 PID 控制原理如图 4.4.1 所示。

Контур управления PID, как правило, делится на простой контур управления и сложный контур управления. Например, на рис. 4.4.1 показан принцип контура управления PID для управления температурой на выходе нагревательной печи.

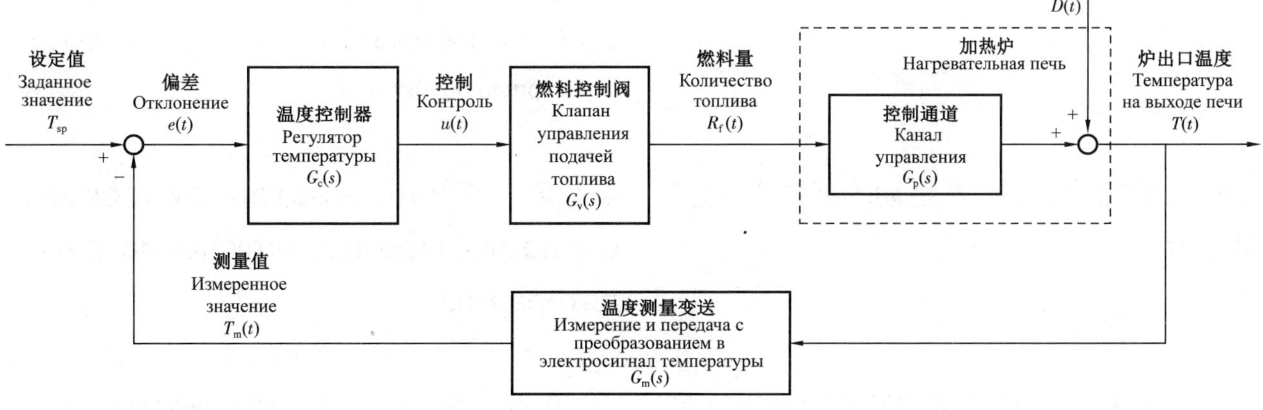

图 4.4.1 单回路温度控制 PID 原理图

Рис. 4.4.1 Принципиальная схема одноконтурного управления температурой PID

（1）单回路 PID 控制器输出的原理公式如下：

（1）Формула принципа вывода регулятора одиночного контура PID показана ниже:

$$u = K_c\left(e + \frac{1}{T_i}\int_0^t e\mathrm{d}t + T_d\frac{\mathrm{d}e}{\mathrm{d}t}\right) + u_0 = \frac{1}{\delta}\left(e + \frac{1}{T_i}\int_0^t e\mathrm{d}t + T_d\frac{\mathrm{d}e}{\mathrm{d}t}\right) + u_0 \quad (4.4.1)$$

（2）PID 参数对控制性能的影响。

① 控制器增益 K_c 或比例度 δ。

增益 K_c 的增大(或比例度 δ 下降),使系统的调节作用增强,但稳定性下降。

② 积分时间 T_i。

积分作用的增强(即 T_i 下降),使系统消除余差的能力加强,但控制系统的稳定性下降。

③ 微分时间 T_d。

微分作用增强(即 T_d 增大),可使系统的超前作用增强,稳定性得到加强,但对高频噪声起放大作用,主要适合于特性滞后较大的广义对象,如温度等。

$$u = K_c\left(e + \frac{1}{T_i}\int_0^t e\mathrm{d}t + T_d\frac{\mathrm{d}e}{\mathrm{d}t}\right) + u_0 = \frac{1}{\delta}\left(e + \frac{1}{T_i}\int_0^t e\mathrm{d}t + T_d\frac{\mathrm{d}e}{\mathrm{d}t}\right) + u_0 \quad (4.4.1)$$

（2）Влияние параметров PID на контрольные характеристики

① Коэффициент усиление регулятора K_c или ширина зоны пропорциональности δ.

Увеличение коэффициента усиления K_c (или уменьшение ширины зоны пропорциональности δ) приводит к усилению действия регулирования системы, но снижается стабильность.

② Время интегрирования T_i.

Усиление интегрального действия (т.е. снижение T_i) приводит к усилению способности системы по устранению остаточного отклонения, но снижается стабильность системы управления.

③ Время дифференцирования T_d.

Усиление дифференциального действия (т.е. увеличение T_d) приводит к усилению опережающего действия системы, укреплению стабильности, но увеличивается уровень высокочастотного шума, оно главным образом подходит для обобщенных объектов с относительно большим характеристическим запозданием, например температурный объект и др.

4.4.2 PID 控制器“手动 / 自动”无扰动切换

PID 控制回路可能需要根据工艺要求在不同的时间投入或者退出 PID 自动控制。退出 PID 自动控制时,PID 控制器的输出由操作人员直接手动控制,这就是 PID 手动 / 自动切换。

4.4.2 «Ручное/автоматическое» беспомеховое переключение регулятора PID

В контуре управления PID необходимо осуществить вход или выход из автоматического управления PID в разное время согласно технологическим требованиям. При выходе из автоматического управления PID, вывод регулятора PID осуществляется оператором непосредственно ручным управлением. Это и есть ручное/автоматическое переключение PID.

PID 控制处于自动方式时，PID 控制器会按照PID 算法，自动通过输出的作用使工艺过程的测量反馈值跟随设定值变化，并保持稳定。这种方式是一个自动的 PID 闭环控制过程，操作人员可以根据现场工艺的要求改变设定值。

Когда управление PID находится в автоматическом режиме, регулятор PID согласно алгоритму PID через выводное действие автоматически приводит к изменению измеренного значения обратной связи вместе с заданным значением технологического процесса, и сохраняется стабильность. Данный способ является замкнутым процессом управления PID, оператор может изменить заданное значение согласно технологическим требованиям на месте.

PID 控制处于手动方式时，PID 控制器不再起自动控制的作用。控制回路的输出是由操作人员观察现场的控制效果，手动调节控制器输出来控制调节阀的阀位，从而构成人工闭环控制。

Когда управление PID находится в ручном режиме, регулятор PID не оказывает действие автоматического управления. Вывод контура управления осуществляется оператором посредством наблюдения за результатом управления на месте, через ручное регулирование вывода регулятора осуществляется управление положением регулирующего клапана, тем самым образуется замкнутое ручное управление.

PID 控制回路的“手动 / 自动”控制，取决于控制器的输出是由 PID 控制器自动控制，还是由操作人员手动控制。

«Ручное/автоматическое» управление контура PID-зависит от автоматического управления выводом посредством регулятора PID, или ручного управления выводом, осуществляемое оператором.

为了确保工艺过程的平稳安全，需要在进行PID 控制回路的“手动 / 自动”切换时，保持控制输出的稳定，即要求无扰动切换。

Чтобы обеспечить стабильность и безопасность технологического процесса, необходимо сохранить стабильность выхода управления при переключении «ручного/автоматического» контура управления PID, т.е. требуется беспомеховое переключение.

（1）“手动→自动”的无扰动切换。

（1）Беспомеховое переключение режима «ручного → автоматического».

PID 控制器从“手动”切换到“自动”时，控制器会自动执行以下动作以完成无扰动切换：

При переключении регулятора PID от «ручного» до «автоматического» режима, регулятор автоматически выполняет следующие действия для осуществления беспрепятственного переключения:

① 使设定值（SP_n）= 当前工艺过程测量反馈值（PV_n）；

① Делает заданное значение（SP_n）= измеренное значение обратной связи текущего технологического процесса（PV_n）;

② 设置上次采样过程测量反馈值（PV_{n-1}）= 当前测量反馈值（PV_n）；

② Настраивает измеренное значение обратной связи прошлого процесса отбора проб（PV_{n-1}）= текущее измеренное значение обратной связи（PV_n）;

③ 设置积分偏差和（或积分前项）= 当前输出值（U_n）。

③ Настраивает сумму отклонений интегрирования（или предыдущий пункт интегрирования）= текущее выходное значение（U_n）.

使设定值等于当前反馈值可以避免出现偏差，使之不存在调整的要求。如果有工艺要求，也可以后续再调整设定值。其他的动作都是为了使 PID 在后续的操作中不改变输出值，以保证切换的平稳，实现无扰动切换。

Пусть заданное значение равно текущему значению обратной связи, что можно избежать появления отклонения, таким образом, не требуется его регулировка. Если имеется технологическое требования, также можно провести последующую регулировку заданного значения. Остальные действия выполняются для того, чтобы PID в последующих операциях не изменял выходного значения, таким образом можно обеспечить плавное переключение и осуществить беспомеховое переключение.

（2）“自动→手动”的无扰动切换。

（2）Беспомеховое переключение режима «автоматического → ручного».

PID 控制器从“自动”切换到“手动”时，控制器的输出计算停止，输出值 U_n 不再变化，保持切换时刻的值，实现无扰动切换。

При переключении регулятора PID от «автоматического» до «ручного» режима, прекращается выходной расчет регулятора, выходное значение U_n не изменяется более, сохраняется значение в момент переключения, осуществляется беспомеховое переключение.

4.4.3 PID 参数整定方法

PID 控制器参数的整定，是自动调节系统中相当重要的一个问题。在调节方案已经确定，仪表及调节阀等已经选定并已装好之后，调节对象的特性也就确定了，调节系统的品质就主要决定于控制器参数的整定。因此，控制器参数整定的任务，就是对已选定的调节系统，求得最好的调节质量时控制器的参数值，即确定最合适的比例度、积分时间和微分时间。

以下是工程中常用的几种 PID 参数整定方法。

4.4.3.1 临界比例度法

先在纯比例作用下(将积分时间放到最大，微分时间放到零)，在闭合的调节系统中，从大到小逐渐地改变控制器的比例度，就会得到一个临界振荡过程，如图 4.4.2 所示。这时的比例度叫临界比例度 δ_k，周期为临界振荡周期 T_k。记下 δ_k 和 T_k，然后按表 4.4.1 经验公式来确定控制器的各参数值。

4.4.3 Способ настройки параметров PID

Настройка параметров регулятора PID является довольно важной проблемой в системе автоматического регулировании. После определения варианта регулирования, выбора и установки приборов и регулирующего клапана, будут определены характеристики регулируемого объекта, качество системы регулирования главным образом зависит от настройки параметров регулятора. Поэтому, задание по настройке параметров регулятора означает получение значений параметров регулятора выбранной системы регулирования при наилучшем качестве регулирования, т.е. определение оптимальной зоны пропорциональности, времени интегрирования и времени дифференцирования.

Ниже приведены несколько часто используемых методов настройки параметров PID в объектах.

4.4.3.1 Метод предельной зоны пропорциональности

Сначала под действием чистой пропорциональности (увеличить время интегрирования до максимума, установить время дифференцирования на нуль), в замкнутой системе регулирования, постепенно изменить зону пропорциональности регулятора от большого значения до малого, будет получен процесс предельного колебания, как показано на рис. 4.4.2. В это время зону пропорциональности называют предельной зоной пропорциональности δ_k, периодом является период предельного колебания T_k. Зарегистрируйте δ_k и T_k, затем по эмпирической формуле в таблице 4.4.1 определить значения разных параметров регулятора.

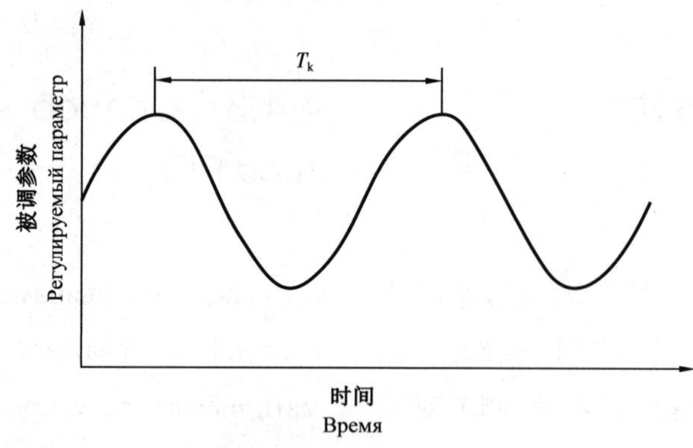

图 4.4.2 临界振荡示意图

Рис. 4.4.2 Схема предельного колебания

表 4.4.1 临界比例度法数据表

Таблица 4.4.1 Таблица данных по методу предельной зоны пропорциональности

调节作用 Регулирующее действие	比例度 δ, % Зона пропорциональности δ, %	积分时间 T_i, min Время интегрирования T_i, мин	微分时间 T_d, min Время дифференцирования T_d, мин
比例 Пропорция	$2\delta_k$		
比例积分 Пропорциональный интеграл	$2.2\delta_k$	$0.85T_k$	
比例微分 Пропорциональный дифференциал	$1.8\delta_k$		$0.1T_k$
比例积分微分 Пропорциональный интеграл и дифференциал	$1.7\delta_k$	$0.5T_k$	$0.125T_k$

临界比例度法在下面两种情况下不宜采用：

(1)临界比例度过小。因为这时候调节阀很容易处于全开及全关位置，对于工艺生产不利，例如，对于一个用燃料油(或瓦斯)加热的炉子，如δ很小，接近双位调节，将一会儿熄火，一会儿烟囱浓烟直冲。

В следующих двух случаях не следует использовать метод предельной зоны пропорциональности:

(1) Слишком маленькая предельная зона пропорциональности, так как в это время регулирующий клапан легко находится в полностью открытом и закрытом положении, это не благоприятствует технологическому производству, например, относительно нагревательной печи, использующей топливное масло (или газ), если δ слишком маленькая, приближается к двухпозиционному регулированию, то через некоторое время погасает, и через некоторое время выпускается густой дым из дымовой трубы.

（2）工艺上约束条件较严格。因为这时候如达到等幅振荡，将影响生产的安全运行。

（2）При строгих ограничительных условиях технологии, так как при этом если достигается незатухающее колебание, это будет влиять на безопасность производства.

4.4.3.2 衰减曲线法

4.4.3.2 Метод кривой затухания

临界比例度法是要系统等幅振荡，还要多次试凑，而用衰减曲线法较简单，一般又有两种方法。

Метод предельной зоны пропорциональности требует незатухающего колебания системы, к тому же необходимы многократные испытания, а метод кривой затухания сравнительно простой, как правило, разделяется на два.

（1）4∶1 衰减曲线法。

使系统处于纯比例作用下，在达到稳定时，用改变给定值的办法加入阶跃干扰，观察记录曲线的衰减比，然后逐渐从大到小改变比例度，直到出现 4∶1 的衰减比为止，如图 4.4.3 所示。记下此时的比例度 δ_s。再按表 4.4.2 的经验公式来确定 PID 数值。

（1）Метод кривой затухания 4∶1.

Система находится под действием чистой пропорции, при достижении стабильности, через измерение заданного значения добавляются ступенчатые помехи, наблюдается и регистрируется коэффициент затухания на кривой, затем постепенно изменяется зона пропорциональности от большего значения к меньшему, вплоть до появления коэффициента затухания 4∶1, как показано на рис. 4.4.3. Зарегистрировать текущую зону пропорциональности δ_s. Потом определить числовые значения PID по эмпирической формуле в таблице 4.4.2.

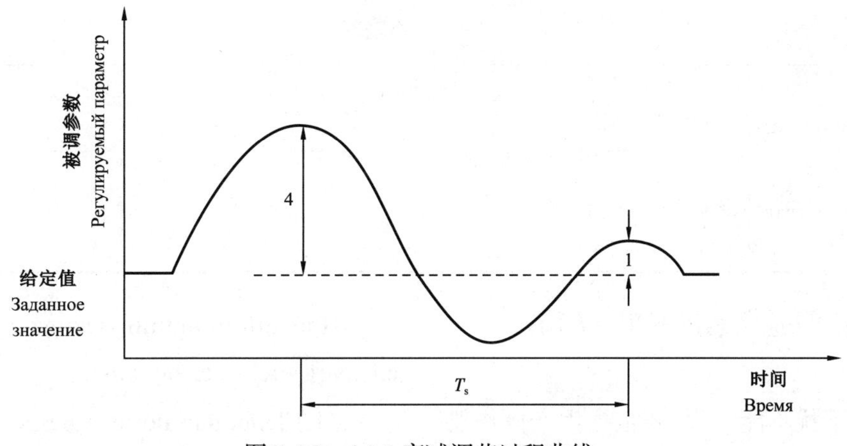

图 4.4.3 4∶1 衰减调节过程曲线

Рис. 4.4.3 Кривая процесса регулирования затухания 4∶1

表 4.4.2 4∶1 衰减曲线法数据表

Таблица 4.4.2 Таблица данных по методу кривой затухания 4∶1

调节作用 Регулирующее действие	比例度 δ, % Зона пропорциональности δ, %	积分时间 T_i, min Время интегрирования T_i, мин	微分时间 T_d, min Время дифференцирования T_d, мин
比例 Пропорция	δ_s		
比例积分 Пропорциональный интеграл	$1.2\delta_s$	$0.5T_s$	
比例积分微分 Пропорциональный интеграл и дифференциал	$0.8\delta_s$	$0.3T_s$	$0.1T_s$

（2）10∶1 衰减曲线法。

有的工艺过程，4∶1 衰减仍可能振荡过强，可采用 10∶1 衰减曲线法。方法同上，得到 10∶1 衰减曲线，记下此时的比例度 δ_s' 和上升时间 T_s'，再按表 4.4.3 的经验公式来确定 PID 参数。衰减曲线如图 4.4.4 所示。

（2）Метод кривой затухания 10∶1.

В некоторых технологических процессах колебание затухания 4∶1 все же может быть слишком сильным, в этом случае можно использовать метод кривой затухания 10∶1. Метод совпадает с предыдущим, после получения кривой затухания 10∶1, зарегистрировать текущую зону пропорциональности δ_s' и время нарастания T_s', затем определить параметры PID по эмпирической формуле в таблице 4.4.3. Кривая затухания показана на рис. 4.4.4.

表 4.4.3 10∶1 衰减曲线法数据表

Таблица 4.4.3 Таблица данных по методу кривой затухания 10∶1

调节作用 Регулирующее действие	比例度 δ, % Зона пропорциональности δ, %	积分时间 T_i, min Время интегрирования T_i, мин	微分时间 T_d, min Время дифференциации T_d, мин
比例 Пропорция	δ_s'		
比例积分 Пропорциональный интеграл	$1.2\delta_s'$	$2T_s'$	
比例积分微分 Пропорциональный интеграл и дифференциал	$0.8\delta_s'$	$1.2T_s'$	$0.4T_s'$

采用衰减曲线法应注意以下几个方面：

（1）加给定干扰不能太大，要根据生产操作要求来定，一般在 5% 左右，但也有例外的情况。

При применении метода кривой затухания следует учесть следующее:

（1）Заданная помеха не должна быть слишком большой, и должна быть определена согласно

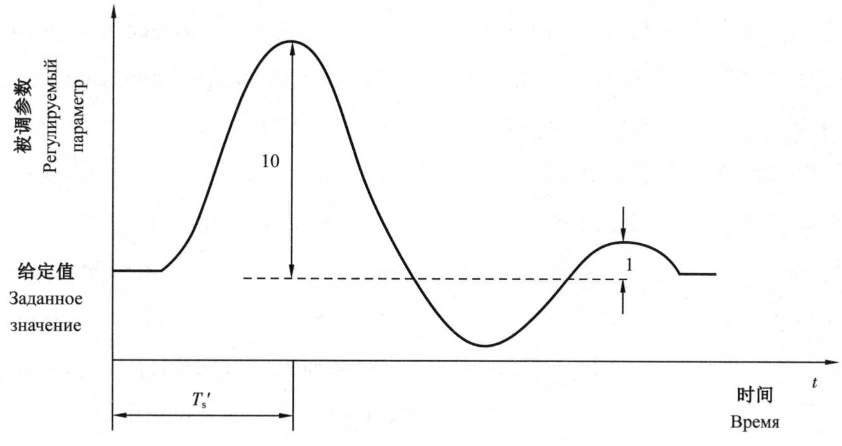

图 4.4.4 10∶1 衰减曲线示意图

Рис. 4.4.4 Схема кривой затухания 10∶1

требованиям операции производства, как правило, находиться около 5%, также бывают исключения.

（2）必须在工艺参数稳定的情况下才能加给定干扰，否则得不到正确得 δ_s、T_s、或 δ_s' 和 T_s' 值。

（2）Заданная помеха придается только при стабилизации технологических параметров, иначе не будут получены верные значения δ_s, T_s или δ_s' и T_s' .

（3）对于反应快的系统，如流量、管道压力和小容量的液位调节等，要在记录纸上严格得到 4∶1 衰减曲线较困难，一般以被调参数来回波动两次达到稳定，就近似地认为达到 4∶1 衰减过程了。

（3）Относительно системы быстрого реагирования, например регулирование расхода, давления трубопровода и уровня жидкости малой емкости, относительно сложно строго получить кривую затухания 4∶1 на записной бумаге, как правило, регулируемые параметры достигают стабилизации после двукратного колебания, приблизительно считают, что достигнут процесс затухания 4∶1.

4.4.3.3 经验试凑法

4.4.3.3 Эмпирический метод проб и ошибок

这是在生产实践中所总结出来的方法，目前应用最为广泛，其步骤简述如下：

Это метод получен на производственной практике, в настоящее время является наиболее распространенным в применении, ниже дано краткое описание его шагов:

（1）根据不同调节系统的特点，先将 PID 各参数设置在基本合理的数值上，这些数值是由大量实践经验总结得来的(按 4∶1 衰减)，其范围大致如表 4.4.4 所示。但也有特殊情况超出表列的范围，例如有的温度调节系统积分时间长达 15min 以上，有的流量系统的比例度可到 200% 左右等。

（1）Согласно особенностям разных систем регулирования, сначала устанавливаются параметры P, I, D на рациональные значения, эти значения получены на основе многочисленных практических опытов (по затуханию 4∶1), их приблизительные диапазоны приведены на табл. 4.4.4. Но также бывают исключения с выходом из диапазона в таблице, например, в некоторых системах регулирования температуры время интегрирования превышает 15 минут, а зона пропорциональности некоторых систем расхода может достичь около 200%.

表 4.4.4　各调节系统 PID 参数经验数据表

Таблица 4.4.4　Таблица эмпирических данных параметров PID систем регулирования

调节系统 Система регулирования	比例度 δ, % Зона пропорциональности δ, %	积分时间 T_i, min Время интегрирования T_i, мин	微分时间 T_d, min Время дифференцирования T_d, мин	说明 Описание
流量 Расход	40～100	0.1～1		对象时间常数小，并有杂散扰动，δ 应大，T_i 较短，不必用微分 Маленькая постоянная времени объекта, к тому же имеется блуждающая помеха, δ должна быть большой, T_i относительно коротким, не нужен дифференциал
压力 Давление	30～70	0.4～3		对象滞后一般不大，δ 略小，T_i 略大，不用微分 Запаздывание объекта, как правило, небольшое, δ немного маленькая, T_i немного большое, не нужен дифференциал
液位 Уровень жидкости	20～80	1～5		δ 小，T_i 较大，要求不高时可不用积分，不用微分 маленькая, T_i относительно большое, при невысоких требованиях не нужен интеграл, не нужен дифференциал
温度 Температура	20～60	3～10	0.5～3	对象容量滞后较大。δ 小，T_i 大，加微分作用 Относительно большое емкостное запаздывание объекта. Маленькая δ, большое T_i, добавляется действие дифференциала

（2）看曲线，调参数。根据操作经验，看曲线的形状，直接在闭合的调节系统中逐步反复试凑，一直得到满意数据。通常的方法是先加 δ，再加 T_i，最后才加 T_d。

（2）Параметры регулируются согласно кривой. Основываясь на опыте эксплуатации, смотря на форму кривой, непосредственно шаг за шагом произвести многократные пробы в замкнутой системе регулирования, вплоть до получения удовлетворительных данных. Как правило, сначала добавляют δ, затем T_i, и в конце T_d.

另一种方法是先从表列范围内取 T_i 的某个数值，如果需要微分，则取 T_d=（1/3～1/4）T_i，然后对 δ 进行试凑，也能较快地达到要求。

Другим способом является то, что сначала берут некоторое значение T_i из диапазона в таблице, если необходим дифференциал, то берется T_d=（1/3～1/4）T_i, затем производятся пробы относительно δ, тоже можно быстро достичь требования.

实践证明，在一定范围内适当地组合 δ 和 T_i 的数值，可以得到同样衰减比的曲线，也就是说，δ 的减少，可以用增加 T_i 的办法来补偿，而基本上不影响调节过程的质量。所以，这种情况，先确定 T_i、T_d 再确定 δ 的顺序也是可以的，而且可能更快些。如果曲线仍然不理想，可用 T_i、T_d 再加以适当调整。另外，将所在装置控制系统的 PID 参数记录下来，是一个很好的做法。

Практика показала, что при надлежащем комбинации значений δ и T_i в определенном диапазоне, можно получить кривую с одинаковым коэффициентом затухания, то есть, уменьшение δ можно компенсировать увеличением T_i, и это в принципе не влияет на качество процесса регулирования. Поэтому, в этом случае также годится последовательность, где сначала определяются T_i и T_d, а затем δ. К тому же данный способ возможно потратит меньше времени. Если кривая все же является неудовлетворительной, то можно осуществить надлежащую настройку с помощью T_i, T_d. Кроме того, хорошо, если зарегистрировать параметры PID системы управления установки, в которой осуществляется настройка.

（3）在不熟悉的生产过程中，应先进行手动调节。进入自动调节时，应确定比例度、积分时间、微分时间。当调节输出变化一点点而影响测量值有较大变化的这种场合，考虑到系统的稳定性，应加大比例度，反之，则减小比例度。当控制器的输出变化时，在生产过程中希望测量值跟踪时间较短，则应该缩短积分时间，恢复时间长的生产过程则应该有较长的微分时间。

（3）В незнакомом производственном процессе следует сначала осуществить ручное регулирование. При переходе в режим автоматического регулирования, необходимо определить зону пропорциональности, время интегрирования, время дифференциации. В случае, если при небольшом изменении выхода регулирования происходит относительно большое изменение измеренного значения, учитывая стабильность системы, следует увеличить зону пропорциональности, если наоборот, то уменьшить зону пропорциональности. При изменении выхода регулятора, время отслеживания желаемого измеренного значения в производственном процессе относительно короткое, то следует сократить время интегрирования, в производственном процессе с долгим временем восстановления должно иметься относительно длительное время дифференциации.

4.4.3.3.1 比例、积分调节

4.4.3.3.1 Пропорциональное, интегральное регулирование

（1）积分时间置于最大。

（1）Установить время интегрирования на максимальное.

（2）微分时间切除。

（2）Отсечь время дифференциации.

（3）按下述方法寻求比例度的最佳值：将比例度从较大数值逐渐往下降（例如 100% → 50% → 20%），这时仔细观察各个比例度情况下的调节过程，直至开始产生周期性振荡（测量值以给定值为中心作有规则的振荡）。在产生周期性振荡的情况下，将此比例度逐渐加宽直至系统充分稳定。

（3）Получить оптимальное значение зоны пропорциональности по следующему методу. Постепенно уменьшить зону пропорциональности（например，100% → 50% → 20%），в это время，пристально наблюдайте за процессом регулирования при разных зонах пропорциональности，вплоть до возникновения периодического колебания.（Измеренное значение осуществляет упорядоченное колебание с заданным значением в качестве центра），при возникновении периодического колебания，следует постепенно расширить данную зону пропорциональности，вплоть до полной стабилизации системы.

（4）然后将积分时间逐渐缩短，一般减少积分时间即缩短了测量值跟踪给定值的时间，但是由于过程有延迟，积分时间缩短时仍会产生振荡，此时表示积分时间过短，应将积分时间稍加延长，直至振荡停止。

（4）Далее постепенно сократите время интегрирования，как правило，при уменьшении времени интегрирования сокращается время отслеживания заданного значения измеренным значением，но так как процесс имеет запоздание，при сокращении времени интегрировании，все же возникает колебание，в это время это означает слишком короткое время интегрирования，следует немного удлинить время интегрирования，вплоть до прекращения колебания.

4.4.3.3.2 比例、积分、微分调节

4.4.3.3.2 Пропорциональное, интегральное, дифференциальное регулирование

（1）积分时间置于最大。

（1）Установить время интегрирования на максимальное.

（2）微分时间置于最小。

（2）Установить время дифференциации на минимальное.

（3）和前面的比例、积分调节作用一样改变比例度，求起振点。

（3）Изменить зону пропорциональности как и в предыдущем пропорциональном, интегральном регулирующем действии, добиться точки возникновения колебания.

（4）加大微分时间使振荡停止，然后将比例度调得稍小一些，使振荡又产生，加大微分时间，使振荡再停止，来回这样操作，直至虽加大微分时间，但不能使振荡停止，以求得微分时间的最佳值，此时将比例度调得稍大一些直至振荡停止。

（4）Увеличить время дифференциации, чтобы прекратить колебание, затем немного уменьшить зону пропорциональности, чтобы появилось колебание, увеличить время дифференциации, чтобы опять прекратить колебание, и повторить эти действия несколько раз, вплоть до невозможности прекращения колебания даже при увеличении времени дифференциации, чтобы получить оптимальное значение времени дифференциации, в это время следует немного увеличить зону пропорциональности, вплоть до прекращения колебания.

（5）将积分时间调成和微分时间相同的数值一般情况下是没有什么问题的，如果又产生振荡则加大积分时间直至振荡停止。

（5）В обычной ситуации не возникают проблемы при настройке времени интегрирования и времени дифференциации на одинаковое значение, если опять возникает колебание, то следует увеличить время интегрирования, вплоть до прекращения колебания.

4.4.4 复杂控制回路 PID 参数整定

4.4.4 Настройка параметров PID сложного контура управления

本节以串级调节系统为例来说明复杂调节系统的参数整定方法。由于串级调节系统中有主、副两组参数，各通道及回路间存在着相互联系和

К примеру берется система каскадного регулирования для описания метода настройки параметров системы сложного регулирования. Так как

影响。改变主、副回路的任一参数，对整个系统都有影响。特别是主、副对象时间常数相差不大时，动态联系密切，整定参数的工作尤其困难。

в системе каскадного регулирования имеются две группы параметров（основные и вспомогательные）, между каналами и контурами существуют взаимная связь и воздействие. Изменение любого параметра основного, вспомогательного контура окажет влияние на всю систему. В частности, когда разница между временными постоянными основного и вспомогательного объекта не большая, имеется тесная динамическая связь, особенно трудно настроить параметры.

在整定参数前，先要明确串级调节系统的设计目的。如果主要是保证主参数的调节质量，对副参数要求不高，则整定工作就比较容易；如果主、副参数都要求高，整定工作就比较复杂。下面介绍“先副后主”两步参数整定法。

Перед настройкой параметров, необходимо определить цель проектирования системы каскадного управления. Если главным образом обеспечить качество регулирования основных параметров, а требования к вспомогательным параметра не высокие, то работа по настройке будет легче; если требования и к основным параметрам и к вспомогательным высокие, то работа по настройке будет сложнее. Ниже описан метод настройки параметров двумя шагами «сначала второстепенные, затем основные».

第 1 步：在工况稳定情况下，将主回路闭合，将主控制器比例度放在 100%，积分时间放在最大，微分时间放在零。用 4∶1 衰减曲线整定副回路，求出副回路的比例度 δ_{2s} 和振荡周期 T_{2s}。

Шаг 1：при стабильных рабочих условиях, замкнуть основной контур, установить зону пропорциональности основного регулятора на 100%, установить время интегрирования на максимальное, а время дифференциации на нуль. Настроить вспомогательный контур с помощью кривой затухания 4∶1, получить зону пропорциональности δ_{2s} и период вибрации T_{2s} вспомогательного контура.

第 2 步：将副回路看成是主回路的一个环节，使用 4∶1 衰减曲线法整定主回路，求得主控制器 δ_{1s} 和 T_{1s}。

Шаг 2：рассматривать вспомогательный контур как одно звено основного контура, настроить основной контур по методу кривой затухания 4∶1, получить δ_{1s} и T_{1s} регулятора.

根据 δ_{1s}、δ_{2s}、T_{1s}、T_{2s} 算出串级调节系统主、副回路参数。先放上副回路参数，再放上主回路参数，如果得到满意的过渡过程，则整定工作完毕。否则可进行适当调整。

Согласно δ_{1s}, δ_{2s}, T_{1s}, T_{2s} вычислить параметры основного и вспомогательного контура системы каскадного регулирования Сначала вставьте параметры вспомогательного контура, затем основного, если получен удовлетворительный переходный процесс, то это значит, что завершена работа по настройке. В ином случае можно осуществить надлежащую настройку.

如果主、副对象时间常数相差不大，按 4∶1 衰减曲线法整定，可能出现“共振”危险，这时，可适当减小副回路比例度或积分时间，以达到减少副回路振荡周期的目的。同理，加大主回路比例度或积分时间，以期增大土回路振荡周期，使土、副回路振荡周期之比加大，避免“共振”。这样做的结果会降低调节质量。如果主、副对象特性太相近，则说明确定的方案欠妥当，就不能完全依靠参数整定来提高调节质量了。

Если разница между временными постоянными основного и вспомогательного объектов небольшая, то при настройке по методу кривой затухания 4∶1, может возникнуть опасность «резонанса», в это время, можно надлежащим образом уменьшить зону пропорциональности или время интегрирования вспомогательного контура, чтобы сократить период колебания вспомогательного контура. Аналогично, увеличить зону пропорциональности или время интегрирования основного контура, чтобы увеличить период колебания основного контура, это приведет к увеличению отношения между периодами колебания основного контура и вспомогательного периода, во избежание «резонанса». Результат данного действия приводит к снижению качества регулирования. Если характеристики основного и вспомогательного объектов слишком схожи, то это значит, что определенный вариант является неуместным, в этом случае невозможно повысить качество регулирования лишь опираясь на настройке параметров.

典型 PID 调节器的控制面板布局如图 4.4.5 所示。

Компоновка панели управления типичного регулятора PID показана в рис. 4.4.5.

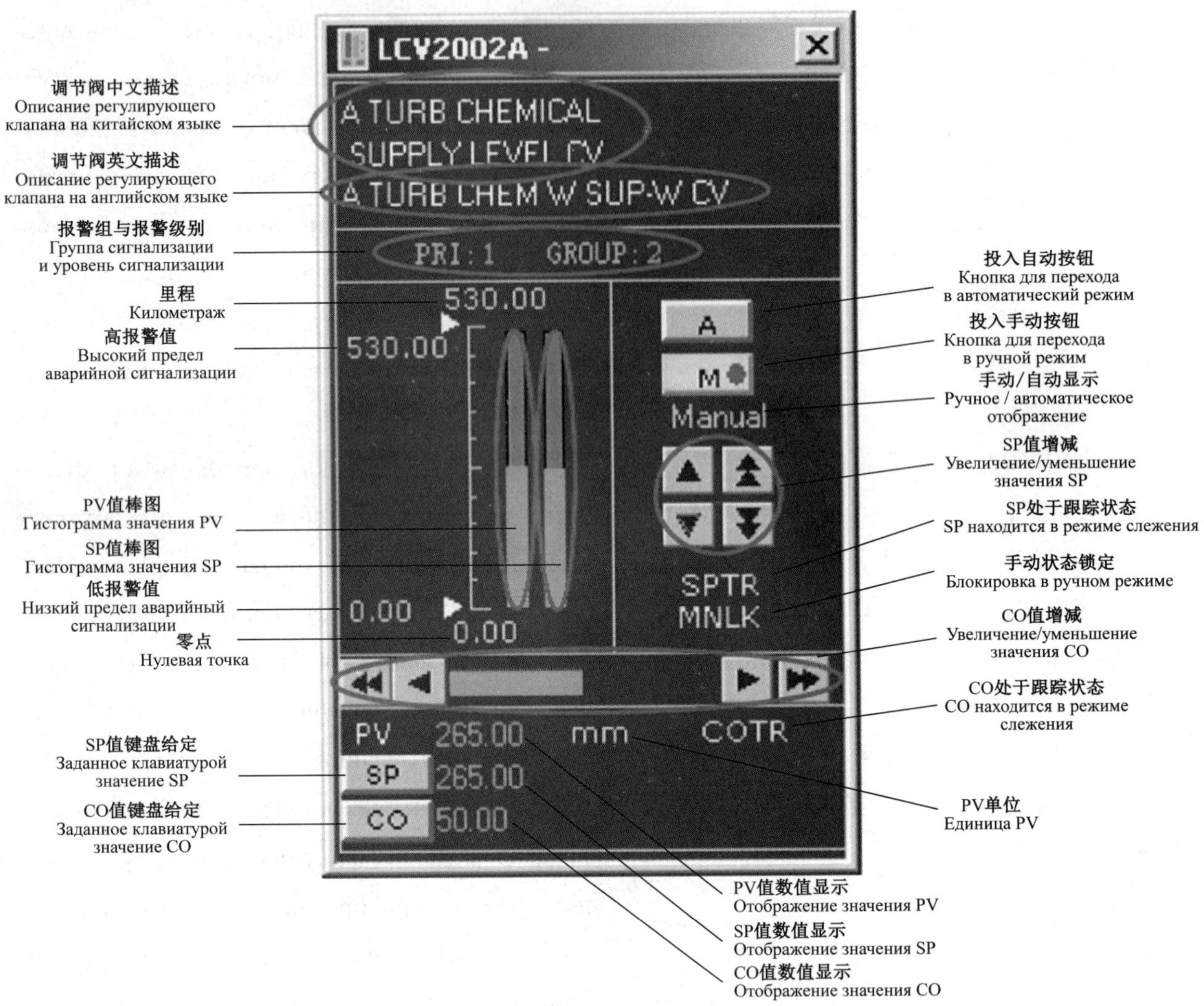

图 4.4.5　典型 PID 调节器控制面板图

Рис. 4.4.5　Схема панели управления типичного регулятора PID

5 天然气贸易计量

5 Коммерческий учет природного газа

天然气贸易计量是一个企业经济核算的关键,计量的准确度直接关系到企业的经济效益,同时也关系到下游用户的经济利益,因此要选择合适的计量类型和检定方法。

Коммерческий учет природного газа является ключевым звеном экономического учета предприятия, точность учета непосредственно связана с экономической эффективностью предприятия, вместе с тем также связана с экономическим интересом последующих потребителей, поэтому следует выбрать подходящий тип учета и метод проверки.

用于天然气管道贸易交接计量的流量计量仪表主要有孔板流量计、气体涡轮流量计和气体超声流量计等。

Приборы для измерения расхода при коммерческом учете газопровода в основном включают в себя диафрагменн ы й расходомер, газовый турбинный расходомер, газовый ультразвуковой расходомер и др.

本章对计量系统主要设备、组成、选型、流量计检定以及应用进行了详细介绍。

В данной главе подробно изложены основные установки, их состав и выбор, проверку расходомера и его использование для системы учета.

5.1 计量系统设置原则

5.1 Принцип установки системы учета

天然气贸易计量系统一般按照如下原则进行设置:

Как правило, установка системы коммерческого учета природного газа производится по следующим принципам:

(1)计量系统设计遵循国际通用标准,如AGA Report No.9《用多声道气体超声流量计测量气体流量》、ISO 17089《封闭管道中流体流量的测量—气体超声流量计》等。

(1) Проектирование системы учета должно быть осуществлено согласно общепринятым международным стандартам, как AGA Report No.9 «Измерение расхода газа газовым многоканальным ультразвуковым расходомером», ISO 17089 «Измерение расхода флюида в замкнутом

трубопроводе–газовый ультразвуковой расходомер» и др.

（2）计量系统的不确定度应达到 ±1%，流量计的精确度在 $q_t \sim q_{max}$ 范围内应优于 ±0.5%。发热量测量系统的不确定度应小于 ±1%。

（2）Погрешность системы учета должна достигать ±1%, точность расходомера в диапазоне $q_t \sim q_{max}$ должна превосходить ±0,5%. Погрешность системы измерения теплопроизводительности должна быть меньше ±1%.

（3）贸易交接计量的流量计口径选择应考虑其检定的条件需求。

（3）При выборе диаметра расходомера для коммерческого учета следует учесть требования к его проверке.

（4）计量系统应避免脉动流和振动。

（4）Следует избегать пульсирующего потока и колебания в системе учета.

（5）流量计量系统计量管路不应有旁通。一般情况下流量计量管路应设为 1 用 1 备或多用 1 备。

（5）Измерительный трубопровод системы учета расхода не должен иметь байпас. В обычной ситуации, устанавливаются один рабочий и один резервный или несколько рабочих и один резервный трубопровод учета расхода.

（6）流量计上下游直管段内径与测量管段内径应相同。

（6）Внутренний диаметр верхнего и нижнего прямого звена трубы расходомера совпадает с внутренним диаметром измерительной трубы.

（7）每条计量管路至少需要安装 1 台上游截断阀和 1 台下游截断阀。

（7）На каждом учетном трубопроводе как минимум необходимо смонтировать один верхний отсечный клапан и один нижний отсечный клапан.

（8）计量系统任何外围设备的设计都不能影响计量过程。

（8）Проектирование любого периферийного оборудования системы учета не должно оказывать влияние на учетный процесс.

（9）每台流量计均设置流量计算机，进行瞬时流量和累计流量计算，也可进行热量的计算（根据气相色谱分析仪提供的组分）。

（9）Каждый расходомер оснащен компьютером расхода, производящим расчет мгновенного расхода и общего расхода, а также расчет количества теплоты（согласно компонентам, предоставленным газохроматографическим анализатором）.

（10）计量管路按最大流速 20m/s 进行计算。

（10）Расчет учетного трубопровода осуществляется по максимальной скорости течения 20 м/с.

5.2 流量计类型的选择

孔板流量计、气体涡轮流量计和气体超声流量计是天然气贸易计量的主要设备，其主要技术性能指标比较见表 5.2.1。

5.2 Выбор типа расходомера

Диафрагменный расходомер, газовый турбинный расходомер и газовый ультразвуковой расходомер являются основными установками коммерческого учета природного газа, сопоставление их основных технических характеристик показано в таблице 5.2.1.

表 5.2.1 孔板流量计、气体涡轮流量计和气体超声流量计的主要技术性能指标比较表

Таблица 5.2.1 Сопоставление основных технических характеристик диафрагменного расходомера, газового турбинного расходомера и газового ультразвукового расходомера

项目 Пункт	孔板流量计 Диафрагменный расходомер	气体涡轮流量计 Газовый турбинный расходомер	气体超声流量计 Газовый ультразвуковой расходомер
测量原理 Принцип измерения	根据节流差压与流量的开方关系 Согласно открытому отношению между дифференциальный давлением дросселирования и расходом	根据涡轮转动角速度与气体流速成正比的关系 Согласно прямо пропорциональному отношению между угловой скоростью вращения турбины и скоростью течения газа	根据超声脉冲在顺逆流条件下传播时间差与流量成正比的关系 Согласно прямо пропорциональному отношению между разницей времени распространения и расходом при распространении ультразвукового импульса по и против течения
可采用的标准 Применимый стандарт	AGA3、ISO5167	AGA7、ISO9951	AGA9、ISO17089
准确度等级 Класс точности	1.0% ～ 1.5%	≤ 0.5%	≤ 0.5%
在准确度范围内的量程比 Отношение диапазонов в пределах точности	3 ∶ 1（若采用双差压测量元件，量程比可扩大） 3 ∶ 1（если использовать два элемента для измерения дифференциального давления, то можно расширить отношение диапазонов）	10 ～ 20 ∶ 1	25 ～ 30 ∶ 1
附加误差 Дополнительная погрешность	引起附加误差的因素较多，如计算、制造、安装条件、工艺条件、附属仪表的准确度和性能等 Существует множество факторов, вызывающих дополнительную погрешность, как расчет, изготовление, условия монтажа, технологические условия, точность и характеристики вспомогательных приборов	较少 Небольшая	较少 Небольшая

续表
продолжение

项目 Пункт	孔板流量计 Диафрагменный расходомер	气体涡轮流量计 Газовый турбинный расходомер	气体超声流量计 Газовый ультразвуковой расходомер
操作状态下气体密度 Плотность газа в рабочем состоянии	决定测量结果 Определяет результат измерения	最小流量随密度增加而减小 Минимальный расход уменьшается с увеличением плотности	在规定的密度范围内无影响 Нет влияний в установленном диапазоне плотности
含有固体颗粒的气体 Газ, содержащий твердые частицы	可能被冲蚀和产生沉积物，需定期清洁和检查 Может вызвать размыв и образоваться отложения, необходима регулярная чистка и проверка	可能产生沉积物，叶片可能受损、停止旋转，需要过滤器 Могут образоваться отложения, может повредиться и остановиться лопасть, необходим фильтр	通常不受影响，但传感器探头插孔处和测量管管壁附着或沉积杂质，将会影响仪表性能 Как правило, не подвергается влиянию, но на гнезде зонда датчика и стенках измерительной трубки могут пристать или отложиться примеси, это будет влиять на работоспособность прибора
含水气体 Газ, содержащий воду	因腐蚀可造成流量误差，孔板表面与（或）开孔处的沉淀，可能影响准确度 Из-за того, что коррозия может привести к погрешности расхода, на поверхности диафрагмы и/или на месте открытых отверстий могут образоваться отложения, это возможно окажет влияние на точность	可能会产生腐蚀、结冰，润滑油被稀释，使转子失去平衡 Может образоваться коррозия, лед, разбавиться смазочное масло, в последствии чего ротор теряет равновесию.	可能使信噪比减弱，导致功能性问题。若传感器探头插孔处壁附着或沉积杂质，仪表功能会受到影响 Может привести к ослаблению отношения «сигнал/шум», тем самым к функциональным проблемам. Если к стенкам гнезда зонда датчика пристали или отложились примеси, функции прибора могут подвергнуться влиянию
压力和流量的波动 Колебание давления и расхода	急速的压力波动，会导致其损坏 Резкое колебание давления будет приводить к его повреждению	急速的压力波动，会导致其损坏 Резкое колебание давления будет приводить к его повреждению.	无影响 Нет влияний
脉动流 Пульсирующий поток	测量精度取决于仪表的反应速度，因此影响准确度 Точность измерения зависит от скорости реагирования прибора, поэтому влияет на точность	旋涡流的迅速变化，导致测量结果误差大。影响程度取决于旋涡流流量的大小和频率、气体密度和涡轮的转动惯量（惯性矩） Быстрое изменение вихревого потока приводит к большой погрешности результата измерения. Степень влияния зависит от величины и частоты расхода вихревого потока, плотности газа и момента инерции турбины (момента инерции)	只要脉动流的频率与超声检测频率不一致，就不会产生较大的影响 Если только частота пульсирующего потока не совпадает с частотой ультразвукового контроля, то не возникает большое влияние
过流 Сверхпоток	取决于孔板允许的压差 Зависит от допустимого перепада давления диафрагмы	允许在额定转速 1.5 倍的短时过流 Допускается кратковременный сверхпоток со скоростью, превышающей номинальную скорость в 1,5 раза	允许过流 Допускается сверхпоток

续表
продолжение

项目 Пункт	孔板流量计 Диафрагменный расходомер	气体涡轮流量计 Газовый турбинный расходомер	气体超声流量计 Газовый ультразвуковой расходомер
压力损失 Потеря давления	较大 Относительно большая	较小 Относительно маленькая	无 Нет
使用寿命 Срок службы	较长(与介质洁净程度有关) Относительно длительный (зависит от чистоты среды)	较长(与介质洁净程度和操作有关) Относительно длительный (зависит от чистоты среды и эксплуатации)	长 Длительный
仪表结构 Конструкция прибора	结构简单、无运动部件 Простая конструкция, нет подвижных частей	结构复杂、有可动部件 Сложная конструкция, есть подвижные части	结构简单、无运动部件 Простая конструкция, нет подвижных частей
安装 Монтаж	要求严格,安装不好,易造成附加误差 Строгие требования, при плохом монтаже легко возникает дополнительная погрешность	法兰连接、安装简单 Фланцевое соединение, простой монтаж	法兰连接、安装简单 Фланцевое соединение, простой монтаж
前后直管 Передняя и задняя прямая труба	前 30*D* 以上,后 5*D* 以上 Передняя больше 30*D*, задняя больше 5*D*	前 10*D* 以上,后 5*D* 以上 Передняя больше 10*D*, задняя больше 5*D*	前 30*D* 以上,后 5*D* 以上 Передняя больше 30*D*, задняя больше 5*D*
占地面积 Занимаемая площадь	大 Большая	较小 Относительно малая	较小 Относительно малая
维护性 Ремонтопригодность	噪声大、需定期检查清洁或更换孔板 Большой уровень шума, требуется регулярная проверка, чистка или замена диафрагмы	需定期检查维护 Требуется регулярная проверка и техническое обслуживание	维护量小 Небольшой объем работ по техобслуживанию
标定 Калибровка	干标、实流标定 Сухая калибровка, калибровка по фактическому потоку	实流标定 Калибровка по фактическому потоку	实流标定(干标有待研究) Калибровка по фактическому потоку (сухая калибровка нуждается в исследовании)

根据表 5.2.1 中 3 种流量计量仪表技术性能的比较可以看出,孔板流量计具有价格比较低、结构简单、标准系统完善等优点。其缺点是准确度较低、量程比小;在直接对用户进行分输计量时,因流量波动大,测量准确度随之降低;对气体清洁度要求高,需定期检查、维护、更换;压力损失较大等。在近几年的气田建设工程中,孔板流量计的应用越来越少。

Из сопоставления технических характеристик трех типов расходомеров в таблице 5.2.1 видно, что диафрагменный расходомер обладает относительно низкой стоимостью, простой конструкцией, совершенной стандартной системой и другими преимуществами. Его недостатком являются: относительно низкая точность, малое отношение диапазонов; при непосредственном учете распределительного транспорта к потребителям, из-за большого колебания расхода снижается точность измерения; высокие требования к чистоте газа, необходимы регулярная проверка, техническое обслуживание, замена; относительно большая потеря давления. В последние годы в обустройстве газовых месторождений все меньше и меньше применяются диафрагменные расходомеры.

气体涡轮流量计的应用历史较长,技术较为成熟,目前在国际天然气计量领域应用也较为普遍。特点是准确度较高(0.5级),稳定性较好,量程比较宽,所需的直管段较短。由于涡轮流量计具有运动部件,旋转轴承会造成磨损,故障率较高,使用的中后期维护量可能较大(近年来各涡轮流量计生产厂的产品,在性能上均有很大程度的改进,使用得当其产品寿命可长达10～15年)。然而,气体涡轮流量计对被测介质的清洁度要求较高,投运操作上也有要求,同时流量计前要求安装过滤器。

История использования газовых турбинных расходомеров относительно долгая, техника является относительно зрелой, в настоящее время применение в международной области учета природного газа также является распространенным. Особенностями являются относительно высокая точность (класс 0,5), хорошая стабильность, широкое отношение диапазонов, относительно короткое необходимое прямое звено трубы. Так как турбинный расходомер имеет подвижные части, при вращении подшипника возникают износы, частота отказов относительно высокая, в средний и поздний период эксплуатации наблюдается относительно большой объем работ по техобслуживанию (в последние годы значительно улучшены характеристики продукций завода-производителя турбинных расходомеров, при надлежащем пользовании срок службы достигает 10-15 лет). Но, так как газовый турбинный расходомер предъявляет высокие требования к чистоте измеряемой среды, также имеются требования к вводу в эксплуатацию, к тому же перед расходомером требуется монтаж фильтра.

气体超声流量计的特点是准确度高(0.5级)、适用的流量范围大、无压力损失、节省能源、无运动部件、维护量小。

Особенностями газового ультразвукового расходомера являются: высокая точность (класс 0,5), большой применимый диапазон расхода, отсутствие потери давления, энергосбережение, отсутствие подвижных частй, малый объем работы по техобслуживанию.

根据长输管道工程应用的技术与经济比较，流量计口径在DN80mm以下时采用气体涡轮流量计或孔板流量计，流量计口径在DN80mm及以上时采用气体超声流量计的设置方案比较合理。

Основываясь на техническом и экономическом сравнении применения магистрального трубопровода, при диаметре расходомера менее DN80 используется газовый турбинный расходомер или диафрагменный расходомер, при диаметре расходомера DN80мм и больше применяется газовый ультразвуковой расходомер.

在土库曼斯坦气田地面建设工程中，外输天然气具有高压、大流量、流量变化范围大等特点，流量计量系统多采用具有较高准确度（0.5级）的气体超声流量计以确保计量准确度，保证贸易双方的经济利益。

В обустройстве месторождений в Туркменистане, экспортный природный газ обладает такими особенностями, как высокое давление, большой расход, широкий диапазон изменения расхода и др., в большинстве систем учета расхода используется газовой ультразвуковой расходомер с относительно высокой точностью (класс 0,5) для обеспечения точности учета и экономических интересов обеих коммерческих сторон.

5.3 计量系统主要设备

5.3 Основное оборудование системы учета

天然气贸易计量系统的主要设备包括流量计、流量计算机、温度测量仪表、压力测量仪表、配套的气相色谱分析仪、上下游直管段、流动调整器等。

В основное оборудование системы коммерческого учета природного газа входят расходомер, компьютер расхода, прибор для измерения температуры, прибор для измерения давления, комплектующий газохроматографический анализатор, верхнее и нижнее прямое звено трубы, регулятор течения и др.

孔板流量计、涡轮流量计、超声流量计、温度测量仪表、压力测量仪表、气相色谱分析仪等计量系统主要设备的工作原理及结构组成在第3章已有详细说明，本节主要说明流量计算机的工作原理及配套软件，以及计量系统辅助设备。

Принцип работы и конструкция основного оборудования (диафрагменного расходомера, турбинного расходомера, ультразвукового расходомера, прибора для измерения температуры, прибора для измерения давления, газохроматографического анализатора и др.) система учета подробно описаны в разделе 3, в настоящем параграфе главным образом описываются принцип работы и комплексные программные обеспечения

单路计量管路的仪表流程如图 5.3.1 所示。

компьютера расхода, а также вспомогательное оборудование системы учета.

Технологический процесс прибора трубопровода одноканального учета показан на рис. 5.3.1.

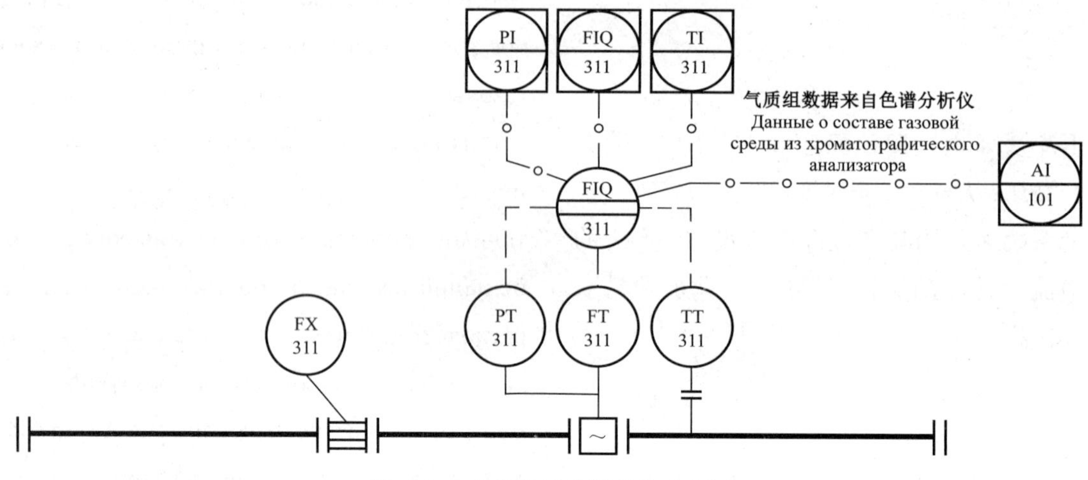

图 5.3.1 单路计量管路仪表流程图

Рис. 5.3.1 Схема технологического процесса прибора трубопровода одноканального учета

5.3.1 流量计算机

5.3.1 Компьютер расхода

气体流量仪表只能测出气体在工况温度和压力下的气体体积。由于气体是可压缩流体,其体积值与温度和压力密切相关,又由于天然气是混合气体,所含成分会随着天然气田的不同而变化。因此,只是测量出气体在工况下的体积是不够的,必须按标准规定的计算方法计算,将工况条件下的体积转换成标准条件下的体积。

Газовый расходомер может измерить только объем газа при температуре и давлении в рабочих условиях. Так как газ является сжимаемым флюидом, его объемное значение тесно связано с температурой и давлением, и так как природный газ является смешанным газом, его состав изменяется в зависимости от месторождения природного газа. Поэтому, измерение объема газа в рабочих условиях является недостаточным, необходимо произвести расчет по методу расчета, установленному стандартом, чтобы преобразовать объем в рабочих условиях в объем в стандартных условиях.

计量系统中的流量计算机(图 5.3.2),通过输入卡板读取各类气体计量仪表的各种参数,然后根据不同的计算方法计算天然气压缩因子,对气体的体积进行状态转换和实时的精确修正。目前常用的计算方法有用天然气摩尔组成计算天然气

Компьютер расхода в системе учета (рис. 5.3.2) считывает параметры газовых расходомеров через карту ввода, затем производит расчет фактора сжимаемости природного газа по разным методам расчета, чтобы перевести состояние объема

压缩因子的 AGA 8 计算方法和用天然气物性值计算天然气压缩因子的 SGERG-88 计算方法。流量计算机还应该能够将修正计算结果、工艺参数等数据储存在流量计算机内存中,通过输出卡板或通信卡以 Modbus 等通信协议将数据传送或让其他系统或设备读取。同时为了运行维护的便利,流量计算机应该还具有自诊断功能,能通过错误报警等方式将工作状况反映出来,以便操作人员及时发现错误,尽可能地保证连续计量和计量精度。

газа и осуществить точную корректировку в режиме реального времени. В настоящее время среди часто используемых методов расчета имеются метод расчета AGA 8, в котором расчет фактора сжимаемости природного газа производится с помощью молярного состава природного газа, и метод расчета SGERG-88, в котором расчет фактора сжимаемости природного газа производится с помощью физических свойств природного газа. Компьютер расхода также может сохранить параметры корректировки результатов расчетов, технологические параметры и другие параметры во внутренней памяти компьютера расхода, данные передаются или считываются другой системой или оборудованием через карту вывода или карту связи посредством протокола связи типа Modbus. Вместе с тем для удобства эксплуатации и технического обслуживания, компьютер расхода должен обладать функцией самодиагностики, которая может показать рабочее состояние посредством сигнализации об ошибке и других способов, чтобы оператор вовремя обнаружил ошибку и по возможности обеспечил непрерывный учет и точность учета.

图 5.3.2 仪表盘上安装的流量计算机

Рис. 5.3.2 Компьютер расхода, установленный на приборном щите

下面以 Elster 流量计算机为例，介绍流量计算机的具体功能及其应用。

К примеру взят компьютер расхода Elster для описания конкретных функций компьютера расхода и его применения.

（1）Elster 流量计算机。

（1）Компьютер расхода Elster.

Elster 集团的 Gas.net F1（以下简称 F1）是用于天然气体积修正的流量计算机，可以用于 1 路或 2 路气流的体积修正，根据需要可以扩充为 3 路气流。F1 采用 AGA 8 或 SGERG 计算体积修正。气体组分数据既可作为参数设为固定值，也可以通过 DSFG 通信协议或 Modbus 通信协议从在线气相色谱分析仪或其他设备读取数值。

Gas. net F1（далее – F1）Elster корпорации-это компьютер расхода для корректировки объема природного газа, может использоваться для корректировки объема газовых потоков 1 или 2 каналов, по необходимости можно расширить до 3 каналов газового потока. F1 использует AGA 8 или SGERG для расчета корректировки объема. Данные о составе газа могут рассматриваться в качестве параметров, которые могут использоваться в качестве заданных значений, также могут быть считаны с оперативного газохроматографического анализатора или другого оборудования через протокол связи DSFG или протокол связи Modbus.

Fl 的输入输出通道是卡板式设计，可以根据工艺要求增加或者减少输入输出卡。Fl 的软件采用功能模块式设计，常用的功能模块包括修正模块（correction）、监视模块（monitoring）、数据记录模块（data logging）和系统模块（system）等。

Входной и выходной каналы Fl спроектированы в виде карты, можно увеличивать и уменьшать количество карт ввода и вывода. Программные обеспечения Fl спроектированы в виде функциональных модулей, в часто используемые функциональные модули входят модуль корректировки（correction），модуль мониторинга（monitoring），модуль регистрации параметров（data logging），системный модуль（system）и др.

输入输出卡板及其他接口 F1 可以根据工艺要求进行输入输出卡板配置，若日后工艺要求有变动，可相应增减卡板。例如，若 F1 无需信号输出，则可不安装输出卡；若 F1 无需与其他设计通信，则可不安装通信卡；若原先不进行通信的 F1 需要与其他设备通信，则增加通信卡。F1 常用的输入卡是 1 块防爆的多功能输入卡 EXMFFA。该卡用于连接气体测量仪表、压力变送器和温度变送器的信号，本质安全型或隔爆型压力和温度传感器都可以使用。可接受 2 个［EEx ib］IIC 的脉冲

Карты ввода и вывода и другие порты F1 могут быть укомплектованы картами ввода и вывода согласно технологическим требованиям, если в будущем изменятся технологические требования, то можно увеличить/уменьшить количество карт соответствующим образом. Например, если в F1 не требуется вывод сигнала, то можно не устанавливать карту вывода; если F1 не создает связь с другими проектированиями, то можно не устанавливать карту связи; если F1 прежде не создавал связь,

输入。既可接收高频信号 HF,也可接收低频信号 LF;1 个接受四线制 PtlO0 温度信号的通道;1 个 4 ～ 20mA 电流信号输入通道,该通道也可连接多达 4 台使用 HART 协议的变送器(muhi-drop 方式)。在两路气流的情况下,只需再加 1 块 EXMFFA 卡用于第 2 路气流即可。

но теперь требует связаться с другим оборудованием, то можно дополнительно установить карту связи. Часто используемой картой ввода F1 является взрывозащитная многофункциональная карта ввода EXMFFA. Данная карта предназначена для соединения с сигналами прибора для измерения газа, датчика давления и датчика температуры, можно использовать искробезопасные или взрывозащитные датчики давления и температуры. Можно принять 2 импульсных ввода [EEx ib] IIC. Можно принять и высокочастотный сигнал HF и низкочастотный сигнал LF; один канал, принимающий сигнал температуры четырехпроводной системы Pt100; один канал ввода токового сигнала 4 ～ 20mA, данный канал также может быть соединен с 4 датчиками, использующими протокол HART (метод muhi-drop). В условиях двуканального газового потока, только нужно добавить еще одну карту EXMFFA для газового потока 2-ого канала.

F1 常用的输出卡是多功能输出卡 MFA6,该卡有 1 路继电器输出、3 路晶体管输出和 2 路 4 ～ 20mA 信号输出。

Часто используемой картой вывода F1 является многофункциональная карта вывода MFA6, данная карта имеет 1-канальный релейный выход, 3-канальный транзисторный выход и 2-канальный выход сигнала 4 ～ 20mA.

F1 使用的通信卡是多串口卡 MSER2,提供 2 个 RS 232、RS422 / 485 接口。

Картой связи F1 является карта с несколькими последовательными портами MSER2, предоставляются два порта RS 232, RS422 / 485.

同时,F1 还包括以下接口:

Вместе с тем, F1 также содержит нижеперечисленные порты:

① DSS 用于 F1 与 PC 或笔记本电脑的连接,以完成组态或维护工作;

① DSS используется для соединения F1 с PC или ноутбуком, чтобы провели конфигурацию или работы по техобслуживанию;

② HSB:bus 高速总线接口;

② HSB: порт для соединения высокоскоростной магистрали bus;

③ DSfG 用于和其他 Gas-net 设备连接,构成网络;

③ DSfG для соединения с другим оборудованием Gas-net, чтобы образовалась сеть;

④ COM,用于连接调制解调器,以现实远程诊断;

④ COM предназначен для соединения с модулятором-демодулятором, чтобы осуществилась дистанционная диагностика;

⑤ 24VDC 供电总线接口;

⑤ Порт для соединения силовой магистрали 24VDC;

⑥ DCF77 无线电时钟同步接口。

⑥ Порт синхронизации радио-часов DCF77.

（2）F1 软件功能。

（2）Функции программного обеспечения F1.

体积修正计算。F1 将运行状况下得到的未修正的气体体积、压力、温度和气体组分作为输入值进行体积修正以及气体质量和气体热量计算。气体测量仪表的输入信息通过高频体积脉冲首先送到工况原始体积积算器。

Расчет корректировки объема. F1 использует некорректированный объем, давление, температуру и состав газа, полученные в рабочем состоянии, в качестве входных значений для осуществления корректировки объема и расчетов качества газа и количества теплоты газа. Входные данные прибора для измерения газа сначала передаются в интегратор начального объема в рабочих условиях через высокочастотный объемный импульс.

在实际运行中,一旦出现和体积修正计算相关的错误时,F1 将根据事先的设定使用上一次可用值或预设的数值取代错误值进行计算,所有的主积算器继续工作,当有错误发生时,受扰积算器处于工作状态。无论是否有错误发生,工况原始体积积算器一直运行着。

В реальной работе при появлении ошибок, связанных с расчетом корректировки объема, F1 согласно преждевременной настройке будет использовать предыдущие значения или заранее установленные значения взамен ошибочным значениям для расчетов, все интеграторы продолжают работу, при возникновении ошибки, интегратор, находящийся под влиянием, находится в рабочем состоянии. Вне зависимости от возникновения ошибок, все время работает интегратор начального объема в рабочих условиях.

（3）系统监视。

（3）Мониторинг системы.

F1 也可监视测量系统是否受到扰动。如果 F1 指示有 1 个报警发生,这说明有 1 个与体积修正计算相关的错误发生。该错误发生和结束的时间将被记录到错误列表中。如果流量计算机只有 1 个警告发生,这说明有 1 个与体积修正计算相关的错误发生,但是这个错误不至于影响到流量计算机的修正结果。当流量计算机的测量数据超过被设定的提示值后(例如低于或者高于压力、温度、实际流量以及标况流量等的提示值),流量计算机

F1 также может наблюдать за тем, что подвержена ли измерительная система влиянию. Если F1 показывает возникновение 1 сигнализации, то это означает возникновение ошибки, связанной с расчетом корректировки объема. Время возникновения и завершения данной ошибки регистрируется в списке ошибок . Если на компьютере расхода возникает только одно предупреждение, то это означает возникновение ошибки,

就会产生提示。不影响修正结果的事件发生时，如校验开关被打开，也会导致流量计算机产生提示信息。

связанной с расчетом корректировки объема, но эта ошибка не будет влиять на результат корректировки компьютера расхода. При превышении измеренных данных заданных значений в компьютере расхода (например, ниже или выше заданных значений давления, температуры, фактического расхода, стандартного расхода и др.), компьютер расхода даст предупреждение. При возникновении событий, не влияющих на результат корректировки, например включение переключателя проверки, также это будует приводить к появлению предупредительного сообщения на компьютере расхода.

（4）数据记录。

(4) Регистрация данных.

F1 包含了数据记录功能，可以记录自定义记录间隔和出错时所有重要的测量数据和积算值。当流量计算机工作时，将数据以及记录的时间按照顺序存储在 F1 内存中，即使 F1掉电也不会消失。

F1 обладает функцией регистрации данных, может зарегистрировать пользовательский интервал записи и все основные данные измерений и интегральные значения при возникновении ошибки. При работе компьютера расхода, данные и время регистрации сохраняются во внутренней памяти F1 по последовательности сохранения, они не исчезают даже при сбое питания F1.

所有错误（包括报警、警告以及提示信息）开始和结束的时候，设备将错误记录到错误列表中，并标注时间。错误信息将以循环存储的方式存放在错误列表中。若存储区域被记录满，新的信息将覆盖最早的信息。

В начале и завершении всех ошибок(включая сигнализация, предупреждения и предупредительные сообщения), оборудование регистрирует ошибки в списке ошибок и указывает время. Сообщение об ошибке сохраняется в списке ошибок циклическим способом хранения. После заполнения области памяти, новые сообщения покрывают самые ранние сообщения.

内置的数据远程传送 F1 可以通过电话和调制解调器实现远程数据传送（RDT）。一旦通信连接就可以实现多种操作，例如通过 Gas—works 软件远程地读出历史数据记录。

Дистанционная передача встроенных данных (RDT) в F1 можно осуществиться через телефон или модулятор-демодулятор. Как только соединяется связь, множество операций будет выполняться, например, посредством программного обеспечения Gas—works дистанционно считывается запись исторических данных.

（5）操作和指示。

流量计算机 F1 的全部积算值和重要的过程参数均可直接查看。在双路气流系统中，操作员可以通过菜单切换两路气流的积算值等参数显示。通过操作面板可以调用更多的菜单并查看全部历史记录。例如，可以通过菜单调出错误列表和数据记录，跟踪和分析历史事件。

在 F1 前面板上有 1 个三色的 LED 能直接清晰地反映出当前系统状况。若 LED 为绿色，则当前系统运行平稳；若 LED 为黄色闪烁，则存在 1 个警告，黄色不闪烁，则存在 1 个未确认过的警告；若 LED 为红色闪烁，则存在 1 个报警，红色不闪烁，则存在一个未确认的报警。

（6）软件包。

Gas-works 软件包可以对 Elster 公司所有的 gas.net 设备进行操作和设定。GW—BASE 作为基础模块，它组织了天然气站中的全部数据（参数记录、历史记录数据、存取数据等）。并且，各种 Gas—works 软件模件都能集成到 GW—BASE 环境内。

（5）Управление и указание.

Все интегральные значения и важные процедурные параметры компьютера расхода F1 можно непосредственно просматривать. В системе с двумя каналами газового потока, оператор может переключать отображение интегральных значений и других параметров газовых потоков двух каналов посредством меню. С помощью панели управления также можно вызвать больше меню для просмотра всех исторических записей. Например, можно вызвать список ошибок и запись данных с помощью меню, отследить и анализировать исторические события.

На передней стороне F1 имеется трехцветный LED, который непосредственно и четко отображает текущее состояние системы. Если LED горит зеленым цветом, то это значит, что в настоящее время система работает стабильно; если LED мигает желтым цветом, то существует одно предупреждение, если LED с желтым цветом не мигает, то существует одно неподтвержденное предупреждение; если LED мигает красным цветом, то существует одна сигнализация, если LED с краснм цветом не мигает, то существует одна неподтвержденная сигнализация.

（6）Пакет программного обеспечения.

С помощьо пакета программного обеспечения Gas-works можно осуществить управление и настройку оборудования gas.net, принадлежащего компании Elster. GW—BASE, являясь базовым модулем, организовывает все данные станции природного газа（запись параметров, данные исторической записи, доступ к данным и др.）, к тому же различные модули программного обеспечения Gas—works могут интегрироваться в среду GW—BASE.

用于设定F1参数的程序模块称作GW—GNET+。用户界面所见到的所有参数都以列表形式成组地出现。每个参数都有与其关联的帮助用来解释该参数有关的设定。当电脑与F1连接后,只有校验开关处于开位置设定的参数才可以通过DSS接口传送到F1,这样可以防止误修改。除了可以传送全部的参数外,还可以只修改个别参数。当用户密码锁处于开位置时,可以修改由该密码锁保护的参数(1个用户密码锁由用户和供气方各知道一部分构成)。

Программный модуль для настройки параметров F1 называется GW—GNET+. Все параметры, которые можно увидеть на пользовательском интерфейсе, отображаются в виде списка. Каждый параметр имеет связанную с ней помощь, которая предназначена для разъяснения настройки, связанной с данным параметром. После соединения компьютера с F1, только параметры с включенным переключателем проверки будут переданы в F1 через порт DSS, таким образом можно избежать ошибочного измерения. Кроме того, что можно передать все данные, также можно изменить только некоторые параметры. Когда пользовательский кодовый замок находится в открытом положении, можно изменить параметры защиты данного кодового замка (пользователь и поставщик газа знают часть одного пользовательского кодового замка).

一些附加的服务被集成在GW—GNET+内。例如,对F1而言,当校验开关处于开位置时。可以设定积算器的数值和删除历史记录。

Некоторые дополнительные услуги интегрированы внутри GW—GNET+. Например, для F1, когда переключатель проверки находится в открытом положении, можно настроить значения интегратора и удалить историческую запись.

GW—REMOTE+程序模块用于PC与FLOWCOMP公司生产的任何1台设备进行数据通信。这样,无论设备在用户面前或遥远的地方,使用带调制解调器的电脑通过公用网与F1或网关C2的调制解调器连接,都可以实现数据连接。连接建立后就可以实现以下功能:显示当前连接设备的操作面板上的所有信息和数据;通过鼠标点击虚拟操作面板上的按键实现远程操作;当使用设定的气体成分值时,可以远程调整这些值;读取所有的历史数据记录。

GW—REMOTE+программный модуль предназначен для осуществления передачи данных между PC и любым оборудованием, произведенным компанией FLOWCOMP. Таким образом, вне зависимости от того, что находится ли оборудование перед потребителями или на расстоянии, после соединения с F1 или модулятором-демодулятором шлюза C2 через общедоступную сеть посредством компьютера с модулятором-демодулятором можно осуществить передачу данных. После установления связи можно осуществить следующие функции: отобразить все сообщения и данные на панели управления оборудования текущего соединения; осуществить дистанционное управление через нажатие мышью кнопки на виртуальной панели управления; при использовании заданного значения состава газа, можно дистанционно отрегулировать данные значения; счесть все записи исторических данных.

GW—XL+Gas.works 的 GW—XL+ 程序模块以微软的 Excel 电子表格形式显示历史数据记录文件。历史数据记录还可显示成图表形式，以便于分析仪表读数和积算值，方便管理部门直观地分析生产运行情况。

GW—XL+программный модуль GW—XL+Gas.works отображают документы записи исторических данных в виде электронной таблицы Microsoft Excel. Записи исторических данных также могут отображаться в виде графика для облегчения анализа показаний прибора и интегральных значений и наглядного анализа производственного состояния управленческим отделом.

5.3.2　辅助设备

同流量计配套的辅助设备是指保证流量计测量准确、延长流量计寿命的设备，主要包括流动调整器、过滤器、消气器等。流动调整器的作用是整定气体流态，减少流量计上游直管段的长度，常用的包括 19 管束流动调整器和 Zanker整流板两种。流动调整器的具体特点和安装要求详见相应的计量规范和标准。

5.3.2　Вспомогательное оборудование

Вспомогательное оборудование, комплектующее к расходомеру, является оборудованием для обеспечения точности измерения расхода, продления срока службы расходомера, в основном включает регулятор течения, фильтр, поглотитель газов и др. Регулятор течения предназначен для регулировки режима газового потока, сокращения длины верхнего прямого звена трубы расходомера, как правило, часто используют два типа – регулятор течения с 19-трубным пучком и выпрямителем потока Zanker. Конкретные особенности и монтажные требования регулятора течения потока приведены в соответствующих нормах и стандартах учета.

5.4　计量系统组成

5.4　Состав системы учета

5.4.1　流量计准确度要求

5.4.1　Требования к точности расходомера

为了保证流量检测与计量的准确度，根据目前

Чтобы обеспечить точность измерения и учета

天然气输气流量计量的现状,贸易交接计量的流量计准确度等级宜按 0.5 级选型,整套计量系统的准确度等级按 1.0 级设计。

расхода, согласно текущему состоянию учета расхода транспорта природного газа, следует выбирать расходомер с классом точности 0,5 для коммерческого учета, проектировать целую систему учета по классу точности 1,0.

5.4.2 贸易交接流量计配置

5.4.2 Конфигурация расходомера коммерческого учета

贸易交接流量计口径和类型的主要选型依据是流量范围、准确度等级、使用条件、价格、输量递增台阶等因素。

Выбор диаметра и типа расходомера коммерческого учета главным образом основан на диапазоне расхода, классе точности, условиях эксплуатации, стоимости, ступенях возрастания объема транспорта и других факторах.

根据土库曼斯坦可依托的国外计量检定中心的流量计检定口径能力,土库曼斯坦气田天然气贸易交接计量的流量计口径一般按不大于 DN600mm 进行选择。

Согласно способности проверки диаметра расходомера надежного иностранного учетно-проверочного центра в Туркменистане, диаметр расходомера для коммерческого учета природного газа газовых месторождения в Туркменистане не превышает DN600мм.

5.4.3 布置及供货方式

5.4.3 Компоновка и способ поставки

为保证供货质量,流量计量系统可采用全成橇方式提供,也可采用气体超声流量计(涡轮流量计)配套上下游直管段、流动调整器、温度检测仪表、压力检测仪表及流量计算机的成套方式提供。两种供货方式在技术上都是可接受的。

Чтобы обеспечили качество поставки, система учета расхода может быть поставлена в полном блочном виде, также может поставлена в комплекте с газовым ультразвуковым/турбинным расходомером, верхним и нижним прямым звеном трубы, регулятором течения, прибором для измерения температуры, прибором для измерения давления и компьютером расхода. Эти два способа поставки технологически являются приемлемыми.

全成橇系统主要包括流量计算机、气体超声流量计(涡轮流量计)、色谱分析仪、上游及下游汇气管、上游及下游连接直管段、整流器,上游及下游截断阀、配套的温度和压力检测仪表,以及就地

Блочная система в основном включает в себя компьютер расхода, газовый ультразвуковой/турбинный расходомер, хроматографический анализатор, верхний и нижний коллекторы, верхнее и

标定接口(阀门),放空、排污管路以及信号(电源)防爆接线箱,配对法兰及相关紧固件等。

нижнее соединительные прямые звенья трубы, выпрямитель потока, верхний и нижний отсечные клапаны, комплектующие приборы для измерения температуры и давления, а также интерфейс/клапан местной калибровки, сбросной и дренажный трубопровод и взрывозащитная соединительная коробка сигнала/источника питания, ответный фланец и другие соответствующие крепежные детали.

全成橇系统在供货厂内完成橇体的设备组橇及测试后发往现场,计量系统的现场安装工作量减少,但成橇的投资较高。计量系统的成套方式供货虽增加了一些现场安装工作量,但投资减少。

Блочная система отправляется на место работы после завершения сборки блока и испытания на заводе поставщика, благодаря чему сокращен объем монтажных работ системы учета на месте, но образование блока требует высокого капиталовложения. Комплектный способ поставки системы учета хотя увеличивает объем монтажных работ на месте, но сокращает капиталовложение.

土库曼斯坦气田外输天然气的流量计量系统均采用成套方式提供(图 5.4.1)。

Применяется комплектный способ поставки системы учета расхода экспортного природного газа на газовых месторождениях в Туркменистане (рис. 5.4.1).

图 5.4.1 天然气计量橇

Рис. 5.4.1 Блок учета природного газа

5.5 流量计的检定

目前流量计量仪表的检定方法有两种：一种是离线检定，将用于贸易交接的流量计拆卸后送至计量检定中心进行检定；另外一种是在计量处设置流量计检定接口，采用移动检定车在线进行实流检定。

采用实流检定可以对物性参数、操作条件、安装条件和环境条件的影响进行修正，因此应尽可能实现实流检定流量仪表。对天然气计量仪表进行实流检定是保证天然气计量准确可靠的重要条件。

土库曼斯坦气田多采用将流量计拆卸后送计量检定中心进行检定的方式。据了解，对于 20in 超声流量计采用实流检定，可以就近依托乌克兰国家计量检定中心对其进行定期检定，其最大检定能力为 20in。另外还可依托较远的荷兰、意大利、加拿大和美国计量检定中心，其最大检定能力可大于 20in。

5.5 Проверка расходомера

В настоящее время существуют два способа проверки расходомера: первый – неоперативная проверка, при которой выполнится передача расходомера для коммерческого учета после разборки в учетно-проверочный центр на проверку; второй способ – установить интерфейс проверки расходомера на месте расходомера для оперативной проверки фактического потока с помощью передвижной проверочной тележки.

Посредством проверки фактического потока можно осуществить корректировки влияния на физические параметры, рабочие условия, монтажные условия и окружающие условия, поэтому следует по возможности осуществить проверку фактического потока расходомера. Проверка фактического потока газового расходомера является ключевым условием для обеспечения точности и надежности учета природного газа.

В большинстве случаях на месторождениях Туркменистана применяют способ, предполагающий сдачу расходомера на проверку в центр проверки учета после его разборки. Как известно, относительно ультразвукового расходомера 20in применяется проверка фактического потока, также можно проводить периодическую проверку расходомера, опираясь на государственном центре проверки учета Украины, его максимальной способностью проверки является 20in. Кроме того, также можно опираться на относительно дальние центры проверки учета Голландии, Италии, Канады и Америки, их максимальная способность проверки превышает 20in.

超声流量计量系统还可以设置串联比对管线,对计量系统内多个超声流量计之间可进行流量比较,若串联比对的流量计流量差异较大时,需对工作流量计进行检定。

В системе ультразвукового учета расхода также можно установить параллельно соединенные сопоставительные трубопроводы, чтобы произвести сопоставление расходов между несколькими ультразвуковыми расходомерами внутри системы учета, при большой разнице расходов сопоставляемых расходомеров, следует проверить рабочий расходомер.

贸易交接计量的流量计属于强制检定的范畴,必须进行周期检定,其检定周期和检定要求应根据土库曼斯坦国家相关法规要求进行。

Расходомер для коммерческого учета принадлежит к области принудительной проверки, необходимо проводить регулярную проверку, период и требования проверки определяются согласно требованиям соответствующих государственных законов Туркменистана.

5.6 流量计在使用中的检验

5.6 Осмотр расходомера в процессе эксплуатации

超声流量计使用中的检验用于在实流装置上检定完成后,在检定周期内对流量计计量性能和可靠性的检查。使用中检验的方法有两种,一种是在线采用 1 台标准流量计与之进行比较;另一种是以声速比较为基础对流量计进行在线检验(AGA 10# 报告)。

Осмотр ультразвукового расходомера в процессе эксплуатации предназначен для проверки способности учета расхода и надежности расходомера в период проверки после завершения проверки на устройстве фактического потока. Существуют два способа осмотра, первый способ предполагает сопоставление с другим стандартным расходомером; второй способ предполагает оперативный осмотр расходомера, основанный на сопоставлении скоростей звука(AGA 10# отчет).

为检测天然气气质和实现能量计量,在贸易交接计量站安装在线色谱分析仪,可根据 AGA 10# 报告的要求,采用色谱分析仪检测的气体成分,计算该天然气中超声波理论传播声速,并与流量计实际检测的声速进行比较。

Для проверки качества природного газа и осуществления учета энергии, на узле коммерческого учета смонтировать онлайновый хроматографический анализатор, согласно требованиям AGA 10# отчета, провести анализ газового состава с помощью хроматографического анализатора, произвести расчет теоретической скорости распространения ультразвуковой волны в данном природном газе, и сопоставить ее со фактически измеренной скоростью звука расходомера.

对于被检流量计,每个声道的声速值的偏差及总的声速值偏差应不大于超声流量计说明书中的规定值。

Относительно осматриваемого расходомера, отклонение скорости звука каждого звукового канала и отклонение общей скорости звука не должны превышать значений, предусмотренных в инструкции ультразвукового расходомера.

6 典型安全仪表功能

6 Функции типичной инструментальной системы безопасности

安全仪表系统是保证工艺设施安全运行的重要手段,本章对安全仪表系统相关概念、设计原则以及针对不同工艺对象的典型应用进行了详细介绍。

Инструментальная система безопасности является важным средством для обеспечения безопасной эксплуатации технологических установок. В данной главе подробно представлены понятие, проектные принципы инструментальной системы безопасности и типовое использование в разных технологических субъектах.

6.1 概述

6.1 Общие сведения

随着天然气气田开发项目的增加,如何提高整个天然气集输、处理厂以及外输管道的各生产装置和设施的安全运行、保证生产人员和工艺设备的安全可靠至关重要。

Вслед за увеличением проектов разработки месторождений природного газа, вопросы о повышении безопасности эксплуатации производственных установок и сооружений станций сбора и транспорта газа, ГПЗ и магистральных газопроводов, обеспечении безопасности производственных персоналов и надежности технологического оборудования стали очень важными.

为了提高天然气气田开发项目的经济效益,安全平稳、长周期地高效运行,就需要高度可靠的安全保护手段,安全仪表系统(Safety Instrumented System——SIS)应运而生。

Чтобы повысили экономическую эффективность проектов разработки газовых месторождений, обеспечили их безопасную, стабильную и длительную высокоэффективную работу, необходимы высоконадежные меры по защите безопасности, для этой цели была создана инструментальная система безопасности (Safety Instrumented System——SIS).

安全仪表系统的设计通常应遵循 IEC 61508《电气/电子/可编程电子安全相关系统的功能安全》

Проектирование инструментальной системы безопасности, как правило, придерживается IEC

和IEC61511《过程工业领域安全仪表系统的功能安全》。其中IEC61511的应用对象主要是安全仪表系统设计者、集成商和用户；IEC61508的应用对象主要是设备制造商和产品供应商。

61508 «Функциональная безопасность систем электрических, электронных, программируемых электронных, связанных с безопасностью» и IEC61511 «Функциональная безопасность инструментальной системы безопасности для промышленных процессов». Из них, объектами применения IEC61511 главным образом являются разработчики, интеграторы и пользователи инструментальной системы безопасности; объектами применения IEC61508 главным образом являются изготовители оборудования и поставщики продукции.

6.1.1 安全仪表系统（SIS）的定义

6.1.1 Определение инструментальной системы безопасности（SIS）

安全仪表系统指用于执行一个或多个安全仪表功能（Safety Instrumented Function—SIF）的仪表系统。SIS由传感器、逻辑控制器以及最终元件组合而成。

Инструментальная система безопасности представляет собой приборную систему, выполняющую одну или несколько инструментальных функций безопасности（Safety Instrumented Function—SIF）. SIS состоит из датчика, логического контроллера и конечных элементов.

SIS系统是适用于高温、高压、易燃、易爆等连续性生产装置的安全联锁保护系统。SIS对生产装置可能发生的危险或不采取措施将继续恶化的状态进行及时响应和保护，使生产装置进入一个预定义的安全停车工况，从而使危险降低到可以接受的最低程度，以保证人员、设备、生产和装置的安全。

Система SIS является системой блокировочной защиты безопасности высокотемпературных, высоконапорных, легковоспламеняющихся, взрывоопасных установок для непрерывного производства. SIS своевременно реагирует и защищает производственные установки от потенциальных опасностей и положений, которые ухудшают при непринятии мер, она переключает производственную установку в предустановленный режим безопасной остановки, тем самым снижает опасность до приемлемой наименьшей степени, чтобы обеспечить безопасность оборудования, производства и установок.

SIS系统不同于批量控制、顺序控制及过程控

Система SIS отличается от технологической

制的工艺联锁。当过程变量越限、机械设备故障、系统故障或能源中断时，SIS 系统能自动(必要时可手动)完成预先设定的动作,使操作人员、工艺装置及环保转入安全状态。

блокировки серийного управления, последовательного управления и управления процессом. При превышении процедурной переменной пределов, отказе механического оборудования, отказе системы или прекращении питания, система SIS может автоматически совершить предустановленные действия (при необходимости вручную), чтобы операторы, технологические установки и защита окружающей среды находились в безопасном состоянии.

6.1.2 安全仪表系统(SIS)安全完整性等级的定义

6.1.2 Определение уровня полноты безопасности инструментальной системы безопасности

在 SIS 系统的设计中,安全完整性等级是设计的标准,应根据生产装置的安全完整性等级选择合适的安全系统技术和配置方式。安全完整性等级是系统在指定状态下完全执行要求的紧急功能的概念。

В проектировании системы SIS, уровень полноты безопасности является стандартом проектирования, следует выбрать подходящую технологию и способ компоновки системы безопасности согласно уровню полноты безопасности производственной установки. Уровень полноты безопасности является понятием аварийной функции системы для полного выполнения требований в установленном состоянии .

安全完整性等级划分一般参照国际上有关标准。最通用的是国际电工委员会 IEC 61508,将过程安全完整性等级划分为 4 级(SIL1~SIL4), IEC 61511 作为 IEC 61508 在过程工业领域的分支标准,保持了 SIL 1、SIL 2、SIL 3 和 SIL 4 四个等级。

Деление уровеня полноты безопасности, как правило, осуществляется по соответствующим международным стандартам. Наиболее распространенным является IEC 61508 МЭК, данный стандарт делит уровень полноты безопасности технологического процесса на 4 уровня (SIL1~SIL4), IEC 61511, являясь ответвлением стандарта IEC 61508 в промышленных процессах, сохраняет 4 уровни SIL 1, SIL 2, SIL 3 и SIL 4.

SIL 等级由低到高可分为 SIL 1、SIL 2、SIL 3 和 SIL 4 四级,油气田工程中 SIL 等级不宜高于 SIL 3。

Уровень SIL от низкого до высокого можно разделить на 4 уровни, это SIL 1, SIL 2, SIL 3 и SIL 4, уровень SIL в объектах нефтегазовых промыслов не должен превышать SIL 3.

油气田工程采用低要求操作模式，低要求操作模式下的平均失效概率要求应根据表 6.1.1 确定。

В объектах нефтегазовых промыслов следует применять рабочий режим с низкими требованиями, среднюю вероятность отказа при рабочем режиме с низкими требованиями следует определить по таблице 6.1.1.

表 6.1.1 安全完整性等级：低要求操作模式的失效概率（IEC 61508）

Таблица 6.1.1 Уровень полноты безопасности: вероятность отказа при рабочем режиме с низкими требованиями（IEC 61508）

安全完整性等级（SIL） Уровень полноты безопасности（SIL）	要求时的目标平均失效概率（PFD） Целевая средняя вероятность отказа при необходимости（PFD）	目标风险降低 Снижение целевого риска
4	$\geqslant 10^{-5} \sim < 10^{-4}$	$> 10000 \sim \leqslant 100000$
3	$\geqslant 10^{-4} \sim < 10^{-3}$	$> 1000 \sim \leqslant 10000$
2	$\geqslant 10^{-3} \sim < 10^{-2}$	$> 100 \sim \leqslant 1000$
1	$\geqslant 10^{-2} \sim < 10^{-1}$	$> 10 \sim \leqslant 100$

6.2 安全仪表系统的设计原则

6.2 Принципы проектирования инструментальной системы безопасности

本节结合目前天然气集输、处理厂以及外输管道的项目 SIS 系统应用情况，进行综合性描述。

В данном резделе, учитывая текущую обстановку применения системы SIS в проектах станций сбора и транспорта газа, ГПЗ и магистральных газопроводов, проведено обобщенное описание.

用于在紧急情况下实施紧急停车和泄压措施，适用于火灾区域或工艺装置的 SIS 系统具有以下功能：

Система SIS, предназначенная для осуществления аварийной остановки и мероприятий по сбросу давления в чрезвычайных ситуациях, и распространяющаяся на пожарную зону или технологическую установку, обладает следующими функциями:

（1）检测任何异常操作条件或设备故障；

（1）Проверка любых особых условий эксплуатации или отказа оборудования;

（2）发现故障后停车和（或）隔离工厂的一部分；

（2）Остановка и/или изолирование части завода после обнаружения отказа;

（3）关闭公用工程系统；

（3）Отключение системы коммунальных услуг;

（4）自动或按操作员要求实施天然气集输、处理厂以及外输管道部分放空。

（4）Автоматическое осуществление или осуществление по требованию оператора местного сброса станции сбора и транспорта газа，ГПЗ и магистрального газопровода.

6.2.1 安全仪表系统的总体方案设置

6.2.1 Создание общего плана инструментальной системы безопасности

为确保人身安全及工厂正常运行，在每个装置的关键部位设置必要的安全仪表系统。安全仪表系统应分为三个层次：

Для обеспечения личной безопасности и нормальной работы завода，на ключевой части каждого оборудования следует установить инструментальную систему безопасности. Инструментальную систему безопасности следует разделить на три уровни:

第一层是设备级，装置中某一设备出现故障，影响安全时，如液位超低，可能造成串压，联锁系统切断阀门，确保设备安全。

Первый уровень – уровень оборудования，при появлении отказа некоторого оборудования，влияющего на безопасности，как слишком низкий уровень жидкости，может возникнуть смешение давления，система блокировки выключает клапан для обеспечения безопасности оборудования.

第二层是装置级，当某套装置出现紧急情况将影响设备安全时，如压力超高，联锁系统紧急切断或开启相关阀门，保护装置安全。当事故解除后，经人工确认，装置恢复正常生产。

Второй уровень – уровень установки，при возникновении аварии у некоторой установки，влияющей на безопасность оборудования，как сверхвысокое давление，система блокировки осуществляет аварийное выключение или включение соответствующего клапана для защиты безопасности установки. После ликвидации аварии и подтверждения персоналом установка восстановится в нормальное состояние.

第三层是全厂级 / 全站级，当装置事故将影响上下游装置的正常生产或关系到全厂或全站的安全时（包括出现有毒气体泄漏），将通过有关联锁切断阀自动动作或 SIS 手动紧急按钮动作，对全厂或全站进行隔离保护。

Третий уровень – общезаводской/общестанционный уровень，если авария установки будет влиять на нормальное производство последующей установки или на общезаводскую или общестанционную безопасность（включая утечку токсичных газов），посредством автоматического срабатывания соответствующего блокировочного отсечного клапана или срабатывания ручной аварийной кнопки SIS осуществляется изоляционная защита всего завода или станции.

安全仪表系统的联锁功能应与装置的过程控制功能分开，由单独具有安全完整性等级认证的系统组成。SIS 系统的操作、显示采用独立的操作员站（兼工程师站），操作员站上显示关键阀门的状态和联锁参数的越限报警，并可自动或手动关闭和开启联锁切断阀。

Функция блокировки инструментальной системы безопасности должна быть отделена от функции управления процессом установки, состоит из отдельной системы с подтвержденным уровнем полноты безопасности. Применяется отдельная станция оператора (совмещает инженерную станцию) для эксплуатации и индикации системы SIS, на станции оператора отображаются состояние ключевых клапанов и сигнализация о превышении предела сблокированными параметрами, к тому же можно осуществить автоматическое или ручное закрытие и открытие блокировочного отсечного клапана.

6.2.2 安全仪表系统的基本设计原则

6.2.2 Основные принципы проектирования инструментальной системы безопасности

（1）系统独立于过程控制系统，独立完成安全保护功能。

(1) Система не зависит от системы управления процессами, и самостоятельно выполняет функции защиты безопасности.

（2）根据对过程危险性及可操作性的分析，对人员、过程、设备及环境的保护要求，对安全完整性等级的评定来确定 SIS 系统各 SIF 的具体要求。

(2) Согласно результатам анализа опасности и работоспособности процесса, требованиям к защите персонала, процессов, оборудования и окружающей среды, результатам оценки уровня полноты безопасности определяются конкретные требования SIF системы SIS.

（3）系统应设计成故障安全型。

(3) Система должна быть спроектирована в отказоустойчивом исполнении.

（4）系统应采用冗余或容错结构。

(4) Следует использовать избыточную или отказоустойчивую конструкцию системы.

（5）系统中间环节最少。

(5) Минимальное количество промежуточных звеньев системы.

（6）系统的传感器、最终执行元件宜单独设置。

（6）Датчик, конечные исполнительные элементы системы должны устанавливаться по отдельности.

（7）系统应具有硬件和软件诊断和测试功能。

（7）Система должна обладать функциями диагностики и проверки аппаратных и программных обеспечений.

（8）系统应能与过程控制系统、工厂管理系统进行通信，且通信应冗余设置。

（8）Между системой и системой управления процессами, системой управления заводом должна существовать связь, которая должна быть избыточной.

6.2.3 系统现场仪表的设计原则

6.2.3 Принципы проектирования приборов на месте системы

根据 IEC 61508，SIS 系统现场仪表分为传感器部分、最终执行元件部分。

Согласно IEC61508 приборы на месте системы SIS делятся на часть “Датчик” и часть “Конечные исполнительные элементы”.

6.2.3.1 传感器

6.2.3.1 Датчик

SIF 为 SIL2 的传感器宜独立，宜采用隔爆型。对天然气处理厂重要装置的关键部位检测元件，当重点考虑系统的安全性时，应采用二取一逻辑结构；当重点考虑系统的可用性时，应采用二取二逻辑结构；当需保障系统的安全性和可应用性时，通常采用三取二逻辑结构。

Датчик SIF с SIL2 должен быть независимом, следует использовать взрывозащитный тип. Относительно измерительных элементов ключевых частей основных установок ГПЗ, когда делается упор на безопасность системы, следует использовать логическое построение с выбором 1 из 2. Когда делается упор на применимость системы, следует использовать логическое построение с выбором 2 из 2. Если необходимо обеспечить безопасность и применимость системы, как правило, использовать логическое построение с выбором 2 из 3.

传感器应为模拟量和开关量仪表，宜优先选用模拟量仪表。

Если датчиком может быть и аналоговый и двухпозиционный прибор, то следует предпочтительно использовать аналоговый прибор.

模拟量仪表宜选择 4~20mA 带 HART 协议的智能仪表。

В качестве аналогового прибора следует выбрать интеллектуальный прибор с протоколом HART 4~20mA.

检测元件取源点宜独立设置。

ESD、火灾手动报警按钮应具有防误触、保持和复位功能。

6.2.3.2 最终执行元件

最终执行元件通常是 SIS 系统的切断阀，与过程控制系统共用的控制阀上带的电磁阀。SIF 为 SIL2 的阀门宜独立设置。

阀门上的电磁阀应采用单电控型，长期带电（即系统正常时为励磁，故障时失电动作），电磁阀应为低功耗隔爆型，电磁阀功耗低于 4W。

切断阀的执行机构应为故障安全型执行机构，通常选用气动单作用弹簧复位型执行机构，但是对于口径较大的切断阀，不适宜采用单作用弹簧复位执行机构时，可考虑采用双作用气缸式带事故储气罐的执行机构，以满足故障安全的要求。

Точки расположения измерительных элементов следует установить независимо.

ESD, ручная кнопка пожарной сигнализации должны обладать функцией защиты от ошибочного нажатия, функциями удерживания и сброса.

6.2.3.2 Конечный исполнительный элемент

Как правило, конечным исполнительным элементом является отсечный клапан системы SIS, электромагнитный клапан на клапане управления, используемом совместно с системой управления процессами. Клапан, SIF которого является SIL2, должен быть установлен отдельно.

На клапане следует использовать электромагнитный клапан с одиночным электрическим управлением, длительно наэлектризованный электромагнитный клапан (т.е. намагниченный при нормальной работе системы, при появлении отказа срабатывает в состоянии отсутствия тока) должен быть взрывозащищенным с низким электропотреблением, потребляемая мощность электромагнитного клапана должна быть ниже 4W.

Исполнительный механизм отсечного клапана должен быть отказоустойчивым, как правило, используют исполнительный пневматический механизм одинарного действия с пружинным возвратом, но для отсечного клапана с относительно большим диаметром не следует использовать исполнительный механизм одинарного действия с пружинным возвратом, можно применить исполнительный механизм двойного действия с пневмоцилиндром и аварийным резервуаром для хранения газа, чтобы удовлетворить требования отказобезопасности.

6.2.3.3 紧急停车按钮和报警指示灯

用于现场和控制室辅助操作台的紧急停车按钮采用红色,设计成故障安全型(即正常时励磁),并且应防止误操作。报警指示灯采用闪光报警器,红色灯光表示越限报警或紧急状态,黄色灯光表示预报警,绿色灯光表示正常。

6.2.3.3 Кнопка аварийной остановки и индикатор сигнализации

На месте работы и вспомогательном стенде управления пункта управления используется красная кнопка аварийной остановки отказоустойчивого типа (намагниченный в нормальных условиях), к тому же следует предотвратить ошибочную операцию. В качестве индикатора сигнализации используется проблесковый сигнализатор, красный свет означает сигнализацию о превышении предела или аварийное состояние, желтый свет – предупредительную сигнализацию, зеленый свет – нормальное состояние.

6.2.3.4 SIS 系统电源的设计原则

SIS 系统的电源设计应考虑冗余电源,从其外部电源到内部电源均保证高安全度和高可靠性,尽可能降低系统 UPS 电源掉电的风险。

6.2.3.4 Принципы проектирования источника питания системы SIS

При проектировании источника питания системы, следует учесть избыточный источник питания, обеспечить высокую безопасность и надежность от наружного до внутреннего источников питания, по возможности снизить риск сбоя питания UPS системы.

6.2.3.5 SIS 系统配线配管的设计原则

SIS 的配线应满足有关设计规范的要求。通常具体措施可照如下实施:

(1)SIS 的端子与其他端子宜分开。SIS 的现场防爆接线箱与过程控制信号分开设置。

(2)信号线缆采用总屏分屏双绞线信号电缆,以抗电磁干扰。

6.2.3.5 Принципы проектирования проводки и монтажа трубопроводов системы SIS

Проводка SIS должна удовлетворять требованиям соответствующих стандартов и норм проектирования. Как правило, можно выполнить следующие меры:

(1) Клеммы системы SIS должны быть отделены от других клемм. Взрывозащитная соединительная коробка на месте SIS устанавливается отдельно от сигнала управления процессами.

(2) В качестве сигнального кабеля используется сигнальный кабель с витой парой и общим,

отдельным экраном для защиты от электромагнитной помехи.

SIS 线缆应单独穿管保护敷设。当线缆在电缆汇线槽内敷设时,应用金属隔板与过程仪表信号和交流电源线缆隔开,以减少交叉干扰和电磁噪声。有条件的工程可考虑独立设置 SIS 电缆汇线槽。

Следует отдельно прокладывать кабель SIS в защитной трубе. При прокладке кабеля в кабельном коллекторе следует использовать металлическую перегородку для отделения кабеля питания переменного тока от сигналов прибора управления процессами, чтобы уменьшить перекрестные помехи и электромагнитный шум. В объектах, соответствующих определенным условиям, можно предусмотреть отдельную установку кабельного коллектора SIS.

6.3 安全仪表系统的配置

6.3 Конфигурация инструментальной системы безопасности

6.3.1 SIS 系统逻辑控制器主要配置

6.3.1 Основная конфигурация логического контроллера системы SIS

根据目前项目的应用经验,天然气集输、处理厂以及外输管道宜采用独立的并具有 TÜV 认证且符合 IEC 61508 SIL2 及以上安全完整性等级认证的故障安全型控制系统作为 SIS 系统的逻辑控制器,对工艺装置和设施实施安全监控。

Согласно опыту эксплуатации текущего проекта, на станции сбора и транспорта газа, ГПЗ и магистральном газопроводе следует использовать отдельную отказоустойчивую систему управления с сертификацией TÜV, соответствующую IEC61508 SIL2 и прошедшую сертификацию вышеуказанного уровня полноты безопасности, в качестве логического контроллера системы SIS, который осуществляет контроль безопасности технологических установок и сооружений.

通常,SIS 系统的逻辑控制器主要配置包括:人机接口、过程接口单元、逻辑运算器、通信接口等。

Как правило, в основную конфигурацию логического контроллера системы SIS входят: интерфейс человек-машина, процедурный интерфейсный модуль, арифметическое логическое устройство, интерфейс связи и др.

6.3.2 SIS 的选型原则

（1）SIS 系统的逻辑控制器应是取得相应安全完整性等级认证的产品，采用故障安全型系统。

（2）SIS 系统中的 CPU、电源、通信卡件必须是冗余配置，这意味着在 CPU、电源、通信卡件等故障时，应能无扰动地切换到冗余的 CPU、电源、通信卡件上运行，冗余 CPU、电源、通信卡件应能无扰动更换。

（3）SIS 系统与 PCS 系统共享同一冗余网络，通信速度不低于 10MBPS。

6.3.2 Принципы выбора типа SIS

（1）Логический контроллер системы SIS должен пройти сертификацию соответствующего уровня полноты безопасности, применяется отказоустойчивая система.

（2）Необходимо установить резервную конфигурацию для CPU, источника питания, карты связи в системы SIS, это значит, что при отказе CPU, источника питания, карты связи должно осуществиться беспомеховое переключение на резервные CPU, источник питания и карта связи, резервные CPU, источник питапия и карта связи должны беспомехово сменяться.

（3）Система SIS и система PCS совместно используют одну избыточную сеть, скорость передачи данных не должна быть ниже 10MBPS.

6.4 典型应用

6.4.1 内部集输典型联锁应用

土库曼斯坦南约洛坦气田内部集输预处理厂主要联锁逻辑如下：

（1）单井站的每 1 路来气设置压力低低联锁，联锁时关闭来气入口的切断阀。

（2）预处理厂至天然气净化厂原料气设置压力低低联锁，联锁时关闭预处理厂出口切断阀。

6.4 Типичное применение

6.4.1 Применение типичной блокировки внутрипромыслового сбора и транспорта газа

Ниже приведена основная логика блокировки УППГ внутрипромыслового сбора и транспорта газа на месторождении «Южный Елотен» в Туркменистане:

（1）На каждом канале газа со станции одиночной скважины устанавливается блокировка при предельно низком давлении, при блокировке закрывается отсечный клапан на входе поступающего газа.

（2）Для сырьевого газа от УППГ до ГПЗ устанавливается блокировка при предельно низком давлении, при блокировке закрывается отсечный клапан на выходе УППГ.

（3）气田水去处理厂液位设置低低联锁，联锁时关闭预处理厂出口切断阀。

（3）Для промысловой воды к ГПЗ устанавливается блокировка при предельно низком уровне, при блокировке закрывается отсечный клапан на выходе УППГ.

（4）凝析油去处理厂液位设置低低联锁，联锁时关闭预处理厂出口切断阀。图 6.4.1 为典型低液位联锁图。

（4）Для конденсата к ГПЗ устанавливается блокировка при предельно низком уровне, при блокировке закрывается отсечный клапан на выходе УППГ. См. рис. 6.4.1 Схема типичной блокировки при низком уровне жидкости.

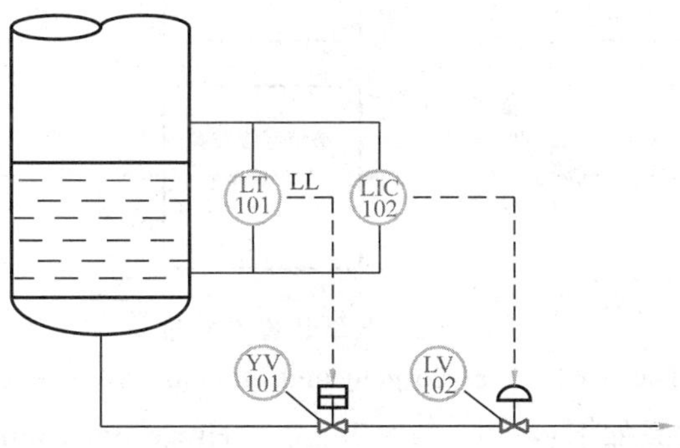

图 6.4.1 典型低液位联锁图

Рис. 6.4.1 Схема типичной блокировки при низком уровне жидкости

（5）预处理厂控制室设置关井按钮，当触发该按钮时，关闭所有预处理厂的来气切断阀和出厂的切断阀。

（5）В пункте управления УППГ устанавливается кнопка для остановки скважины, при срабатывании данной кнопки, закрываются все отсечные клапаны поступающего газа установки предварительной переработки и отсечные клапаны на выходе из завода.

（6）预处理厂控制室设置全厂火灾按钮，当触发该按钮时，关闭所有预处理厂的来气切断阀和出厂的切断阀，同时打开放空阀进行放空。

（6）В пункте управления УППГ устанавливается общезаводская пожарная кнопка, при срабатывании данной кнопки закрываются все отсечные клапаны поступающего газа УППГ и отсечные клапаны на выходе завода, вместе с тем открывается сбросный клапан для сброса.

6.4.2 天然气处理厂典型联锁应用

6.4.2 Применение типичной блокировки ГПЗ

土库曼斯坦南约洛坦气田天然气处理厂主体

В основные технологические установки ГПЗ на

工艺装置包括脱硫脱碳装置、脱水脱烃装置以及硫黄回收装置。装置之间的关系如图 6.4.2 所示。

месторождении «Южный Елотен» в Туркменистане входят установка обессеривания и обезуглероживания газа, установка осушки газа, установка очистки газа от углеводородов, установка получения серы. Отношения между установками показаны в рис. 6.4.2 Схема отношений типичных установок.

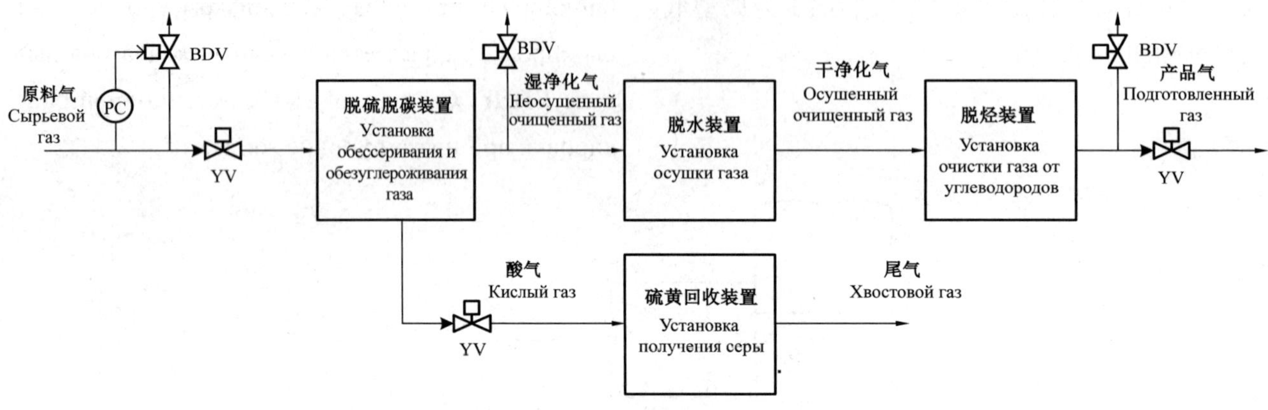

图 6.4.2 典型装置关系图

Рис. 6.4.2 Схема отношений типичных установок

各主体装置之间的逻辑关系如下：

Ниже показаны логические отношения между основными установками:

（1）每列装置设置总停按钮和火灾停按钮。当触发总停按钮时，脱硫装置入口截断阀关闭，入口放空阀打开，脱烃装置出口切断阀关闭，同时回收装置入口酸气阀关闭。

（1）В каждой нитке установок устанавливаются кнопка общей остановки и кнопка пожарной остановки. При срабатывании кнопки общей остановки закрывается отсечный клапан на входе установки обессеривания газа, открывается сбросной клапан на входе, закрывается отсечный клапан на выходе установки очистки газа от углеводородов, одновременно закрывается клапан для кислых газов на входе установки получения серы.

（2）当触发火灾停按钮时，除执行总停按钮所有动作之外，还执行脱硫装置出口放空阀打开、脱烃装置出口放空阀打开等动作。

（2）При срабатывании кнопки пожарной остановки, кроме выполнения действий при срабатывании кнопки общей остановки, к тому же открывается сбросной клапан на выходе установки обессеривания газа, открывается сбросной клапан на выходе установки очистки газа от углеводородов и т.д.

（3）另外，在脱硫装置入口设置压力高联锁保护，当入口压力高时，打开入口放空阀进行放空；当压力高高时，关闭脱硫装置入口切断阀，同时打开入口放空阀进行放空。放空系统参见图 6.4.3 典型放空系统图。

（3）Кроме того, на входе установки обессеривания газа предусматривается защита блокировки при высоком давлении, при высоком давлении на входе открывается сбросной клапан на входе для сброса; при очень высоком давлении закрывается отсечный клапан на входе установки обессеривания газа, одновременно открывается сбросной клапан на входе для сброса. Сбросная система показана в рис. 6.4.3 Схема типичной сбросной системы:

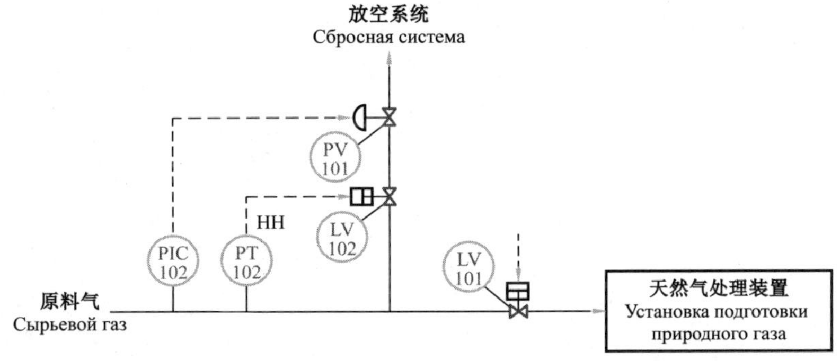

图 6.4.3 典型放空系统图

Рис. 6.4.3 Схема типичной сбросной системы

6.4.3 外输管道典型联锁应用

6.4.3 Применение типичной блокировки магистрального газопровода

土库曼斯坦南约洛坦气田外输装置设置入口切断阀、出口切断阀以及放空阀，其中入口切断阀利用天然气处理厂脱烃装置的出口阀，主要联锁逻辑如下：

На экспортной установке месторождения «Южный Елотен» в Туркменистане предусматривается отсечный клапан на входе, отсечный клапан на выходе и сбросной клапан, в качестве отсечного клапана на входе используют клапан на выходе установки очистки газа от углеводородов, ниже приведена основная логика блокировки:

（1）外输装置停按钮和火灾停按钮。当触发停按钮时，关闭装置入口截断阀和出口切断阀。

（1）Кнопка остановки и кнопка аварийной остановки экспортной установки. При срабатывании кнопки остановки закрываются отсечный клапан на входе установки и отсечный клапан на выходе.

（2）当触发火灾停按钮时，关闭装置入口截断阀和出口切断阀，同时打开放空阀。

（2）При срабатывании кнопки пожарной остановки закрываются отсечный клапан на входе установки и отсечный клапан на выходе, одновременно открывается сбросной клапан.

7 配套设施

7 Комплектующие сооружения

本章对控制室 / 机柜间、仪表供电 / 供气、接地、防雷、防爆、防护等进行了系统性介绍。

В данной главе систематично представлены пункт управления/помещение аппаратного шкафа, электроснабжение/подачу воздуха для КИПиА, заземление и молниезащита КИП, взрывозащита и защита КИП.

7.1 控制室和机柜间

7.1 Пункт управления и помещение аппаратного шкафа

7.1.1 概述

7.1.1 Общие сведения

控制室是对生产过程进行集中操作、监视、控制的场所,是生产装置的一部分。控制室一般设有控制机柜、计算机操作员站和通信设备等。

Пункт управления – это место, где осуществляется централизованное управление, мониторинг и контроль за производственным процессом, является частью производственной установки. Как правило, в пункте управления установлены аппаратный шкаф управления, станция оператора компьютера, связное оборудование и др.

7.1.2 总图位置

7.1.2 Положение на генплане

控制室的位置在满足防火间距和防爆要求的条件下,要尽量靠近生产装置,一是因为仪表信号传输距离有限,二是为了方便操作人员去现场做巡回检查。在具体位置选择时必须注意以下几点:

При удовлетворении требований к противопожарной преграде и взрывозащите следует разместить пункт управления по возможности ближе к производственной установке, во-первых, расстояние передачи сигналов прибора является ограниченным, во-вторых, чтобы облегчить обход и проверку на месте работы оператором. При выборе конкретного положения следует учесть следующее:

（1）在易燃、易爆、有毒、粉尘、水雾和有腐蚀性介质的生产装置内，控制室应布置在本地区常年最小频率风的下风侧。

（1）В производственной установке с горючей, взрывоопасной, токсичной, пылевой, туманообразной влажной и коррозийной средой, пункт управления следует разместить на подветренной стороне с постоянной минимальной частотой ветра данного региона.

（2）当采用阶梯式或在大坡度地形条件下布置工艺设备时，控制室不可在低洼处。

（2）При ступенчатом расположении или расположении технологического оборудования в топографических условиях с большими уклонами, не следует устанавливать пункт управления в низменных районах.

（3）对于含有氢气、液化石油气、水煤气、轻质油类介质的生产装置，控制室的地面标高应高于装置地坪高 600mm，且控制室应背向装置。

（3）Относительно производственной установки с водородом, сжиженными нефтяными газами, водяным газом, легкой нефтью, высотная отметка пункта управления должна превышать пол установки на 600 мм, причем пункт управления должен быть установлен спиной к установке.

（4）控制室的建筑朝向应以坐北朝南为好，要避免西晒。

（4）Лучше установить сооружения в пункте управления на севере с фасадом, направленным к югу, следует избегать жары на западной стороне.

（5）控制室不宜设在工厂主要交通干道旁边，以防交通工具噪声和扬尘的危害。

（5）Не следует устанавливать пункт управления вблизи транспортной магистрали на заводе во избежание вреда от шума, изданного транспортными средствами, и пыли.

（6）控制室要远离强声源、强振动源及强电磁干扰源。

（6）Пункт управления должен отдаляться от источников интенсивного звука, сильной вибрации и интенсивных электромагнитных помех.

（7）控制室不宜与化验室、化学药品库、变压器室、鼓风机室相邻。

（7）Пункт управления не должен находиться по соседству с лабораторией, складом химикатов, трансформаторной и воздуходувной станцией.

图 7.1.1 为土库曼斯坦加尔金内什气田 $300\times10^8m^3/a$ 商品气产能建设工程中央控制室房间布局图。

На рис. 7.1.1 ниже показана компоновка ЦПУ объекта производительностью 30 млрд.куб. м. товарного газа в год на месторождении «Галкыныш» в Туркменистане.

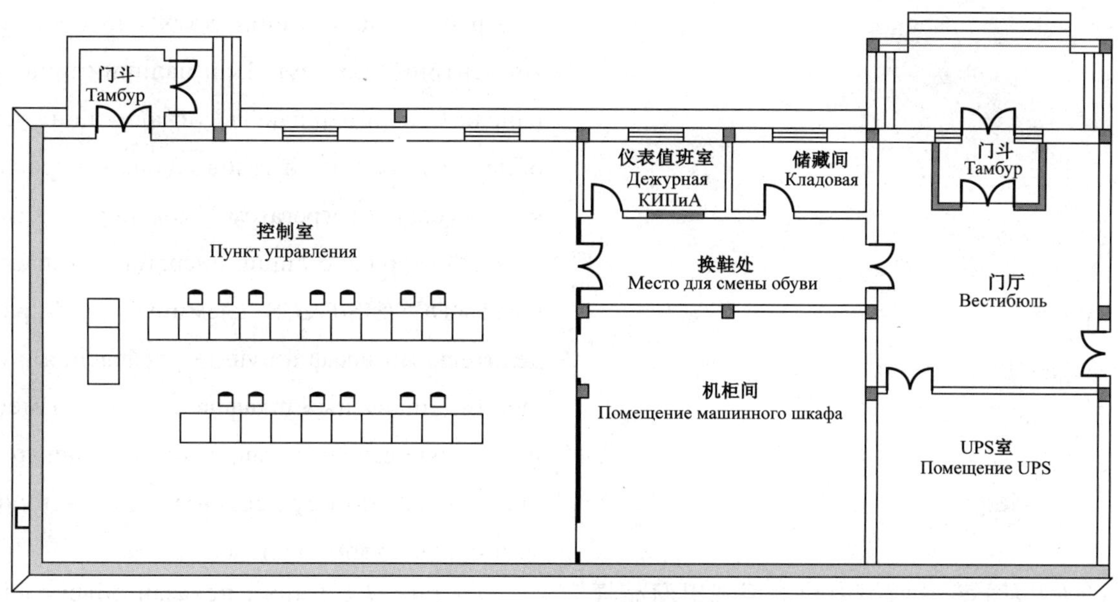

图 7.1.1 中央控制室房间布局图

Рис 7.1.1 Компоновка ЦПУ

7.1.3 控制室布置及面积

7.1.3.1 控制室布置

控制室内设备的布置是多种多样的,这与控制室内设备的多少、控制室的形状以及操作管理模式等因素都有关系。

一般来讲,控制室内操作员站的布置有单面布置和多面布置两种。根据具体情况,单面布置有"━"字形、"┏"字形、"︵"字形和"⌒"字形。当装置规模很大、机柜及操作台数量多、生产过程和管理又划分为多个独立单元时,可采用多面布置,常见的有两列或多列平行摆放方式,两个或多个同心圆弧摆放方式等。当有仪表盘时(如火气系统报警盘、压缩机组控制盘等),可布置在操作员站的侧面。控制室机柜间内的DCS/SIS/F&GS机柜、端子柜、配电柜等宜分行布置,根据机柜数量可单行或多行布置。

7.1.3 Компоновка и площадь пункта управления

7.1.3.1 Компоновка пункта управления

Компоновка оборудования в пункте управления является разнообразным, это зависит от количества оборудования в пункте управления, формы пункта управления, режима работы, модели управления и других факторов.

Вообще говоря, существуют односторонняя компоновка и многосторонняя компоновка станции оператора внутри пункта управления. В зависимости от конкретной ситуации, односторонняя компоновка бывает в виде символов «━», «┏», «︵» и «⌒». При компоновке крупномасштабной установки, большом количестве аппаратных шкафов и стендов управления, делении производственного процесса и управления на ножество отдельных узлов, можно использовать многостороннюю компоновку, часто применяют двухрядную и многорядную параллельную расстановку, или расстановку в виде двух или нескольких концентрических дуг. При наличии приборной панели (например панель сигнализации системы обнаружения огня и газов, панель управления компрессорным агрегатом), можно разместить на боковой стороне станции оператора. Аппаратные шкафы DCS/SIS/F&GS, клеммный шкаф, распределительный шкаф в пункте управления и помещении аппаратных шкафов следует разместить по отдельности, согласно количеству аппаратных шкафов можно осуществить однорядную или многорядную компоновку.

图 7.1.2 为土库曼斯坦南约洛坦气田商品气产能建设工程天然气处理厂中央控制室内两列"—"字形摆放的操作台。

На рис. 7.1.2 ниже показан объект на обустройство части м/р «Южный Елотен» в Туркменистане на товарный газ, стенды управления размещены в два ряда в виде символа «—» в ЦПУ ГПЗ.

7.1.3.2　控制室面积

控制室的面积取决于设备的数量和布置形式,在控制室建筑设计中,应注意控制室的宽度、进深和净高的协调。控制室不宜设置太大,操作和维护方便是控制室面积确定的主要依据,并可以根据系统扩容的需要预留一定面积余量。

7.1.3.2　Площадь пункта управления

Площадь пункта управления зависит от количества оборудования и формы компоновки, при проектировании пункта управления следует обратить внимание на гармонию ширины, глубины и высоты пункта управления. Не следует устанавливать слишком большой пункт управления, удобство управления и технического обслуживания является основным критерием определения площади пункта управления, также можно предусматривать определенную резервную площадь согласно требованиям расширения системы.

通常,控制室的面积按如下规则确定:

Как правило, площадь пункта управления определяется по следующим правилам:

(1)两个操作员站(台)的操作间,其建筑面积宜为 40 ～ 50m^2,每增加一操作员站(台)再增加 6 ～ 10m^2。

(1) Площадь застройки операторной двух станций оператора должна быть равна 40–50м^2, каждый раз при дополнительной установке одной станции оператора к площади добавляется 6–10м^2.

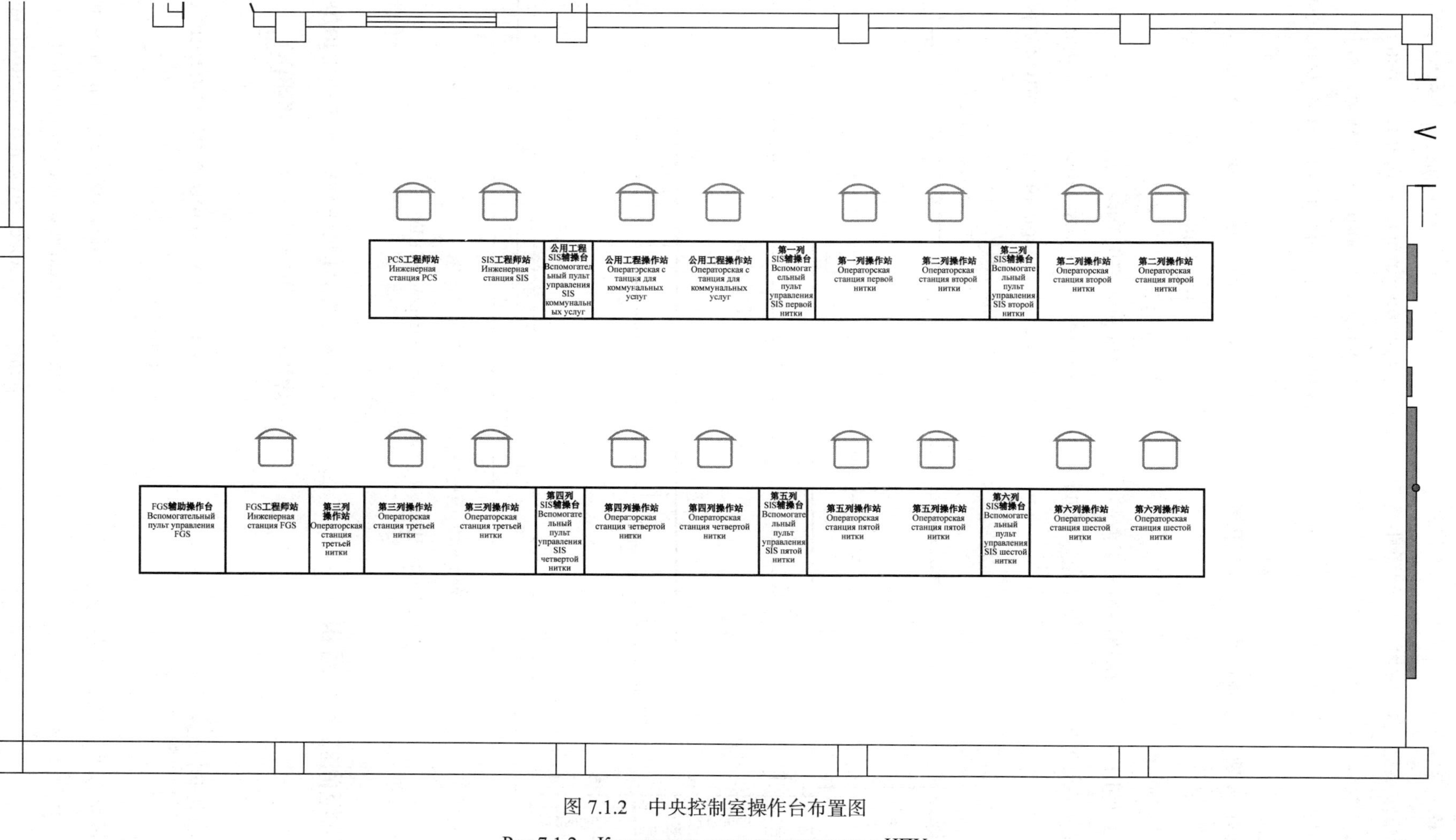

图 7.1.2 中央控制室操作台布置图

Рис.7.1.2 Компоновка стенда управления в ЦПУ

（2）操作员站（台）前面离墙的净距离宜为3.5～5m，操作员站（台）后面离墙的净距离宜为1.5～2.5m。

（2）Расстояние в свету от передней стороны станции оператора до стены должно быть равно 3,5–5м, расстояние в свету от задней стороны станции оператора до стены должно быть равно 1,5–2,5м.

（3）操作员站（台）侧面离墙的净距离宜为2～2.5m。

（3）Расстояние в свету от боковой стороны станции оператора до стены должно быть равно 2–2,5 м.

图7.1.3为土库曼斯坦南约洛坦气田商品气产能建设工程天然气处理厂中央控制室布置尺寸图。

На рис. 7.1.3 ниже показан объект на обустройство части м/р «Южный Елотен» в Туркменистане на товарный газ, чертеж с размерами компоновки ЦПУ ГПЗ.

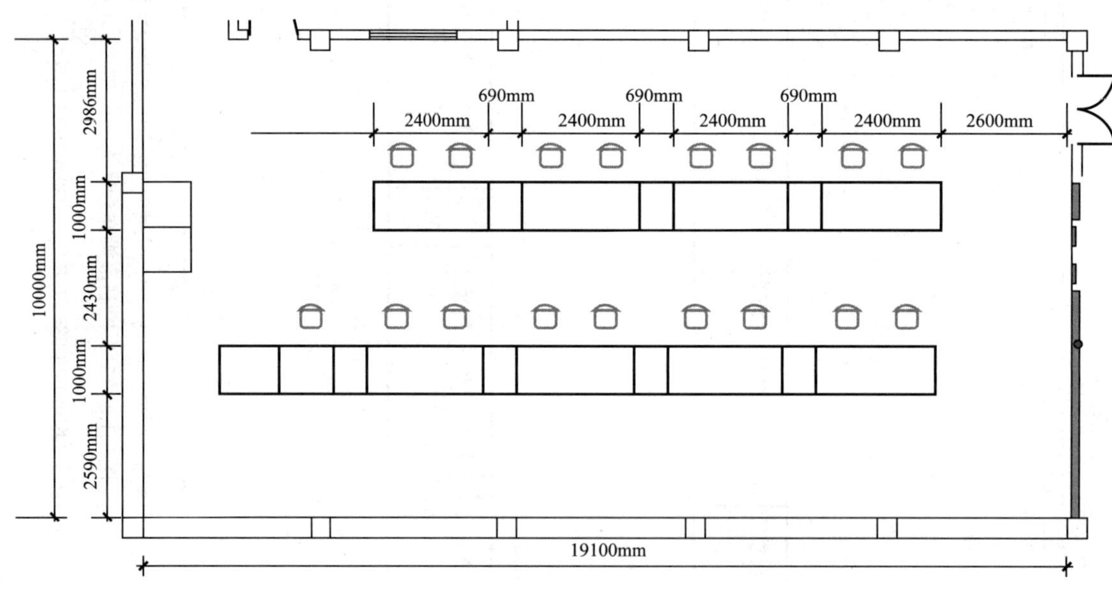

图 7.1.3 中央控制室操作间布置尺寸图

Рис.7.1.3 Чертеж с размерами компоновки ЦПУ

7.1.4 机柜间布置及面积

7.1.4 Компоновка и площадь помещения аппаратного шкафа

7.1.4.1 机柜间布置

7.1.4.1 Компоновка помещения аппаратного шкафа

机柜间与其他房间相邻布置时，宜符合如下原则：

При смежном размещении помещения аппаратного шкафа с другими комнатами, следует придерживаться следующих принципов:

（1）操作室宜与机柜室、工程师室相邻布置，并有门相通。

（1）Пункт управления следует разместить смежно с помещением аппаратного шкафа, инженерным помещением, между ними должна иметься дверь.

（2）机柜室、工程师室与辅助房间相邻时，不宜有门相通。

（2）При смежном размещении помещения аппаратного шкафа, инженерного помещения с подсобным помещением, между ними не должна иметься дверь.

（3）不间断电源室宜与机柜间相邻布置。

（3）Помещение источника бесперебойного питания следует разместить смежно с помещением аппаратного шкафа.

机柜间内设备的布置宜按照功能相近、方便配线的原则和下列规定分行、分段布置，以方便安装、接线和检修，并预留至少 20% 的扩展空间：

Рядная и блочная компоновка оборудования внутри помещения аппаратного шкафа должны осуществиться согласно принципам аналогичных функций и удобной проводки, а также нижеследующим правилам, чтобы облегчили монтаж, проводку и ремонт, к тому же следует предусмотреть резервное пространство（20%）для расширения.

（1）机柜布置时应避免机柜间连接电缆的过多交叉。

（1）При компоновке аппаратного шкафа следует избегать слишком многого пересечений соединитсльных кабелей в помещении аппаратного шкафа.

（2）安全栅柜、端子柜、继电器柜宜靠近电缆入口侧布置。

（2）Шкаф предохранительного ограждения, клеммный шкаф, релейный шкаф должны быть расположены вблизи стороны кабельного ввода.

（3）配电柜宜位于电源电缆入口处。

（3）Распределительный шкаф следует разместить на месте входа питающего кабеля.

7.1.4.2 机柜间面积

7.1.4.2 Площадь помещения аппаратного шкафа

（1）成排机柜之间的净距离不宜小于 1.5m。

（1）Расстояние в свету между рядными аппаратными шкафами не должно быть менее 1,5 м.

（2）机柜正面净空不宜小于 1.2m，侧面净空不宜小于 0.8m；后开门机柜柜后净空不宜小于 1.0m；如柜后（侧）无辅助操作设备，且不需要后开门的机柜可直接靠墙安装。

（2）Габарит передней стороны аппаратного шкафа не должен быть менее 1,2 м, габарит боковой стороны не должен быть менее 0,8 м; задний габарит аппаратного шкафа с задней дверью не должен быть менее 1,0 м; если в задней части （в боковой части）отсутствует вспомогательное эксплуатационное оборудование，причем не требуется задняя дверь，то можно монтировать аппаратный шкаф непосредственно к стене.

图 7.1.4 为土库曼斯坦南约洛坦气田商品气产能建设工程天然气处理厂中央控制室机柜间布置尺寸图。

На рис. 7.1.4 ниже показан объект на обустройство части м/р «Южный Елотен» в Туркменистане на товарный газ，чертеж с размерами компоновки ЦПУ на ГПЗ.

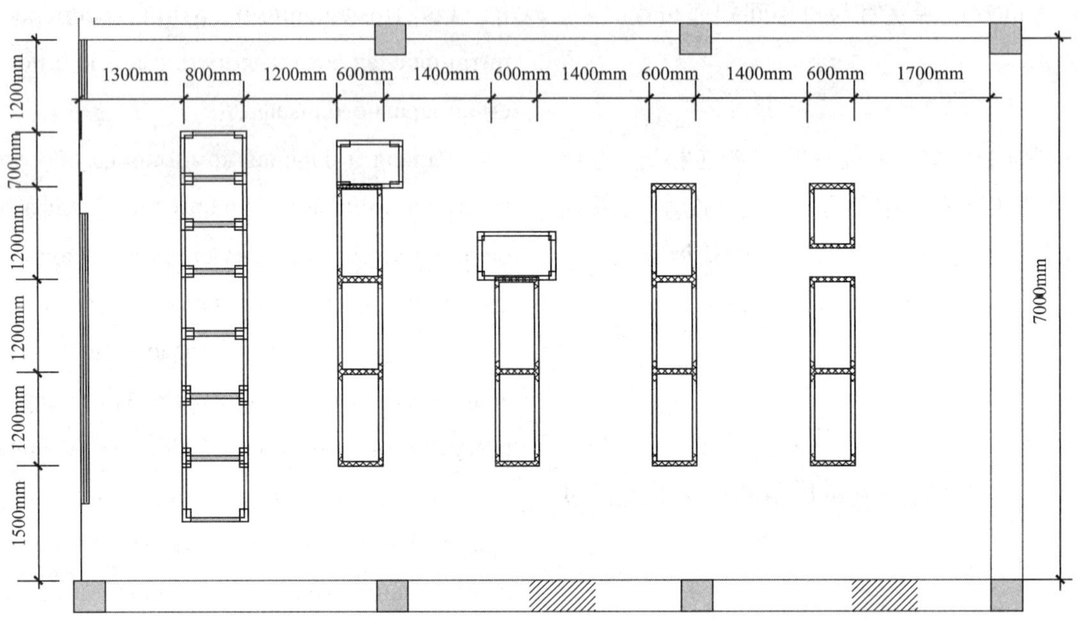

图 7.1.4　机柜间机柜布置尺寸图

Рис. 7.1.4　Чертеж с размерами компоновки аппаратного шкафа в помещении аппаратного шкафа

7.1.5　电缆敷设和进线方式

7.1.5　Прокладка и способ ввода кабеля

控制室大多采用架空进线方式。当条件受限或需要时，也可采用电缆沟进线方式，并符合以下要求：

В большинстве случаях применяется способ воздушного ввода кабеля в пункте управления. В ограниченных условиях или при необходимости，также можно применить способ ввода кабеля через траншею，причем необходимо удовлетворить следующие требования:

（1）电缆穿墙入口处洞底标高高于室外沟底标高 0.3m 以上。电缆穿墙入口处的密封很重要，要做到防火、防水和防尘并满足防爆的要求。通

（1）Высотная отметка низа отверстия на месте прохода кабеля через стену должна превышать высотную отметку дна наружной кабельной

常采用电缆密封模块方式、电缆夹紧密封接头方式或充砂填埋方式达到这一目的。

траншеи на более 0,3 м, уплотнение на месте прохода кабеля через стену является очень важным, необходимо удовлетворить требования к противопожарной защите, водонепроницаемости, пыленепроницаемости и взрывозащите. Как правило, используют модульный способ уплотнения кабелей, герметизированный разъем для зажима кабеля или заполнение песком и закапывание для достижения этой цели.

（2）交流电源电缆在操作室、机柜室内敷设时，应采取隔离措施。

（2）При прокладке кабеля питания переменного тока в пункте управления и помещении аппаратного шкафа следует предпринять меры по экранированию.

7.2 仪表供电、供气

7.2 Электроснабжение и подача воздуха для КИПиА

7.2.1 仪表及控制系统供电设计

7.2.1 Проектирование электроснабжения приборов и систем управления

7.2.1.1 供电要求

7.2.1.1 Требования к электроснабжению

一级负荷应由不间断电源（UPS）供电。

Электроснабжение нагрузки первого класса должно осуществляться источником бесперебойного питания（UPS）.

二级负荷可采用单回路或双回路电源供电。在实际工程中，二级负荷也多采用UPS供电。

Электроснабжение нагрузки второго класса должно осуществляться одноконтурным или двухконтурным источником питания. В инженерной практике электроснабжение нагрузки второй ступени также часто осуществляется UPS.

三级负荷可采用单回路电源供电。

Электроснабжение нагрузки третьего класса должно осуществляться одноконтурным источником питания.

用电负荷的分级由电专业确定，请参见电专业相关章节介绍。

Классификация электронагрузок должна быть определена персоналом по дисциплине “ЭЛ”, см. соответствующий раздел дисциплины “ЭЛ” .

UPS 输出电源质量要求：

（1）交流输入：220V/380V±15%（单相 / 三相四线或三相五线），频率：（50±2.5）Hz。

（2）交流输出：220V±5%。频率：（50±0.5）Hz 波形失真率：<5%。

（3）直流输出：（24±0.3）V。纹波电压：<0.2%。

不间断电源设备及其配套蓄电池组，在工作电源中断供电后，其后备时间（或放电时间）宜为 30min，有特殊要求可以延长其后备时间。

Требования к качеству питания UPS

（1）Ввод переменного тока: 220V/380V±15%（однофазный/трехфазный четырехпроводной или трехфазный пятипроводной）, частота: 50±2,5 Гц.

（2）Вывод переменного тока: 220V±5%. Частота: （50±0,5）Гц, искажение формы сигнала: <5%.

（3）Вывод постоянного тока: 24±0,3V. Пульсирующее напряжение: <0,2%.

Резервное время（или время разраяда）блока источника бесперебойного питания и его комплектующего ккумуляторныго блока после прекращения электроснабжения рабочими источниками питания должно быть равно 30 мин, а также может быть продлено при наличии особых требований.

7.2.1.2 供电设计

7.2.1.2 Проектирование электроснабжения

按电压等级、供电要求及场所分布设置供电回路。计算机监控系统应设置专用的供电回路和监视设施。

Установить цепь питания согласно классу напряжения, требованиям к электроснабжению и размещению участка. В управляюще-вычислительном комплексе следует установить специальную цепь питания и средства наблюдения.

一般可分组如下：

Как правило, группирование осуществляется следующим образом

（1）电压等级：交流 220V、110V。直流 48V、24V。

（2）供电对象：仪表及控制回路；报警、联锁系统；本安仪表系统。

（3）专用回路：操作员站、计算机控制系统机柜、中间端子柜、火灾检测报警系统等。

（1）Класс напряжения: переменный ток 220V, 110V. Постоянный ток 48V, 24V.

（2）Объект электроснабжения: приборы, контур управления. Сигнализация, система блокировки. искробезопасная инструментальная система безопасности.

（3）Специальный контур: станция оператора, аппаратный шкаф управляюще-вычислительного комплекса, промежуточный клеммный шкаф, система сигнализации и обнаружения пожаров и др.

7.2.1.3 供电电缆的选用和敷设设计

（1）仪表电源配线应根据环境条件、敷设方式及回路的工作电压来选择电线、电缆。当敷设线路较远时，宜计算线路电压降，以便正确选择导线的截面积，确保终端仪表用电负荷满足需求。

（2）仪表的电源线、电缆宜选用铜芯线缆。

仪表盘（箱）间的配线，一般采用聚氯乙烯铜芯线。可明设或沿仪表盘（箱）内的汇线槽敷设。

控制室至现场仪表间，宜采用铜芯聚氯乙烯护套聚氯乙烯护套电缆。若埋地敷设应选用铠装电缆。

（3）铜芯电线、缆芯线的截面积可按下面原则选择：

① 总供电箱至分供电箱截面积可选择 2.5 ～ 4mm²。

② 分供电箱至现场仪表电源线截面积可选择 1.5 ～ 2.5mm²。

③ 控制室至现场电磁阀线截面积可选择 1.5 ～ 2.5mm²。

7.2.1.3 Выбор и проектирование прокладки кабеля электроснабжения

（1）При проводке питания прибора выбор электрического провода, кабеля осуществляется в соответствии с условиями окружающей среды, способом прокладки и рабочим давлением контура. При относительно дальней прокладке следует произвести расчет падения напряжения на линии, чтобы выбрать верную площадь сечения провода для удовлетворения требований электрической нагрузки конечного прибора.

（2）Следует использовать кабель с медной жилой в качестве питающего провода, кабеля КИПиА.

Для проводки помещения（ящика）приборной панели, как правило, используется поливинилхлоридный медножильный кабель. Можно произвести открытую прокладку или прокладку вдоль коллектора в（ящике）приборной панели.

От пункта управления до помещения КИП на месте, следует использовать медножильный кабель с поливинилхлоридной оболочкой. Если проводится подземная прокладка, то следует использовать бронированный кабель.

（3）Выбор площади сечения медножильного кабеля, жилы кабеля можно осуществить следующим образом:

① Площадь сечения от общего щита электроснабжения до отдельного щита электроснабжения: 2,5–4 мм².

② Площадь сечения питательного провода от отдельного щита электропитания до приборов на месте: 1,5–2,5 мм².

③ Площадь сечения провода от пункта управления до электромагнитного клапана: 1,5–2,5 мм².

7.2.2 仪表供气设计

7.2.2.1 概述

处理厂和集输站场仪表供气对象主要是气动调节阀、气动截断阀。合理地进行仪表供气系统设计,可以减少仪表故障,为生产运行提供可靠的保证。

仪表气源是指用气体(通常是空气)来驱动,为仪表运动部件提供动力的能源。供气系统是指仪表供气配管网络。

7.2.2.2 供气系统要求

(1)供气压力范围。

仪表供气主要根据气动调节阀、气动截断阀对压力的要求来确定。通常,气动调节阀、气动截断阀在400kPa(表)~600kPa(表)范围内可以正常工作。因而空气压缩机出口气源的压力通常要求按500 kPa(表)~700 kPa(表)设置。气源压力上限值为气源装置正常操作条件下的送出压力,压力下限为气源装置送出的最低压力,若低于此值,应进行报警并尽快处理。

7.2.2 Проектирование подачи воздуха для КИПиА

7.2.2.1 Общие сведения

Объектами КИПиА ГПЗ и станции сбора и транспорта газа, в который подается воздах, в основном, являются пневматический регулирующий клапан, пневматический отсечный клапан. При рациональном проектировании системы подачи воздуха в КИП можно уменьшить отказы приборов, обеспечить надежное производство и эксплуатация.

Под источником воздуха для приборов подразумевается источник энергиии, предназначенный для предоставления движущимся частям КИПиА движущей силы путем привода газа (как правило, воздуха). Под системой подачи воздуха подразумевается сеть трубопроводов подачи воздуха для КИПиА.

7.2.2.2 Требования к системе подачи воздуха

(1) Диапазон давления подачи воздуха.

Подача воздуха для КИПиА главным образом определяется в соответствии с требованиями пневматического регулирующего клапана, пневматического отсечного клапана к давлению. Как правило, пневматический регулирующий клапан, пневматический отсечный клапан могут нормально работать в диапазоне 400 кПа (ман.) -600 кПа (ман.). Поэтому, как правило, давление источника воздуха на выходе воздушного компрессора должно находиться в диапазоне 500 кПа (ман.)-700 кПа (ман.). Верхним пределом давления воздуха является выходное давление устройства для подачи воздуха в нормальных условиях эксплуатации, нижним пределом давления является минимальное выходное давление устройства для подачи воздуха, если меньше данного значения, следует подать аварийный сигнал и как можно скорее разрешить данную проблему.

（2）气源容量确定。

（2）Определение вместимости источника воздуха.

气源装置设计必须考虑足够的容量，即产气量，以确保仪表系统的正常用气。对于工艺管道和设备的吹扫、充压、置换用气为非仪表用气负荷，不考虑其用气容量。

При проектировании устройства для подачи газа следует учесть достаточную вместимость, т.е. производительность, чтобы обеспечить нормальное потребление воздуха приборной системы. При продувке, наполнени под давлением технологического трубопровода и оборудования, воздухом для замещения является нагрузка воздуха, которая не является нагрузкой воздуха для КИПиА, не следует учитывать его объем потребления воздуха.

仪表总耗气量的大小决定气源装置设计的容量。仪表总耗气量宜采用汇总方式计算。

Проектнаяа вместимость устройства для подачи воздуха зависит от величины общего расхода воздуха для КИПиА. Расчет общего расхода воздуха для КИПиА следует производить по сводному методу.

简便地估算仪表用气汇总方式为下列用气量之和：

Упрощенный расчет расхода воздуха для КИПиА по сводному методу – сумма нижеприведенных величин потребления воздуха:

① 控制阀总数 × 每台控制阀的耗气量 1~2m^3/h。

① Общее количество клапанов управления × расход воздуха каждого клапана управления 1–2m^3/h.

② 现场气动仪表总数 × 每台仪表的耗气量 1m^3/h。

② Общее количество пневматических приборов на месте × расход воздуха каждого прибора 1m^3/h.

（3）气源质量要求。

（3）Требования к качеству источника воздуха.

仪表供气系统气源质量要求是指含水、灰尘、油分及有害气体等的要求。

Под требованиями к качеству источника воздуха системы подачи воздуха для КИПиА подразумеваются требования к содержанию воды, пыли, масла и вредных газов.

① 露点。仪表供气系统中,需要气源满足仪表任何工作状态下不结露。结露会堵塞气体管路使仪表发生故障,影响仪表的安全性。在气源操作压力下的露点应比工作环境和历史上当地极端最低温度低不小于 10℃。

① Точка росы. В системе подачи воздуха для КИПиА требуется отсутствие конденсации источника воздуха при любом рабочем режиме. Конденсация приводит к засорению газовых трубопроводов, вследствие чего появляются отказы, влияющие на безопасность прибора. Точка росы под рабочим давлением источника воздуха должна быть ниже местной крайней низкой температуры в истории рабочей среды на не менее 10℃ .

② 含尘。含尘包括两个方面,即含尘量多少和含尘颗粒大小。含尘粒径不大于 3μm,含尘量应小于 1mg/m^3。

② Содержание пыли. Содержание пыли включает два аспекта, это количество пыли и размер частиц пыли. Диаметр частиц пыли не должен превышать 3μm. Количество пыли должно быть менее 1mg/m^3.

③ 含油量。气源中的油分存在形式有两种:一种是油雾,另一种是油滴,油滴是绝对不允许存在的。油分进入仪表后,会黏附在仪表部件和管路上,清除比较困难,这样容易堵塞节流孔和管路,损坏仪表。因此,要尽量降低仪表风中油分的含量。油分的含量应小于 10 mg/m^3(8ppm)。

③ Содержание масла. В источнике воздуха масло существует в двух формах: первая – масляный туман, вторая – капли масла. Абсолютно не допускается наличие капель масла. При попадании масла в прибор оно прилипает к частям прибора и трубопроводу, и относительно тяжело удалить его, вследствие чего легко засоряются дроссельное отверстие и трубопровод, повреждается прибор, поэтому следует в максимальной степени снизить содержание масла в воздухе для КИПиА. Содержание масла должно быть менее 10 mg/m^3(8ppm).

④ 有害气体。仪表气源绝对不允许存在有害和腐蚀性的气体。如 H_2S 和 SO_2 等腐蚀性气体和酸雾,以及易燃、易爆气体和蒸汽等。为防止这些气体的进入,通常气源装置在远离有害气体的地方取气,在不可避免可能存在有害气体的地方设置有害气体报警仪。

④ Вредные газы. Абсолютно не допускается наличие вредных и коррозийных газов в источнике воздуха для КИПиА. Например, H_2S, SO_2 и другие коррозийные газы и кислый туман, а также горючие, взрывоопасные газы, пар и др. Для предотвращения попадания этих газов, как правило, устанавливают устройство для подачи воздуха вдали от места отбора вредных газов, на месте с неизбежным наличием вредных газов размещается сигнализация вредных газов.

（4）气源保持时间。

气源系统应设有足够容量的储气罐以保证仪表的安全供气。其保持时间应根据仪表用气规模、气动仪表设备和安全联锁自动保护系统的设计水平和要求确定。如果有特殊要求，应由工艺专业提出具体保持时间。当无特殊要求时，其保持时间可在 5 ～ 20min 内取值。

（4）Время поддержания источника воздуха.

Система подачи воздуха должна быть оснащена резервуаром для хранения воздуха с достаточной вместимостью, чтобы обеспечили безопасную подачу воздуха для КИПиА. Его время поддержания следует определить в соответствии с объемом потребления воздуха для КИПиА, уровнем проектирования и требованиями пневматических КИП и автоматической системы предохранительной блокировки. Если имеются особые требования, время поддержания предлагается персоналом по дисциплине «ТХ». Если нет особых требований, его время поддержания должно находиться в диапазоне 5 ～ 20 мин.

（5）供气管路。

供气系统管路宜架空敷设。在管路敷设时，应避开高温、放射性辐射、腐蚀、强烈震动以及工艺管路和设备排放口等不安全环境。若难以避免时，应采取相应的保护措施确保人身和设备的安全。

（5）Трубопровод подачи воздуха.

Следует осуществить воздушную прокладку трубопровода системы подачи воздуха. При прокладке трубопровода следует избегать небезопасной окружающой среды, как высокая температура, радиоактивное излучение, коррозия, резкая тряска, технологический трубопровод, выходное отверстие оборудования. Если невозможно избежать, то следует предпринять соответствующие меры защиты, чтобы обеспечить безопасность персонала и оборудования.

当供气系统在供气总管或干管上引出气源时，其取源部位应设在水平管道的上方，并根据工程设计具体情况，可在取源部位接管处安装切断闸阀或者球阀。在区域的最低点宜设置排污阀。

Если источник воздуха системы подачи воздуха выводится на коллекторе или магистрали подачи воздуха, то место отбора воздуха следует установить над горизонтальным трубопроводом, и согласно конкретной обстановке инженерного проектирования, на месте штуцера для отбора воздуха следует смонтировать отсечную задвижку или шаровой клапан. На самой низкой точке участка следует установить дренажный клапан.

供气系统采用镀锌钢管时，宜采用镀锌螺纹连接管件，不能采用焊接。

Если в системе подачи воздуха используется стальные оцинкованные трубы, то следует применить оцинкованные фитинги с резьбовым соединением, нельзя применять сварочное соединение.

7.3 仪表接地、防雷

7.3 Заземление и молниезащита КИП

7.3.1 仪表接地

7.3.1 Заземление КИП

仪表接地系统包括:保护接地(也称安全接地)、工作接地(仪表信号回路接地和屏蔽接地)、防静电接地、防雷接地。

В систему заземления приборов входят: защитное заземление (также называют предохранительным заземлением), рабочее заземление (заземление сигнального контура прибора и экранное заземление), антистатическое заземление, молниезащитное заземление.

7.3.1.1 保护接地的作用

7.3.1.1 Действие защитного заземления

保护人身和设备的安全。具体做法是将电气设备、用电仪表正常情况下不带电的金属部分与接地体之间做良好的金属连接。电气设备、用电仪表由于意外事故带电时,由于电气设备、用电仪表通过接地线与接地体相连,人体触及时,接触电压已在危险电压以下,并且人体电阻远远大于接地电阻,所以通过人体的电流很小,短路电流大部分通过接地电阻,这样人体就避免了触电的危险。所以,在设计中要求计算机控制系统机柜和仪表盘(柜、箱、架)及底座、用电仪表外壳、配电箱、界线盒、汇线槽、电缆电线保护钢管及铠装电缆的铠装护层等用金属接地线同接地体牢固的连接,以保证良好的接地。

Защита безопасности персонала и оборудования. Конкретный способ – надежное металлическое соединение нетоковедущей металлической части электрического оборудования и электрических приборов при нормальном состоянии с очагом заземления. Когда электрическое оборудование и приборы находятся под напряжением из-за аварий, при контакте с человеческим телом из-за того, что электрическое оборудование и приборы соединяются с очагом заземления через заземляющий провод, контактное напряжение находится ниже опасного напряжение, кроме того сопротивление человеческого тела намного больше сопротивления заземления, поэтому через человеческое тело проходит очень малое количество тока, большая часть тока короткого замыкания проходит через сопротивление заземления, таким образом, человеческое тело избегает опасности поражения током. Поэтому, при проектировании требуется использование металлического заземляющего провода в аппаратном шкафу, приборной панели (шкафу, ящике, стойке) и основании системы управления с ЭВМ, корпусе электрических приборов, распределительном ящике, соединительной коробке, коллекторе, стальной трубе для защиты провода и кабеля, бронированной оболочке бронированного кабеля для надежного соединения с очагом заземления, чтобы обеспечили хорошее заземление.

7.3.1.2 工作接地的作用

工作接地的作用是保证仪表可靠地正常工作。它包括信号回路接地、屏蔽接地和本安仪表接地。

(1)信号回路接地:这种接地分两种类型,一种是仪表、DCS、PLC、RTU、计算机系统等电子设备本身结构造成的事实上的接地。例如pH计的溶液本身结构造成的接地,当DCS、PLC、RTU、计算机系统与模拟仪表联用时,应对模拟系统与数字系统两者提供一个公共的信号回路接地点。另一种类型是抑制干扰而设置的接地。

(2)屏蔽接地:屏蔽接地的作用是抑制电容性耦合干扰,降低电磁干扰部件的一种有效措施。在仪表系统中需要做屏蔽接地的有:电缆的屏蔽层、仪表上的屏蔽接地端子等。

7.3.1.2 Действие рабочего заземления

Действием рабочего заземления является обеспечение надежной нормальной работы приборов. В него входят заземление сигнального контура, экранное заземление и заземление искробезопасного прибора.

(1) Заземление сигнального контура: данное заземление обычно разделяется на два типа: первый тип - это фактическое заземлени, вызванное собственной конструкцией приборов, DCS, PLC, RTU, компьютерной системы и другого электронного оборудования. Например, заземление, вызванное собственной структурой раствора pH-метра, при совместном использовании DCS, PLC, RTU и компьютерной системы с аналоговым прибором, следует предоставить одну точку заземления общего сигнального контура для аналоговой системы и цифровой системы. Другой тип-заземление, установленное для подавления помех.

(2) Экранное заземление: действием экранного заземления является подавление помех от емкостной связи, представляет собой эффективную меру для подавления электромагнитных помех, в приборной системе следует сделать экранное соединение на экранирующем слое кабеля, клемме экранного заземления на приборе и др.

（3）本安接地：这种接地除了具有抑制干扰的作用外，还有使仪表系统具有本安性质的措施之一。本安仪表系统需要接地的有：安全栅的接地端子、24V 直流电源的负极及其他保护性接地。

（3）Заземление для обеспечения искробезопасности: такое заземление функционирует не только для подавления помех, так и придает приборным системам характеристики искробезопасности. Заземлению надлежат искробезопасные приборные системы: заземляющий зажим предохранительного ограждения, отрицательный полюс источника питания постоянного тока 24 В и другие защитные заземления.

7.3.1.3 防静电接地的作用

7.3.1.3 Действие антистатического заземления

防静电接地的作用与工作接地的作用相同。安装 DCS、SIS、PLC、RTU、计算机系统等设备的控制室、机柜间、过程控制计算机的机房，应考虑防静电接地。这些室内的导电地面、活动地板、工作台等应进行防静电接地。

Действие антистатического заземления совпадает с действием рабочего заземления. При установке пункта управления, помещения аппаратного шкафа, машинного отделения компьютера для управления процессами DCS, SIS, PLC, RTU, компьютерной системы и другого оборудования, следует предусмотреть антистатическое заземление. Следует провести антистатическое заземление электропроводного пола, съемного пола, рабочего стенда и др. в этих помещениях.

7.3.1.4 防雷接地的作用

7.3.1.4 Действие молниезащитного заземления

自控设备设置电涌保护器，就是将雷击产生的感应电压通过电涌保护器迅速地释放到接地系统中，从而保护了自控设备。因此接地非常重要。自控设备受感应雷击主要是感应产生了电位差，根据等电位连接的原理防雷接地必须是电涌保护器与被保护设备等电位连接。

На оборудовании автоматического управления устанавливается устройство защиты от импульсных перенапряжений, чтобы быстро сбросить индуктированное напряжение, генерированное ударом молнии, в систему заземления через устройство защиты от импульсных перенапряжений, благодаря этому обеспечивается защита оборудования автоматического управления. Поэтому заземление является очень важным. Поражение оборудования автоматического управления индуктированной молнией главным образом происходит из-за образования разности потенциалов от индукции; согласно принципу эквипотенциального соединения, при молниезащитном заземлении следует осуществить эквипотенциальное соединение устройства защиты от импульсных перенапряжений с защищаемым оборудованием.

7.3.1.5 接地电阻

从仪表或设备的接地端子到接地极之间的导线与连接点的电阻总和,称为接地连接电阻。接地极对地电阻与接地连接电阻之和称为接地电阻。

7.3.1.5 Сопротивление заземления

Сумму сопротивлений провода от клеммы заземления прибора или оборудования до заземляющего электрода и точки соединения называют сопротивлением заземляющего соединения. Сумму сопротивления заземляющего электрода по отношению к земле и сопротивления заземляющего соединения называют сопротивлением заземления.

仪表及自控系统(DCS、PLC、RTU、计算机系统与模拟仪表)对接地电阻的要求均小于4Ω。

Сопротивление заземления КИПиА (DCS, PLC, RTU, компьютерная система и аналоговый прибор) не должно быть менее 4Ω.

7.3.1.6 接地系统的设计

(1)室外部分。

① 保护接地。

现场金属仪表盘、箱、柜、仪表电缆槽、电缆保护金属管和仪表设备(各种变送器)及其安装支架应做保护接地。自控专业单独设置管架,用于敷设电缆槽或电缆桥架时,其管架应做保护接地。

7.3.1.6 Проектирование системы заземления

(1) Часть вне помещения.

① Защитное заземление.

Следует сделать защитное заземление металлической приборной панели, коробки, ящика, кабельной коробки прибора, металлической трубы для защиты кабеля, измерительного оборудования (разных датчиков) и его монтажного кронштейна. В случае, когда персонал по дисциплине “КИПиА” отдельно устанавливает трубную опору для прокладки кабельного желоба или кабельного мостика, следует провести защитное заземление трубной опоры.

仪表设备(各种变送器)均采用BVR1 × 6mm^2(绿色)导线与安装支架跨接。仪表电缆槽之间采用BVR1 × 6mm^2(绿色)导线跨接,再用BVR1 × 10mm^2(绿色)与管架连接。仪表管架、

В измерительном оборудовании (различных датчиках) используются провод (зеленого цвета) BVR1 × 6мм^2 для перемыкания с монтажным кронштейном. Для перемыкания между кабельными

支架应采用 25mm × 4mm 的扁钢与现场电气接地网焊接，并涂防锈漆防腐。

желобами приборов используется провод(зеленого цвета) BVR1 × 6мм^2, потом используется провод (зеленого цвета) BVR1 × 10мм^2 для соединения с трубной опорой. Для сварочного соединения трубной опоры прибора, кронштейна с электрической сеткой заземления на месте следует использовать полосовую сталь 25 × 4мм и нанести антикоррозийную краску во избежание коррозии.

仪表信号用的铠装电缆，其铠装保护金属层应采用铠装电缆夹紧密封接头，通过接地片对铠装保护金属层进行接地。铠装电缆夹紧密封接头采用 BVR1 × 6mm^2（绿色）导线与现场电气接地网连接。

Заземление защитного металлического слоя бронированного кабеля, используемого для сигналов прибора, осуществляется с применением зажимного герметизированного разъема бронированного кабеля через пластину заземления. Зажимный герметизированный разъем бронированного кабеля соединяется с электрической сеткой заземления на месте с помощью провода (зеленого цвета) BVR1 × 6мм^2.

② 屏蔽接地。

② Экранное заземление.

现场仪表接线箱两侧的电缆屏蔽层应在箱内用端子连接在一起，在信号接收仪表一侧（控制室）单点接地。

Экранирующие слои кабеля на двух боках соединительного ящика прибора на месте соединяются между собой в ящике с помощью клеммы. Проводится одноточечное заземление на одной стороне прибора для приема сигналов (пункта управления).

③ 防雷接地。

③ Молниезащитное заземление.

用于保护现场仪表设备（各种变送器）的电涌保护器的接地端子应与被保护的现场仪表设备的接地端子连接后，再与仪表管架、支架或现场电气接地网连接。

Клемма заземления устройства защиты от импульсных перенапряжений, предназначенного для защиты измерительного оборудования (разных датчиков) на месте, должна соединиться с клеммой заземления защищаемого измерительного оборудования на месте, после этого соединиться с трубной опорой прибора, кронштейном или электрической сетью заземления на месте.

（2）室内部分。

(2) Часть внутри помещения.

① 保护接地。

① Защитное заземление.

仪表及控制系统保护接地的各接地干线应汇接到保护接地汇总板（EB），再由保护接地汇总板

Все магистрали защитных заземлений КИПиА соединяются к главной панели защитного

（EB）经接地总干线接到总接地体上。在系统简单的情况下，保护接地汇总板（EB）可与总接地体合用或接地线接到保护接地汇流排，再与总接地体连接。

заземления（EB）, затем главная панель защитного заземления（EB）соединяется к общему очагу заземления через общую магистраль заземления. В простой системе главная панель защитного заземления（EB）может использоваться совместно с общим очагом заземления или заземляющий провод соединяется к шине защитного заземления, затем соединяется с общим очагом заземления.

防静电接地：安装仪表控制系统的控制室、机柜间、过程控制计算机机房的室内导静电地面、活动地板、工作台等应进行防静电接地，已经做了保护接地、工作接地的仪表和设备，不必再另做防静电接地。防静电接地应与保护接地共用接地系统。

Антистатическое заземление: следует провести антистатическое заземление пункта управления с инструментальной системой управления, помещения аппаратного шкафа, пола, проводящего статистическое электричество, аппаратного отделения компьютера для управления процессами, съемного пола, рабочего стенда и др., относительно приборов и оборудования с защитным и рабочим заземлениями не нужно отдельно проводить антистатическое заземление. Антистатическое заземление должно использовать одну систему заземления совместно с защитным заземлением.

② 工作接地。

② Рабочее заземление.

信号回路接地、屏蔽接地、本安仪表接地和仪表信号电涌保护器接地的接地线接到各自接地汇流排后，通过各自的接地干线接到工作接地汇总板（EB）。

После соединения заземляющих проводов для заземления сигнального контура, экранного заземления, заземления искробезопасного прибора и заземления устройства защиты от импульсных перенапряжений сигнальных линий прибора с собственными шинами заземления они подключаются к главной панели рабочего заземления（EB）через собственные магистрали заземления.

信号回路接地、屏蔽接地、本安仪表接地和仪表信号电涌保护器接地在接到工作接地汇总板之前不得相互混接，更不能与保护接地混接。

Перед подключением к главой панели рабочего заземления не допускается взаимное смешанное соединение проводов заземления сигнального контура, экранного заземления, заземления искробезопасного прибора и заземления устройства защиты от импульсных перенапряжений сигнальных линий прибора, и тем более не допускается смешанное соединение с проводом защитного заземления.

直流电源的负端必须接到工作接地汇流排,不设工作接地汇流排时应经工作接地支线接到工作接地汇总排。

Отрицательная клемма источника питания постоянного тока должна подключиться к шине рабочего заземления, при отсутствии шины рабочего заземления должна подключиться к главной панели рабочего заземления через ответвление рабочего заземления.

(3)接地系统接线。

(3) Проводка системы заземления.

机柜内的各种接地汇流排采用截面为25 ㎜ × 6 ㎜的冷拉紫铜板制作。接地系统的各种连接采用镀锌钢质螺栓,并应具有防松部件,保证牢固、可靠和良好的导电性。

Шины различных заземлений в аппаратном шкафу изготавливаются из холоднотянутого красномедного листа с сечением 25mm × 6mm. Различные соединения системы заземления осуществляются с помощью оцинкованных стальных болтов, к тому же должны иметься детали против развинчивания, чтобы обеспечили крепкую, надежную т хорошую электропроводность.

机柜内的保护接地汇流排应与机柜进行可靠的电气连接。工作接地汇流排、工作接地汇总板(EB)应采用绝缘支架固定,应与机柜绝缘。

Следует осуществить надежное электрическое соединение шины защитного заземления в аппаратном шкафу с аппаратном шкафом. Шина рабочего заземления, главная панель рабочего заземления (EB) должны быть зафиксированы с помощью изолирующих кронштейнов, изолированы от аппаратного шкафа.

接地线:采用 BVR1 × 6mm^2(黄绿色)。

Заземляющий провод: используется BVR1 × 6mm^2 (желто-зеленого цвета)

接地干线、连接总接地体的接地干线(双线):采用 BVR1 × 16mm^2(黄绿色)。

Магистраль заземления, магистраль заземления (двухпроводная), соединяемая с общим очагом заземления: используется BVR1 × 16mm^2 (желто-зеленого цвета).

仪表控制系统的工作接地、保护接地应分别接入共用接地系统,不同功能的等电位连接不应串联或混接后接地。接地系统示意图如图 7.3.1 所示。

Рабочее заземление и защитное заземление КИПиА должны быть соответственно подключены к общей системе заземления, эквипотенциальные соединения разных функций не должны заземляться после последовательного или смешанного соединения. На рис. 7.3.1 показана схема системы заземления.

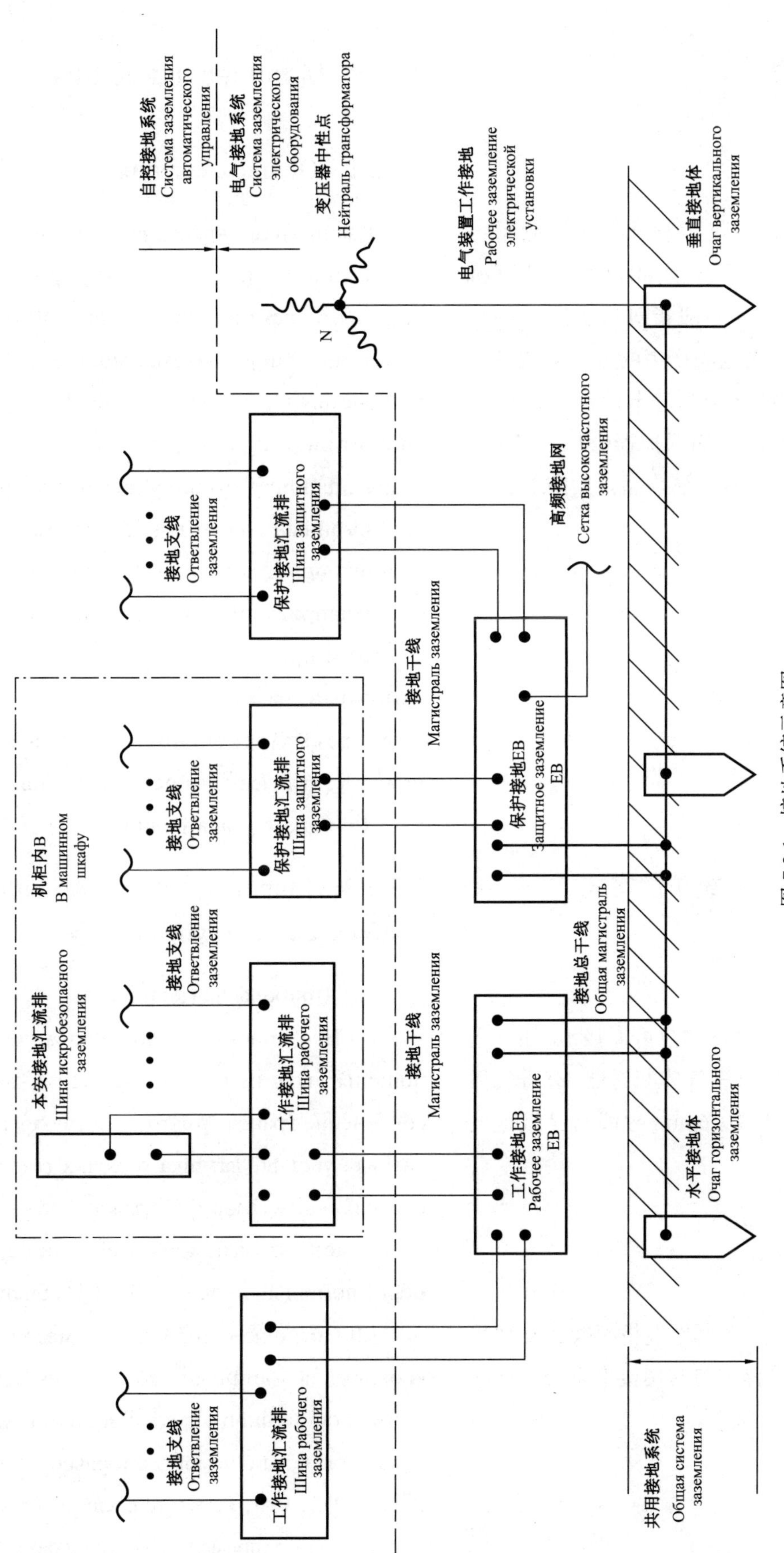

图 7.3.1 接地系统示意图

Рис.7.3.1 схема системы заземления.

7.3.2 仪表防雷

7.3.2.1 概述

通常雷击直接击中仪表和计算机控制系统中电子设备的可能性很小，因此仪表和计算机控制系统防雷系统设计一般指对雷击感应的防护。雷击感应是由闪电电流产生的强大电磁场变化与导体感应出的过电压和过电流形成感应雷击，应采用屏蔽、接地、电涌保护器（SPD—Surge Protective Device）来实现对感应雷击的防护。

7.3.2.2 仪表 / 控制系统防雷措施

（1）现场仪表。

① 现场所有仪表设备均应可靠接地，如变送器、雷达液位变送器、可燃气体变送器、有毒气体变送器等均采用 BVR $1\times6mm^2$ 导线与已接地的金属安装支架相连。

② 仪表金属支架、金属电缆桥架及其支架采用 25mm × 4mm 热镀锌钢与共用接地系统焊接相连，电缆桥架连接处应跨接。

7.3.2 Молниезащита КИП

7.3.2.1 Общие сведения

Как правило, крайне редко случается прямое поражение молнией КИП и электронного оборудования в системе управления с ЭВМ, поэтому проектирование системы молниезащиты КИП или системы управления с ЭВМ основан на защите от индукции от удара молнии. Индукция от удара молнии - это индуктивный удар молнии, образованный сильным изменением электромагнитного поля, которое вызвано током молнии, с перенапряжением и сверхтоком, индуктированными проводником, т.е. следует использовать экран, заземление, устройство защиты от импульсных перенапряжений（SPD—Surge Protective Device）для осуществления защиты от индукционного удара молнии.

7.3.2.2 Мероприятия по молниезащиты прибора/системы управления

（1）Приборы на месте.

① Все приборы и оборудование на месте должны быть надежно заземлены, например, соединение трансформатора, радиолокационного датчика уровня, датчика горючих газов, датчика отравляющих газов с заземленными металлическими монтажными кронштейнами осуществляется с помощью проводов BVR $1\times6mm^2$.

② Сварочное соединение металлического кронштейна, металлического кабельного мостика и его кронштейнов с общей системой заземления осуществляется с помощью горячей оцинкованной сталью 25 × 4мм, на месте соединения кабельного мостика следует применить перекидное соединение.

（2）室内仪表。

① 保护接地：所有需保护接地的仪表机柜、配电装置、接线盒等均应可靠接地。各单元由其接线端子分别引至仪表机柜的保护接地端子排，该端子排采用 BVR $1 \times 16mm^2$ 导线连接至等电位连接端子板。多芯电缆的备用芯应引至机柜接地端子排一点接地。

② 工作接地：仪表及控制系统的信号回路接地、屏蔽接地等应由其接线端子分别引至仪表机柜的工作接地端子排，该端子排采用 BVR $1 \times 16mm^2$ 导线连接到工作接地端子板。控制电缆的屏蔽层应在控制室 / 机柜侧一点接地，电缆屏蔽层应保证电气通路性，不得重复接地。

③ 防雷接地：SPD 应采用 BVR $1 \times 6mm^2$ 导线以最短路径与共用接地网相连，不得与建构筑物的防雷引下装置直接相连。

7.3.2.3 电涌保护器工作原理

气田地面建设工程现场避雷装置作为第一道防线，防止仪表及控制系统遭遇直接雷击，同时为

（2）КИП внутри помещения.

① Защитное заземление: все аппаратные шкафы КИП, распределительные устройства, соединительные коробки, требующие защитного заземления, должны быть надежно заземлены. Все узлы направляются к клеммнику защитного заземления аппаратного шкафа КИП с помощью их соединительных клемм, данный клеммник подключается к клеммной панели эквивалентного соединения с помощью провода BVR $1 \times 16mm^2$. Резервная жила многожильного кабеля должна быть направлена к одноточечному заземлению клеммника заземления аппаратного шкафа.

② Рабочее заземление: заземление сигнального контура, экранное заземление КИПиА должны быть соответственно направлены к клеммнику рабочего заземления аппаратного шкафа КИП посредством их соединительных клемм, данный клеммник подключается к клеммной панели рабочего заземления с помощью провода BVR $1 \times 16mm^2$. Одноточечное заземление экранирующего слоя контрольного кабеля осуществляется на стороне пункта управления/аппаратного шкафа, экранирующий слой кабеля должен обеспечить электрическую проходимость, не допускается повторное заземление

③ Заземление молниезащиты: соединение SPD с сеткой общего заземления осуществляется с помощью провода BVR $1 \times 6mm^2$ по кратчайшему пути, не следует проводить прямое соединение с молниезащитным токоотводным устройством сооружения.

7.3.2.3 Принцип работы устройства защиты от импульсных перенапряжений

На месте обустройства газового месторождения молниезащитное устройство является первой

防止雷击感应造成的辐射电磁冲击对仪表和控制系统产生损坏,还应在信号电缆上加装电涌保护器。电涌保护器工作原理详见图 7.3.2。

линией обороны, предотвращает прямое поражение молнией КИПиА, одновременно предотвращает повреждение КИПиА под воздействием электромагнитного излучения, вызванного индукцией от удара молнией, к тому же следует дополнительно установить на сигнальном кабеле устройство защиты от импульсных перенапряжений. Принцип работы устройства защиты от импульсных перенапряжений в рис. 7.3.2.

电涌保护器的内部结构包括火花电压泄放部件、电压箝位部件和抗阻三大部分。典型的信号线路用电涌保护器如图 7.3.2 所示。

Внутренняя конструкция устройства защиты от импульсных перенапряжений состоит из узла сброса напряжения искрообразования, фиксатора напряжения и сопротивления. Типичное устройство защиты от импульсных перенапряжений для сигнальных линий показано на рис. 7.3.2.

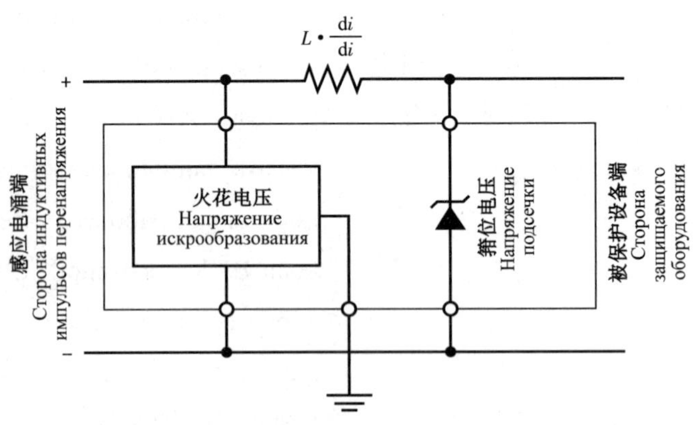

图 7.3.2 电涌保护器原理图

Рис. 7.3.2 Принципиальная схема устройства защиты от импульсных перенапряжений

由于气体放电管(火花电压)在泄放电涌时存在较高的残压,内部击穿电压必须降到设备能承受的范围内,因此电涌保护器还应增加消除残压的部件,即电压箝位部件和抗阻,如图 7.3.2 所示。电压箝位部件是电涌保护器最后一级,一般采用箝位二极管。它可起到限制残压的功能,另外它的动作响应非常快。但是箝位二极管对过流很敏感,当电击穿时间过长过强,将导致不可逆转的热击穿。

Так как во время сброса импульсов напряжений газоразрядной лампой (искровое напряжение) присутствует относительно высокое остаточное напряжение, следует снизить внутреннее пробивное напряжение до приемлемого диапазона оборудования, поэтому к устройству защиты от импульсных перенапряжений следует добавить узел по устранению остаточного напряжения, т.е. фиксатор напряжения и сопротивление, см. рис. 7.3.2. Фиксатор напряжения является конечной ступенью устройства защиты от импульсных перенапряжений, как правило, применяется фиксирующий диод. Он предназначен для ограничения остаточного напряжения, кроме того он срабатывает очень быстро. Но фиксирующий диод очень чувствителен к сверхтоку, длительный и интенсивный электрический пробой приводит к необратимому тепловому пробою.

7.3.2.4 电涌保护器的设置

7.3.2.4 Установка устройства защиты от импульсных перенапряжений

（1）在进入DCS系统、RTU、PLC的AI、AO、DI、热电阻、热电偶卡件前设置电涌保护器，对于DCS系统、RTU、PLC的DO卡均为继电器输出的干触点，继电器触点容量较大（220VAC、2A），再加上感应雷击时间非常短（微秒级），DO卡件被感应雷击坏的可能性非常小，所以在DO卡件前可不设电涌保护器。

（1）Перед входом в карты AI, AO, DI, теплового сопротивления, термопары системы DCS, RTU, PLC устанавливается устройство защиты от импульсных перенапряжений, а для карт DO системы DCS, RTU, PLC-сухой контакт релейного выхода, емкость контакта реле относительно большая（220VAC、2A）, вдобавок очень короткое время индуктивного удара молнии（мкс）, возможность повреждения карты DO из-за удара молнии очень низкая, поэтому перед картой DO можно не устанавливать устройство защиты от импульсных перенапряжений.

（2）自控系统对现场自控设备单独提供24VDC、220VAC电源（如电磁阀、分析仪器等）时，在室内设置电涌保护器，防止雷电感应对室内电源系统造成损坏。

（2）При отдельном предоставлении источников питания 24VDC、220VAC местному оборудованию автоматического управления（как: электромагнитный клапан, анализатор и др.）системой автоматического управления, в помещении устанавливается устройство защиты от импульсных перенапряжений во избежание повреждения системы электропитания в поме-щении из-за индукции от удара молнии.

（3）压力、差压变送器常选择配备内置式电涌保护器的变送器。

（3）Как правило, используются датчик давления и дифференциальный датчик, оснащенные встроенным устройством защиты от импульсных перенапряжений.

（4）在自控设备中有些仪表价格很高，如遭雷击损坏，会造成巨额的经济损失，这些设备应在现

（4）В оборудовании автоматического управления имеются дорогостоящие приборы, повреждение

场加装电涌保护器,如分析仪、雷达液位计等。

которых из-за удара молнии будет приводить к большому экономическому ущербу, для такого оборудования следует дополнительно установить на месте устройство защиты от импульсных перенапряжений, например, анализатор, радиолокационный уровнемер и др.

(5)自控系统中的一些重要自动控制回路的现场检测仪表也应在现场加装电涌保护器。

(5)Для местных КИП некоторых важных контуров автоматического управления в системе автоматического управления также следует дополнительно установить на месте устройство защиты от импульсных перенапряжений.

7.3.2.5 浪涌保护器的选择

7.3.2.5 Выбор устройства защиты от импульсных перенапряжений

根据不同的信号、工作电流、工作电压等选择不同的浪涌保护器。浪涌保护器的主要技术指标为启跳电压、残压、响应时间、泄放容量和漏电流等。

Согласно разным сигналам, рабочему току, рабочему напряжению и д. выбираются разные устройства защиты от импульсных перенапряжений. Основными техническими показателями устройства защиты от импульсных перенапряжений являются напряжение срабатывания, остаточное давление, время отклика, объем сброса, ток утечки и др.

(1)热电阻、热电偶常选择漏电流小的产品,否则会影响温度测量精度。

(1)Для теплового сопротивления, термопары часто выбирают продукции с малым током утечки, иначе это будет влиять на точность измерения температуры.

(2)模拟量(4～20mA)输入或输出选用模拟量(4～20mA)的浪涌保护器。

(2)Для ввода и вывода аналоговой величины (4-20mA) используется устройство защиты от импульсных перенапряжений аналоговой величины (4-20mA).

(3)三线制模拟量(4～20mA)输入在选择浪涌保护器时,应考虑负载电流,即仪表设备的电源电流和信号电流。

(3)При выборе устройства защиты от импульсных перенапряжений для ввода аналоговой величины (4-20mA) трехпроводной системы, следует учесть ток нагрузки, т.е. ток питания и сигнальный ток измерительного оборудования.

(4)开关量输入(DI)可选用单通道或多通道浪涌保护器。在选用多通道浪涌保护器时,RTU/

(4)Для ввода двухпозиционной переменной (DI) можно использовать одноканальное или

PLC/DCS 的接线应选择共负的接地 DI 卡。

многоканальное устройство защиты от импульсных напряжений. При применении многоканального устройства защиты от импульсных напряжений следует выбрать карту DI отрицательного заземления для проводки RTU/PLC/DCS.

（5）交流和直流电源应根据电压和电流的负荷进行选择。同时浪涌保护器在泄放浪涌电流和内部故障或失效时，不会中断供电。

（5）Источник питания переменного тока и прямого тока выбирается согласно нагрузкам напряжения и тока. Вместе с тем при сбросе импульсного тока и появлении внутренней неисправности или отказе устройства защитны от импульсных перенапряжений не должно прекращаться электроснабжение.

7.4 仪表防爆、防护

7.4 Взрывозащита и защита КИП

7.4.1 仪表防爆

7.4.1 Взрывозащита КИП

7.4.1.1 爆炸性气体危险场所的分区

7.4.1.1 Районирование зоны с взрывоопасными газами

根据爆炸性气体环境出现的频率和持续时间，按 IEC 及国家标准，把危险场所分为 3 个区域，它们是：0 区、1 区和 2 区。

Основываясь на частоте и длительности появления взрывоопасной газовой среды, согласно стандартам IEC и GB, опасные зоны можно разделить на 3 группы, это: зона 0, зона 1 и зона 2.

0 区：爆炸性气体环境连续出现或长时间存在的场所。

Зона 0: зона с непрерывным появлением или продолжительным существованием взрывоопасной газовой среды.

1 区：在正常运行时，可能出现爆炸性气体环境的场所。

Зона 1: зона, где может повяиться взрывоопасная газовая среда при нормальной работе.

2 区：在正常运行时，不可能出现爆炸性气体环境，如果出现也是偶尔发生并且仅是短时间存在的场所。

Зона 2: зона, где не появляется взрывоопасная газовая среда при нормальной работе, если появляется, то это случается очень редко и кратковременно.

北美标准 NEC 500 在危险场所的划分上与上述分法不同，其与 IEC、GB 的对应关系见表 7.4.1。

Способ деления опасной зоны, указанный в стандарте Северной Америки NEC500, неодинаков с вышеизложенным способом, его корреляция с IEC, GB показана в таблице ниже 7.4.1.

表 7.4.1 危险场所划分对照表

Таблица 7.4.1 Сопоставление способов деления опасной зоны

IEC、GB	NEC500	危险程度 Степень опасности
0 区（Zone0） Зона 0（Zone0）	Division 1	高 Высокая ↑
1 区（Zone1） Зона 1（Zone1）		
2 区（Zone2） Зона 2（Zone2）	Division 2	低 Низкая

7.4.1.2 电气设备的分类和温度组别

爆炸性气体环境用电气设备可分为：

Ⅰ类：煤矿用电气设备。

Ⅱ类：工厂用电气设备。Ⅱ类隔爆型及本质安全型电气设备按使用于爆炸性气体特性进一步可分为：Ⅱ A、Ⅱ B、Ⅱ C类。它们是根据气体（蒸气）的最大试验安全间隙 MESG 和最小点燃电流比 MIC 来划分的。

所谓最大试验安全间隙是在长度为 25mm、符合 IEC 79-1A 的 8L 球形容积内测试的间隙 MESG。而最小点燃电流比是各种气体（蒸气）的最小点燃电流（MIC）与甲烷的最小点燃电流之比，测定的装置应符合IEC 79-3的规定（表7.4.2）。

7.4.1.2 Классификация электрооборудования и группа температуры

Электрооборудование, используемое в взрывоопасной газовой среде, можно разделить на :

Категория Ⅰ : электрооборудование для работы на угольной шахте;

Категория Ⅱ : электрооборудование для работы на заводе. Взрывобезопасное и искробезопасное электрооборудование категории Ⅱ согласно характеристикам взрывоопасных газов делится на: Ⅱ A、Ⅱ B、Ⅱ C. Они разделены по безопасному экспериментальному максимальному зазору MESG газа/пара и соотношению минимальных токов воспламенения.

Безопасный экспериментальный максимальный зазор является экспериментальным зазором MESG в 8-литровой шаровой емкости длиной 25мм, соответствующей IEC 79-1A. А соотношением минимальных токов воспламенения является отношение между минимальным током воспламенения（MIC）различных газов/паров и минимальным током воспламенения метана, измерительные установки должны соответствовать положениям IEC 79-3（таблица 7.4.2）.

表 7.4.2 最大试验安全间隙和最小点燃电流比分级表

Таблица 7.4.2 Таблица безопасного экспериментального максимального зазора и соотношения минимальных токов воспламенения

分级 Подкатегория	最大试验安全间隙 MESG, mm Безопасный экспериментальный максимальный зазор MESG, мм	最小点燃电流比 MIC Соотношение минимальных токов воспламенения MIC
Ⅱ A	MESG ＞ 0.9	MIC ＞ 0.8
Ⅱ B	0.5 ≤ MESG ≤ 0.9	0.45 ≤ MIC ≤ 0.8
Ⅱ C	MESG ＜ 0.5	MIC ＜ 0.45

Ⅱ类防爆电气设备按其工作时发热的最高表面温度可分为 T1—T6 6 个温度组别(表 7.4.3)。

Взрывобезопасное электрооборудование категории Ⅱ можно разделить на 6 температурных групп T1—T6 согласно максимальной поверхностной температуре при выделении тепла во время работы（Таблица 7.4.3）.

表 7.4.3 温度组别分级表

Таблица 7.4.3 Таблица температурной группы

GB、IEC、EN、NEC 505		NEC 500	
温度组别 Температурная группа	最高表面温度，℃ Максимальная поверхностная температура，℃	温度组别 Температурная группа	最高表面温度，℃ Максимальная поверхностная температура，℃
T1	450	T1	450
T2	300	T2	300
		T2A	280
		T2B	260
		T2C	230
		T2D	215
T3	200	T3	200
		T3A	180
		T3B	165
		T3C	135
T4	135	T4	120
T5	100	T5	100
T6	85	T6	85

防爆电气设备的温度组别是在环境温度 -20℃～＋40℃时测定的。当使用的环境温度高于或低于此值时，应注意产品的铭牌上规定的特殊环境要求(例如 -30℃ Ta50℃)，是否满足。否则

Температурные группы взрывобезопасного оборудования определяются при температуре окружающей среды -20 ℃ - +40 ℃ . Когда используемая температура окружающей среды выше или

要考核产品的温度组别。

ниже данного значения, следует подтвердить, что удовлетворены ли требования к особой среде, указанные в табличке продукции（как −30℃ Ta50℃）. В ином случае, следует проверить температурные группы данной продукции.

7.4.1.3 防爆标志的含义

爆炸性气体环境中安装的电气设备主要有隔爆型电气设备“d”、增安型电气设备“e”、本质安全型电气设备“i”、正压型电气设备“p”、浇封型电气设备“m”、充油型电气设备“O”、充沙型电气设备“p”“n”型电气设备和粉尘防爆电气设备等。

7.4.1.3 Значение знаков взрывозащиты

Электрооборудование, монтируемое в взрывоопасной газовой среде, в основном включает в себя электрооборудование с взрывозащищенной оболочкой «d», электрооборудование с повышенной взрывобезопасностью «e», искробезопасное электрооборудование «i», электрооборудование с продувкой под избыточным давлением «p», электрооборудование, герметизированное компаундом «m», маслонаполненное электрооборудование «o», электрооборудование с кварцевым заполнением оболочки «p», электрооборудование типа взрывозащиты «n» и пылевзрывобезопасное электрооборудование.

Ex d Ⅱ BT4：此产品属Ⅱ B类T4温度组别的隔爆型防爆电气设备。

Ex d II BT4：Данный продукт относится к взрывобезопасному электрооборудованию с взрывозащищенной оболочкой подкатегории II B с температурной группой T4.

Ex m Ⅱ T4：此产品属Ⅱ类T4温度组别的浇封型防爆电气设备。

Ex m II T4：Данный продукт относится к взрывобезопасному электрооборудованию, герметизированному компаундом, категории Ⅱ с температурныой группой T4.

Ex ia Ⅱ CT5：此产品属Ⅱ C类T5温度组别的本质安全型ia等级防爆电气设备。

Ex ia II CT5：Данный продукт относится к искробезопасному электрооборудованию категории взрывозащиты ia, подкатегории Ⅱ C с температурной группой T5.

Exedia［ia］Ⅱ CT6：增安性、隔爆型、本质安全型（含安全栅）工厂用C级温度组别T6（允许设备发热温度低于85℃），一般情况下，具有此防爆标志的电气设备为防爆电气系统。

Exedia［ia］II CT6：Электрооборудование с повышенной взрывобезопасностью, взрывонепроницаемой оболочкой, искробезопасной электрической цепью（содержит барьер искрозащиты）подкатегории II C с температурной группой

T6（допускается температура тепловыделения от оборудования ниже 85 ℃）для работы на заводе, в обычной ситуации, электрооборудование имеющий знак взрывозащиты является системой взрывобезопасного электрооборудования.

在土库曼斯坦气田地面工程中,采用最多的是隔爆型防爆电气仪表。

В обустройстве газовых месторождений в Туркменистане наиболее часто используют взрывобезопасные электроприборы с взрывонепроницаемой оболочкой.

隔爆型电气设备是指具有隔爆外壳的电气设备,防爆标志为“d”。隔爆外壳是指能承受内部的爆炸压力,并能阻止爆炸火焰向周围环境传播的防爆外壳。

Взрывонепроницаемое электрооборудование имеет взрывонепроницаемую оболочку, знаком взрывоопасности является «d». Взрывобезопасная оболочка выдерживает внутреннее взрывное давление, и может предотвратить распространение пламени от взрыва в окружающей среде.

电气设备外壳的内部由于呼吸作用会吸入周围的爆炸性气体混合物,当设备产生电火花及危险高温时,将引燃壳内的爆炸性气体混合物,形成巨大的爆破力及冲击波。一方面隔爆外壳应能承受内部的爆炸压力而不破损;另一方面隔爆外壳的接合面应能阻止爆炸火焰向壳外传播点燃周围的爆炸性气体混合物。

Во внутрь наружной оболочки электрооборудования попадают окружающие взрывоопасные газовые смеси из-за дыхательной функции, при образовании электрических искр в оборудовании или опасной высокой температуры, воспламеняется взрывоопасная газовая смесь внутри оболочки, образуя огромную взрывную силу и ударную волну. С одной стороны, взрывонепроницаемая наружная оболочка может вынести внутреннее взрывное давление и не повредиться; с другой, поверхность стыка взрывонепроницаемой наружной оболочки должна предотвратить распространение пламени от взрыва и воспламенение окружающей взрывоопасной газовой смеси.

7.4.2 仪表防护

7.4.2 Защита КИПиА

由于工业场所的不同,其环境条件也不一样,工业仪表为了能适应各种不同的使用场所就必须具备一定的环境的防护能力。这种防护能力是通过仪表的外壳设计来实现的。同一种仪表,封装

Так как бывают разные промышленные участки, их условия окружающей среды также являются разными, промышленные приборы должны обладать определенной способностью

在不同的外壳中，就具有了不同的防护能力。这种防护一般来说主要是气候防护，如防尘、防水等。

защиты от окружающей среды, чтобы адаптироваться к разным местам пользования. Одни и те же приборы заключаются в разные оболочки, таким образом они приобретают разные способности защиты. Данная защита, как правило, главным образом является защитой от климата, например, защита от пыли, воды и др.

在对仪表进行选型时，特别是现场仪表的选型，仪表的防护等级是一项重要内容，必须对其做出正确的选择，以能适应特定的现场环境条件。

При выборе прибора, в частности, местного прибора, уровень защиты прибора является важным пунктом, следует сделать правильный выбор, чтобы адаптироваться к установленным местным условиям окружающей среды.

目前，世界上关于工业仪表的防护标准，主要有两个：一个是IEC（国际电工委员会）的标准，主要是在欧洲地区使用。另一个是NEMA（美国电器制造商协会），主要是用于美国及北美地区。

В настоящее время, в мире главным образом существуют два стандарта по защите промышленных измерительных приборов: первым является стандарт IEC (Международная электротехническая комиссия), в основном применяется в Европе. Другим стандартом является NEMA (Национальная ассоциация производителей электротехнического оборудования (США)), который в основном применяется в США и Северной Америке.

在IEC标准中，仪表的防护功能是指不同等级的防尘及防水能力。

В стандарте IEC под защитной функцией прибора подразумеваются пыленепроницаемаяя и водонепроницаемая способность разного уровня.

在IEC标准中，使用特征字母IP来表示外壳的防护功能，其后面连接2位特征数字。第一位特征数字表示防尘，第二位特征数字表示防水。例如：

В стандарте IEC, используется характеристические буквы IP для обозначения защитной функции наружной оболочки, к нему подсоединяются два характеристических цифр. Первая характеристическая цифра обозначает пыленепроницаемость, а вторая – водонепроницаемость. Например:

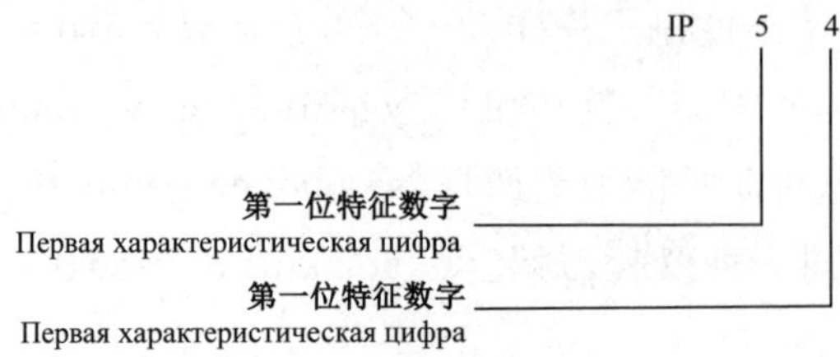

每个特征数字的具体含义见表7.4.4和表7.4.5。

Конкретное значение каждой характеристической цифры приведено в таблицах 7.4.4 и 7.4.5.

表7.4.4 第一位特征数字所代表的防护等级

Таблица 7.4.4 Уровни защиты, обозначаемые первой характеристической цифрой

第一位特征数字 Первая характеристическая цифра	简短说明 Краткое описание	防护等级含义 Значение уровня защиты
0	无防护 Без защиты	没有专门防护 Нет специальной защиты
1	防大于50mm的固体异物 Защита от твердого постороннего предмета более 50 мм	能防止直径大于50mm的固体异物进入壳内能防止人体的某一大面积部分(如手)偶然或意外地触及壳内带电部分或运动部件,不能防止有意识的接近。 Может предотвратить попадание твердого постороннего предмета диаметром более 50 мм в оболочку Может предотвратить случайный контакт участка с большой площадью человеческого тела (например, руки) с токоведущей или подвижной частью внутри оболочки, но не защищает от намеренного контакта
2	防大于12mm的固体异物 Защита от твердого постороннего предмета более 12 мм	能防止直径大于12mm、长度不大于80mm的固体异物进入壳内能防止手指触及壳内带电部分或运动部件 Может предотвратить попадание твердого постороннего предмета диаметром более 12 мм и длиной менее 80 мм в оболочку Может предотвратить контакт пальца с токоведущей или подвижной частью в оболочке
3	防大于2.5mm的固体异物 Защита от твердого постороннего предмета более 2,5 мм	能防止直径大于2.5mm的固体异物进入壳内能防止厚度(或直径)大于2.5mm的工具、金属线等触及壳内带电部分或运动部件 Может предотвратить попадание твердого постороннего предмета диаметром более 2,5 мм в оболочку Может предотвратить контакт инструмента, металлической проволоки толщиной (или диаметром) более 2,5 мм с токоведущей или подвижной частью в оболочке.
4	防大于1mm的固体异物 Защита от твердого постороннего предмета более 1 мм	能防止直径大于1mm的固体异物进入壳内能防止厚度(或直径)大于1mm的工具、金属线等触及壳内带电部分或运动部件 Может предотвратить попадание твердого постороннего предмета диаметром более 1 мм в оболочку Может предотвратить контакт инструмента, металлической проволоки толщиной (или диаметром) более 1 мм с токоведущей или подвижной частью в корпусе
5	防尘 Защита от пыли	不能完成防止尘埃进入,但进入量不能达到妨碍设备正常运转的程度 Не полностью предотвращает попадание пыли, но величина входящей пыли не мешает нормальной работе оборудования
6	尘密 Пыленепроницаемая защита	无尘埃进入 Отсутствует пыль

注:(1)表中第2栏"简短说明"不应用来规定防护形式,只能作为概要介绍。

(2)第一位特征数字为1～4的设备应能防止3个互相垂直的尺寸都超过第3栏相应数字、形状规则或不规则的固体异物进入外壳。

(3)对具有泄水孔或通风孔的设备第一位特征数字为3和4时,其具体要求由有关专业的相应标准规定。

(4)对具有泄水孔的设备第一位数字为5时,其具体要求由有关专业的相应标准规定。

Примечание:(1) Вторая графа таблицы «краткое описание» не устанавливает тип защиты, она лишь дает краткое описание.

(2) Оборудование с первой характеристической цифрой 1 ～ 4 должно обладать способностью защиты от трех взаимоперпендикулярных

размеров, которые превышают соответствующие цифры, попадание в оболочку твердых посторонних предметов с правильной или неправильной формой.

(3) Когда первой характеристической цифрой оборудования с водосбросным отверстием или вентиляционным отверстием являются 3 и 4, его конкретные требования устанавливаются соответствующими стандартами соответствующей специальности.

(4) Когда первая цифра оборудования с водосбросным отверстием равна 5, его конкретные требования устанавливаются соответствующими стандартами соответствующей специальности.

表 7.4.5 第二位特征数字所代表的防护等级

Таблица 7.4.5 Уровни защиты, обозначаемые второй характеристической цифрой

第二位特征数字 Вторая характеристическая цифра	简短说明 Краткое описание	防护等级含义 Значение уровня защиты
0	无防护 Без защиты	没有专门防护 Нет специальной защиты
1	防滴 Защита от капель	滴水(垂直滴水)无有害影响 Отсутствует вредное воздействие капель воды (вертикальных капель воды)
2	15°防滴 Защита от капель под углом 15°	当外壳从正常位置倾斜在15°以内时,垂直滴水无有害影响 Когда оболочка отклонена от нормального положения в пределах 15 °, вертикальные капли воды не оказывают вредное воздействие.
3	防淋水 Защита от обводнения	当垂直成60°范围以内的淋水无有害影响 При отклонении от вертикали в пределах 60 ° отсутствует вредное воздействие обводнений
4	防溅水 Защита от обрызгивания водой	任何方向溅水无有害影响 Отсутствует вредное воздействие обрызгивания водой со всех сторон
5	防喷水 Защита от впрыска воды	任何方向喷水无有害影响 Отсутствует вредное воздействие впрыска воды со всех сторон
6	防猛烈海浪 Защита от сильной морской волны	猛烈海浪或强烈喷水时,进入外壳水量不致达到有害程度 При сильной морской волне или сильном впрыске воды, объем воды, попадаемый в оболочку не достигает вредоносного уровня
7	防浸水影响 Защита от воздействия затопления	浸水规定压力的水中经规定时间后进入外壳水量不致达到有害程度 После попадания воды под установленным давлением затопления в установленном времени в оболочку не достигается вредоносный уровень
8	防潜水影响 Защита от воздействия погружения в воду	能按制造厂规定的条件长期潜水 Может долгосрочно погрузиться в воду в условиях, предусмотренных заводом-производителем

注:(1)表中第2栏"简短说明"不应用来规定防护形式,只能作为概要介绍。

(2)第二位特征数字8,通常指水密型,但对某些类型设备也可以允许水进入,但不应达到有害程度。

Примечание:(1) Вторая графа таблицы «краткое описание» не устанавливает тип защиты, она лишь дает краткое описание.

(2) Вторая характеристическая цифра 8, как правило, обозначает герметическое исполнение, но для некоторых видов оборудования также допускается попадание воды, но объем не должен достигать вредоносного уровня.

8 标准规范

8 Стандарты и нормы

自动控制常用国际标准、规范见表 8.1.1。

Часто используемые международные стандарты и нормы на автоматическое управление приведены в таблице 8.1.1.

表 8.1.1 自动控制常用国际标准一览表

Таблица 8.1.1 Перечень часто используемых международных стандартов на автоматическое управление

序号 № п/п	标准编号 Номер стандарта	英文名称 Наименование на английском языке	中文名称 Наименование на китайском языке
1	ISO 5167	Measurement of fluid flow by means of pressure differential devices	用插入圆截面管道中的压差装置测量流体流量 Измерение расхода среды с помощью устройств переменного перепада давления, помещенных в заполненные трубопроводы круглого сечения
2	ISO 10790	Measurement of fluid flow in closed conduits. Guidance to the selection, installation and use of Coriolis meters (mass flow, density and volume flow measurements)	封闭管道中液体流量的测量——可里奥利计选择、安装和使用的指南(流量、密度和容积流量的测定) Руководство по выбору, установке и использованию расходомеров Кориолиса (измерение массового расхода, плотности и объемного расхода)
3	ISO/TR 12764	Measurement of fluid flow in closed conduits——Flowrate measurement by means of vortex shedding flowmeters inserted in circular cross-section conduits running full	封闭管道中流体流量的测量——在旋转圆截面导管中插入涡流流量计来测量流率 Измерение потока жидкости в закрытых каналах. Измерение расхода жидкости с помощью вихревых сбрасывающих расходомеров, помещенных в заполненные трубопроводы круглого сечения
4	ISO 17089	Measurement of Fluid Flow in Closed Conduits- Ultrasonic meter for gas meters for fiscal- and allocation measurement	封闭管道中流体流量的测量——气体用超声波测量仪 Измерение расхода текучих сред в закрытых каналах. Ультразвуковые счетчики расхода газа
5	ISO/TR 12765	Measurement of Fluid Flow in Closed Conduits——Methods Using Transit-Time Ultrasonic meters	封闭式管道中液体流量的测量——使用速调超声流量计法 Измерение потока текучей среды в закрытых каналах. Методы с применением ультразвуковых расходомеров на принципе времени прохождения
6	ISO 19739	Natural gas-Determination of sulfur compounds using gas chromatography	天然气——用于气相色谱分析硫黄混合物的测定 Газ природный. Определение содержания соединений серы с использованием газовой хроматографии
7	ISO 10723	Natural gas—Performance evaluation for on-line analytical systems	天然气——在线分析系统的性能评定 Газ природный. Оценка рабочих характеристик для онлайновых аналитических систем
8	ISO 6326	Nature gas-Determination of sulfur compounds	天然气——硫化物的测定 Газ природный. Определение содержания сернистых соединений

续表
продолжение

序号 № п/п	标准编号 Номер стандарта	英文名称 Наименование на английском языке	中文名称 Наименование на китайском языке
9	ISO 10101	Nature gas-determination of water by the Karl Fischer method	天燃气——卡尔菲舍尔法水测定 Газ природный. Определение содержания воды методом Карла Фишера
10	ISO 6570	Nature gas-Determination of potential Hydrocarbon liquid content – Gravimetric methods	天然气——烃液潜在含量的测定 Газ природный. Определение потенциального содержания углеводородной жидкости.
11	ISO 11541	Nature gas-Determination of water content at high pressure	天然气——高压下含水量的测定 Газ природный. Определение содержания воды при высоком давлении
12	ISO 18453	Nature gas-correlation between water content and water dew point	天然气——水分与水露点之间相互关系 Газ природный. Корреляция между содержанием воды и точкой росы воды
13	ISO 6327	Gas analysis: Determination of the water dew point of natural gas:cooled surface condensation hygrometers	气体分析：天然气水露点的测定：用表面冷凝湿度计测定 Анализ газов. Определение точки росы воды природного газа. Гигрометры с охлаждаемой поверхностью
14	ISO 6976	Natural gas-Calculation of calorific values, density, relative density and Wobbe index from composition	天然气——组分的发热量、密度、相对密度和沃泊指数的计算 Газ природный. Расчет теплотворной способности, плотности и относительной плотности.
15	ISO 10715	Natural gas Sampling guidelines	天然气取样指南 Газ природный. Руководящие указания по отбору проб.
16	ISO 12213	Natural gas-Calculation of compressionfactor	天然气——压缩因子计算 Газ природный. Расчёт коэффициента сжатия.
17	IEC 61000-4-5	Electromagnetic compatibility (EMC) - Part 4-5: Testing and measurement techniques - Surge immunity test	电磁兼容性(EMC).第4—5部分：试验和测量技术、电涌抗扰试验 Электромагнитная совместимость (ЭМС). Часть 4-5. Методы испытаний и измерений. Испытание на устойчивость к импульсным перенапряжениям
18	IEC 61508	Functional safety of electrical/electronic/programmable electronic safety-related systems	电气/电子/可编程电子安全相关系统的功能安全 Функциональная безопасность систем электрических, электронных, программируемых электронных, связанных с безопасностью
19	IEC 61511	Functional safety--Safety instrumented systems for the process industry sector	过程工业安全仪表系统的功能安全 Функциональная безопасность инструментальной системы безопасности для промышленных процессов
20	IEC 60584.2	Thermocouple tolerance	热电偶公差 Допустимое отклонение термопары
21	IEC 60751	Industrial Platinum Resistance Thermometer Sensors	工业铂电阻温度计和铂温度传感器 Термометры сопротивления промышленные платиновые и платиновые температурные датчики.

续表
продолжение

序号 № п/п	标准编号 Номер стандарта	英文名称 Наименование на английском языке	中文名称 Наименование на китайском языке
22	IEC 60529	Degrees of protection provided by enclosures (IP Code)	外壳防护等级(IP 代码) Степени защиты, обеспечиваемые оболочками (IP код)
23	IEC 60079	Explosive atmospheres	爆炸性气体环境 Взрывоопасные газовые среды
24	IEC 61131-1	Programmable controllers	可编程逻辑控制器 Программируемые логические контроллеры
25	IEC 61131-3	Programming Languages	编程语言 Язык программирования
26	IEEE 472	Surge Withstand Capability (SWC) Tests	浪涌承受能力(SWC)试验 Испытание на устойчивость к скачкам напряжения (SWC)
27	IEC 60034	Rotating electrical machines	旋转电动机 Вращающиеся электрические машины
28	ISA S5.1	Instrumentation Symbols and Identification	仪表符号与识别 Условные обозначения приборов и идентификация
29	ISA MC 96.1	Temperature Measurement Thermocouples	温度测量热电偶 Термопара для измерения температуры
30	ISA RP 55.1	Hardware testing of digital process computers	数字处理计算机硬件测试 Испытания аппаратных средств компьютеров для цифровой обработки
31	ANSI/FCI 70-2	Control Valve Seat Leakage	控制阀门阀座泄漏 Протечка седла клапана управления
32	ANSI/ISA-S5.3	Graphic Symbols for DCS/Shared display Instrumentation Logic and Computer system	分散控制集中显示仪表、逻辑控制及计算机系统用流程图符号 Символы на блоке-схеме для приборов централизованной индикации децентрализованного управления, логического управления и компьютерной системы
33	ISA S75.01	Flow Equations for Sizing Control Valves	控制阀口径计算流量方程式 Формула расчета расхода для контроля диаметра клапанов
34	ANSI/ISA S 75.02	Control Valve Capacity Test Procedures	控制阀容量测试程序 Процедуры испытаний на пропускную способность клапана управления
35	ASTM D4084	Standard Test Method for Analysis of Hydrogen Sulfide in Gaseous Fuels (Lead Acetate Reaction Rate Method)	分析气体燃料中硫化氢的标准试验方法(醋酸铅反应速率法) Стандартный метод анализа содержания сероводорода в газообразных топливах путем измерения скорости протекания его реакции с ацетатом свинца
36	ASTM D1945	Standard Test Method for Analysis of Natural Gas by Gas Chromatography	用气相色谱法分析天然气的试验方法 Стандартный метод анализа природного газа с помощью газовой хроматографии

续表
продолжение

序号 № п/п	标准编号 Номер стандарта	英文名称 Наименование на английском языке	中文名称 Наименование на китайском языке
37	ASTM D3246	Standard Test Method for Sulfur in Petroleum Gas by Oxidative Microcoulometry	氧化微库仑法测定石油气中硫的标准试验方法 Стандартный метод испытания для определения содержания серы в нефтяном газе посредством окислительной микрокулонометрии
38	ASME PTC 19.3 TW	Thermowells	温度计保护管 Термокарманы
39	ASME MFC-12M	Measurement of Fluid Flow in Closed Conduits Using Multiport Averaging Pitot Primary Elements	利用多端组合普雷斯顿管主要部件测量封闭管道中的液体流量 Измерение потока жидкости в водоводах замкнутого поперечного сечения, используя многоходовое усреднение первичных элементов Пито
40	API RP 551	Process Measurement Instrumentation	过程测量仪表 Измерительное оснащение процесса
41	API RP 552	Transmission System	传输系统 Система передачи
42	API RP 553	Refinery Control Valves	炼油厂控制阀 Регулирующие клапаны перерабатывающего завода
43	API RP 554	Process Instrumentation Control System	过程仪表控制系统 Инструментальные системы управления процессами
44	API RP 555	Process Analyzers	过程分析仪 Анализаторы процессов
45	API RP 609	Butterfly Valves: Double Flanged, Lug-and Wafer-Type	双法兰连接、凸耳及饼式蝶阀 Поворотные дисковые затворы: с двойными фланцами, с проушинами и вафельного типа.
46	ANSI/API RP 607	Fire Test for Soft-seated Quarter-turn Valves	转 1/4 周软阀座阀门的耐火试验 Испытание на огнестойкость клапанов в четверти оборота с мягким седлом
47	API SPEC 6D	Specification for Pipeline Valves	管线阀门规范 Спецификация для клапанов трубопровода
48	API SPEC 6FA	Specification for Fire Test for Valves Includes Errata 1 and 2 (2008)	阀门耐火试验规范 Спецификация для испытания на огнестойкость клапанов
49	API STD 598	Valve Inspection and Testing	阀门的检验和试验 Контроль и испытание клапанов
50	API RP 14C	Recommended Practice for Analysis, Design, Installation, and Testing of Basic Surface Safely Systems for Offshore Production Platforms	海上生产平台地面安全系统的分析、设计、安装和测试 Рекомендуемая практика для анализа, дизайна, установки и испытания основных поверхностных систем безопасности для морских эксплуатационных платформ

续表

продолжение

序号 № п/п	标准编号 Номер стандарта	英文名称 Наименование на английском языке	中文名称 Наименование на китайском языке
51	API SPEC 14D	Specification for Wellhead Surface Safety Valves and Underwater Safety Valves for Offshore Service	海上用井口地面安全阀和井下安全阀规范 Спецификация для предохранительных клапанов поверхности источника и подводных предохранительных клапанов для оффшорного сервиса
52	API SPEC 6A	Specification for Wellhead and Christmas Tree Equipment	井口装置和采油树设备规范 Спецификация для оборудования устья скважины и фонтанной арматуры
53	API MPMS 5.6	Measurement of Liquid Hydrocarbons by Coriolios Meters	用科里奥利仪测量液态烃 Измерение жидких углеводородов с помощью кориолисового измерителя
54	A.G.A Report No.3	Orifice Metering of Natural Gas and Other Related Hydrocarbon Fluids	孔板计量天然气和其他相关烃液体 диафрагменный учет природного газа и других соответствующих углеводородных жидкостей
55	A.G.A Report No.7	Measurement of Gas by Turbine Meters	用涡轮流量计测量气体流量 Измерение расхода газа с помощью турбинного расходомера
56	A.G.A Report No.8	Compressibility Factors of Natural Gas and Other Related Hydrocarbon Gases	天然气压缩因子和其他相关烃气体 Фактор сжимаемости природного газа и другие соответствующие углеводородные газы
57	A.G.A No.9	Measurement of Gas by Multipath Ultrasonic Meters	用多通道超声流量计测量气体流量 Измерение расхода газа с помощью многоканального ультразвукового расходомера
58	A.G.A No.10	Speed of Sound in Natural and Other Related Hydrocarbon Gas	天然气和其他相关烃类气体中的声速 Скорость звука в природном газе и других соответствующих углеводородных газах
59	BS EN 837-1	Pressure gauges Part 1. Bourdon tube pressure gauges-Dimensions metrology requirements and te sting	压力计 第 1 部分 波登压力计——规格,计量,要求和试验 Манометры. Часть 1. Манометры с трубкой Бурбона - размеры, метрология, требования и тестирование
60	EN 1776	Gas Supply——Natural gas measuring stations-functional requirements	供气——天然气测量站场—功能需求 Газоснабжение – измерительные станции природного газа – функциональные требования
61	NACE MR0175	Standard Material Requirement - Sulphide Stress Cracking Resistant Metallic Materials for Oilfield Equipment	材料需求标准——油田设备金属材料抗硫应力开裂 Стандартные требования к материалам – стойкость металлических материалов нефтепромыслового оборудования к сульфидному растрескиванию под напряжением

参考文献

《石油和化工工程设计手册》编委会 .2010. 石油和化工工程设计工作手册第三册·气田地面工程设计［M］. 青岛：中国石油大学出版社 .

《石油和化工工程设计工作手册》编委会 .2010. 石油和化工工程设计工作手册第五册·输气管道工程设计［M］. 青岛：中国石油大学出版社 .

陆德民 .2013. 石油化工自动控制设计手册［M］. 北京：化学工业出版社 .

Литературы

за авторством редакционной коллегии «Рабочие книги по проектированию в нефтяных и химико-промышленных объектах», 2010. составила редакционная коллегия «Рабочие книги по проектированию в нефтяных и химико-промышленных объектах». 3 Издательство при Китайском нефтяном университете.

«Рабочие книги по проектированию в нефтяных и химико-промышленных объектах. 5. Проект газопроводов［M］», 2010. Издательство при Китайском нефтяном университете.

Лу Дэминь, 2013. «Книги по проектированию систем автоматического управления в нефтяных и химико-промышленных объектах［M］». Издательство «Химпром».